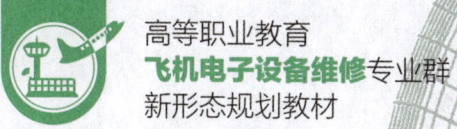

高等职业教育
飞机电子设备维修专业群
新形态规划教材

Design and Manufacture
of Electronic Products

电子产品设计与制作

主　编　黄　荻　陈志漫
副主编　林　文　胡　霞　戴鼎鹏

·北京·

内 容 提 要

本书主要包含线性稳压电源实验板的设计与制作、厨用多功能定时器的设计与制作、单片机开发板的设计与制作等内容，侧重于应用 Altium Designer 软件进行电子产品的设计开发。

本书精选了难度递增的 3 个载体，以项目方式组织教学内容。3 个项目环节覆盖了电子产品设计制作的全过程，呈螺旋式上升，随着项目任务展开不断融入新的知识与技能。根据不同学习需求和不同实践教学条件可以选择 1～3 个项目实施教学。

本书采用双主线结构，一条为项目化教学实施主线，通过目录体现，适合高职院校电类专业用作项目化、一体化课程教学；另一条为知识点脉络主线，通过索引体现，方便在校学生、行业从业人员和电子爱好者按需查阅。

本书作为高职院校电类专业教材，对应的省级精品在线开放课程已配套大量学习资源，欢迎登录课程平台（https://www.icourse163.org/course/CAVTC--1207012801）同步学习。

图书在版编目（CIP）数据

电子产品设计与制作 / 黄荻，陈志漫主编. -- 北京：中国水利水电出版社，2024.1
高等职业教育飞机电子设备维修专业群新形态规划教材
ISBN 978-7-5226-2338-2

Ⅰ．①电… Ⅱ．①黄… ②陈… Ⅲ．①电子产品－设计－高等职业教育－教材②电子产品－制作－高等职业教育－教材 Ⅳ．①TN602②TN605

中国国家版本馆CIP数据核字(2024)第002610号

策划编辑：周益丹　责任编辑：鞠向超　加工编辑：刘瑜　封面设计：苏敏

书　名	高等职业教育飞机电子设备维修专业群新形态规划教材 电子产品设计与制作 DIANZI CHANPIN SHEJI YU ZHIZUO
作　者	主　编　黄　荻　陈志漫 副主编　林　文　胡　霞　戴鼎鹏
出版发行	中国水利水电出版社 （北京市海淀区玉渊潭南路 1 号 D 座 100038） 网址：www.waterpub.com.cn E-mail：mchannel@263.net（万水） 　　　　sales@mwr.gov.cn 电话：（010）68545888（营销中心）、82562819（万水）
经　售	北京科水图书销售有限公司 电话：（010）68545874、63202643 全国各地新华书店和相关出版物销售网点
排　版	北京万水电子信息有限公司
印　刷	三河市德贤弘印务有限公司
规　格	184mm×260mm　16 开本　19.25 印张　444 千字
版　次	2024 年 1 月第 1 版　2024 年 1 月第 1 次印刷
印　数	0001—2000 册
定　价	59.00 元

凡购买我社图书，如有缺页、倒页、脱页的，本社营销中心负责调换

版权所有·侵权必究

前 言

由于电子产品制造业的迅猛发展，需要更多高素质的从业者，能够从事设计开发、看懂设计文档、实现设计向产品的转换。为此，编者在高职应用电子技术专业设置了电子产品设计与制作这一核心课程，将电子电路的设计与仿真、PCB 的设计与制造、产品的安装与调试等内容以电子产品的开发典型工作流程为主线进行了重构，采用项目引领、任务驱动的方式开展教学。目前，课程已建设成为湖南省在线精品开放课程，为提炼多年课程改革的成果，也为满足课程教学和进一步建设需求，我们编写了本书。

本书分为 3 个项目，选择了模拟类电子产品"线性稳压电源"、数字类电子产品"厨用多功能定时器"和综合类电子产品"单片机开发板" 3 个典型载体，通过分析设计需求、确定设计方案、原理设计与仿真、原理图绘制与 PCB 设计、PCB 制作、线路板组装与调试等典型工作任务的牵引，带领读者一起了解电子产品开发的过程。3 个项目由浅入深，由易到难。项目 1 侧重于基本操作与规范，项目 2 侧重于知识扩展与补充，项目 3 侧重于技巧提升与精进，但每一个项目都是一个独立完整的电子产品开发过程，有不同需求的读者可以自主决定学习的深度。本书可作为教材应用于学校教学，也为教师提供了模块化的选择，根据不同的人才培养需求，开展 1～3 个项目，都不影响课程的完整性。

本书的参考学时：如果开展 1 个项目，建议 40～48 学时；开展 1、2 个项目，建议 64～80 学时；全面开展 3 个项目，建议 88～120 学时。

本书还基于工作过程整理了全局的知识点索引，方便行业从业人员和自主学习者按需查找，快速定位到要学习的内容，可用作相关工程技术人员的参考书。

基于"岗课赛证"综合育人理念，编者在本书编写前期先进行了广泛调研，听取了企业专家的意见，与行业接轨，侧重于 Altium Designer 主流软件的应用，吸纳了 IPC-A-610、IPC-A-600 等行业标准的相关内容；以电子产品设计与制作省级在线精品开放课程为依托，开发了大量数字化资源，力求将本书打造成为立体化、数字化教材；紧盯全国职业技能大赛标杆，融入了电子产品设计与制作赛项的核心内容；结合 1+X 证书"物联网单片机应用与开发"的职业技能要求，载体选用考证所需同系列芯片，内容对接其中智能终端硬件设计等工作领域需求。

本书配套课程网站网址为 https://www.icourse163.org/course/CAVTC--1207012801，欢迎加入学习与交流。

本书主要由长沙航空职业技术学院黄荻编写项目 1 和统稿全书，林文、戴鼎鹏编写项目 2，株洲中车时代电气股份有限公司陈志漫、胡霞编写项目 3。长沙航空职业技术学院朱国军教授担任本书的主审。陈志漫为电子工艺领域专家，对本书与行业企业对标的诸多环节提供了指导性意见。参编本书的还有蒋雄、梁坤两位老师。

编者力求考虑全面，为读者奉献一本优质教材。但电子技术发展迅速，编者水平有限，书中难免有疏漏和不足之处，敬请读者批评指正。

编 者

2023 年 8 月

目 录

前言
知识点索引

项目1 线性稳压电源实验板的设计与制作 /1

任务1 确定线性稳压电源实验板设计与制作流程 2
任务描述 2
任务要求 2
知识链接 2
  1. 电子产品开发的一般流程 2
  2. EDA 技术在电子产品开发中的应用 4
  3. 现代电子产品生产过程 5
任务实施 6
  线性稳压电源实验板设计与制作流程 6
思考题 6

任务2 线性稳压电源实验板原理图及参数的仿真设计 7
任务描述 7
任务要求 7
知识链接 7
  1. 稳压电源的技术指标 7
  2. Multisim 仿真软件简介 9
任务实施 13
  1. 整体方案设计 13
  2. 电路元件参数的设计 15
  3. 创建 Multisim 仿真文件 19
  4. 搭建仿真电路 20
  5. 对设计指标进行仿真测试 25
思考题 29

任务3 线性稳压电源实验板原理图绘制 30
任务描述 30
任务要求 30
知识链接 30
  1. Altium Designer 软件简介 30

  2. 软件界面 30
任务实施 34
  1. 创建 PCB 工程与设计文件 34
  2. 设置原理图图纸属性 38
  3. 绘制线性稳压电源实验板原理图 45
  4. 编译原理图并进行电气检查 58
  5. 生成网络表文件 63
思考题 63

任务4 线性稳压电源实验板 PCB 设计 64
任务描述 64
任务要求 64
知识链接 64
  1. PCB 的物理结构 64
  2. PCB 的设计图层 65
任务实施 66
  1. 创建 PCB 文件 66
  2. PCB 设计环境的设置 67
  3. PCB 机械参数设计 72
  4. 导入元器件及网络 78
  5. 元器件布局 80
  6. 设计规则设置 81
  7. 布线 88
  8. PCB 布线后的完善 95
  9. 设计规则检查 98
  10. 生成元器件清单 103
思考题 105

任务5 线性稳压电源实验板制作 106
任务描述 106
任务要求 106
知识链接 106
  1. 电子产品制作和调试过程中的安全操作规范 106

2. 手工焊接常用的工具和材料............107
　　3. 模拟电路调试的一般步骤................108
　任务实施..108
　　1. 线性稳压电源实验板 PCB 的制作....108
　　2. 线性稳压电源实验板的安装............109
　　3. 线性稳压电源实验板的调试
　　　 与测试...116
　思考题..120

项目2　厨用多功能定时器的设计与制作 /121

任务 1　厨用多功能定时器电路设计............122
　任务描述..122
　任务要求..122
　知识链接..122
　　电路的层次化设计..122
　任务实施..122
　　1. 确定系统整体设计方案................122
　　2. 分模块电路设计............................123
　　3. 形成整体原理图............................127
　思考题..128

任务 2　厨用多功能定时器原理图绘制........128
　任务描述..128
　任务要求..128
　知识链接..128
　　常用 PCB 封装..128
　任务实施..134
　　1. 创建工程与原理图文件................134
　　2. 创建原理图模板文件....................135
　　3. 将原理图模板应用于当前设计....137
　　4. 制作并应用原理图库....................139
　　5. 绘制厨用多功能定时器原理图....157
　　6. 制作并应用 PCB 库.......................164
　　7. 对原理图作电气规则检查............177
　思考题..179

任务 3　厨用多功能定时器 PCB 设计..........179
　任务描述..179
　任务要求..179
　知识链接..179
　　1. PCB 布局布线的基本原则..................179

　　2. PCB 覆铜的作用................................180
　任务实施..181
　　1. 向导法创建 PCB 文件...................181
　　2. 导入元件与网络............................183
　　3. 元器件布局....................................183
　　4. 设计规则设置................................188
　　5. PCB 布线..191
　　6. 布线后的完善与 DRC...................194
　　7. 生成元器件清单............................197
　思考题..198

任务 4　厨用多功能定时器的制作................198
　任务描述..198
　任务要求..198
　知识链接..199
　　1. 工业化 PCB 生产的工艺流程............199
　　2. 雕刻法制板....................................202
　　3. IPC 标准...202
　　4. 数字电路调试步骤与注意事项....203
　任务实施..205
　　1. PCB 的制作....................................205
　　2. 电路的焊接安装............................227
　　3. 电路的调试....................................231
　思考题..232

项目3　单片机开发板的设计与制作 /233

任务 1　单片机开发板的原理图设计............234
　任务描述..234
　任务要求..234
　知识链接..234
　　1. STC 单片机....................................234
　　2. 层次原理图设计............................235
　任务实施..236
　　1. 制定单片机开发板总体设计方案......236
　　2. 绘制核心板原理图........................237
　　3. 绘制底板原理图............................240
　思考题..251

任务 2　单片机开发板的 PCB 设计...............251
　任务描述..251
　任务要求..251

知识链接 251
    1. PCB 的电磁兼容设计 251
    2. PCB 的可制造性设计 253
任务实施 254
    1. 设计核心板 PCB 254
    2. 设计底板 PCB 263
思考题 268
任务 3　单片机开发板的安装与调试 268
任务描述 268
任务要求 268
知识链接 268
    1. PCB 生产文件 268
    2. 软硬件联合调试 270

任务实施 271
    1. 单片机开发板 PCB 的制作 271
    2. 单片机开发板的焊接安装 276
    3. 单片机开发板的调试 280
思考题 283

附录 1　电气规则错误类型 /284

附录 2　电路板焊接组装验收评价标准 /288

附录 3　电路板制作验收评价标准 /293

参考文献 /297

知识点索引

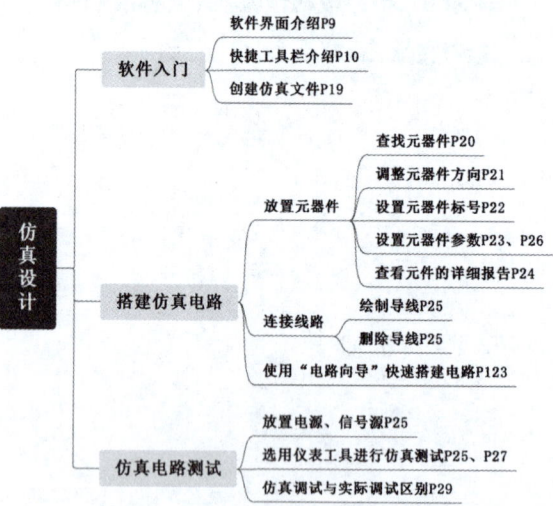

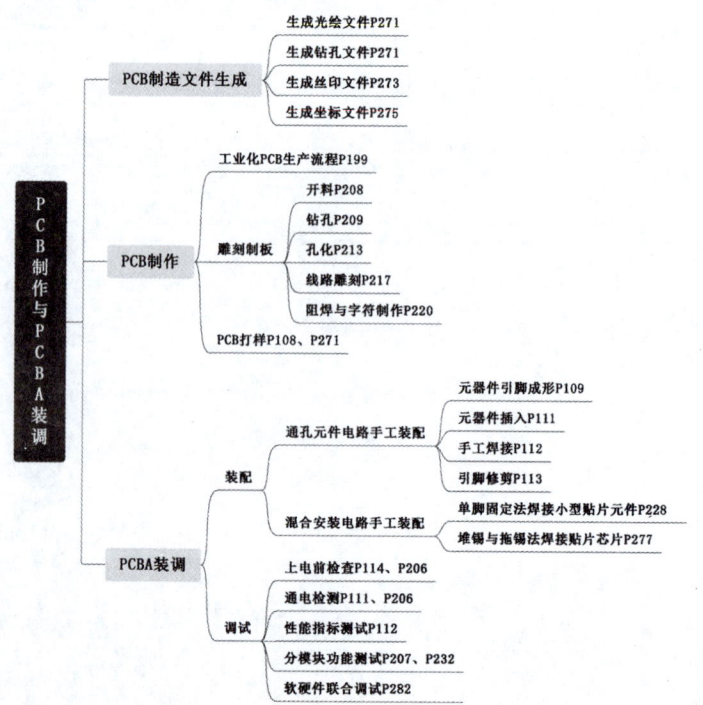

原理图设计

- 软件入门
  - 软件界面设置
    - 软件汉化P31
    - 展开或隐藏左右面板P33
    - 恢复初始桌面布局P32
  - 软件功能介绍P33

- 工程与原理图文件创建
  - 创建工作区P34
  - 创建工程
    - 从菜单创建P35
    - 从"Projects"标签页创建P134
  - 创建原理图文件P35
  - 添加文件到工程P36
  - 创建其他常用文件P36

- 原理图图纸属性设置
  - 设置图纸单位P38
  - 设置图纸方向与尺寸P40
  - 设置图纸栅格P42
  - 设置文档参数P42

- 原理图模板文件的创建与应用
  - 创建原理图模板文件P135
  - 绘制原理图模板P136
  - 调用原理图模板P137

- 原理图库与PCB库制作
  - 创建原理图库文件P139
  - 绘制原理图元件
    - 设置原理图元件库编辑环境P142
    - 添加新元器件P147
    - 绘制原理图元件
      - 使用绘图工具绘制元件外形P143
      - 放置引脚P144
      - 编辑引脚属性P145、P149
      - 隐藏特殊引脚P150
      - 完善库内元件参数P147
      - 使用IEEE符号工具绘制原理图元件P152
      - 复制修改法绘制原理图元件P155
      - 由原理图生成元件符号P248
  - 创建PCB库文件P165
  - 绘制元件封装
    - 绘制封装外形P166
    - 设计焊盘P167
    - 复制-修改法设计元件封装P171
    - 向导法设计元件封装P172
    - 由PCB生成元件封装P261

- 原理图绘制
  - 库的加载与删除P45
  - 元器件放置与属性设置
    - 放置、调整与删除元器件P47
    - 设置元器件属性
      - 逐一设置元件标号、值、注释和封装P51
      - 对元器件进行批量标号P159
      - 使用参数编辑器批量修改元件的值P162
      - 使用封装管理器批量修改元件封装P175
      - 通过"查找相似对象"批量修改元件属性P163
      - 修改元器件引脚标号P55
  - 元器件电气连接
    - 导线连接P55
    - 网络标号连接P157
  - 层次原理图设计
    - 自底向上设计P240
    - 自顶向下设计P242
  - 查看原理图
    - 图纸缩放P58
    - 层次原理图间切换查看P250

- 原理图编译与电气检查
  - 电气规则设置P58
  - 电气规则检查
    - 电气规则检查P59
    - 免电气规则检查P247
  - 违规条目处理
    - 违规条目查看P60
    - 违规条目处理
      - 修正设计P60/P178
      - 忽略检查P61
  - 生成网络表文件P63

PCB设计

- PCB文件创建
  - 从菜单创建P66
  - 从"Projects"或"Files"标签页创建P66
  - 使用向导法创建P181

- 设计环境设置
  - 设置工作层
    - 设置板层层数P67
    - 设置图层显示P72
  - 设置单位与栅格P70

- 机械参数设置
  - 设置PCB板边界P72
  - 绘制安装孔/定位孔
    - 绘制金属化孔P74
    - 绘制非金属化孔P78

- 元器件导入与布局
  - 导入元器件与网络P78
  - 元器件布局
    - 按基本原则逐个元器件布局P80
    - 原理图与PCB图并排显示辅助布局P183
    - 使用"器件布局"工具布局P184
    - 使用"排列与对齐"工具美化布局P187
    - 元器件旋转任意角度P255
  - 3D模式察看PCB板P77

- 设计规则设置
  - 整体规则设置
    - 电气规则设置
      - 安全间距设置P82
      - 覆铜间距设置P189
    - 布线规则设置
      - 线宽设置P82
      - 布线层设置P87
      - 布线转角设置P88
      - 过孔风格设置P189
      - 覆铜连接风格设置P190
    - 构建查询条件批量设置P86
    - 从原理图设计PCB规则P257
  - 单个元器件规则设置P260

- 布线
  - 自动布线
    - 全部自动布线P89
    - 局部(指定网络、连接、区域或元件)自动布线P90
  - 交互式布线
    - 交互式布线基本操作P91
    - 隐藏部分图层减少布线干扰P191
    - 添加过孔进行层间连接P191
  - 修改布线
    - 平推P93、删除重绘P94、直接重绘P94

- PCB设计完善
  - 滴泪P95
  - 整理丝印字符P95、P260、P266
  - 调整焊盘间距P97
  - 添加设计信息P97
  - 覆铜P180、P193

- 设计规则检查
  - 设计规则检查P99
  - 违规位置定位P100
  - 违规条目处理P101、P195

- PCB后期处理
  - 生成元器件清单P103
  - 生成集成库文件P267

线性稳压电源实验板的设计与制作

项目导读

  党的二十大报告提出，要加快建设制造强国、质量强国。在国际环境复杂多变、行业新旧动能转换的关键阶段，我国电子信息制造业不断夯实基础、发力补齐短板、持续创新突破，赋能经济社会智能化转型。送餐机器人、壁纸电视、元宇宙"数字人"、智能家居系统等多种智能电子产品涌现，让人们对生活有了更丰富的想象空间。那么，你知道一款电子产品从开发到形成需要经历怎样的过程吗？本项目将通过一个相对简单电路的设计制作，带领大家一起体验电子产品的开发。

  产品的开发往往起始于一定的客户需求，下文的客户需求是项目1的起点，将由此开始一个线性稳压电源实验板的开发，直到产品除外壳以外的部分全部设计制作完成。准备好了吗？让我们一起出发吧。

项目1总任务：设计制作一个线性稳压电源实验板，达到以下技术指标。

① 输入电源：单相（AC），220V±10%，50Hz±5%。

② 输出电压：DC，+3～+12V，连续可调。

③ 输出电流：DC，0～800mA。

④ 负载效应：≤5%。

⑤ 输出纹波噪声电压：≤10mV（有效值）。

⑥ 保护性能：超出最大输出电流20%时立即限流保护。

⑦ 适应环境：温度为0～40℃，湿度为20%～90%RH。

⑧ PCB尺寸：不大于120mm×90mm。

电子产品设计与制作

- ★ 掌握现代电子产品开发的一般流程。
- ★ 理解 EDA 技术在现代电子产品开发中的作用与意义。
- ★ 掌握 Multisim 仿真软件的简单应用，能使用它进行电路原理仿真。
- ★ 初步掌握 Altium Designer 软件的应用，能用它进行简单的 PCB 设计。
- ★ 掌握电子电路焊接安装的操作方法和操作规程，能使用焊接工具完成通孔元件的安装。
- ★ 掌握电子电路调试的思路与方法，能使用万用表、示波器等常用仪表进行线性稳压电源实验板的技术指标测试。

任务 1　确定线性稳压电源实验板设计与制作流程

任务描述

虽然只是一个简单的电路开发，从客户需求到形成产品，也需要先建立一条明确的技术线路，否则就感觉千头万绪，不知从何做起。在动手之前，不妨先了解一下现代电子产品开发的一般流程，借鉴行业的一般规则，然后确定本项目中线性稳压电源实验板的设计与制作流程。

任务要求

- 了解现代电子产品的一般开发流程。
- 确定线性稳压电源实验板设计与制作流程。

知识链接

21 世纪以来，由于电子产品制造业的迅猛发展，需要大量电子产业从业人员，特别是自"中国制造 2025"国家战略实施以来，电子产业要完成从"中国制造"迈向"中国质造"，需要更多高素质的从业者，能够从事设计开发、看懂设计文档、实现设计向产品的转换，能够从事生产工艺设计、生产过程管理、生产设备操作与维护，能够从事产品检验，品质管控。了解电子产品从设计开发到生产制造的全过程有助于从业者全面了解行业动态，从而明确自身的定位和职业发展方向。

1. 电子产品开发的一般流程

一款电子产品从开发到形成经历了怎样的过程呢？传统电子产品开发一般需经过图 1-1 所示的流程。

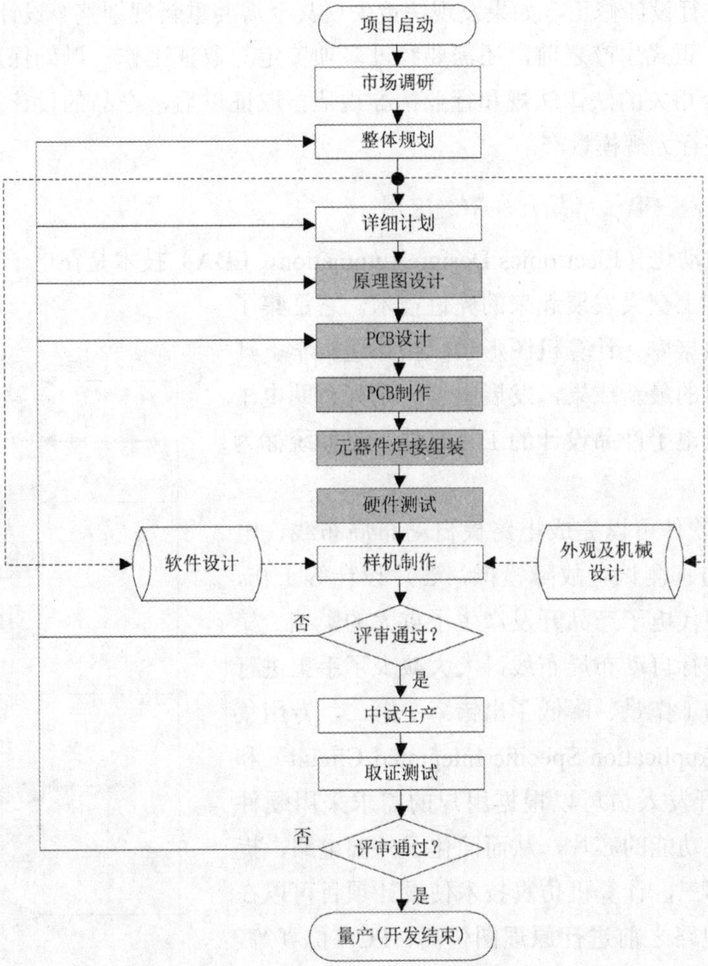

图 1-1　传统电子产品开发简化流程图

　　电子产品的设计一般分为硬件设计、软件设计和外观及机械设计，这里主要介绍硬件设计。传统的硬件设计流程是这样的：先进行原理图设计，然后根据原理图设计印制电路板（Printed Circuit Board，PCB），这个过程需产生电路原理图、元器件清单、印制板图、硬件设计说明、软硬件接口文件等设计文件；接下来制作出 PCB 样板，完成裸板测试，再分步完成电路的焊接组装，进行功能模块测试；之后再进行整板测试，并结合软件设计结果进行联合调试与测试，如果测试指标能达到要求，硬件设计工作基本结束，如果还存在任何问题，则需要回过来检视原理图和 PCB 设计可能出现的问题，反复进行设计修正。

　　综合软件设计、硬件设计和外观及机械设计成果制作出的样机需要进行一次阶段评审，若评审通过则进入投产准备阶段。通常大批量投入市场的电子产品还需进行中试生产，即中间性试验生产阶段：小批量小规模生产产品，这个阶段关注的是生产工艺及制程。有些产品会在特定的群体（如研发人员）中进行试用，以获取相关数据，确定、完善技术规范或解决工业化、规模化生产关键技术。如果在样机评审或中试生产中出现任何问题，产品也都需要重新进行设计修正，如果发现决策失误甚至需要重新规划整个设计流程。

中试以后，正式生产之前，还需要经过多项鉴定与取证工作，以确保产品本身和产品的生产过程符合相关的法律法规和行业标准规范。取证以后，产品的设计开发工作才算彻底完成，可以进行大规模量产。

2. EDA 技术在电子产品开发中的应用

电子设计自动化（Electronics Design Automation，EDA）技术是在电子科学技术和计算机科学技术基础上交叉发展起来的先进技术，它汇集了电路和系统、数据库、计算机图形学、拓扑逻辑学、计算数学等多学科的最新成果，发展出了一系列帮助电子设计工程师完成电子产品设计的工具软件，它们统称为 EDA 软件。

现代 EDA 软件可以完成电路板自动布局布线、电路逻辑分析、仿真测试、故障模拟、芯片设计等工作，从 3 个方面对现代电子产品开发产生了重大的影响：第一，利用软件进行自动布局布线，大大减少了手工进行电路布局布线的工作量、降低了出错率；第二，专用集成电路 ASIC（Application Specific Integrated Circuit）和 IC 设计软件使开发人员可以根据用户的需求采用硬件编程来设计特定功能的芯片，从而简化了外部电路，提高了可靠性；第三，计算机仿真技术使设计项目可以在构建实际硬件电路之前进行原理图仿真、PCB 仿真等，将大量可能的错误消除在设计早期阶段、实物材料投入之前，从而大大降低了开发成本。因此，现代电子产品的开发流程在设计阶段与传统电子产品开发有了很大不同，其中硬件设计阶段如图 1-2 所示，流程看似复杂了，实际上缩短了开发周期，变得更高效了。

根据 EDA 软件的主要用途，它们可以被分成 3 个大类。

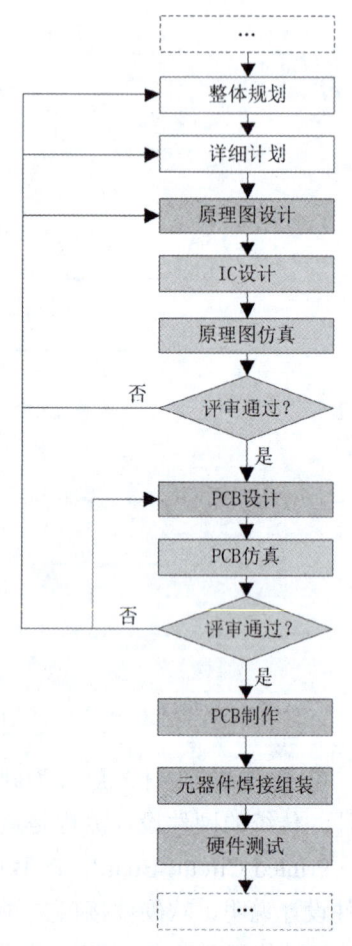

图 1-2　现代电子产品开发简化流程图（硬件设计部分）

第一类是 PCB 设计辅助软件，目前在国内使用较多的有 Altium Designer、Cadence allegro、PADS、EasyEDA 等。其中，Altium Designer 因其简单易学，操作人性化，在国内具有最大的市场占有率；Cadence allegro 使用较为复杂，但在制作高速电路板方面具有优势；PADS 在消费类电子产品，特别是手机产品设计的市场占有率非常高。

> **分享** EasyEDA：这是一款完全由中国团队独立研发，拥有完全的独立自主知识产权的 PCB 设计软件。作为一款云端 PCB 设计工具，EasyEDA 拥有强大的库文件，具有协同开发等功能，且简单易学、开源免费，不仅受到电子工程师和学生们的青睐，还拥有数量庞大的海外用户。它是在 PCB 设计领域，突破核心技术、打破海外巨头垄断的 EDA 软件佼佼者。感兴趣的读者可以尝试使用 EasyEDA 进行本书各个项目的 PCB 设计。

第二类是电路分析仿真软件，目前国内主流软件有 Multisim、Proteus、Tina-Ti 等。其中，Multisim 在模拟和数字电路虚拟仿真方面达到了行业最高水平，它有丰富且非常接近真实的虚拟仪器，也能支持 MCU 仿真，但与其出众的模拟和数字电路仿真功能相比要弱一些。而 Proteus 软件恰好在 MCU 仿真方面独具特色，支持单片机汇编语言的编辑/编译/源码级仿真，支持 8051、AVR、PIC、ARM 等多种 MCU 的仿真，也可以与第三方集成编译环境（如 IAR、Keil 和 Hitech）结合，进行高级语言的源码级仿真和调试。Tina-Ti 的特点是软件很小，操作最为简单，初学者很容易上手，由于 Tina-Ti 是为 TI 公司（德州仪器公司）量身定制的，所以拥有最全的 TI 元器件库。

第三类是 IC 辅助设计软件，被誉为"芯片之母"。目前排在前三的芯片设计软件分别为 Synopsys、Cadence 和 Mentor Graphics，占据了整个 EDA 市场份额 85% 以上，尤其是高端市场占比更高。在国产软件中，华大九天以模拟电路设计全流程 EDA 工具系统、数字电路设计 EDA 工具、平板显示电路设计全流程 EDA 工具系统和晶圆制造 EDA 工具四大系列产品稳居榜首，但离国际主流三大软件仍有较大差距，国产 EDA 软件的开发仍然任重而道远。

3. 现代电子产品生产过程

电子产品从设计图纸到变成产品大概需要经过两个大的步骤，第一是 PCB 的生产，第二是电子产品的组装。

PCB 的生产是将原始的覆铜板最终加工为 PCB 的过程，各种专业的加工设备根据设计好的 PCB 文件，对覆铜板进行切割、抛光、贴膜、曝光、显影、蚀刻、层压、钻孔、表面处理等方式的加工后，最终变成 PCB。PCB 制造的具体工艺流程将在项目 2 中介绍。

电子产品的组装是将元器件与机械零件等组装成部件，进而组装成整机的过程，关键的工作是将元器件安装到 PCB 上成为具有一定功能的电路板（PCBA）。电子产品的组装流程一般包含以下环节：元器件与 PCB 检验、元器件成型处理、锡膏印刷、SMT 贴片、回流焊、过孔器件插装、波峰焊、测试调试、检验和包装。

电子产品的组装分为机器自动组装与人工组装。随着电子元器件规范化、集成度的提高和表面贴装技术（Surface Mount Technology，SMT）的迅速发展，组装过程中需要人工组装的工作越来越少。在现代电子产品制造企业的流水线上，只有少数不规则元器件的插件、补焊、维修等环节还需要人工操作。

任务实施

线性稳压电源实验板设计与制作流程

对于线性稳压电源实验板，也需要先明确其开发流程，以便按部就班地开展工作。一旦决定启动设计，必须先了解设计指标，即用户需求，再进行方案设计，明确电路的组成部分，绘制出框图，确定各部分电路的基本形式，再进行详细的元件参数设计，形成原理图，为减少分析计算等过程中出现疏漏，随即进行原理图仿真，在仿真环境下对设计指标进行测试，确定指标达标后再进行 PCB 设计，然后制作出电路板样板，完成组装。组装后对样机进行测试，若达到指标要求，则设计结束，否则要返回之前的设计阶段重新检查修改。为确保设计顺利进行，在各个阶段需要把握住一些关键的产出，如图 1-3 所示。

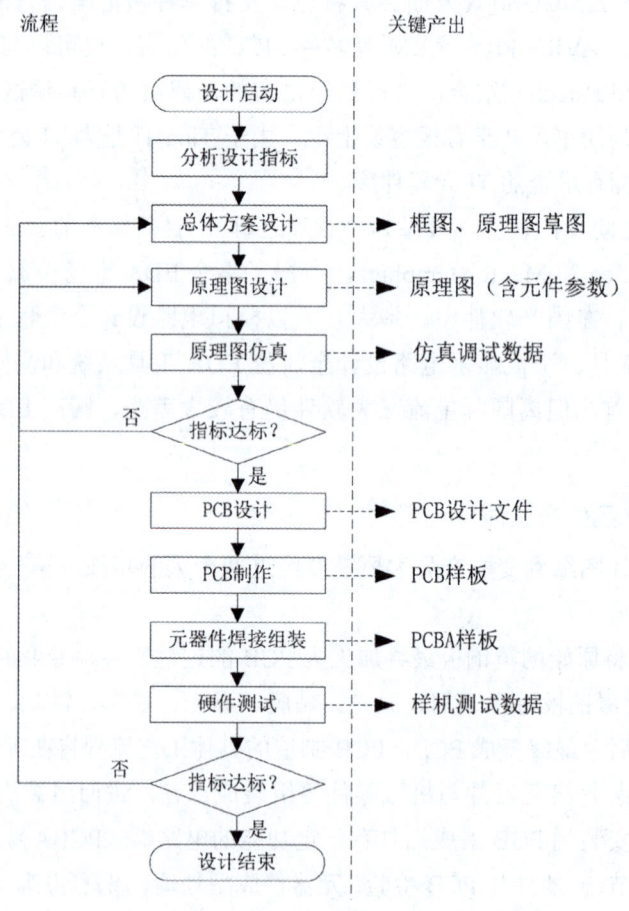

图 1-3　线性稳压电源实验板设计与制作流程图

思考题

EDA 软件的应用为什么可以缩短电子产品开发的时间？

任务 2　线性稳压电源实验板原理图及参数的仿真设计

任务描述

电子产品的功能一般由电路板和其上的电子元件来承载和实现，而原理图是设计电路板和选择电子元器件的基础，因此，原理图设计往往是人们需要最先面对的问题。线性稳压电源是一种典型的模拟电子电路产品，它具有结构简单、纹波噪声小、干扰小等优点，但电路结构和元件参数的差别也会使其性能指标有很大差异，那么，客户需求中的各项指标的意义如何？怎样进行线性稳压电源实验板的原理图设计，才能使产品达到客户指定的指标要求呢？

任务要求

- 理解稳压电源各项指标的意义。
- 用 Multisim 软件辅助完成线性稳压电源实验板的原理图设计。

知识链接

1. 稳压电源的技术指标

稳压电源的技术指标分为两类：一类是特性指标，另一类是质量指标。

电子产品开发流程与设计指标分析

（1）特性指标。

1）输入电压及其变化范围。输入电压及其变化范围是指电源正常工作对输入电压的要求。在本设计中这一指标要求为 220V±10%。

2）输出电压及其调节范围。直流稳压电源的输出电压及其调节范围决定了它的应用，根据输出电压可以将直流稳压电源分为固定式和可调式两种。在本设计中这一指标要求为 +3～+12V，连续可调。

3）额定输出电流。额定输出电流指直流稳压电源正常工作时的最大输出电流，它主要受两个方面的约束，一方面是电源本身的承受能力，超过最大允许电流可能引起电源自身内部电路烧坏；另一方面还要考虑输出电压的稳定性，由于电源内阻的存在，实际的稳压电源的输出电压都会随输出电流的增大而下降。但只要输出电流不大于额定输出电流，输出电压的下降应当很小，在可接受的范围之内，保证负载能正常工作。至于如何定义可接受的范围，一般取决于质量指标。在本设计中要求输出电流为 0～800mA，即要求额定输出电流大于或等于 800mA。

（2）质量指标。

1）稳压系数 K_U。稳压系数 K_U 是指在负载电流和环境温度 T 不变的条件下，稳压电源输出电压的相对变化量与输入电压的相对变化量之比，即

$$K_U = \left.\frac{\Delta U_O / U_O}{\Delta U_1 / U_1}\right|_{\substack{\Delta I_L=0 \\ \Delta T=0}} \qquad (1\text{-}1)$$

稳压系数表征了稳压电源对电网电压变化的抑制能力。

2）电压调整率 S_U。稳压电源对输入电网电压波动的抑制能力，也可用电压调整率表征。其定义为：负载电流 I_L 及温度 T 不变时，输出电压 U_O 的相对变化量与输入电压变化量的比值，即

$$S_U = \left.\frac{\Delta U_O / U_O}{\Delta U_1} \times 100\%\right|_{\substack{\Delta I_L=0 \\ \Delta T=0}} \qquad (1\text{-}2)$$

S_U 的单位是 %/V。K_U 和 S_U 越小，稳压性能越好。

电压调整率通常也表述为：在负载电流和温度不变时，输入电压变化 10% 时，输出电压的变化量，单位为 mV。

一般来说，一个稳压电源只需要给出稳压系数与电压调整率这两个指标当中的一个就可以了。

3）纹波电压。纹波电压是指输出直流电压中包含的交流分量，一般为毫伏级，用交流分量的有效值或峰-峰值表示。本设计要求纹波电压（有效值）小于或等于 10mV。

4）纹波系数 K_γ。常用纹波系数 K_γ 来表示直流输出电压中相对纹波电压的大小，其定义为

$$K_\gamma = \frac{U_{O\gamma}}{U_O} \qquad (1\text{-}3)$$

式中：$U_{O\gamma}$ 为输出直流电压中交流分量的总有效值；U_O 为输出直流电压。

5）输出电阻 R_O。当电网电压和温度不变时，稳压电源输出电压的变化量与输出电流的变化量之比定义为输出电阻，即

$$R_U = \left.\frac{\Delta U_O}{\Delta I_O}\right|_{\substack{\Delta U_1=0 \\ \Delta T=0}} (\Omega) \qquad (1\text{-}4)$$

输出电阻表征了稳压电源带负载能力的大小，R_O 越小，带负载能力越强。

6）负载效应。负载效应是指仅当由于负载的变化而引起输出稳定量的变化的效应。对于直流稳压电源，负载效应指电网电压和温度不变时，从空载到满载时输出电压的相对变化量，即

$$负载效应 = \left.\frac{|\Delta U_O|}{U_O}\right|_{\substack{\Delta T=0 \\ \Delta U_1=0}} \qquad (1\text{-}5)$$

负载效应也可以用来描述稳压电源带负载的能力，显然，负载效应越小，电源的输出稳定性越好，带负载能力越强。

一般来说，对于同一个稳压电源，输出电阻与负载效应这两个指标也只需给出其中的一个就可以了。在本设计案例中，要求负载效应小于或等于 5%，即要求仅当负载变化，引

起输出电流从 0（空载）变化到 800mA（满载）时，引起的电压下降不能超过 5%。

7）温度系数 S_T。温度系数是指输入电压与输出电流均不变，环境温度 T 变化引起的输出电压 U_O 的漂移量，常用温度每变化 1℃ 引起输出电压值变化来描述，单位为 V/℃ 或 mV/℃，即

$$S_T = \left| \frac{\Delta U_O}{\Delta T} \right|_{\substack{\Delta U_I=0 \\ \Delta I_O=0}} \quad (\text{V/℃}) \tag{1-6}$$

2. Multisim 仿真软件简介

Multisim 是美国国家仪器有限公司（即 NI 公司）推出的电路仿真软件，适用于模拟/数字电路的分析与设计工作。它具有电路原理图的图形输入、电路硬件描述语言输入等工作方式，具有丰富的仿真分析能力。并且，由于具备界面直观、操作方便、分析功能强大、易学易用等突出优点，它在高等院校得到迅速推广，成为学习电子电路设计的入门软件。下文将以 Multisim12 版本为例介绍软件的界面与应用。

Multisim 仿真软件简介

图 1-4 为 Multisim12 的主界面。正中间是电路工作区。电路与虚拟仪表等将被放置在这个区域中，仿真结果等也将在这个区域显示。电路工作区的下方是电子表格区，元件、电路节点和仿真结果等以表格的形式在此显示出来。

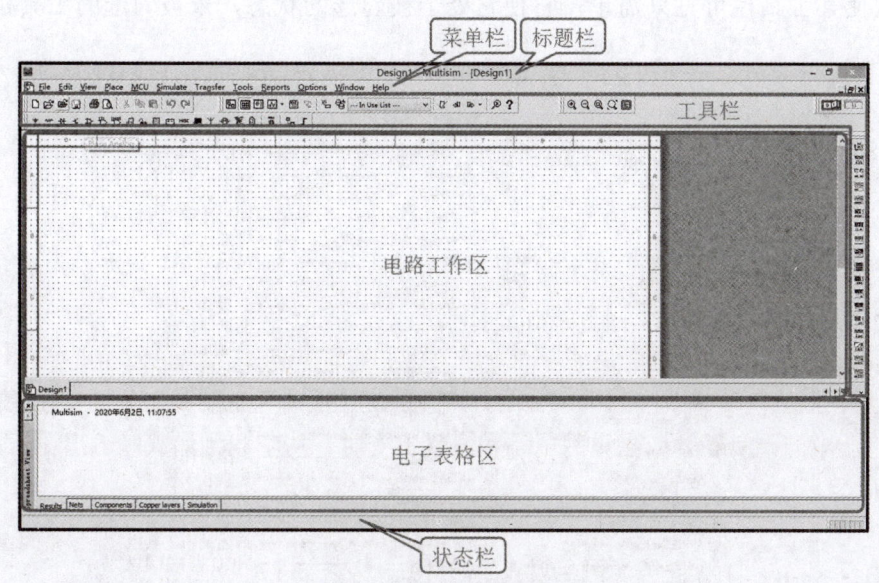

图 1-4 Multisim12 的主界面

整个界面的最上方是标题栏，标题栏正中间显示文件名。右侧是最小化、最大化和关闭三个常用 Windows 控制按钮。

标题栏的下方是菜单栏，由 12 个主菜单组成，通过这些菜单可以对 Multisim 的所有功能进行操作。除了 File（文件）、Edit（编辑）、View（视图）、Options（选项）、Help（帮助）

等 Windows 平台软件通用菜单外，还有几个电路仿真软件专用的菜单，这里着重对后者进行介绍。

Place（放置）菜单提供在电路工作区中放置元件、节点、导线、总线、端口等命令，是绘制电路的基本工具。

MCU（微控制器）菜单提供了电路工作区对 MCU（如单片机）的调试操作命令。

Simulate（仿真）菜单中包含了仿真的启停命令、各种虚拟仪表的放置、交互式和混合式仿真设置、19 种电路分析工具等。

Transfer（转换）菜单主要用于实现将 Multisim 中绘制的电路图向 NI 公司的另一电路设计软件 Ultiboard 的转化，这一软件主要用来进行 PCB 的设计。

Tools（工具）菜单主要包含对元器件进行编辑与管理的命令，如元器件向导、数据库的管理、电路的电气规则检查等，其中还包含电路向导这个特色工具，对初学者非常有用。它可以对由 555 定时器构成的单稳态电路、无稳态电路、无源滤波器、运算放大器基本电路、双极型三极管共射放大电路进行参数设计并自动生成电路。

菜单栏下方是 Multisim 的快捷工具栏。默认被打开并常用的工具栏有：标准工具栏、主工具栏、仿真开关栏、元件工具栏、视图查看工具栏和仪器工具栏。所有工具栏的显示或隐藏可以通过 View（视图）菜单中的 Toolbars（工具栏）子菜单加以选择，如图 1-5 所示，欲使某工具栏可见只需单击它使它处于被勾选的状态，未被勾选的工具栏则处于隐藏状态。

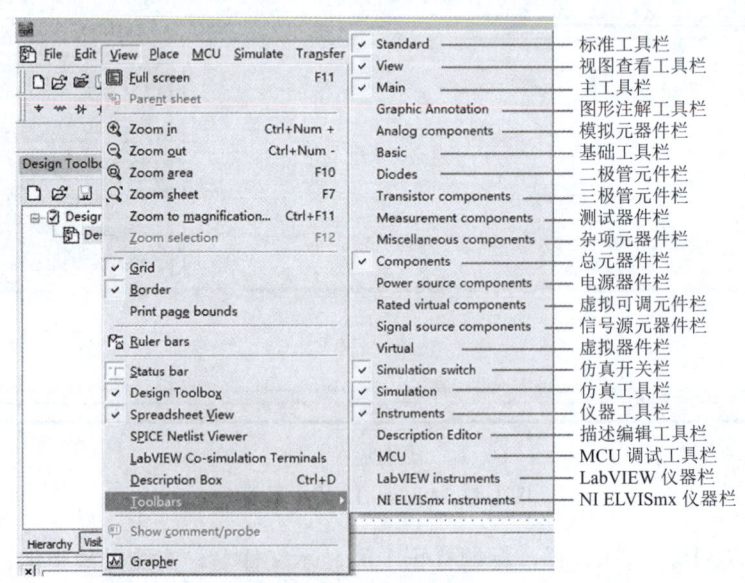

图 1-5　View（视图）菜单中的 Toolbars（工具栏）子菜单

图 1-6 是标准工具栏，它包含了常见的文件操作和编辑操作。

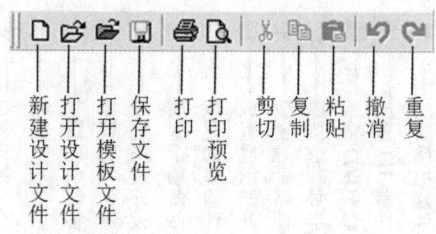

图 1-6 标准工具栏

图 1-7 是主工具栏，它包括一些窗口的显示与隐藏控制按钮、元器件管理工具、与 Ultiboard 关联的工具和帮助功能按钮。

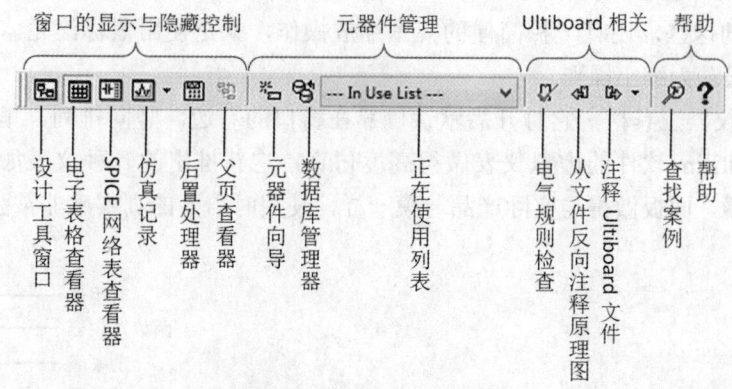

图 1-7 主工具栏

图 1-8 是仿真工具栏与仿真开关栏，它们可以控制仿真的开始、停止和暂停。在不使用 MCU、不需要进行软件调试的情况下，仅使用仿真开关栏即可完成仿真控制。默认情况下也只显示仿真开关栏。

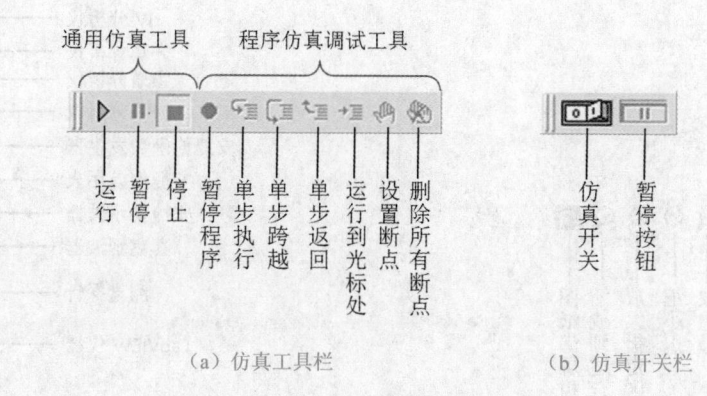

（a）仿真工具栏　　　　　（b）仿真开关栏

图 1-8 仿真工具栏与仿真开关栏

图 1-9 是元件工具栏，通过它可以选择和放置各种元器件。

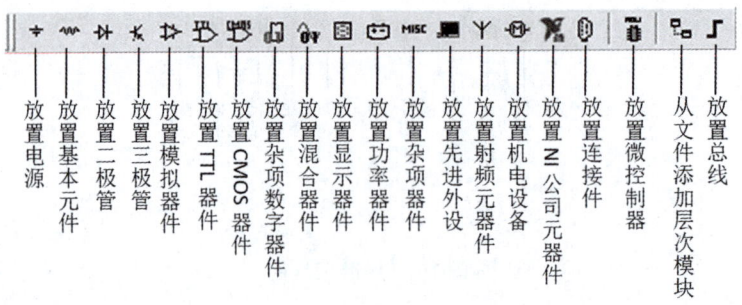

图 1-9 元件工具栏

图 1-10 是视图查看工具栏，用户可以通过它来对电路进行缩放和查看不同大小的区域。除了工具栏里的这些，还有一种简便的视图缩放操作，就是使用鼠标滚轮。滚轮向上滚动为放大，向下滚动为缩小操作。

图 1-11 是仪器工具栏，它打开后默认停靠在窗口的右边，竖向排列，里面包含了各种虚拟仪表。Multisim 软件的虚拟仪表做得高度仿真，它新推出的几种仪表如安捷伦的数字万用表和示波器，面板做得与实际产品一模一样，使用时给人的真实感非常强烈。

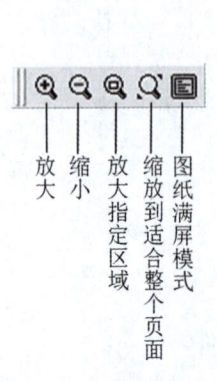

图 1-10 视图查看工具栏

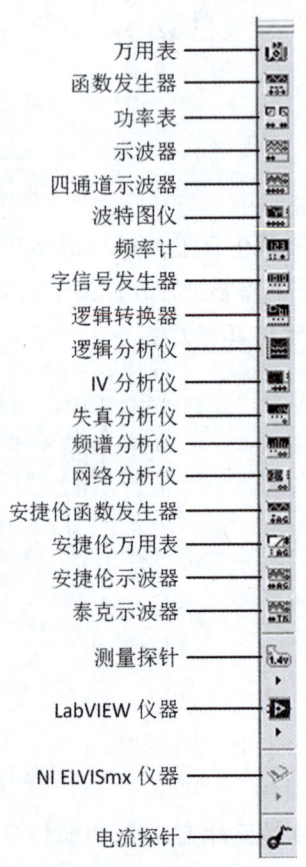

图 1-11 仪器工具栏

需要特别说明的是 Measurement Probe（测量探针）工具 。将探针放置在电路中的某段导线上，就可以测出该点处信号的电压和电流的平均值、峰 - 峰值、直流分量、频率等多种特征值，它是一种非常便捷的分析工具。不过，在 Multisim14 版本中，Probe（探针）工具被从仪表工具栏中移到了 Place 菜单中。

Multisim12 的工具栏多达 22 个，这里就不一一介绍了，读者可以到 View 菜单下的 Toolbars 子菜单下，逐一勾选来进行研究和熟悉，并根据自己的习惯选择将一些工具栏显示出来，让使用更方便快捷。

电子表格区用于展开各种电子表格，包括仿真结果、电路的网络表、元件表等。如果不需要，也可以单击电子表格区左上角的"×"按钮将其关闭，如图 1-12 所示。需要用到时，可以通过勾选 View 菜单中的 Spreadsheet View 选项打开。

Multisim12 主界面的最下方是状态栏，这里有一个很重要的信息，就是仿真的时间进程，如图 1-12 所示。这是在仿真过程中需要关注的重点内容。

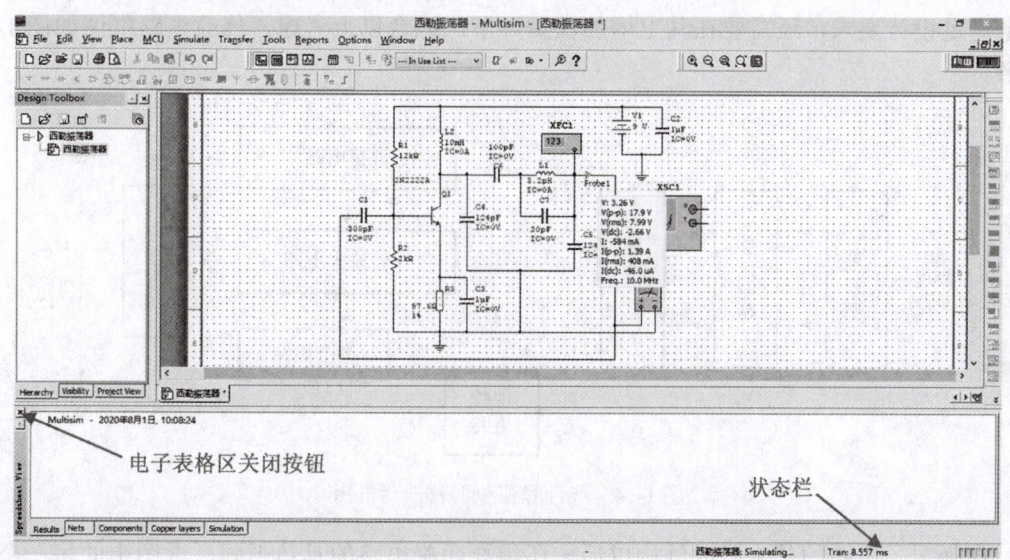

图 1-12　电子表格区与仿真时间进程栏

任务实施

1. 整体方案设计

电子电路的设计需要根据已有的知识基础，或者借鉴前人成功的电路，或者基于成本等因素的考虑，确定大致方向，明确电路由哪些基本的组成部分构成，选用哪些关键的电路元件或组件等，这就是整体方案设计。若涉及软件部分，还需要确定程序设计的基本思路。

设计方案的制定

具体到线性稳压电源的设计，由模拟电路的知识可知，线性稳压电源一般具有图 1-13 所示整体结构。它因电压调整电路中的晶体管工作于线性放大状态而得名。这种电源的特点是：输出电压比输入电压低，反应速度快，输出纹波较小，工作产生的噪声低，但同时效率较低，发热量较大。

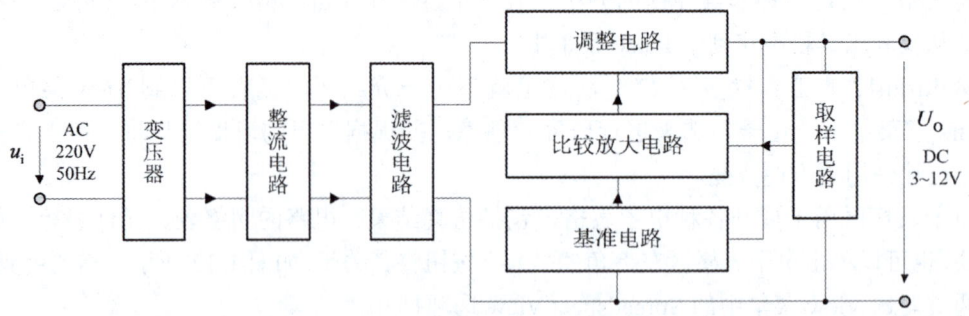

图 1-13　线性稳压电源一般框图

根据设计要求，超出最大输出电流 20% 时立即限流保护；显然图 1-13 所示结构还不能完全满足设计要求，还需要在其上增加保护环节，综合以上考虑，修改电路框图如图 1-14 所示。

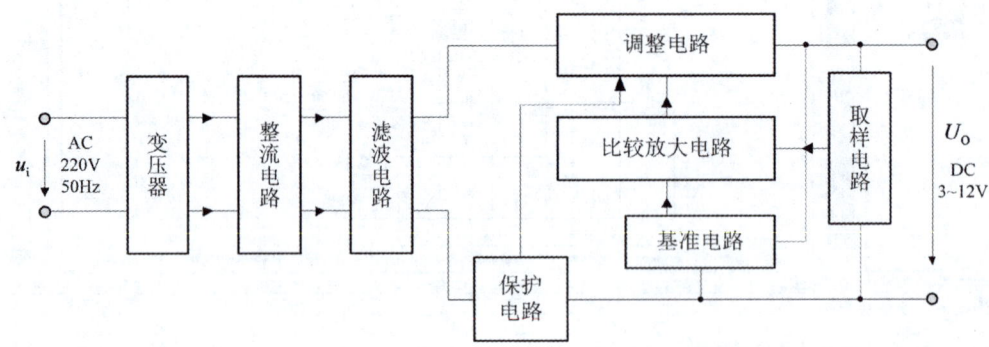

图 1-14　线性稳压电源修改后框图

在确定了电路的基本组成结构以后，还需要明确电路的具体形式，框图中的每一个电路模块可能都有不止一种具体实现形式。例如，整流电路可以选用整流桥堆模块，也可以使用分立的整流二极管；调整电路可以选用集成稳压模块，也可以选用晶体管；比较放大电路可以使用晶体管，也可以使用运算放大器。这些都需要通过比较不同方案的性能、成本，并结合自身的设计能力等，逐个确定。

这里从成本和设计练习的角度考虑，全部选用分立元件，初步确立电路原理图的基本形式如图 1-15 所示。图中 $VD_1 \sim VD_4$ 构成整流桥，C_1 的作用是电容滤波，VT_1、VT_2 组成复合管，构成调整电路。R_2 和 VD_5 提供基准电压，R_5、R_{P1} 和 R_6 构成取样电路，VT_3 是比较放大管，R_3、R_4 与 VT_4 构成过流保护电路。C_2 将 VT_2 的基极连接到地，防止发生自激振荡影响电路工作的稳定性。C_3 是输出端滤波电容，作用是使信号更平滑。图 1-15 还只是根据模拟电路知识绘制的线性稳压电源的草图，其工作原理请读者参阅模拟电子技术相关书籍，在此不再赘述。图中所有元件参数还需根据设计指标要求一一确定。

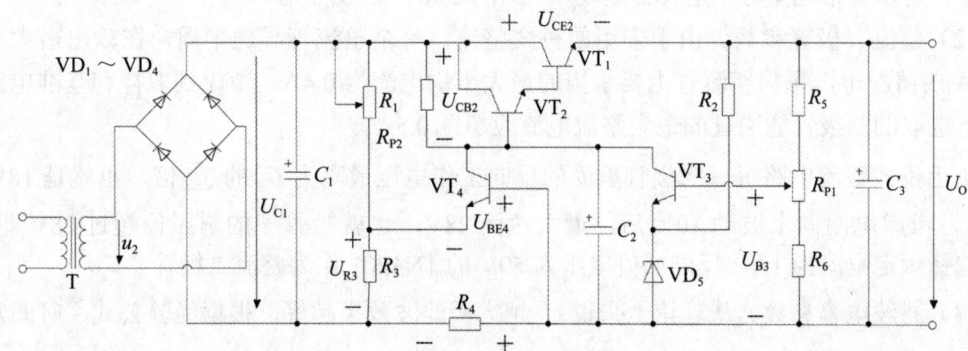

图 1-15 线性稳压电源原理草图（无参数）

2. 电路元件参数的设计

电路元件参数设计需要设计者有一定的专业基础知识和较强的分析计算能力。线性稳压电源电路中各参数的设计过程如下，电路中的许多参数值并非唯一结果，此处仅供参考。

电路的参数设计

（1）变压器参数。变压器的选择主要基于以下考虑：图 1-15 中调整管 VT_1 上电压 U_{CE1} 需要大于 3V 以保证工作在放大区，整流滤波电路可能带来 2V 以下的电压波动，输出电压最高 12V，可以得到整流滤波后电压 U_{C1} 最小值 U_{C1min} 应为

$$U_{C1min} = 12 + 3 + 2 = 17（V）$$

U_{C1} 大于等于 17V 就可以确保，即使整流滤波电路向下波动 2V，VT_1 仍能导通并输出所需要的最高电压 12V。

在滤波电容取得合适的情况下，根据变压器二次电压有效值 U_2 与滤波后电压 U_{C1} 关系的经验公式 $U_{C1} = 1.2U_2$，因此 U_2 的最小值 U_{2min} 为

$$U_{2min} = \frac{U_{C1}}{1.2} = \frac{17}{1.2} = 14.2（V）$$

由于设计要求在电网电压向下波动 10% 的情况下仍能达到这个值，再扩充 10% 的余量，即保证 U_2 可以达到 15.7V。在不专门定制的情况下，在最常见型号中选择输出 18V 的变压器。

除此以外，还要考虑变压器的额定功率。选定输出 18V 的变压器，遇到电网电压向上波动 10% 时，滤波后的电压 U_{C1} 最大可以达到

$$\begin{aligned} U_{C1max} &= (1+10\%) \times 1.2 \times U_2 \\ &= 1.1 \times 1.2 \times 18 \\ &= 23.76（V） \end{aligned}$$

电源要求的最大输出电流为 800mA，将取样和基准等电路的分流控制在 200mA 以下，变压器输出功率至少要能达到

$$P_{Omax} = 23.76V \times (800mA + 200mA) = 23.76W$$

考虑效率约 0.7，应选择输入总功率大于 34W（23.76/0.7）的变压器。在不专门定制的情况下，可以在常见型号中选择额定功率 35W 或 40W 的变压器。

（2）整流二极管参数。由于采用的桥式整流，每个整流管导通半周，在输出最大电流 800mA 的情况下，每只整流管上要承担的最大平均电流为 0.4A，考虑到取样和基准电路的电流，选取的二级管能通过的最大整流电流应超过 0.5A。

由于桥式整流电路每只二极管承受的反向工作电压最高为 U_2 的 $\sqrt{2}$ 倍，也就是 18V 的 $\sqrt{2}$ 倍，考虑电网向上波动 10% 后，最大达到 28V，也就是管子的耐压值超过 28V 即可，这里选择额定电流为 1A，反向峰值电压为 50V 的 1N4001 作为整流二极管。

（3）滤波电容参数。从理论上来说 C_1 越大，滤波效果越好。根据经验公式，时间常数 $\tau = RC_1 \geq (3 \sim 5)\dfrac{T}{2}$，就基本可以达到平滑滤波的效果，其中 T 为交流电的周期，R 为与 C_1 并联的等效电阻，如图 1-16 所示。设计时应当在最不利的情况下来计算电容的值。当负载最大，也就是负载电阻越小时，等效电阻 R 也越小，需要的滤波电容越大，为此选择在负载最大的情况下来计算所需滤波电容的值。此时输出电流 800mA，考虑电路中其他支路分流，近似认为流向 C_1 后方的电流 I_R 约 1A，选定输出 18V 的变压器后，

$$U_{C1} = 1.2U_2 = 1.2 \times 18 = 21.6\,(V) \tag{1-7}$$

即等效电阻 $R = U_{C1}/I_R$，约为 21.6Ω。将时间常数计算公式中的系数取 5，交流电周期为 0.02s，可以计算出：

$$C_1 \geq \dfrac{5T}{2R} = \dfrac{5 \times 0.02}{2 \times 21.6}\,F = 2.3\,(mF)$$

滤波电容承受的最大电压就是之前计算过的 U_{C1} 的最大值 23.76V，因此选择电容标准系列中的 3300μF/25V 的铝质电解电容。

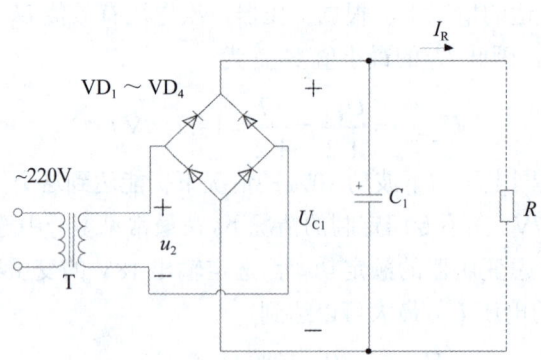

图 1-16　计算滤波电容的等效电路

（4）调整管的参数。调整管参数要从电流、耐压和耗散功率加以考虑。因为负载所需电流全部从调整管输出，基准电路和取样电路也需要分流，调整管上输出电流较大，所以调整管采用小功率管驱动大功率管的复合结构。根据设计要求，在有保护情况下，电流最大可能达到比 800mA 再高出 20%，即 960mA，大功率管 VT_1 集电极最大电流 I_{CM1} 应大于

此值。考虑到输出端短路时，滤波后的电压 U_{C1} 几乎全部降落在调整管上，VT_1 的集电极-发射极反向击穿电压 $U_{BR(CEO)1}$ 应大于 U_{C1} 的最大电压 23.76V，VT_1 耗散功率则应当大于 $U_{BR(CEO)1}$ 与 I_{CM1} 的乘积，约 23W。查阅相关元器件手册后，选择大功率管 D880，其极限参数为 60V/3A/30W，放大倍数为 $60<\beta<300$。

对于 VT_2 管，其集电极电流 I_{C2} 等于 VT_1 的基极电流，也就是 VT_1 集电极电流的 $1/\beta$。在输出超载 20%，即 VT_1 集电极电流为 960mA 的情况下，当 VT_1 的放大倍数取最小值 60 时，VT_2 的集电极输出电流最大，也不会超过 960/60=16mA，集电极最大电流 I_{CM2} 只需大于等于此值。VT_2 的集电极-发射极间承受的电压比 VT_1 略小，约 23.76-0.7=23.07（V），其反向击穿电压 $U_{BR(CEO)2}$ 应大于此值，其耗散功率不会超过 $U_{BR(CEO)2}$ 与 I_{CM2} 的乘积，约 0.38W，选择最常见的小功率管 9013 就可以胜任，9013 的极限参数为 25V/0.5A/0.625W，放大倍数为 $64<\beta<300$。

（5）基准电路参数。考虑稳压管 VD_5 的稳压值应该小于最小输出电压 3V，为保证 VT_3 处于放大状态，其基极、发射极间还有 0.7V 的压降，因此 VZ 应小于 3V-0.7V=2.3V，可以选择 2V 的稳压管，也可以用正接的普通硅二极管代替，此处就选择 1N4001 正接代替稳压管，它在电流小于 100mA 时，两端电压保持在 0.6～0.75V 之间，基本稳定。

R_2 是稳压管的限流电阻，R_2 的取值在保证 1N4001 导通的基础上可以尽可能地大，这样既可以避免二极管电流过大，还可以避免基准电路过分增加 VT_1 管的电流，带来不必要的电源内部损耗。查阅 1N4001 手册可知，正向导通电流至少需要约 10mA。为了在输出电压最小（3V）的情况下仍能保证 10mA 的电流，R_2 不应超过 (3-0.7)V/10mA=230Ω，在常见电阻序列中，选取 R_2=220Ω。

（6）取样电路参数。由于取样电路与输出端是并联的，考虑尽量不增加电源总功率，取样电路的电流也应远小于 800mA，但取样电路的电流也不宜太小，应使其远大于 VT_3 的基极驱动电流，使 VT_3 的基极电流对取样电路的分流几乎可以忽略不计，不影响取样比例。由于 VT_3 的基极电流通常只有几十微安，取样电流达到毫安级就已足够。将最大取样电流控制在 10mA 以下，由于取样电流最大时对应输出电压为 12V，可以计算取样电路总电阻的范围：

$$R_5 + R_{P1} + R_6 \geq \frac{12V}{10mA} = 1.2k\Omega$$

这里为方便运算取 $R_5 + R_{P1} + R_6 \approx 1.5k\Omega$。

接下来看电阻值在三个元件上的分配。应当指出，设计指标要求输出为 DC：3～12V，电源实际指标只能比这个范围宽，不能比之窄。也就是输出电压上限应当高于 12V，而下限应当低于 3V，才算达到指标要求。

先来分析上限，由于 VT_3 基极电位 U_{B3} 被 VT_3 的发射结和二极管 VD_5 两个 PN 结钳位在了 1.4V，当电位器 R_{P1} 的滑动端调到图中最低位置时，按照分压比，输出电压为

$$U_O = U_{B3} \times \frac{R_5 + R_{P1} + R_6}{R_6} = U_{Omax} \qquad (1-8)$$

应当是输出电压最大的时候，从不等式 U_{Omax}>12V 可以解出，R_6>175Ω，这里取常见电阻 150Ω。

再来分析下限，当电位器 R_{P1} 的滑动端调到图中最低位置时，输出电压 U_O 取式（1-9）值时是输出电压最小的时候。

$$U_O = U_{B3} \times \frac{R_5 + R_{P1} + R_6}{R_6 + R_{P1}} = U_{Omin} \qquad (1-9)$$

此最小电压应小于 3V，从不等式 U_{Omin}<3V 可以解出，$R_{P1}+R_6$>700Ω，由于之前已为 R_6 取值 150Ω，R_{P1} 应当大于 550Ω，为方便调节，这里选择带手柄的 1kΩ 电位器。取好 R_6 和 R_{P1} 后，由总电阻 1.5kΩ，很容易计算出 R_5 为 350Ω，这里取最接近的标称电阻，330Ω。

将所选各参数代回式（1-8）和式（1-9）进行验证，可以得到输出电压范围为 1.8～13.8V。完全可以满足 3～12V 的输出电压范围需求。

（7）比较放大电路参数。由于只要将取样结果与基准电压的差值反映到调整管，驱动调整管进行电压修正，比较放大电路的三极管通过的电流、承受的电压都不大，所以选择最常见的低频小功率管就可以了，这里也选用 9013。

接下来设计电阻 R_1 的值。为避免对取样电路产生影响，VT_3 基极电流 I_{B3} 应远小于 R_5 的电流。从取样电路的参数可以得到取样电路的最小电流约为 2mA，令 I_{B3}<0.2mA。考虑 VT_3 的离散性，取 VT_3 放大倍数最小（$\beta = 64$）的情况，可以计算得 VT_3 集电极电流 I_{C3}<12.8mA。即当 I_{C3}<12.8mA 时，可以确保 VT_3 基极分流对取样电路几乎无影响。而 R_1 上的电压即调整管 VT_2 的集电极到基极的压降 U_{CB2}。其最大值为

$$\begin{aligned} U_{CB2(max)} &= U_{C1(max)} - U_{BE1} - U_{BE2} - U_{Omin} \\ &= 23.76 - 0.7 - 0.7 - 3 \\ &= 19.36 \text{（V）} \end{aligned}$$

从不等式 $I_{C3}=U_{CB2}/R_1$<12.8mA 可以计算得 R_1>1.5kΩ，这里取 3kΩ。

（8）保护电路参数。电路过流保护的机制是，当输出电流也就是电流取样电阻 R_4 上的电流超过最大工作电流 800mA 的 20%，即 960mA 时，VT_4 导通以降低调整管 VT_1 和 VT_2 的基极电位。

为避免保护电路产生的分压影响输出电压，电流取样电阻 R_4 的取值必须很小，这里取 1Ω。注意 R_4 上的电流可以达到 800mA×1.2=0.96A，功率可以接近 1W，因此选用额定功率 1W 的电阻。

由于 R_4 很小，保护管 VT_4 上承受的电压和流经的电流也很小，所以也选用常见低频小功率管 9013。

接下来确定 R_3 和 R_{P2} 的值。VT_4 导通时，由图 1-15 可知 R_3 与 R_4 上压降的关系为

$$U_{R3} = U_{R4} - U_{BE4} = U_{R4} - 0.7V$$

电路在 R_4 上的电流达到 960mA 时启动过流保护，此时 U_{R4} 为 0.96V，则需要 U_{R3} 约为 0.26V。在未启动保护时，R_3 和 R_{P2} 所在支路的电流不宜过大，以免增大电源的功耗。这里

选择在几十毫安的数量级。令 $R_3=10\Omega$，则支路电流为 $0.26\text{V}/10\Omega=26\text{mA}$。

由图 1-15 及式（1-7）可知，R_{P2} 上的压降

$$U_{RP2} = U_{C1} - U_{R4} = 21.6 - 0.26 = 21.34 \text{（V）}$$

因此

$$R_{P2} = \frac{U_{RP2}}{I_{B3}} = \frac{21.34\text{V}}{26\text{mA}} \approx 820\Omega$$

此处选用电位器是考虑到启动保护后，R_3 的电流会增加，按上述计算的参数进行设置，电压可能高于 0.26V，使过流保护不能在规定值启动，三极管参数的离散性，也使计算过程中 $U_{BE4}=0.7\text{V}$ 并不准确，因此选用电位器使限流大小可微调。这里要特别说明的是，在本设计后续的样机装调过程中，发现了这里的一个设计缺陷，即 R_{P2} 调到过小时，导致电流过大可能烧坏 VT_4 和 R_3，因此这里对电路进行了改良，选择 500Ω 电位器与 680Ω 固定电阻串联代替单一的 R_{P2}，消除了这一潜在的危险。

根据以上参数计算，确定电路原理图如图 1-17 所示。

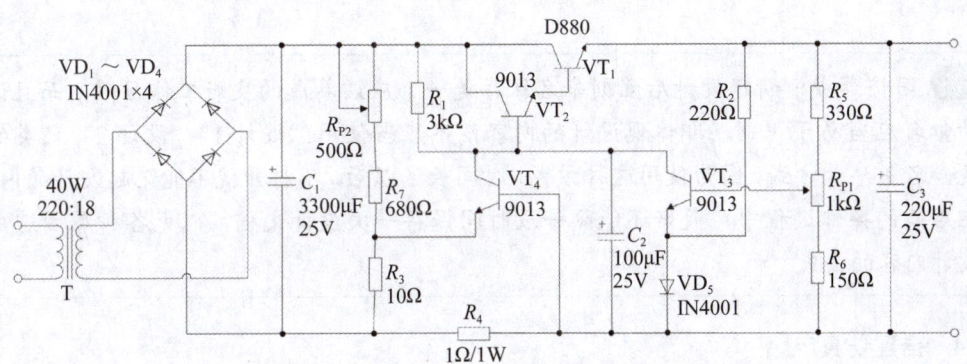

图 1-17　线性稳压电路原理图（带参数）

其中，100μF 电容 C_2 用来消除电路可能产生的自激振荡，220μF 电容 C_3 是输出端滤波电容，用于进一步改善波形。

3. 创建 Multisim 仿真文件

单击标准工具栏中的"新建设计文件"按钮，将弹出一个新的设计图纸，如图 1-18 所示。从设计管理窗、顶端标题栏和界面标签处都可以看到，新设计被默认命名为"Design1"，如果已有打开的"Design1"，新设计会被默认命名为"Design2"，依次类推。

接下来在绘图之前，应当将新设计重新命名保存，单击标准工具栏中的"保存文件"按钮，在弹出的 Save As 对话框中，选择合适的路径，输入合适的名字如"线性稳压电源"后单击"保存"按钮，完成设计文档的命名保存。设计保存后设计管理窗、顶端标题栏和界面标签处都会更改为新的设计文件名，如"线性稳压电源"。

使用 Multisim 对原理图进行仿真

电子产品设计与制作

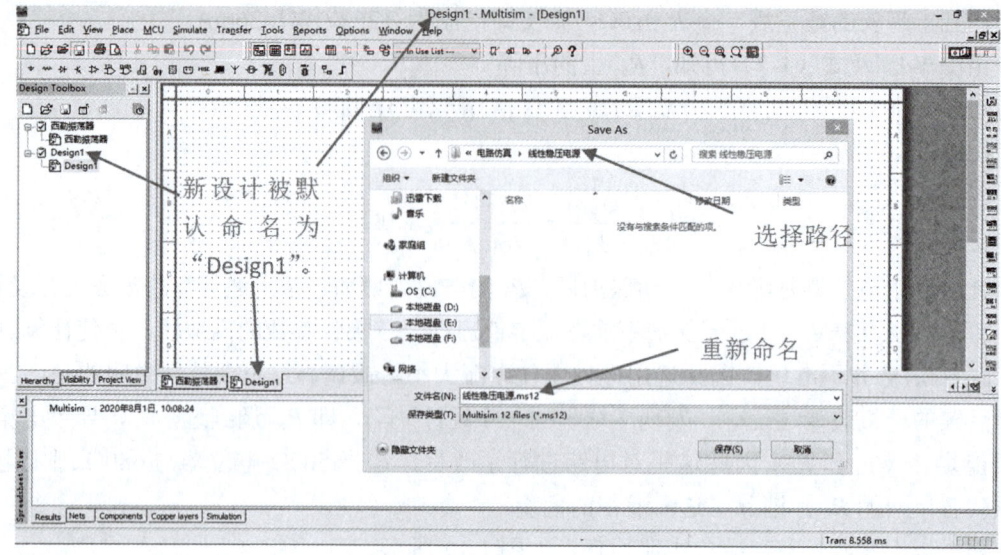

图1-18　新建设计图纸

> **分享**　习惯养成：新建设计后立刻命名保存是一个应该养成的良好工作习惯，而且设计的命名应当易于识别，即体现设计的内容，不应当使用"设计1""设计2"之类的笼统命名+序号方式，因为使用这种方式，时间长了以后，不打开就不能记起设计的内容。在后续的操作过程中，最好还能隔一段时间保存一次设计文档，以免各种原因造成的设计内容的丢失。

4. 搭建仿真电路

（1）放置元器件。在 Multisim 中放置元器件只需单击元器件工具栏中对应的按钮即可进入"选择元器件"对话框。以线性稳压电源电路中的二极管 VD_1 为例，它的型号是 1N4001。单击元器件工具栏中的"放置二极管"按钮 ⊬，在弹出的"选择元器件"对话框中可以找到 1N4001。这里需要先来看一下 Select a Component（选择元器件）对话框（图1-19）。

Multisim 软件是按照 Database（库）/Group（类）/Family（族）/Component（元器件）四层来进行管理的。例如 1N4001 属于 Master Database（主元件库）/Diodes（二极管类）/DIODE（普通二极管族），在 Component 框中输入 1N4001 搜索，可以找到此元件。需要指出的是，元器件工具栏中的不同按钮对应的就是不同的类。如果不清楚一种元件所属的类，可以单击元器件工具栏中任意一个类对应的按钮，进入"选择元器件"对话框后，在 Group 的下拉选项中选择 All 选项，再到 Family 中逐个查找。另外，只要正确地选择了元件所属的类并且知道元件名，就可以在 Component 框中，输入元件名查找到元件。还可以使用通配符"*"和部分元件名进行模糊查找，例如，在 Component 框中，输入"*4001"也可以找到 1N4001 这个二极管，如图1-20所示。

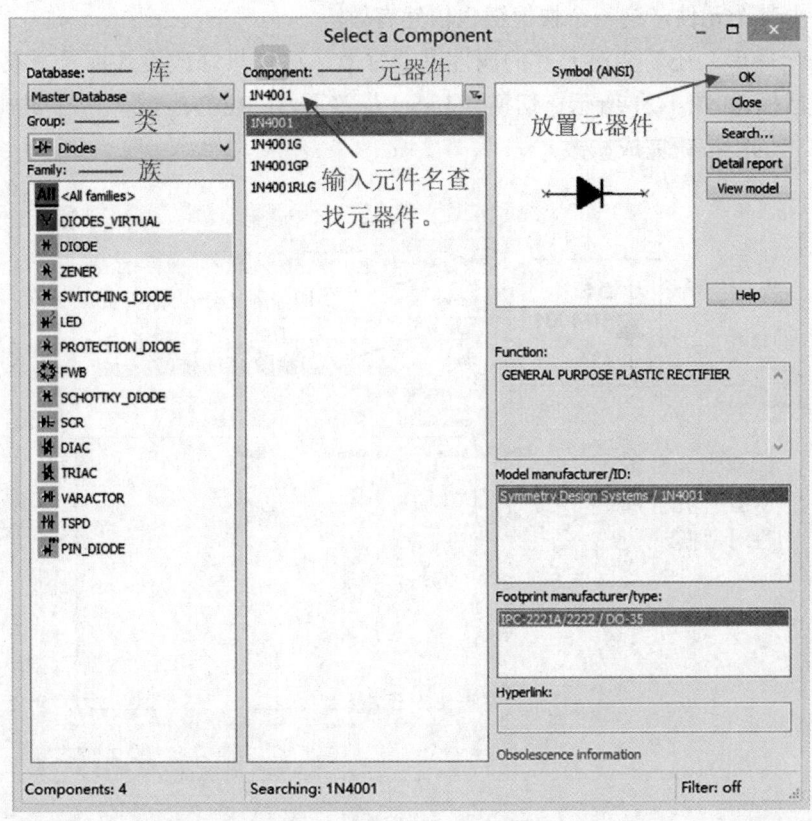

图 1-19 "选择元器件"对话框

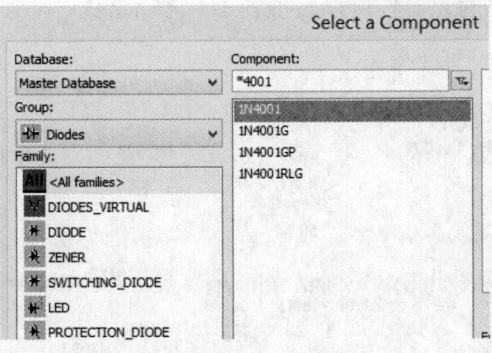

图 1-20 元器件的模糊查找

找到需要的元器件后,可以在"选择元器件"对话框右边察看它的符号(Symbol)、功能(Function)、制造商(manufacturer)等信息,确认无误后,单击右上角的 OK 按钮,之后元件将粘在鼠标的光标上,移动到图纸的合适位置后,单击就可以放置下这个元件了。在放置元件之前,还可以对这个元件的方向进行调整,调整的快捷键是 Ctrl+R(顺时针旋转 90°)、Alt+X(水平方向翻转)、Alt+Y(竖直方向翻转)。在以后的编辑过程中,只要用鼠标左键选中某个元件，这三个快捷键也依然有效。

　　放置好元件后，还需要对元件的属性进行修改，这里只修改设计标号。双击元件符号打开属性对话框，如图 1-21 所示。切换到 Label 标签页，在 RefDes（标号）栏内修改其标号，如 VD1，单击 OK 按钮完成修改。

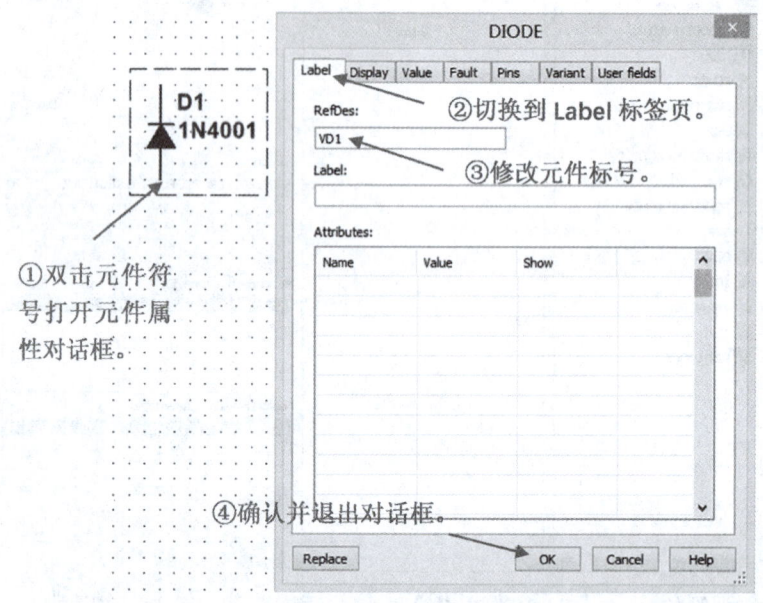

图 1-21　修改元件标号

　　读者可以按照上述方法将线性稳压电源电路的所有元件放置到图纸中，如图 1-22 所示。初次使用的读者对不熟悉的元器件可以参考表 1-1 进行查找。

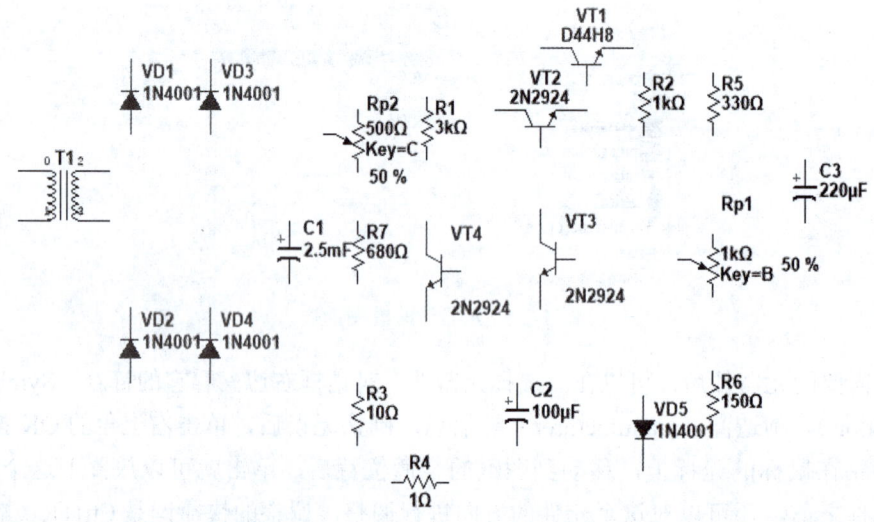

图 1-22　放置线性稳压电源的所有元件

表 1-1　线性稳压电源电路元器件列表

元件标号	元件描述	Group（类）	Family（族）	Component（元件）
T1	TS_XFMR1	Basic	TRANSFORMER	1P1S
VD1	1N4001	Diodes	DIODE	1N4001
VD2	1N4001	Diodes	DIODE	1N4001
VD3	1N4001	Diodes	DIODE	1N4001
VD4	1N4001	Diodes	DIODE	1N4001
VD5	1N4001	Diodes	DIODE	1N4001
R1	3kΩ	Basic	RESISTOR	3k
R2	1kΩ	Basic	RESISTOR	1k
R3	10Ω	Basic	RESISTOR	10
R4	1Ω	Basic	RESISTOR	1
R5	330Ω	Basic	RESISTOR	330
R6	150Ω	Basic	RESISTOR	150
R7	680Ω	Basic	RESISTOR	680
C1	2.5mF	Basic	CAP_ELECTROLIT	2.5m
C2	100μF	Basic	CAP_ELECTROLIT	100u
C3	220μF	Basic	CAP_ELECTROLIT	220u
VT1	D44H8	Transistors	BJT_NPN	D44H8
VT2	2N2924	Transistors	BJT_NPN	2N2924
VT3	2N2924	Transistors	BJT_NPN	2N2924
VT4	2N2924	Transistors	BJT_NPN	2N2924
Rp1	1kΩ	Basic	POTENTIOMETER	1k
Rp2	500Ω	Basic	POTENTIOMETER	500

　　这里要对几个元件的选取作特别的说明。第一类元件是变压器 T1，需要对其初次级线圈的匝数比进行设定。双击打开 T1 的元件属性对话框，切换到 Value 标签页，将其次级与初级线圈的匝数比修改为 18/220=0.082，操作过程如图 1-23 所示。

　　第二类元件是三极管，之前设计的三极管 9013 与 D880 在 Multisim 的仿真库中找不到，这里要选择相近的型号替代，因为主要目的是进行仿真，只要主要参数相兼容即可。这里用来替代 9013 的是 2N2924，替代 D880 的是 D44H8。如何判断可以用这两种型号的管子替代呢？以 9013 为例，在电路设计时，已经知道 9013 的极限参数为 25V/0.5A/0.625W，放大倍数为 64<β<300。

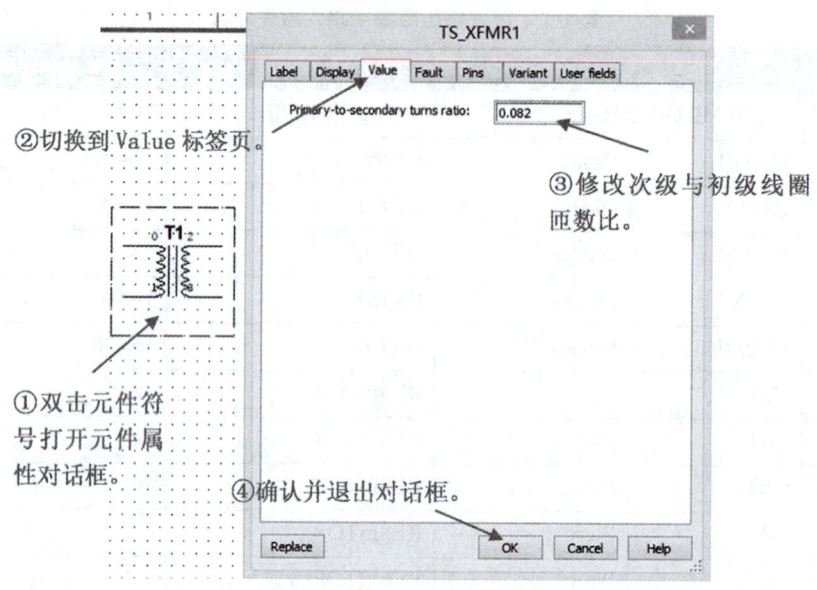

图 1-23 修改变压器参数

在放置三极管元件时,在"选择元器件"对话框中,可以逐个查看常用三极管的参数,如图 1-24 所示。例如,选择 2N2924 后,单击右侧的 Detail report(详细报告)按钮,仔细查看弹出的报告窗口,可以发现 2N2924 的极限参数为 25V/0.5A/0.6W,放大倍数为 $150<\beta<300$,与 9013 基本匹配。

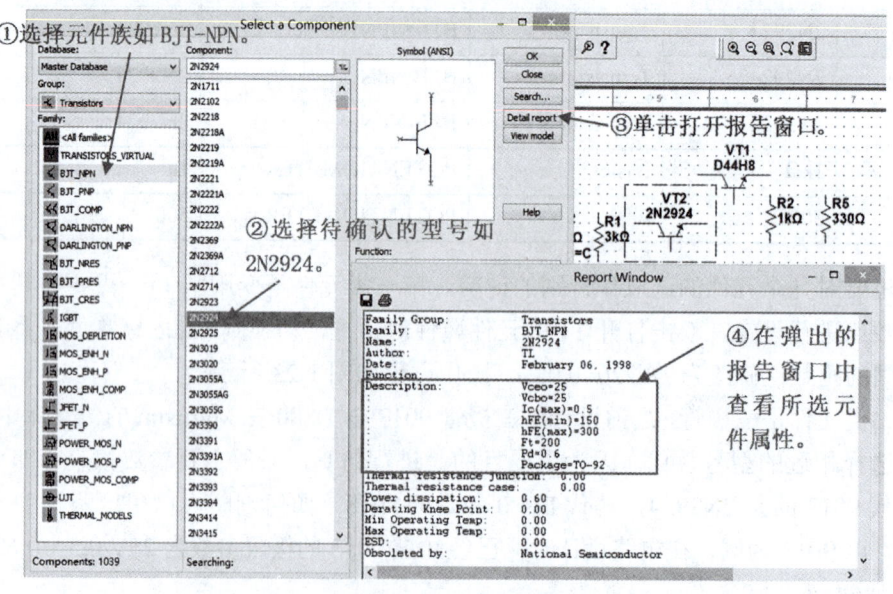

图 1-24 查看元件的 Detail report(详细报告)

读者可以自行尝试查看 D44H8 的 Detail report,判断其是否可以替代 D880。

（2）连接线路。放置完元器件后，就可以绘制导线，连接线路了。Multisim 连接导线的操作非常简单，当鼠标指针靠近元件的引脚时，鼠标指针会由箭头形状变化为✚形状，这时单击，就会从该元件引脚处引出一根导线，移动鼠标，导线会随之延长，如需导线在某处转过 90°，只需在转弯的位置单击一次即可，鼠标牵着导线移近要连接的另一元件引脚时，鼠标指针会再次变成✚形状，同时这一元件引脚处会出现一个红色的圆点，此时单击就可以完成一条导线的绘制了。

从元件引脚引出的导线也可以终止在另一条导线的中段，这时会在终止处自动生成一个圆形的节点。另外，在从元件引脚引出一条导线后，如果想要放弃这条导线的绘制，只需要右击即可。

如果线路连接错误需要删除，方法是在错误的导线上单击，被选中的导线两端会显示方形连接端，这时再右击，在右键菜单中，选择 Delete 选项或直接按键盘上的 Delete 键，都可以删除这段导线。用同样的方法也可以删除被选中的元件。

采用上述方法连接的线性稳压电源电路图如图 1-25 所示。

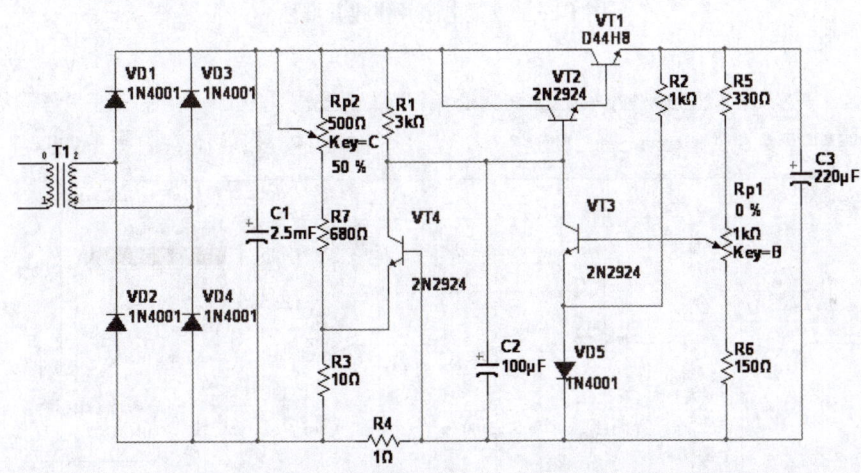

图 1-25　Multisim 绘制完成的线性稳压电源电路图

5. 对设计指标进行仿真测试

（1）连接交流电源。在 Multisim 中，各种交直流电源、信号源通常以元器件的形式来添加。这里从元器件工具栏中单击"放置电源"按钮⊹后，在"元器件放置"对话框中，选择 POWER_SOURCES 族中的 AC_POWER 元件放置到原理图中，并与变压器相连。完成后需双击修改其属性，将电压有效值和频率分别修改为 220V 和 50Hz，如图 1-26 所示。

（2）测量电压输出范围。首先初步测量在输入正常（220V）情况下输出电压的范围。再从仪表工具栏中单击第一个按钮 放置一只万用表 XMM1，将万用表接上电路的输出端，如图 1-27 所示，双击打开万用表，将其挡位设置为直流电压挡。调节 Rp1，从 0%（动端调到最下）至 100%（动端调到最上），按下仿真开关 ，观察输出电压范围，并将最大最小值数据记录在表 1-2 中。

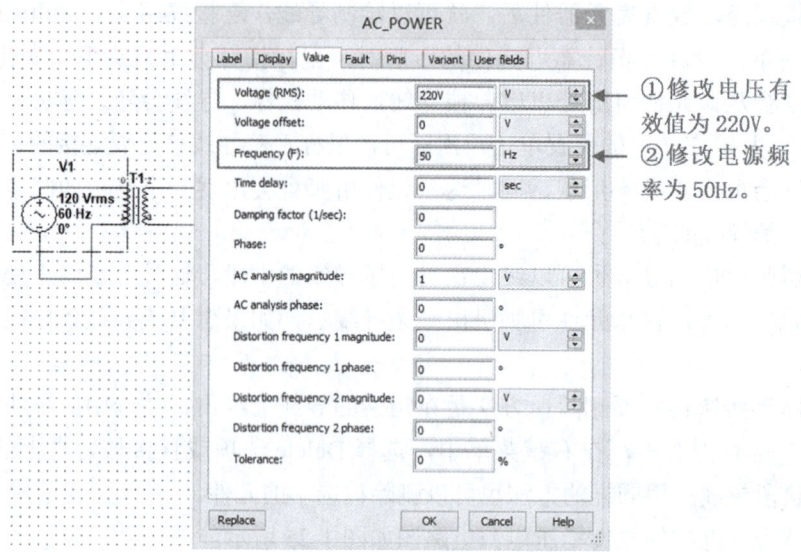

图 1-26　放置电源并修改其属性

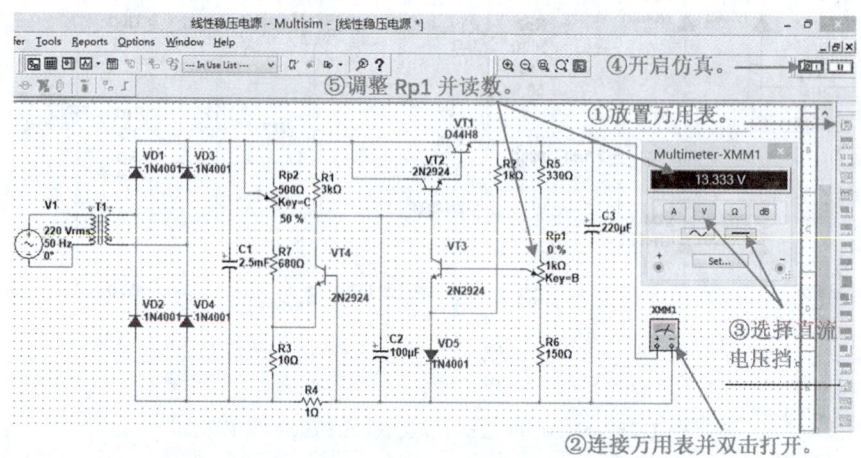

图 1-27　输出电压范围的仿真测量

表 1-2　输入电压正常（220V）时稳压电源的输出电压范围（空载时）

Rp1/%	输出直流电压 /V
0	（参考结果：1.75）
100	（参考结果：13.36）

说明：由于个人计算机的配置和软件版本的不同，测量数据可能和表中参考结果不完全相同，属于正常情况，正确操作的情况下不会影响结果的判断。

判断输出电压范围是否满足指标要求：□满足 / □不满足。

（从表 1-2 中参考结果可以看出，电源的输出电压范围在 1.75 ～ 13.36V 之间，宽于设计要求的指标 3 ～ 12V，本项指标符合要求。）

除正常情况以外，还需要考虑电网电压波动，故还需改变输入电压，将输入电压向上波动 10%（V1 有效值修改为 244V）、再向下波动 10%（V1 有效值修改为 198V），分别测量两次输出电压，填入表 1-3。

表 1-3 输入电压波动时稳压电源的输出电压范围（空载时）

Rp1/%	输出直流电压 /V	
	输入电压 244V	输入电压 198V
0	（参考结果：1.75）	（参考结果：1.73）
100	（参考结果：13.44）	（参考结果：13.22）

判断电网电压波动时输出电压范围是否满足指标要求：□满足 / □不满足。
（从表 1-3 中参考结果可以看出，即使考虑电网电压波动，输出电压范围仍能满足设计要求。）

（3）测量指定的电流输出范围内负载效应是否达标。

在本案例中，负载效应指标要求仅当负载变化，引起输出电流从 0（空载）变化到 800mA（满载）时，引起的电压下降不能超过 5%。

为此，先在输出端接上 100Ω 的可调电阻 RL 作为负载，将负载调整步长更改为 1%，再与负载串联一只万用表 XMM2，调整到直流电流挡，XMM1 仍维持在直流电压挡，如图 1-28 所示。在 Rp1 最大和最小两种情况下，从 100Ω（100%）开始逐渐减小负载电阻值，在输出电流略高于 800mA 时，记录下输出电压，填入表 1-4 中，并根据式（1-5）计算负载效应。

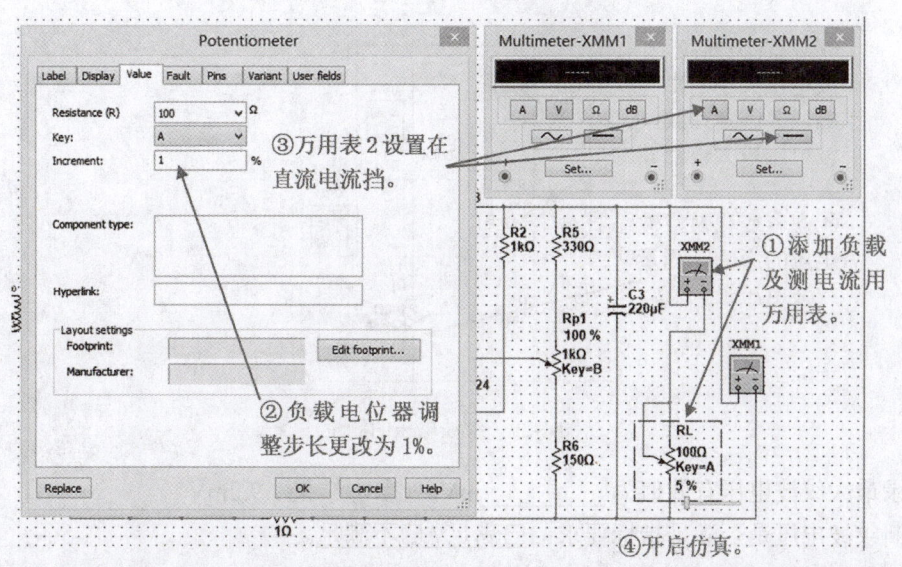

图 1-28 测量负载效应

表 1-4 负载效应的测试

项目	输出直流电压 /V	
	Rp1=0（0%）	Rp1=1kΩ（100%）
满载输出电流 /mA	（参考结果：824）	（参考结果：860）
满载输出电压 /V	（参考结果：13.18）	（参考结果：1.72）
空载时输出电压 /V	（参考结果：13.36）	（参考结果：1.75）
负载效应	（参考结果：1.3%）	（参考结果：1.7%）

判断负载效应是否满足指标要求：□满足 / □不满足。

（由表 1-4 中参考结果可知，设计参数能满足负载效应小于 5% 的要求。）

（4）测量纹波电压。将万用表 XMM1 设置到交流电压挡测量纹波电压大小，XMM2 仍保持在直流电流挡监测输出电流的变化，如图 1-29 所示，将 RL 置于最大值 100%，缓慢调节 Rp1，从 0%（动端调到最下）变化至 100%（动端调到最上），观察 XMM1 变化规律，可以发现，纹波电压逐渐减小，即纹波电压大小随输出直流电压减小而减小，在 Rp1 为 0% 时纹波电压最大。再固定 Rp1 在 0%，调节 RL，观察 XMM1 与 XMM2 的变化规律，可以发现，纹波电压随输出电流的增大而增大，在输出电流略超过 800mA 时记录下 XMM1 的读数，此时为最大纹波电压。

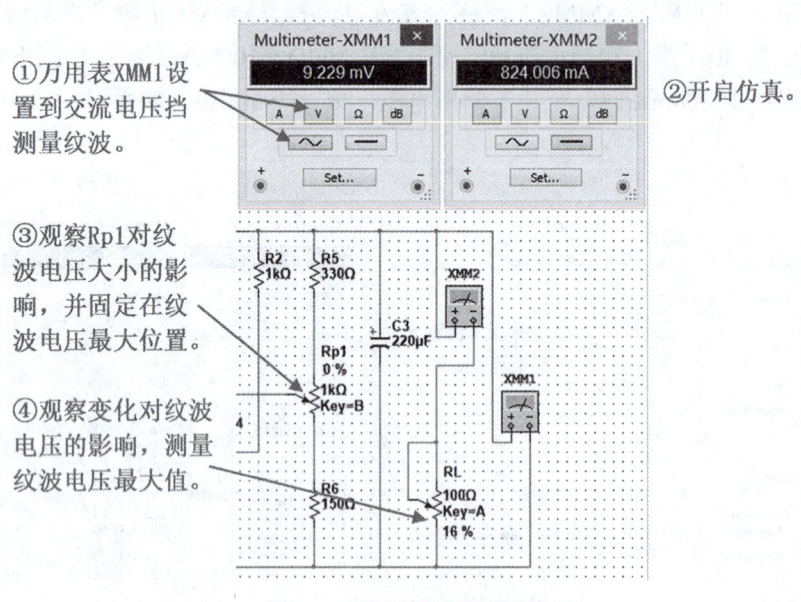

图 1-29 纹波电压的测量

记录最大纹波电压有效值为 _____ mV。（参考结果：9.2mV）

判断纹波电压是否满足指标要求：□满足 / □不满足。

（由参考结果可知，最大纹波电压小于 10mV，满足设计指标要求。）

（5）限流保护调节。为方便检测与电路整定，可以简单理解"超出最大输出电流 20%

时立即限流保护"这一设计指标，即若限流电路可以做到将电流限制在不超出最大输出电流的 20%（960mA），则认为设计达标。根据保护电路参数设计方法的说明，限流保护的电流门限可以通过电位器 Rp2 进行调节，为此将 Rp2 调整步长更改为 1%。这里考虑最恶劣情况，即在输出电压调到最大（Rp1 调到 0%）的同时将输出端短路（RL 调到 0%），逐步调整 Rp2，观察 XMM2，使输出电流接近但不超过 960mA，如图 1-30 所示。以上过程仿真成功说明限流保护电路设计符合要求。

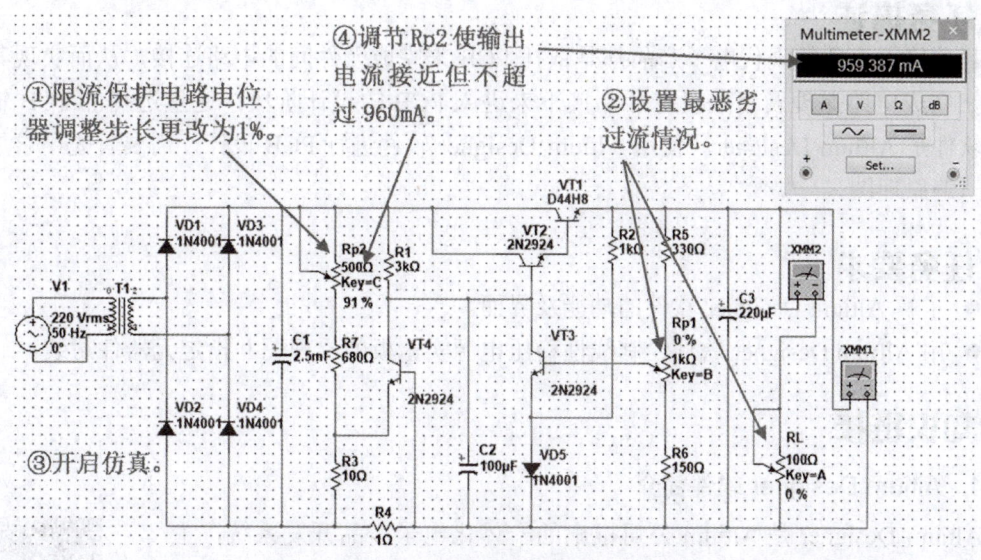

图 1-30　限流保护电路调节

这里需要指出两点：第一，短路调节的方法仅适用于仿真时验证，在实际产品调试时，不能使用短路操作，但仿真时所获得的 Rp2 整定值可供实际产品调试参考；第二，在完成限流保护电路的调节后，输出电压范围、负载效应和纹波电压等指标会发生微小变化，需要重新测试，方法与过程与之前相同，结果仍满足设计指标要求，这里请读者自行尝试。

至此，线性稳压电源的仿真原理设计基本完成。如果在后续样机制作和调试过程中，发现产品存在原理性问题，可以在修正原理图后重新进行仿真。

> **分享**　小结提升：线性稳压电源原理图的仿真设计体现了电子产品硬件原理仿真设计的一般流程，即功能指标分析→方案设计→参数细节设计→仿真测试验证四个步骤。经过仿真测试验证的设计虽然在样机制作调试的过程中还有可能遇到问题，但原理性错误发生的概率大大降低，提高了设计效率。

思考题

1. 如果线性稳压电源的最大输出电流要求提高到 1A，其他指标不变，将影响哪些元件参数的设计？

2. 在实际的调试测试中有哪些操作和仿真调试测试是不相同的？在线性稳压电源的测试中，存在哪些与实际不相同的仿真操作？

任务 3　线性稳压电源实验板原理图绘制

任务描述

目前绝大多数的现代电子产品都是依托 PCB 来完成元件间的电路连接，从而实现其功能。在完成电路原理及参数设计后，接下来进入 PCB 的设计阶段，这里选择的 PCB 辅助设计软件是 Altium Designer。使用 Altium Designer 软件进行 PCB 设计，需要首先用它重新绘制一遍原理图。

任务要求

- 了解 Altium Designer 软件的功能及界面。
- 用 Altium Designer 软件绘制线性稳压电源实验板的原理图并指定元器件封装。

知识链接

1. Altium Designer 软件简介

Altium Designer 是 Altium 公司推出的一体化电子产品开发系统，主要运行于 Windows 操作系统。这款 EDA 软件集成了板级和 FPGA 级系统设计、基于 FPGA 的嵌入式软件开发、PCB 布局布线等功能，结合现代设计数据管理，为设计者提供了全套电子产品设计解决方案，使设计者可以轻松进行设计，熟练使用这一软件必将使电路设计的质量和效率大大提高。近年来，Altium Designer 软件几乎每年都有更新，本书选择的是 Altium Designer2013 版本（以下简称 AD13）。

Altium Designer 2013
界面简介

2. 软件界面

AD13 软件的图标如图 1-31 所示，通过双击该图标或其在桌面、开始菜单中的快捷方式，可以打开软件。

图 1-31　AD13 软件的图标

进入 AD13 软件后，可以看到，AD13 软件也是典型 Windows 风格软件，它的界面由主体设计区、标题栏、菜单栏、工具栏、导航栏、两个面板区和任务栏几个大的部分组成，如图 1-32 所示。第一次打开软件时，在主体设计区，能看到 Home（主界面）当中的 What's new 界面，在联网的情况下可以见到软件的新功能介绍。

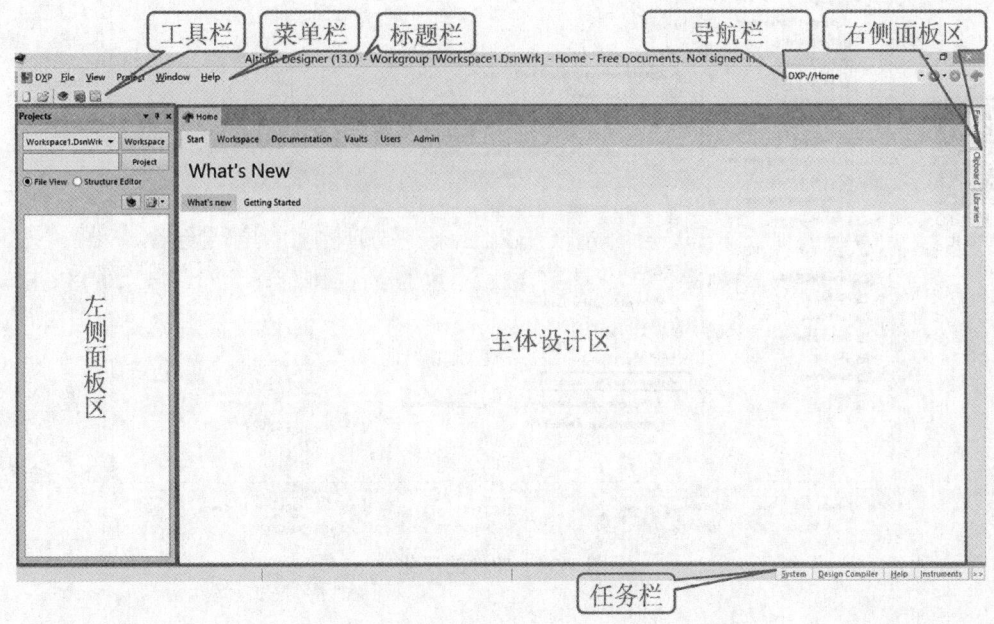

图 1-32　Altium Designer 2013 软件初始界面

（1）菜单栏与工具栏。从左至右第一个菜单是 DXP 菜单，它包含了对软件账号、参数的管理，设计的发布，等等。第二个菜单是 File（文件）菜单，它包括了新建、打开或关闭一个文件、一个项目或一个工作空间等操作。第三个菜单是 View（视图）菜单，它管理着系统的工具栏、工作面板、桌面布局等。第四个菜单是 Project（项目）菜单，对整个工程项目进行管理。下一个菜单是 Window（窗口）菜单，当打开了多个设计文件时，它管理这些窗口的排列布局。最后一个菜单是 Help（帮助）菜单。

菜单默认语言为英文，可以使用菜单命令将其汉化。具体操作如下：选择 DXP 菜单→ Preferences 菜单项，在打开的 Preferences 对话框中左侧的目录中展开一级目录 System 下的 General 选项，在对话框右侧将最后一项 Localization 下的 Use localized resources 复选框勾选上，如图 1-33 所示，这时系统会弹出提示"新的设置会在下次启动软件时生效"，依次单击弹窗和对话框下方的 OK 按钮，单击标题栏右侧"关闭"按钮退出软件，再重新打开软件，这时，可以看到，软件菜单已被汉化了。

汉化后的菜单栏与工具栏如图 1-34 所示，注意，其中的按钮 ▯ 与其在其他软件中的功能略有不同，不仅用于新建文件，也可以用于打开设计或已存在的文件。在未打开任何设计文档时，软件只打开了 DXP（设计资源管理器）、文件、视图等 6 个菜单和 5 个基本工具按钮，在打开不同的设计文档时，菜单和工具按钮的数量会大大增加。

新手上路之 AD
软件的汉化

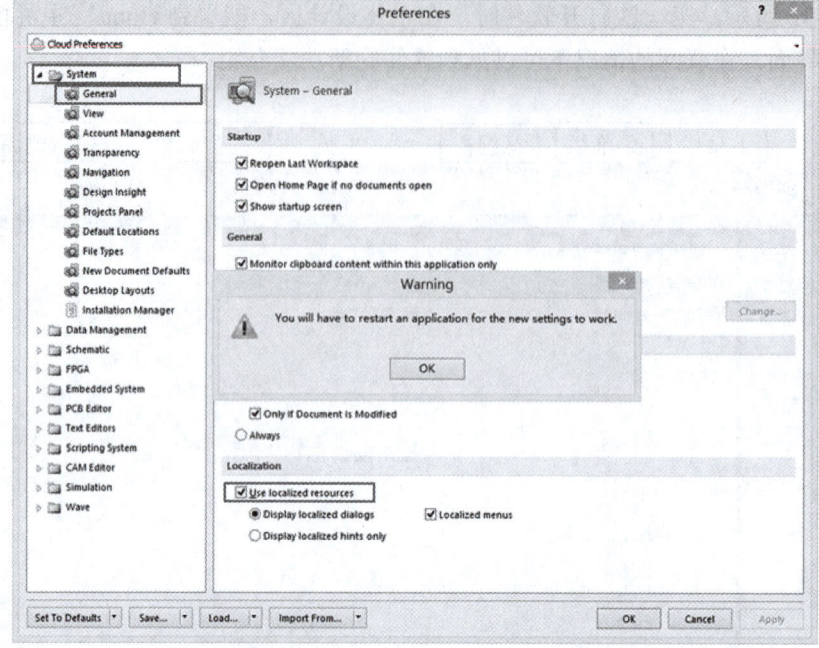

图 1-33　软件的汉化

新手上路之恢复
界面布局

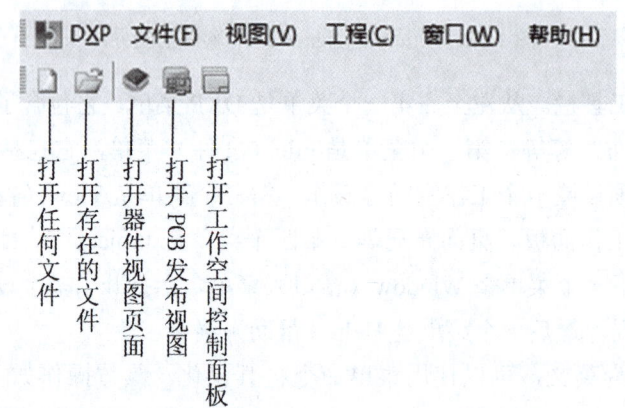

图 1-34　汉化后的菜单栏与工具栏

由于 Altium Designer 软件功能强大,对初学者而言可能有些复杂,经常会出现关闭了一些常用的工具或面板找不到的情况,这里给初学者介绍一个很简单的菜单操作:使用"视图"菜单→"桌面布局"菜单项→"default(默认)"命令,这时界面会恢复到最初始的布局。熟练了以后,还可以在"桌面布局"菜单项下,保存和加载自己喜欢的桌面布局方式。

(2)面板区。在主体设计区的两侧,各有一个可保持展开或自动隐藏的面板区域。图 1-32 中左侧面板是一直展开的,右侧面板是自动隐藏的,当鼠标指针移动到右侧面板的 3 个标签上的时候,面板才会展示出来,当鼠标指针离开右侧面板区域进行其他操作后,面板又会自动隐藏起来。左侧面板包含了 Files（文件）、Projects（项目）和 Navigator（导航）3 个标签页，右侧面板包含了偏好的、剪贴板和库 3 个标签页，如图 1-35 所示。通过单击标签可以切换这些标签页。左右面板的保持展开或自动隐藏是可以改变的，这取决于每个面板右上角的第二个按钮，单击这个按钮，它会在 ┸ 和 ┳ 两种形状之间切换，当按钮为 ┸ 状态时，对应的面板就处于保持展开状态，当这个按钮变成 ┳ 状态的时候，对应的面板就处于自动隐藏状态。

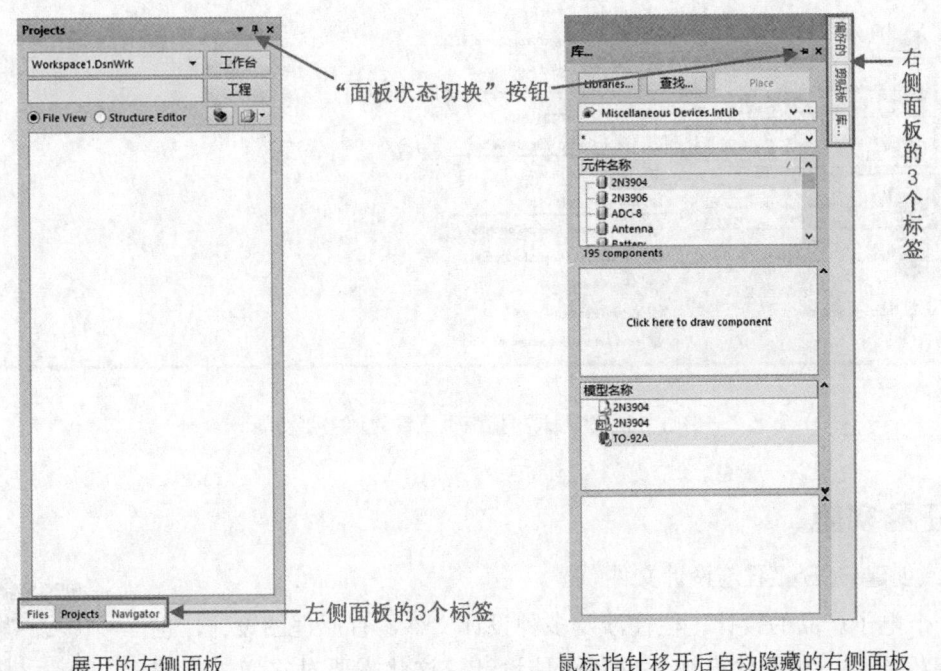

图 1-35 左右面板

（3）导航栏与任务栏。图 1-32 中界面右上方的导航栏用于输入地址，可以访问本地路径查找文件，也可以访问网络地址。界面最下方的任务栏用于打开常用的对话窗口。这些窗口的用途和操作在以后的具体应用中再慢慢熟悉。

Altium Designer 具有强大便捷的自动化设计能力，它具备的功能可以通过其主页中的入门指南页进行了解。

主体设计区显示主界面以外的其他界面时，可以单击界面右上导航栏中的 ⬆ 按钮进入主页，之后再依次单击 Start → Getting Started 标签进入入门指南页，如图 1-36 所示。

从本页可以看出软件主要可以进行 PCB 设计、FPGA 设计与开发和嵌入式软件开发三大方面的工作。单击对应设计项后，可以在右侧窗口选择相应选项建立相应设计工程和文档或查看相关指南文档。除此以外，软件还具备集成的项目管理和元器件库，使用非常便捷。在本书中，仅应用到三大功能中的 PCB 设计部分。

图 1-36 进入入门指南页查看软件主要功能

任务实施

1. 创建 PCB 工程与设计文件

一个电子产品的设计,往往涉及多种设计文件,有原理图设计,也有电路板设计,有硬件设计,也有软件设计,这就需要对它们进行统一的管理。Altium Designer 软件提供了两层管理体系:顶层称为设计工作区或工作台(Workspace),第二层称为工程或项目(Project)。在一个设计工作区中,可以创建多个不同类型的工程,如 PCB 工程和 FPGA 工程,也就是说,Altium Designer 可以将复杂设计中的软硬件设计放在一起来进行管理。工程之下则管理着各种类型设计文档和输出文件。

设计的管理与文件的创建

为线性稳压电源 PCB 设计创建工程与相关文件的步骤如下。

第一步,在计算机上合适的位置新建一个文件夹,文件夹的命名应当体现设计内容,如"线性稳压电源实验板"。

第二步,创建工作区。执行菜单命令"文件"→"New"→"设计工作区",如图 1-37 (a) 所示,在左侧面板区的 Projects(工程管理)标签页中"工作台"框可以看到,尚未保存的新建工作区名为 Workspace1.DsnWrk,这时应执行菜单命令"文件"→"保存设计工作区",如图 1-37(b)所示,在弹出的对话框中,选择之前建好的文件夹"线性稳压电源实验板",修改文件名为"线性稳压电源实验板.DsnWrk",单击"确定"按钮。保存好后在左侧面板 Projects 标签页中"工作台"框可以看到，文件名已改变，如图 1-37（c）所示。工作区命名的原则仍然与设计内容紧密相关。对于相对简单的设计，如本项目中的线性稳压电源，仅须进行一块 PCB 的设计，可以省略工作区的创建，仅使用工程进行管理。

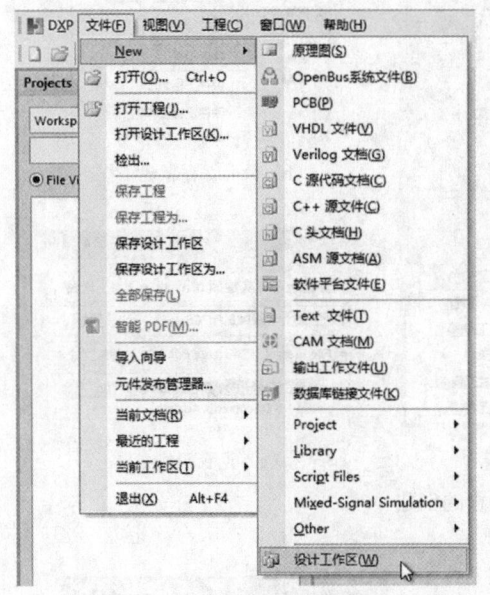

（a）新建工作区

（b）命名保存新建工作区

（c）查看创建结果

图 1-37　工作区的创建

第三步，创建工程。观察左侧面板，确保在 Projects 标签页中当前工作台（区）为"线性稳压电源实验板"，若工作台不正确，则可以单击"工作台"框内的 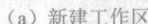 按钮，从下拉列表中进行切换。接下来执行菜单命令"文件"→"New"→"Project"→"PCB 工程"，如图 1-38（a）所示，从左侧面板 Projects 标签页中可以看到出现了名为 PCB_Project1.PrjPCB 的工程文档。再执行菜单命令"文件"→"保存工程"，如图 1-38（b）所示。在弹出的对话框中，选择之前建好的文件夹"线性稳压电源实验板"，修改文件名为"线性稳压电源 PCB.PrjPCB"，单击"确定"按钮。工程命名保存后，左侧面板的 Projects 标签页如图 1-38（c）所示。

第四步，创建原理图文件。按照相似的步骤可以创建各种设计文件，如原理图文件。执行菜单命令"文件"→"New"→"原理图"，如图 1-39（a）所示，主体设计区将打开一张原理图设计图纸，左侧面板 Projects 标签页中出现了名为 Sheet1.SchDoc 的工程文档。执行菜单命令"文件"→"保存"，或者直接单击工具栏 按钮，在弹出的对话框中，仍选择之前建好的文件夹，修改文件名为"线性稳压电源.SchDoc"。原理图创建完成后，可以在 Projects 标签页中看到正确的设计项目"工作区 - 工程 - 文件"三层式结构，如图 1-39（b）所示。

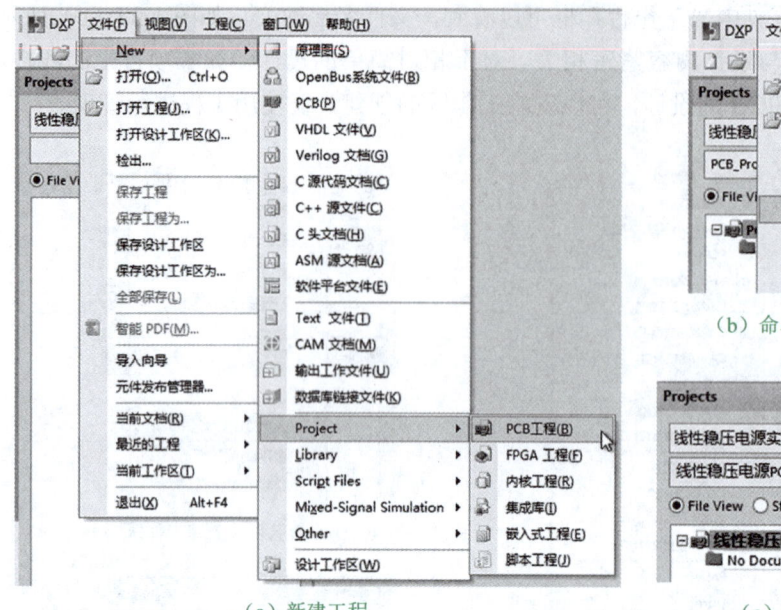

（a）新建工程　　　　　　　　　　　　　　　（c）查看创建结果

（b）命名保存新建工程

图1-38　工程的创建

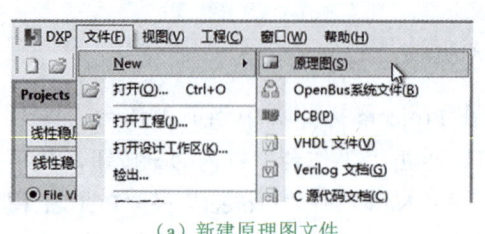
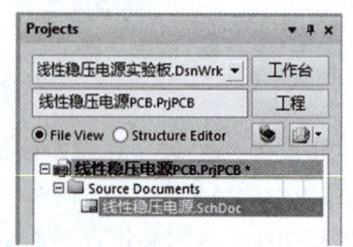

（a）新建原理图文件　　　　　　　（b）查看创建的原理图文件与设计层次结构

图1-39　原理图文件的创建

要特别说明的是，如果没有按照规范的次序创建设计文件，会出现文件管理的混乱。例如，先创建原理图文件，后创建工作区和工程，则原理图文件将以自由文件（Free Documents）的形式存在，后期将不能将原理图中的信息关联到PCB文件，如图1-40（a）所示。这时如果希望将原理图文件置于工程的管理之下，有两种方法可以实现。

方法一：在Projects标签页中右击工程名，执行右键菜单命令"添加现有的文件到工程"，如图1-40（b）所示，然后在弹出的对话框中，找到对应的文件选中后，确定即可。

方法二：当自由文件处于打开状态，在Projects标签页中可见时，用鼠标左键选中该文件不放，将其拖曳到工程文件处再释放，如图1-40（c）所示。

除了原理图文件，还可以采用类似的方法创建其他设计文档，从"文件"菜单的"New"菜单项中可以看到，AD13能创建的源文件类型有10种，它们的扩展名如图1-41所示。熟悉常用文件的图标和扩展名，对于查看和使用文件很重要。

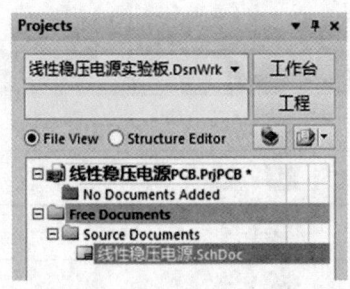 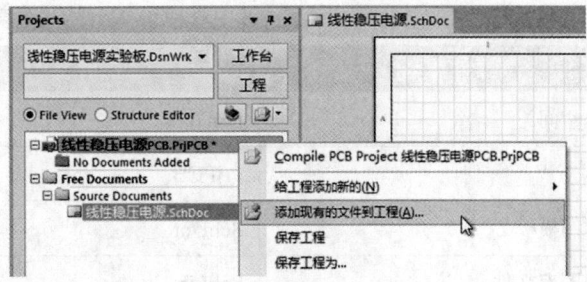

(a) 不受工程管理的自由文件　　　(b) 用右键菜单命令将文件添加到工程

(c) 按住鼠标左键将文件拖曳到工程

图 1-40　工程对文件的管理

图 1-41　AD13 创建的源文件类型

　　除了源文件以外，与 PCB 设计相关的重要文件类型见表 1-5。
　　完成创建后，可以到之前创建的文件夹中查看设计文件。如图 1-42 所示，文件夹中应当已包含一个工作区文件、一个 PCB 工程文件和一个原理图文件，还有一个与工程同名的工程结构文件和一个软件自动生成的 History 文件夹。

表 1-5 与 PCB 设计相关重要文件类型

文件类型	扩展名	图标
工作空间	.DsnWrk	
PCB 工程	.PrjPCB	
原理图模板	.SchDot	
原理图库文件	.SchLib	
PCB 库文件	.PcbLib	
集成库文件	.IntLib	
CAM 文件	.Cam	

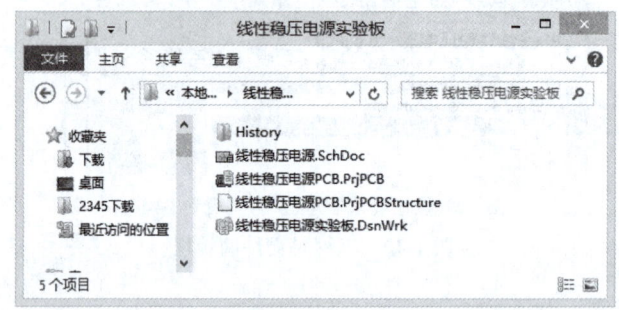

图 1-42 浏览检查设计文件夹中的文件

> **分享** 习惯养成：规范地创建 PCB 设计文档应当按照"创建文件夹→创建工作区（可省略）→创建工程→创建设计文件" 4 步或 3 步顺序来进行。另外，还应当注意培养两种良好的工作习惯：第一，创建任何文档后第一时间命名保存；第二，命名要体现工作内容，切忌将文档随意命名为 aaa、sheet1 之类。

2. 设置原理图图纸属性

原理图属于电子技术工程图纸的一种，应当具备规范性，电子制造企业对图纸的大小、方向、边框、底纹、信息的标注方式等往往都有严格的要求，而这些属性在 Altium Designer 中都属于文档选项的范畴。

（1）进入"文档选项"对话框。进入 Altium Designer 2013 "文档选项"对话框的方式有 3 种。

1）执行菜单命令："设计"→"文档选项"。

2）在原理图任意空白处，右击键，执行右键菜单命令："选项"→"文档选项"。

3）直接双击图纸边框处，如图 1-43 所示。

（2）图纸单位的查看与设置。进入"文档选项"对话框后，单击"单位"标签，切换到

"单位"标签页，如图 1-44 所示。从本页中可以看到，Altium Designer 具有英制和公制两套单位系统。

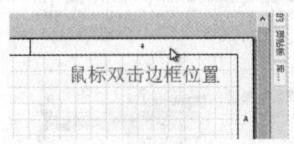

图 1-43 双击边框打开"文档选项"对话框

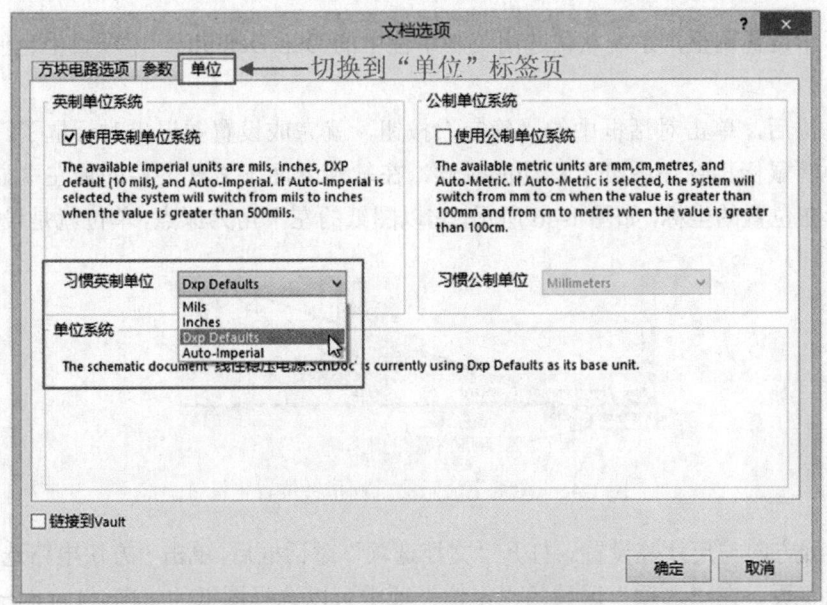

图 1-44 "文档选项"对话框"单位"标签页与英制单位系统

由于历史原因，英制单位系统在电子行业中应用非常广泛。这里有四种单位可供选择，分别是 mils（密尔）、inches（英寸）、Dxp Defaults（DXP 默认单位）、Auto-Imperial（自动英制单位）。这几个英制单位之间的换算关系以及它们与公制单位之间的换算关系如下：

1inch=2.54cm=25.4mm

1mil=10^{-3}inch

1Dxp Default=10mil=10^{-2}inch

Auto-Imperial 意为自动英制单位，如果坐标或尺寸数值超过 500mil，系统自动将英制单位由"Mils"切换为"Inches"。

如果习惯使用公制单位，也可以勾选上"单位"标签页右侧的"使用公制单位系统"复选框。有以下几个单位可供选择，它们分别是 Millimeters（毫米，mm）、Centimeters（厘米，cm）、Meters（米，m）和 Auto-Metric（自动公制单位），如图 1-45 所示。

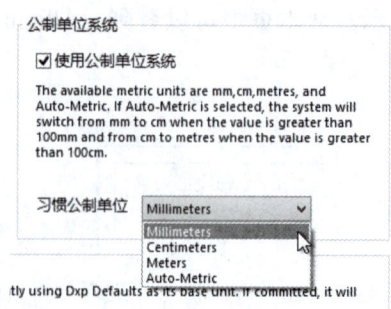

图 1-45　公制单位系统

如果不作设置调整，系统默认选用英制单位中的 Dxp Defaults。本项目中也使用系统默认的选择。

选好单位后，单击对话框中的"确定"按钮，就完成设置并退出对话框了。在后续的绘图过程中，鼠标指针在图纸上移动的时候，在软件界面下方任务栏的最左端显示的就是鼠标指针所在位置的坐标，如图 1-46 所示，它以图纸的左下角为原点，单位就是设定的单位。

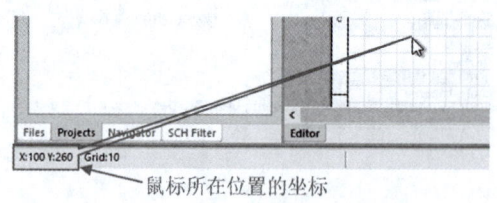

图 1-46　图纸上显示的鼠标指针位置坐标

（3）图纸方向与尺寸等设置。打开"文档选项"对话框后，单击"方块电路选项"标签，切换到该标签页。在"选项"区域的"定位"项中可以选择图纸的方向，Landscape 表示图纸为横向，Portrait 表示图纸为纵向，如图 1-47 所示。

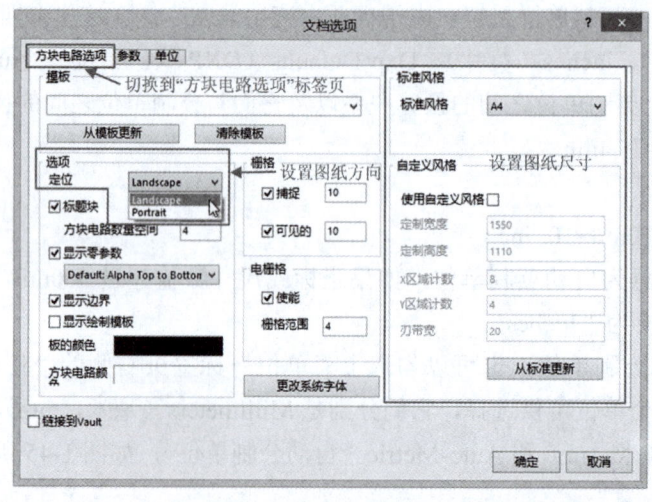

图 1-47　"方块电路选项"标签页与图纸方向的设置

除图纸方向的设置外,在该标签页的"选项"区域内还可以进行边框、颜色等设置。

"标题块"复选框用来设置图纸是否带标题栏,即图纸右下角的图纸信息表格;"显示零参数"复选框(英文原文"Show Reference Zones",应译为"显示参考边带",此处汉化有误)及下拉列表框用来设置是否及如何显示图纸的参考边框。

"显示边界"复选框用来设置是否显示边界线。

"板的颜色"(英文原文"border color",应译为"边界线的颜色")默认为黑色;"方块电路颜色"(英文原文"sheet color")指的是图纸的底色,默认为白色。单击这两项右边的颜色条,将弹出"选择颜色"对话框,选择一种需要的颜色并确定即可以完成颜色的设置。

在该标签页的右方区域可以设置图纸的尺寸。图纸尺寸分成标准风格和自定义风格两种。

标准风格图纸有以下尺寸。

1)国际标准:A0、A1、A2、A3、A4,其中 A4 尺寸最小,为 210mm×297mm。

2)英制:A、B、C、D、E,其中 A 尺寸最小,约为 9inch×12inch。

3)欧美常用纸张尺寸:Letter(216mm×279mm)、Legal(216mm×356mm)、Tabloid(279mm×432mm)。

4)OrCAD 专用绘图尺寸:OrCAD A-E。

将"自定义风格"区域中的"使用自定义风格"复选框勾选上,就可以进行图纸尺寸的自定义,可以定义 5 个方面的参数。前两项分别是页面的宽度、高度,X 区域计数和 Y 区域计数分别指将图纸沿横向和纵向分成若干个区域,这个可以从边界线区域内看出来。刃带宽即边框的宽度。例如,如果原理图的内容非常简单,可以使用半张 A4 大小的图纸,横向放置时,宽 210mm,高 149mm,将其沿横向分成 3 个区域,纵向分成 2 个区域,边框宽度 5mm,则设置如图 1-48(a)所示(需先将单位切换到公制单位 mm)。确认后,图纸如图 1-48(b)所示。

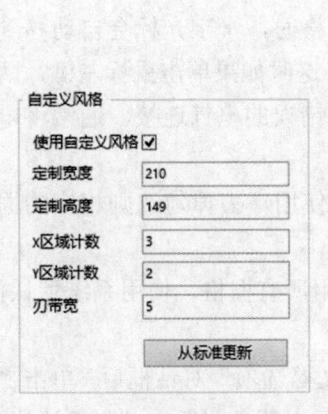
(a)自定义风格设置

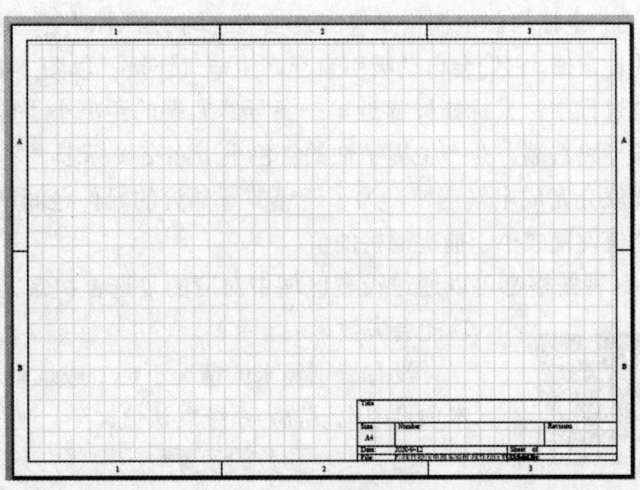
(b)自定义图纸效果

图 1-48 图纸的自定义设置与设定效果

在本项目中,使用标准风格中的 A4 图纸即可。

(4) 图纸栅格的设置。在"方块电路选项"标签页中间区域可以进行原理图栅格设置。原理图中用到的栅格有 3 种,第一种是捕捉栅格,第二种是可见栅格,第三种是电栅格,它们的系统默认值如图 1-49(a)所示,单位为 Dxp Defaults,3 种栅格的意义如下。

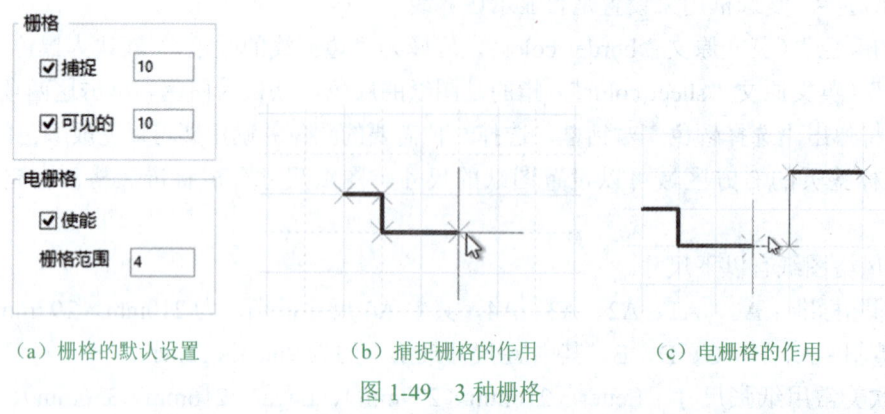

(a) 栅格的默认设置　　　(b) 捕捉栅格的作用　　　(c) 电栅格的作用

图 1-49　3 种栅格

1) 可见栅格。顾名思义,可见栅格是在原理图页面上分布的看得见的灰色小方格,在放置元器件、导线时用作参考对齐。图 1-49 中设置为 10,即 100mil。

2) 捕捉栅格。捕捉栅格是不会显示出来的,它的意义是,在放置或移动元件或导线等原理图对象的时候,光标可以移动的最小距离,通常可以将它设置为可见栅格的整数倍,使元件等的摆放不至于过近又便于对齐;以图 1-49(b)中的导线为例,由于设置了捕捉栅格与可见栅格相等(同为 10),鼠标指针移动到图示位置时,十字光标会自动移动到最邻近的可见栅格(捕捉栅格)格点上,所以导线只会以可见栅格(捕捉栅格)的格点为起点、终点和转折点。在绘制结束前,还会在起点、终点和转折点处产生提示性的灰色小十字交叉标志"×"。

3) 电栅格。电栅格是电气连接点之间的最小间隙,导线或元件引脚的间距若小于电栅格的设定值,它们会自动吸引直至产生电气连接。以图 1-49(c)中绘制的第二条导线为例,绘制过程中,鼠标指针靠近第一条导线右端的距离小于电栅格时,十字光标会自动移到第一条导线右端,并产生提示性的红色小十字交叉标志"×",这时如果单击鼠标左键,两条导线就会完成电气连接。为了避免放置邻近的元件之间产生错误的电气连接,通常将电栅格的值设置成小于捕捉栅格的值。

3 种栅格都可以通过设置区域中对应的复选框决定是否使用。去掉勾选则相应的栅格功能会失效。

没有特别需求的情况下,一般选择使用所有栅格,使用系统默认值。本项目中也设置为系统默认值。

文档参数的意义与使用

(5) 文档参数的设置与应用。打开"文档选项"对话框后,单击"参数"标签,进入"参数"标签页。该标签页中都是图纸的一些设计信息,从图 1-50 可以看出,这些参数都是字符串(string)类型,在该标签页中可以修改这些信息,即修改其"值"这一栏。例如，单击 Title（标题）这一行的"值"这一栏后，即可在其中输入电路的标题，如"线性稳压电源"。同理，可以修改电路图的其他设计信息。

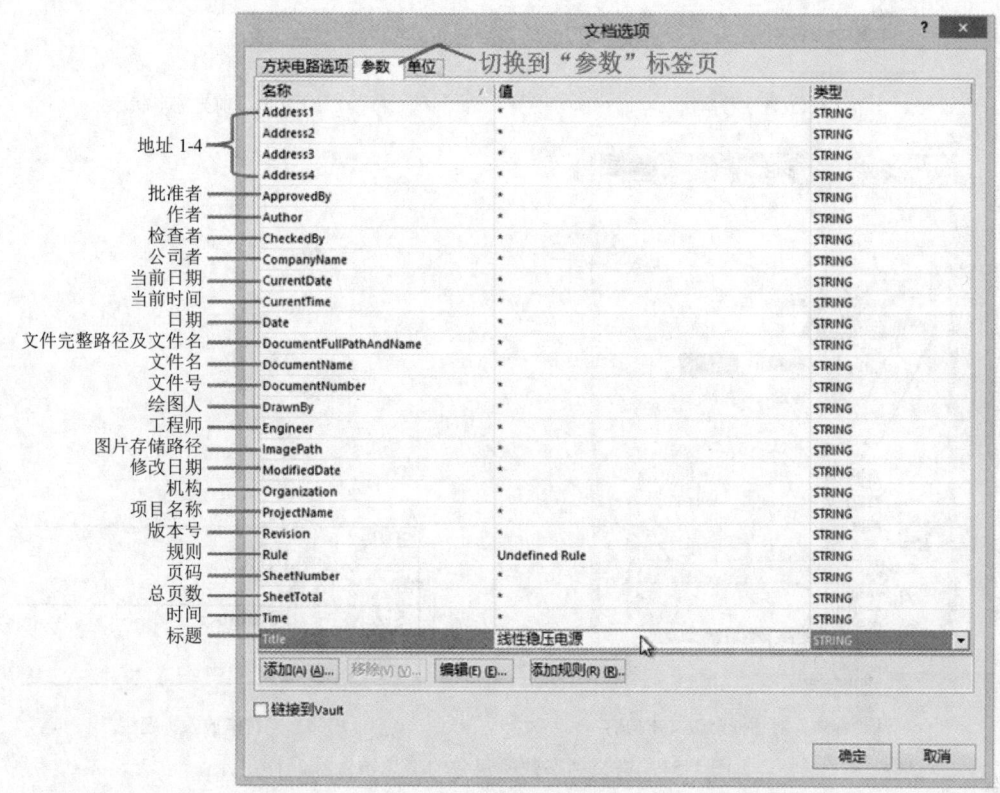

图 1-50 "文档选项"对话框的"参数"标签页

文档参数所包含的信息可以填入原理图的标题栏中，以下以 Title（标题）为例，说明信息的填写方法。在"实用工具栏"的"实用工具"系列中，找到"放置文本字符串"工具，如图 1-51（a）所示，单击后，光标会变成图 1-51（b）所示的形状，光标上跟随的字符串是上一次曾经放置过的字符串，在放置之前按下键盘上的 Tab 键，将弹出"标注"对话框，展开"属性"框中文本右侧的下拉列表，在其中选择"=Title"选项，如图 1-51（c）所示，然后单击对话框的"确定"按钮关闭对话框。这时可以发现光标上跟随的字符串已经变成"=Title"，移动鼠标指针到标题栏 Title 格，单击放下这串字符，如图 1-51（d）所示。

为了将之前填入文档参数的标题"线性稳压电源"正确显示出来，还需要进行原理图的属性设置。执行菜单命令"DXP"→"参数选择"，将打开"参数选择"对话框，如图 1-52 所示。在对话框左侧资源管理窗口中，展开 Schematic（原理图）文件夹，选中 Graphical Editing（图形编辑）页，将右侧打开的页面中"选项"下的"转化特殊字符"复选框勾选上，然后单击"确定"按钮关闭对话框，可以看到标题栏中原来放置的"=Title"已经变成了"线性稳压电源"，其他文档参数同样可以像这样填入标题栏中。

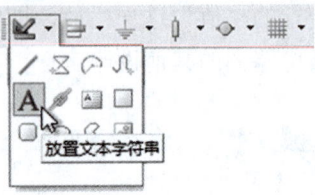
（a）放置字符串

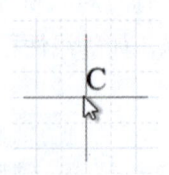
（b）放下前光标形状

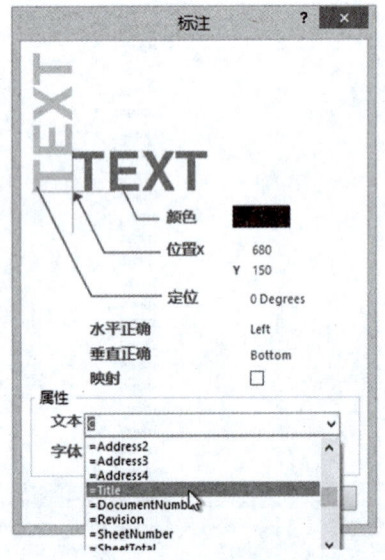
（c）从"标注"对话框修改文本内容

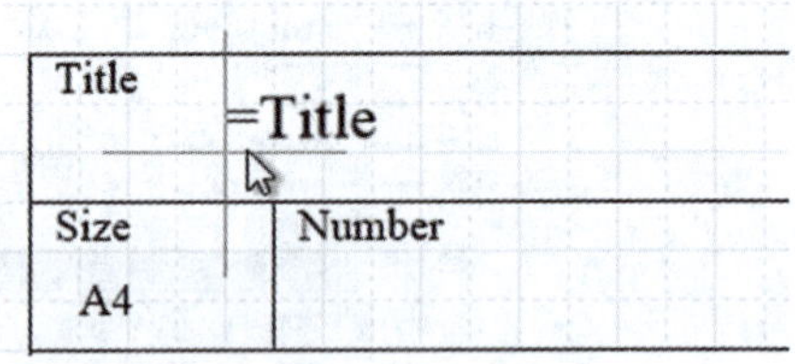

（d）字符串放入标题栏

图 1-51　将文档参数所包含的信息填入标题栏

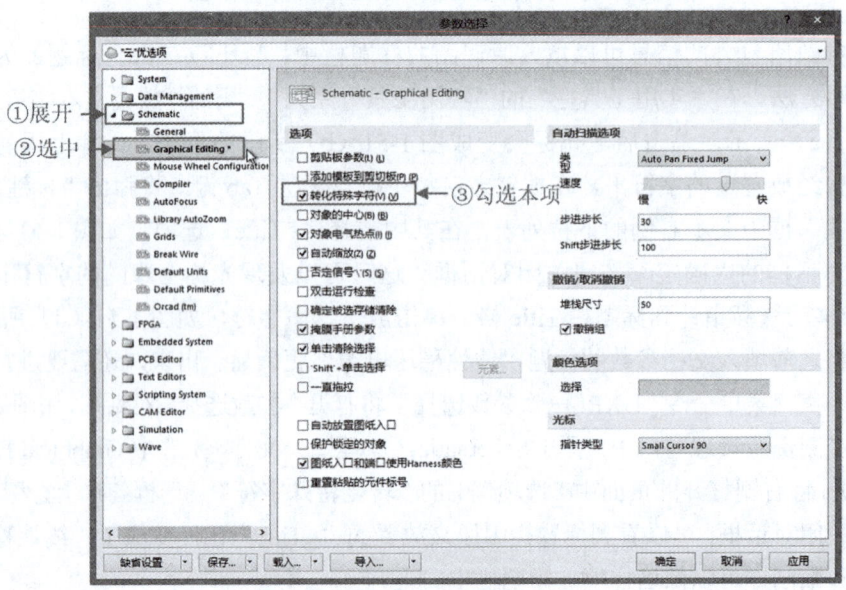

图 1-52　转化特殊字符

图 1-53 是填入了标题、文件号、版本号、页码和绘图人信息的标题栏，其中日期和路径是与计算机后台关联自动生成的。由于路径过长，与右侧栏中的"Draw by"字符发生了重叠。

图 1-53 "转化特殊字符"后的标题栏

3. 绘制线性稳压电源实验板原理图

绘制原理图主要包括两个过程：一是将原理图元器件库中的元器件放置到图纸中，二是完成它们之间的电气连接。

（1）加载元器件库。Altium Designer 的元器件管理面板默认放在右侧面板区，单击"库"标签，展开元器件管理面板，如图 1-54 所示，面板显示了元器件从库到符号、封装等多方面内容。

元器件库的作用与管理

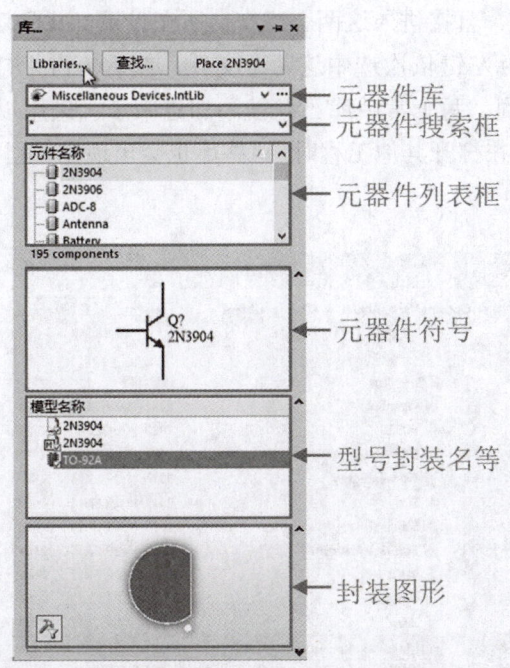

图 1-54 元器件管理面板

放置元器件前，应当先加载其所在的元器件库。操作如下：单击元器件管理面板上的"Libraries"按钮，进入加载元器件库的"可用库"对话框，如图 1-55 所示。根据库的常用程度，可以选择不同的安装方式。

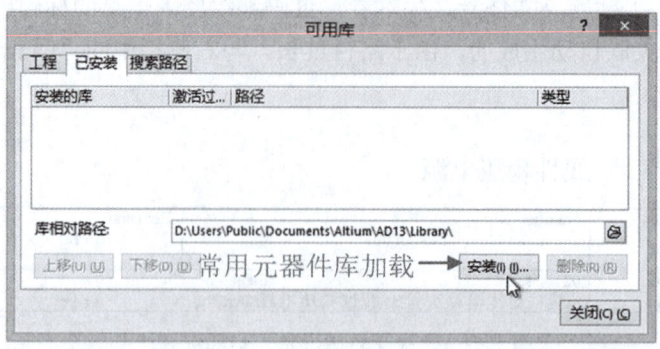

图 1-55 "可用库"对话框

对于常用元器件库，如系统自带的混合元器件库（Miscellaneous Devices.IntLib）和混合连接件库（Miscellaneous Connectors.IntLib），可以在"已安装"标签页进行安装。Altium Designer 2013 系统自带元件库一般在计算机用户文件的 Altium\AD13\Library\ 目录下，读者可以用 Miscellaneous 作为目标词汇，在 Windows 的资源管理器中，搜索并找到这两个文件的路径，然后在"已安装"标签页中单击"安装"按钮，进入"打开"对话框，如图 1-56 所示。再通过左侧资源窗口逐级进入之前搜索到的路径，或直接将之前找到的路径复制粘贴到地址栏后按 Enter 键，直接进入这两个库文件所在目录，找到这两个库文件，按下键盘上 Ctrl 键的同时，用鼠标左键依次选中这两个文件，然后单击"打开"按钮，返回到"可用库"对话框，可以看到，两个常用库已经被添加进来了。采用以上方式安装的库会成为通用的元器件库，也就是在打开其他工程时，这些库也会出现在"已安装"标签页的列表中，可以直接应用。

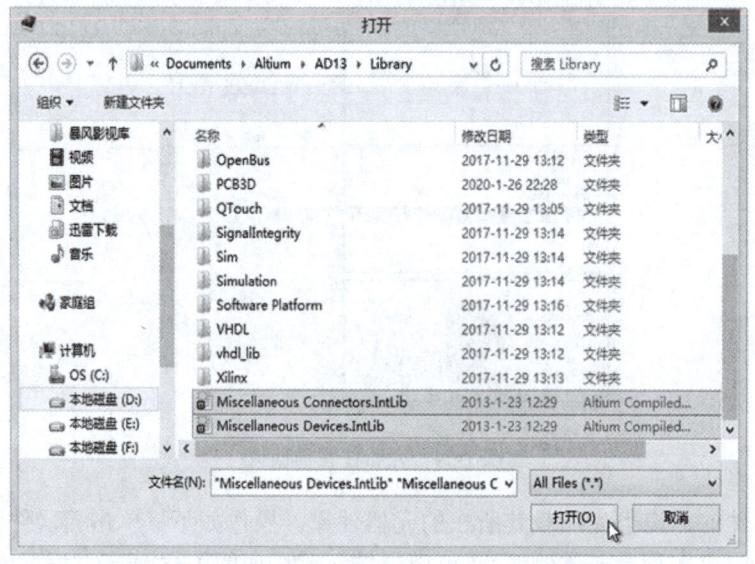

图 1-56 "打开"对话框

对于非通用性的元件库，则可以在"可用库"对话框中，切换到"工程"标签页，如图 1-57 所示。然后单击"添加库"按钮进行添加，后续的操作与常用库的加载步骤相同，不同的是，这样加载的元器件库仅适用于当前工程中，如图 1-57 中的 Altera Cyclone III.IntLib 元件库，在打开其他工程时，这个库就不被加载，也就是不会出现在这个标签页的列表中了。

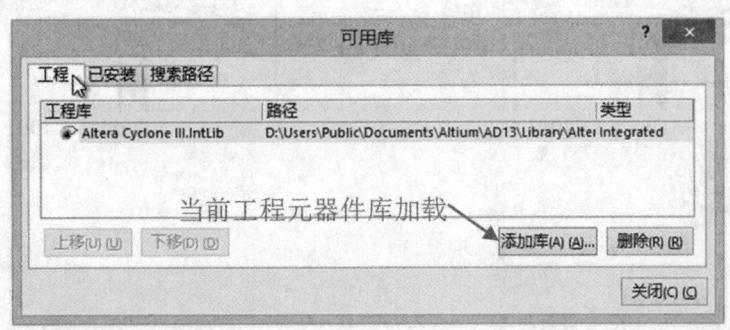

图 1-57　当前工程专用元件库的加载

无论是通用还是工程专用的元器件库，在不需要时都可以移除，只需要在"可用库"对话框中的"已安装"或"工程"标签页中，选中要移除的库文件，然后单击"删除"按钮即可。当然这里并不是真实地从计算机文件中删除库文件，仅仅是不被调用而已，库文件仍然保存在原来的路径下，下次需要时还可以重新加载。

本项目只需要使用 Miscellaneous Devices.IntLib 和 Miscellaneous Connectors.IntLib 两个系统自带元件库。

（2）放置、调整与删除元器件。元器件的放置有 3 种方法。

方法一：使用元器件管理面板放置元器件。

单击右侧面板区"库"标签，展开元器件管理面板，在放置之前，建议初学者对两个常用库中的元器件进行浏览，观察元器件的图形符号，熟悉它们的元件名称，以后就可以通过元件名称快速地查找到元器件了。

使用元器件管理面板放置元器件

元器件管理面板中支持使用通配符对元器件进行模糊查找，例如放置二极管 1N4001，可以在元器件管理面板的元件搜索框中输入"*1N4001"，就可以快速定位到这种二极管，如图 1-58（a）所示，其中"*"就是通配符，它可以用来替代任意数量的数字或字母，在这里它替代了"Diode"。对于这种模糊查找，在用户一边输入的时候，系统就一边缩小元器件范围，往往不需要完全输入，器件就已经出现在了列表中，如图 1-58（b）所示。

在元器件管理面板中找到元器件后，单击列表中的元件名，将其拖曳到图纸适当的位置再释放，就可以放置下这个元件了，双击元件名也可以起到与拖曳一样的效果，只是放置到位时，需要再次单击。

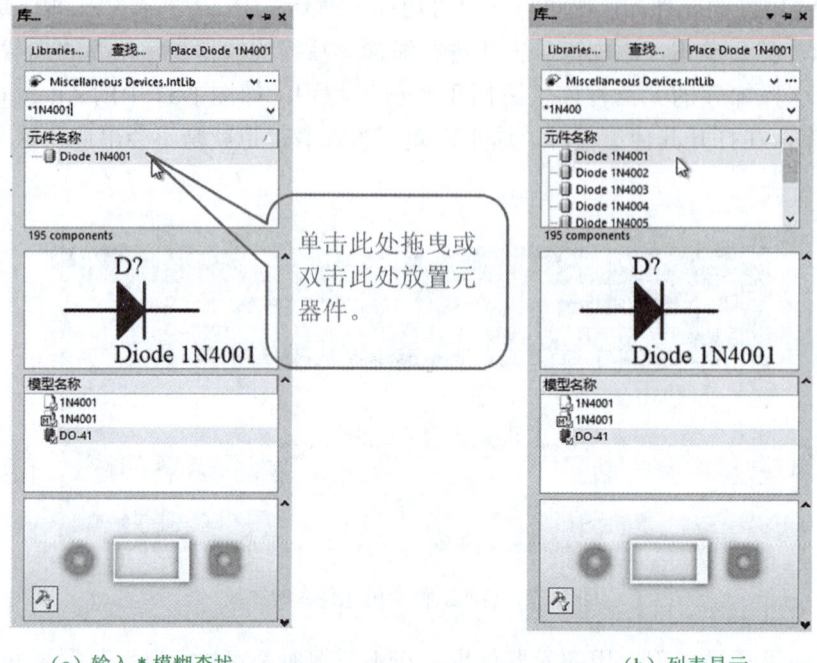

（a）输入 * 模糊查找　　　　　　　　　（b）列表显示

图 1-58　元器件管理面板中模糊查找元器件

在放置过程中，如果需要调整元器件的方向，可以在鼠标左键未释放，元件还跟随在光标上时，使用快捷键方式来改变方向。其中空格键用来使元件逆时针旋转 90°，X 键用来左右翻转，Y 键用来上下翻转，效果如图 1-59 所示。

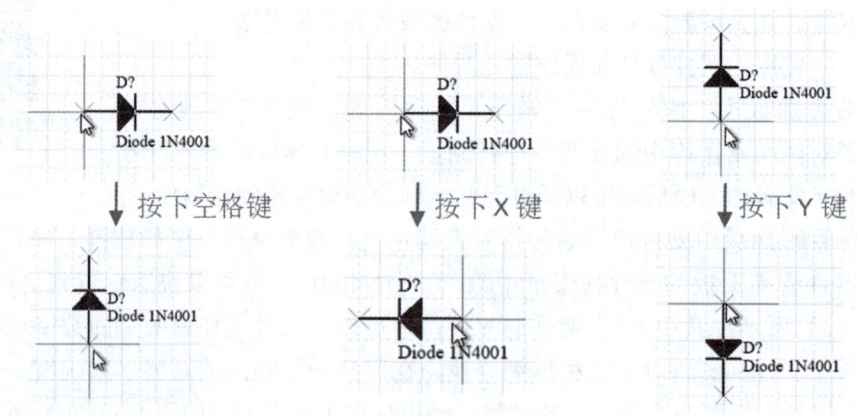

图 1-59　元器件方向的调整

方法二：使用快捷按钮或快捷键放置元器件。

AD13 原理图界面有一个非常便捷的"放置"工具栏，其中各按钮功能如图 1-60（a）所示。使用其中的"放置元器件"按钮 可以放置元器件。打开界面上端的"放置"菜单也含有部分相同的快捷按钮。根据菜单提示，按下快捷键 P 可以打开图 1-60（b）所示"放置"菜单,再按下快捷键 B、U、P 等,可依次放下总线、总线入口、元器件等,因此熟练操作者经常采用快捷键放置元器件。

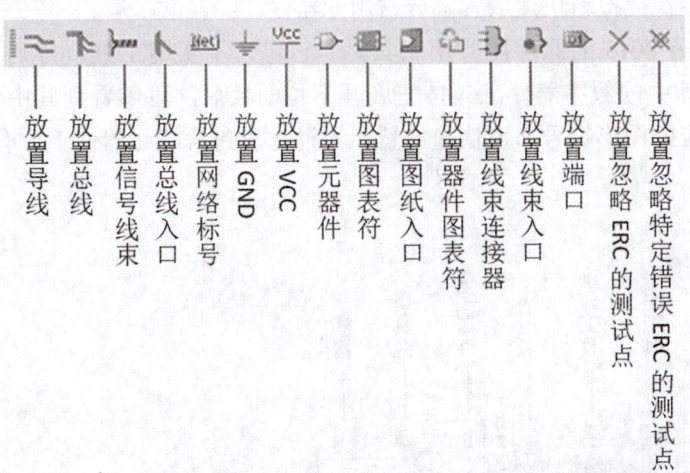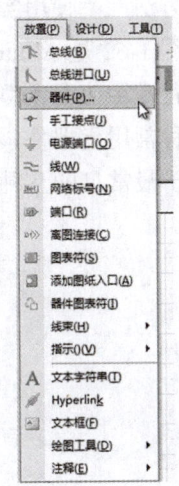

(a) "放置"工具栏　　　　　　　　　　　　　　　　　　　(b) "放置"菜单

图 1-60　原理图"放置"工具栏与"放置"菜单

无论是单击按钮 还是按下快捷键,都将弹出"放置元器件"对话框,如图 1-61(a)所示,单击对话框中的"选择"按钮,将进一步弹出"浏览元器件"对话框,先在对话框顶部"库"列表框中选择元器件所在的库,然后可以在"元件名称"列表框中选择相应元器件,或者通过"对比度"编辑框输入部分或全部元件名进行模糊查找,快速锁定需要放置的元器件。选好元器件后,单击"确定"按钮退回到"放置元器件"对话框,再次单击"确定"按钮,选中的元器件光标将跟随在鼠标指针上,移动鼠标指针到图纸的合适位置后,单击,即可放置下这个元器件,放下前同样可以使用 X、Y 或空格键来调整方向。

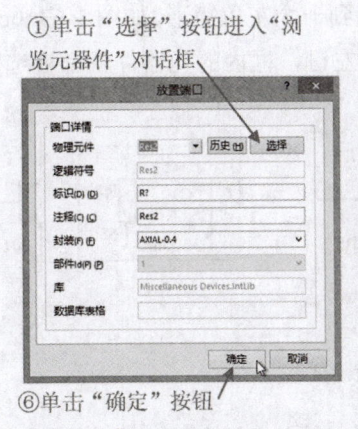

(a) "放置元器件"对话框 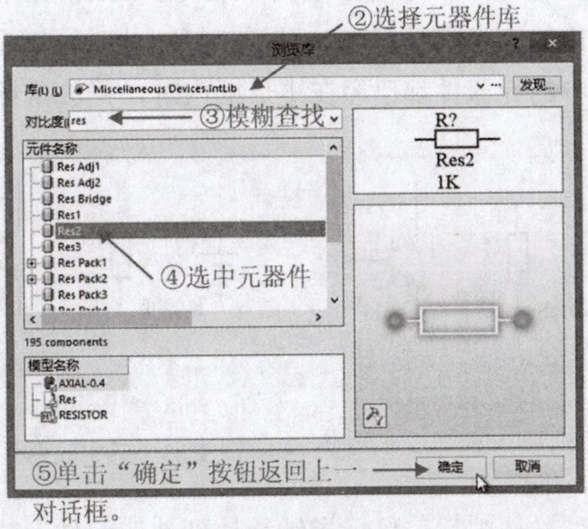　　　　　　　　　　　　　(b) "浏览元器件"对话框

图 1-61　使用快捷按钮或快捷键放置元器件

放置完一个元器件后，系统会自动重新弹出"放置元器件"对话框，以便于再次放置另一个元件。

方法三：使用实用工具栏快捷按钮快速放置部分常用元器件。

图 1-62 是 Altium Designer 2013 的原理图实用工具栏。它包含了实用工具、排列工具等 6 种常用工具系列。单击其中的数字器件工具按钮展开下拉面板后，可以看到其中包含了多种常用元器件，单击相应的图形符号即可快速放置。不过这里包含的元器件十分有限，仅限于最常见的几种类型。

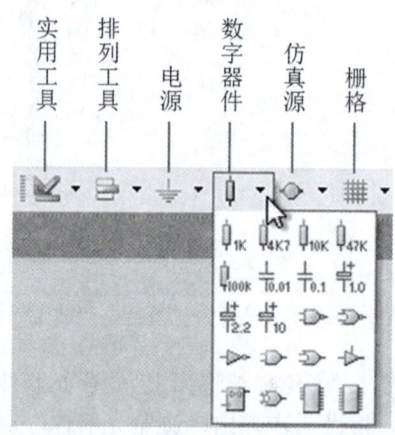

图 1-62　Altium Designer 2013 原理图实用工具栏

若需要调整放置好的元器件的位置或方向，则需要先选中这个元件。选中单个元件只需要在元件上单击，被选中元件会带上绿色的虚线外框，如图 1-63（a）所示。若需要一次选中多个元件，则可以先按下 Shift 键，再在这多个元件上依次单击，如图 1-63（b）所示。如果所选元件在一个矩形区域内，还可以在矩形区域的一个顶点处单击后，当鼠标指针变成一个灰色的大十字时，移向矩形的对角，此时可以看到一个灰色矩形，如图 1-63（c）所示，当需要选中的元器件都已经在矩形框内时，释放鼠标左键，框内的元器件就都被选中了。

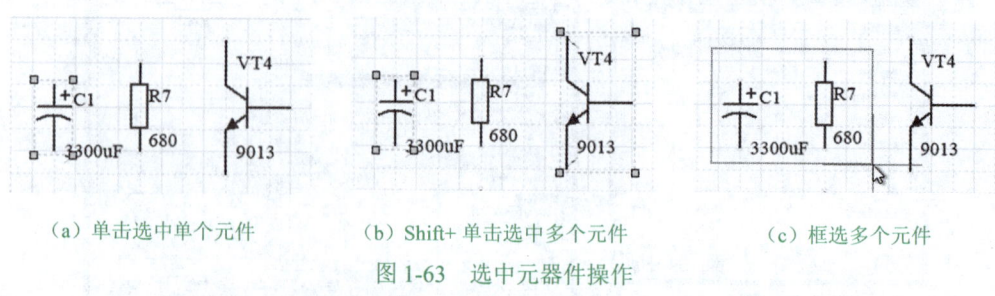

（a）单击选中单个元件　　　（b）Shift+ 单击选中多个元件　　　（c）框选多个元件

图 1-63　选中元器件操作

元器件被选中后，鼠标指针移动到被选元件上时，会变成四向箭头形状，这时按下鼠标左键，拖动鼠标，到合适的位置再释放鼠标左键，即可完成元件的移动。

当元件处于被拖动的状态时，使用 X、Y 或空格键可以调整它们的方向。

元件处于被选中的状态时，按下键盘上的 Delete 键即可将其删除。

元件的删除也可以使用菜单命令"编辑"→"删除"或快捷键 ED，当鼠标指针变成灰色大十字后，单击想删除的元件即可。这种删除方法无须事先选中元件，并且可以连续操作，逐个删除多个元件。

（3）设置元器件属性。放置好元器件后，需要对元器件的属性进行设置。属性包括元件标号、型号参数、封装形式等内容。

1）打开原理图"元件属性"对话框。

设置元器件属性需要打开原理图"元件属性"对话框，如图 1-64 所示。有 4 种方式打开这一对话框。

①双击已经放置好的元器件。

②在放置元器件的过程中，当元件跟随在光标上时，按下键盘上的 Tab 键。

③在已经放置好的元器件上右击，在右键菜单中执行 Properties 命令。

④执行菜单命令"编辑"→"改变"，当指标指针上跟随着一个大十字光标时，单击要修改属性的元器件。

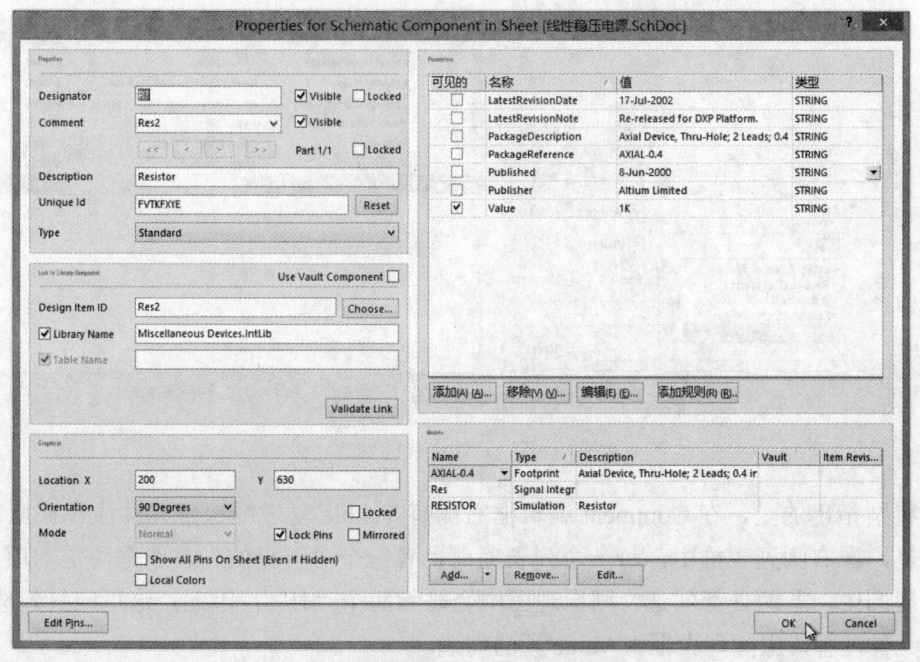

图 1-64　原理图"元件属性"对话框

2）修改元器件属性。

在原理图"元件属性"对话框中，通常需要对以下属性进行修改。这里以线性稳压电源中的阻值为 3kΩ 的电阻 R1 为例，来进行说明。

① Designator（元件标号）。Designator 编辑框在对话框的左上部，元件标号在整个原

理图中应当是唯一的，是一个元器件区分于其他元器件的"身份证"，在没有修改的时候，它默认的最后一位字符是"？"，如"R？""C？"等，如果采用原理图自动标号，系统会将这些"？"自动修改为数字，实现自动编号。手动编号的时候，通常在编辑框中，直接将"？"修改为数字即可，当然，"？"前的字符也可以根据需要进行修改，修改后应当保证整个图纸中没有两个或两个以上完全相同的元件标号。

Designator 编辑框右侧还有两个复选框：Visible 和 Locked。Visible 默认为选中状态，即元件标号在原理图中可见，若不勾选此项，则元件标号在原理图中不可见；Locked 默认不选，此时可以修改元件标号，若勾选此项，则意味着元件标号被锁定，不能修改。

② Comment（元件注释）。Comment 编辑框在 Designator 编辑框的下方，可以对元件的功能、参数、型号等进行描述。这个编辑框可以手动输入字符，也可以在下拉列表中进行选择，下拉列表中的选项在整个对话框右边上部的列表框中，以本设计从系统库中放置的电阻 Res2 为例，默认的注释为它在库中的名称 Res2，下拉列表中可选项有最新版日期（=LatestRevisionDate）、最新版注解（=LatestRevisionNote）、封装参考（=PackageReference）、值（=Value）等。此处，选择下拉列表中的"=Value"选项，然后到右侧列表框中修改 Value 的值为 3K（默认为 1K），如图 1-65 所示。

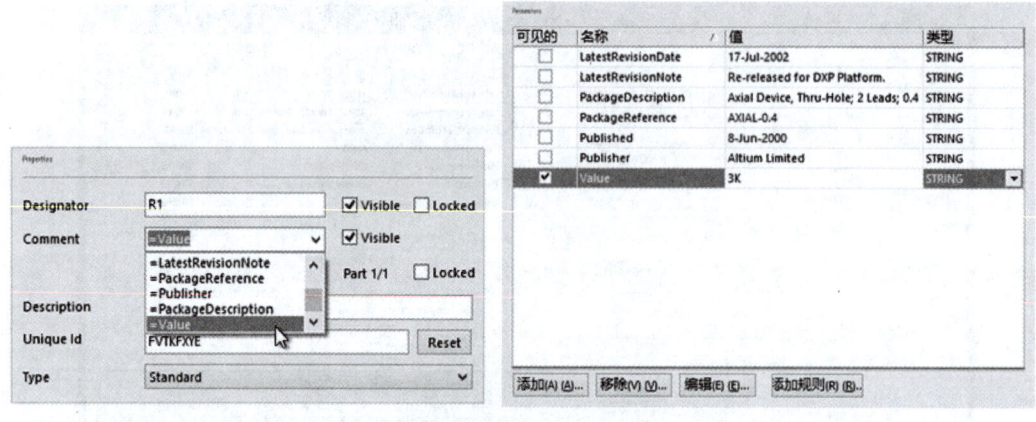

图 1-65　元件注释的修改

要特别指出的是，在 Comment 编辑框右侧有 Visible 复选框决定元件注释在原理图中是否可见，在右侧列表框中，每一个列表项前也有一个"可见的"复选框决定本项是否显示在原理图中，若两处都勾选，则原理图中会显示两个"1K"，因此，这里应只勾选一项，如显示元件注释，去除列表框中 Value 项的勾选。

③ Footprint（元件封装）。在电子学中，封装有多种意义，对应多个英文单词。封装可以是一个动词，在英文中对应 Package，是指将元器件内部微电路与外部引脚连接起来，并将元件内部电路包裹保护起来的过程。封装也可以作为名词，又有两层意思，一个还是对应英文中的 Package，指元件的整体外包装，涵盖了元器件外壳、引脚的形状、材质、密封性、散热性等特性，是一个综合、立体的概念；另一个对应英文单词 Footprint，可以把它理解

为 Package 在 PCB 上的投影，描述了元件在 PCB 上占据的面积、形状、引脚与 PCB 的电气连接位置和方式等，是 PCB 设计中十分重要的概念。电子元器件常见封装参见项目 2 任务 2 知识链接。

在"元件属性"对话框右下方的模型（Models）管理区域可以对封装进行修改。如图 1-66（a）所示，单击模型管理区域中的 Add（添加）按钮，将弹出图 1-66（b）所示的"添加新模型"对话框。在这个对话框的下拉列表中选择 Footprint 选项，然后单击"确定"按钮，将弹出"PCB 模型"对话框，如图 1-66（c）所示。单击此对话框中的"浏览"按钮，又会弹出"浏览库"对话框，如图 1-66（d）所示。在此对话框顶部的"库"下拉列表中选择相应的元器件库，例如此处选择系统混合元器件库 Miscellaneous Devices.IntLib，然后在"对比度"编辑框中输入要使用的封装名字符串的一个或几个字母进行模糊查找，快速锁定对应的封装，如 AXIAL-0.4，封装的图形将在对话框右部的图形窗口中显示出来，确认无误后，依次单击各对话框的"确定"按钮，直至返回到"元件属性"对话框。

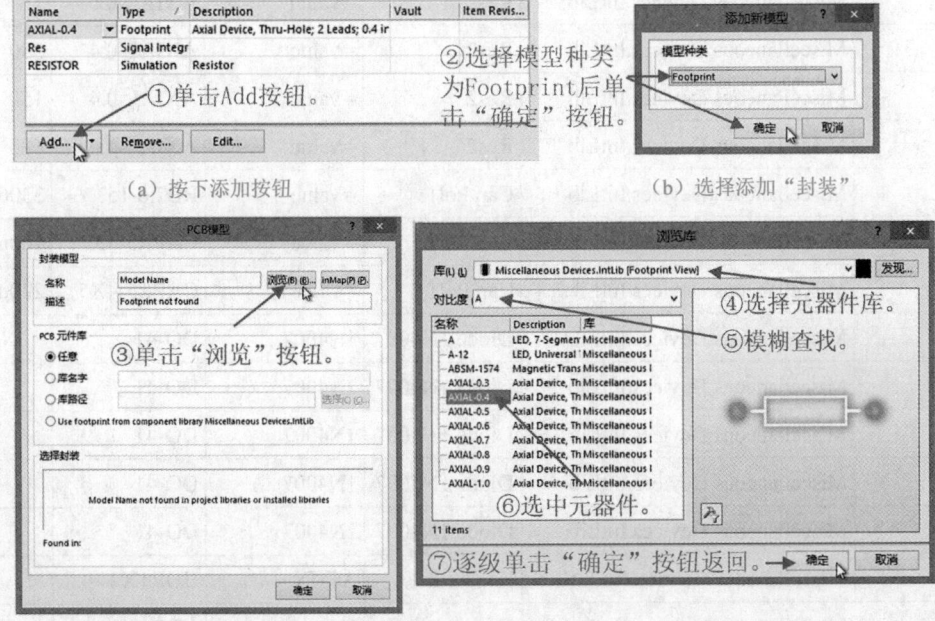

（a）按下添加按钮　　　　　　　　　　（b）选择添加"封装"

（c）进入库浏览　　　　　　　　　　　（d）查找所需封装

图 1-66　元器件封装的修改

回到原理图"元件属性"对话框后，如果没有其他属性需要修改，就可以单击对话框中的 OK 按钮，这样就完成了元器件属性的设置。图 1-67 是案例中的电阻元件设置前后的对比效果。

在熟悉了元器件的放置与属性设置方法后，请按照表 1-6 完成线性稳压电源实验板原理图元器件的放置和属性设置。

为元件指定或修改封装

（a）设置前　　　　　（b）设置后

图 1-67　元器件设置效果

表 1-6　线性稳压电源实验板原理图元器件列表

元件标号 (Designator)	库 (Library Name)	库内元件名 (LibRef)	元件注释 (Comment)	封装 (Footprint)	值 (Value)
R1	Miscellaneous Devices.IntLib	Res2	=Value	AXIAL-0.4	3000
R2	Miscellaneous Devices.IntLib	Res2	=Value	AXIAL-0.4	220
R3	Miscellaneous Devices.IntLib	Res2	=Value	AXIAL-0.6	10
R4	Miscellaneous Devices.IntLib	Res2	=Value	AXIAL-0.6	1
R5	Miscellaneous Devices.IntLib	Res2	=Value	AXIAL-0.4	330
R6	Miscellaneous Devices.IntLib	Res2	=Value	AXIAL-0.4	150
R7	Miscellaneous Devices.IntLib	Res2	=Value	AXIAL-0.4	680
C1	Miscellaneous Devices.IntLib	Cap Pol1	=Value	RB7.6-15	3300μF
C2	Miscellaneous Devices.IntLib	Cap Pol1	=Value	CAPR5-4X5	100μF
C3	Miscellaneous Devices.IntLib	Cap Pol1	=Value	CAPR5-4X5	220μF
VD1	Miscellaneous Devices.IntLib	Diode 1N4007	1N4007	DO-41	
VD2	Miscellaneous Devices.IntLib	Diode 1N4007	1N4007	DO-41	
VD3	Miscellaneous Devices.IntLib	Diode 1N4007	1N4007	DO-41	
VD4	Miscellaneous Devices.IntLib	Diode 1N4007	1N4007	DO-41	
VD5	Miscellaneous Devices.IntLib	Diode 1N4007	1N4007	DO-41	
J1	Miscellaneous Connectors.IntLib	Header 2	AC-IN	HDR1X2	
J2	Miscellaneous Connectors.IntLib	Header 2	VO	HDR1X2	
J3	Miscellaneous Connectors.IntLib	Header 2	GND	HDR1X2	
Rp1	Miscellaneous Devices.IntLib	RPot	=Value	VR5	500
Rp2	Miscellaneous Devices.IntLib	RPot	=Value	TO-264-AA	1000
VT1	Miscellaneous Devices.IntLib	NPN	D880	TO-220-AB	
VT2	Miscellaneous Devices.IntLib	NPN	9013	TO-92A	
VT3	Miscellaneous Devices.IntLib	NPN	9013	TO-92A	
VT4	Miscellaneous Devices.IntLib	NPN	9013	TO-92A	

（4）绘制导线。元器件之间主要通过导线（Wire）来进行电气连接。导线是电路原理图中用得较多的图元之一。

导线的绘制

执行菜单命令"放置"→"线"，或者按快捷键 PW，或者单击放置工具栏中的"放置线"按钮 ≈，之后会有一个灰色"米"字形光标跟随在鼠标指针上，如图 1-68（a）所示，说明进入了连线模式。当鼠标指针移动到想要完成电气连接的元件引脚附近，与连接端的间距小于电栅格时，光标会变成红色"米"字形，如图 1-68（b）所示。此时单击放置线的起点，红色"米"字形记号将留在引脚上，表示电气连接成功，如图 1-68（c）所示。将鼠标指针移向要连接的另一个元件，如需改变导线方向，可以在转向处单击留下一个固定点，固定点显示为灰色斜十字，移近另一个元件的引脚时，光标又会变成红色"米"字形，这时单击，即可放置线的终点，完成两个元件之间的电气连线。完成连接后的导线如图 1-68（d）所示。

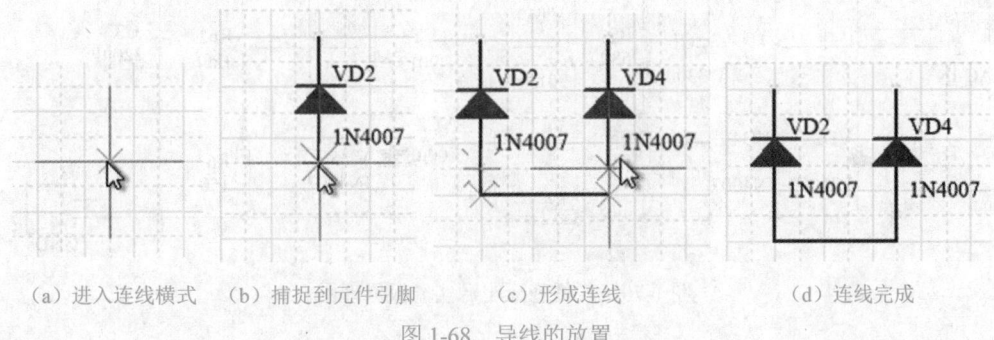

（a）进入连线模式　（b）捕捉到元件引脚　（c）形成连线　（d）连线完成

图 1-68　导线的放置

完成一条导线的放置后，鼠标指针仍处于放置线的状态，重复上面操作可以继续放置其他的导线。如果需要退出放置导线状态，右击即可。

导线的起点或终点也可以在另一条导线上，这时系统会自动添加一个连接点，如图 1-69 所示。

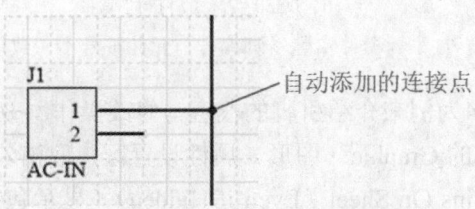

图 1-69　导线与另一条导线相连

读者可以按照上述方法完成线性稳压电源实验板原理图的导线连接，完成后的原理图如图 1-70 所示。

由于是实验电路板，变压器不固定于板上，图 1-70 中 J1 接口用于连接变压器二次线圈，J2、J3 为输出端测试用接口。每个接口预备安装 2P 单列排针。

（5）检查修改元器件引脚。系统库中的元件与实际元件的引脚排列可能不一致，为

元件引脚的修改

此要对元器件的引脚编号进行检查，对符号与实际不符合的要进行修改。以线性稳压电源原理图中的三极管为例，图1-71（a）和图1-71（b）分别是9013和D880的实际引脚排列。原理图中放置的均是系统库 Miscellaneous Devices.IntLib 中名为 NPN 的元件，其引脚排列如图1-71（c）所示，对比可知，两种三极管的实际引脚排列与原理图放置元件符号的引脚排列均不一致，若不修改，制作的电路将会出错。例如，原理图中连接9013三极管发射极E的导线，根据图形符号应与3脚相连，实际将会连接9013的3脚——集电极C。

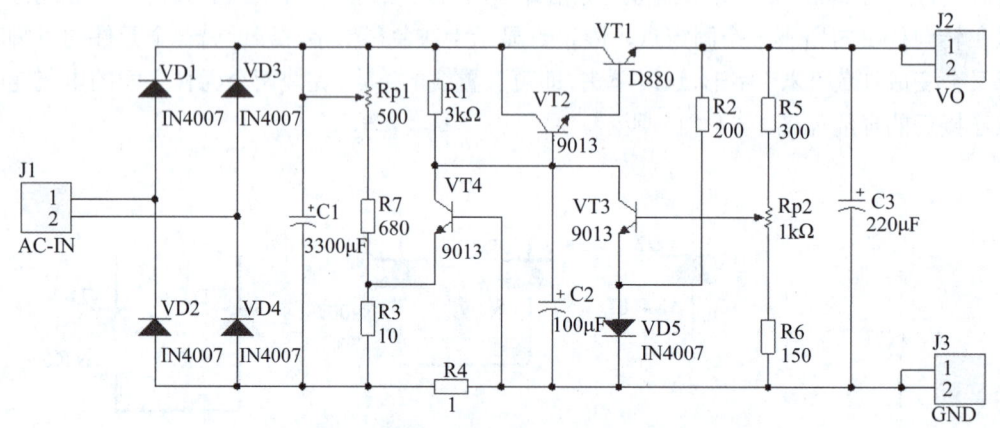

图1-70　线性稳压电源实验板原理图

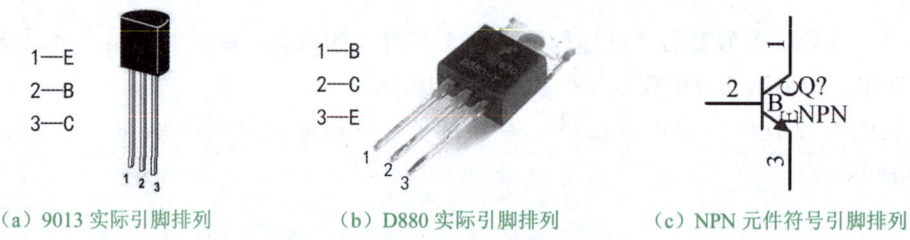

（a）9013实际引脚排列　　　（b）D880实际引脚排列　　　（c）NPN元件符号引脚排列

图1-71　元器件实际引脚编号与元件符号不一致现象

下面以图1-70中VT4为例来介绍引脚的检查与修改操作。双击VT4打开"元件属性"对话框，在对话框左下部的Graphic（图形）属性设置区，取消勾选Lock Pins（锁定引脚）复选框，勾选Show All Pins On Sheet（Even if Hidden）（显示包括隐藏引脚在内的所有引脚）复选框，如图1-72（a）所示。单击"元件属性"对话框的OK按钮后，VT4符号变成图1-72（b）中的样子，这时将鼠标指针移至要修改的引脚上，如引脚1，双击引脚将弹出图1-72（c）所示"管脚属性"对话框。根据图1-71中9013的实际引脚编号，将"标识"编辑框中的1改为3后单击"确定"按钮。按照相同的操作，将原来的引脚3的"标识"编辑框内容改为1，修改后的元件符号编辑框内容如图1-72（d）所示。

在完成修改后，应再次打开"元件属性"对话框，勾选Lock Pins复选框以锁定引脚，取消勾选Show All Pins On Sheet（Even if Hidden）复选框将引脚编号再隐藏起来。

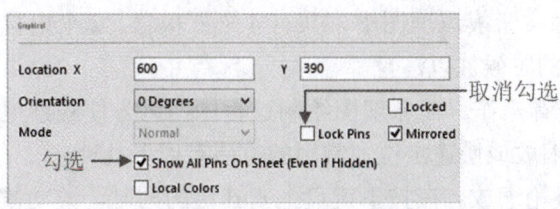
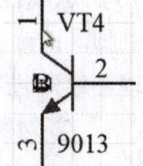

（a）解锁并显示所有引脚　　　　　　　　（b）修改前的引脚编号

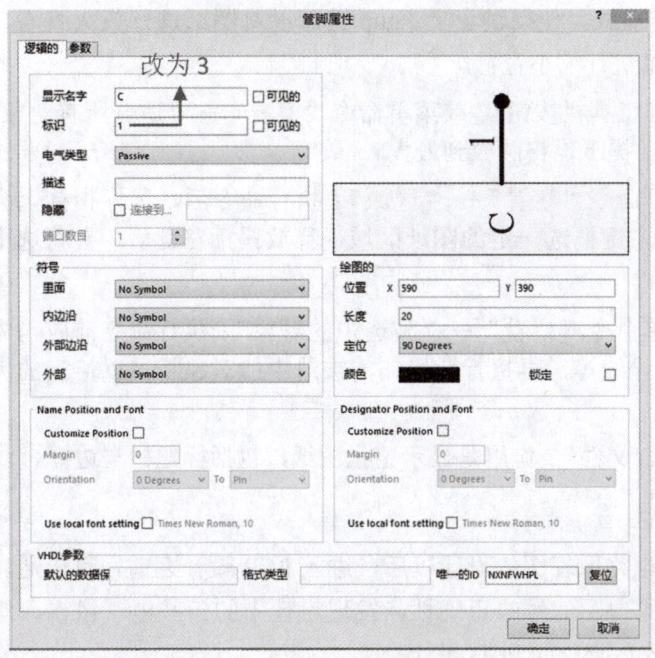
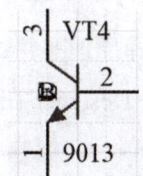

（c）修改引脚标识　　　　　　　　　　　（d）修改后的引脚编号

图 1-72　引脚的查看与修改

在线性稳压电源实验板的原理图中，除了 9013 和 D880，要修改引脚的元件还有电位器，这里根据需要，不常调节的电位器 Rp1 选用了图 1-73（a）所示的 3296 型精密多圈电位器，需经常调节的电位器 Rp2 选用了图 1-73（b）所示的铁壳电位器，两种电位器中间引脚 2 均为滑动端。而放置的元件名为 RPot 的电位器，其滑动端为 3 脚，如图 1-73（c）所示。因此应当交换 2 脚和 3 脚的标识。

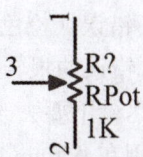

（a）电位器 Rp1 实物　　　（b）电位器 Rp2 实物　　　（c）电位器 RPot 符号引脚编号

图 1-73　电位器实物与元件符号

在图 1-70 所示线性稳压电源实验板原理图中，共有 4 个三极管、2 个电位器等 6 个元件需要修改引脚，请读者在绘图的时候加以注意。

（6）原理图绘制过程中的查看操作。在原理图绘制过程中，为方便观察电路，常常需要对图纸进行缩放或快速定位，常用的方法有以下几种。

原理图查看操作

1）鼠标滚轮缩放。在按下键盘上 Ctrl 键的同时，滚动鼠标滚轮，可以对图纸进行缩放。

2）按键缩放。使用键盘上 Pgup 键可以对图纸进行放大查看，Pgdn 键可以对图纸进行缩小查看。

3）按钮与菜单命令。标准工具栏按钮 或菜单命令 "察看" → "适合所有对象"：作用是在包含绘制的所有对象的前提下，将图放到最大。

标准工具栏按钮 或菜单命令 "察看" → "区域"：执行命令后，鼠标指针上会跟随灰色十字光标，此时单击鼠标左键框选一定的图纸区域，释放鼠标左键后，会将选中的区域放至尽可能大。

标准工具栏按钮 或菜单命令 "察看" → "被选中的对象"：执行命令前应当先选择若干个原理图对象，如元件、导线等，再执行此操作，被选中的对象将被以恰当的大小显示在图纸正中央。

菜单命令 "察看" → "适合文件"：作用是显示整张图纸，包括标题栏与边框。

4. 编译原理图并进行电气检查

Altium Designer 在完成了电路原理图的设计以后，进入 PCB 设计之前，可以通过电气检查来测试原理图信号的正确性，发现设计中的一些电气错误，避免将这些错误带入后阶段的 PCB 设计。

工程编译与电气检查

（1）电气规则设置。Altium Designer 对电路进行电气检查的依据是事先设置好的电气规则，在检查前，应先了解规则的设置。

执行菜单命令 "工程" → "工程参数" 或按下快捷键 CO，打开 "工程参数" 对话框，在这个对话框中有两个标签页与原理图的检查相关，分别是 Error Reporting（错误报告）和 Connection Matrix（连接矩阵）。

1）错误报告标签页。错误报告标签页如图 1-74 所示，本标签页包含的是可能产生的错误类型及报告的模式。

以图 1-74 中 Duplicated Part Designators 错误项为例，它指的是重复的元器件标号，展开本项 "报告格式" 列的下拉列表，可以看到错误分为 4 种报告等级，分别是不报告（绿色）、警告（黄色）、错误（橙色）和致命错误（红色）。系统默认将出现重复的元器件标号视为错误（橙色）。错误的报告等级可以在此进行修改，但系统基本已将其最优化，所以如果没有特殊原因，尽量不要去改动这些错误等级。

这样的规则在 Altium Designer 2013 中共有 9 大类 99 小项，详细列表请参看附录 1。

2）连接矩阵标签页。"连接矩阵" 标签页如图 1-75 所示，本标签页把电路中的电气连接规则采用矩阵的形式展示了出来，并且把错误报告也分成了 4 个等级，即不报告（绿色）、警告（黄色）、错误（橙色）和致命错误（红色）。

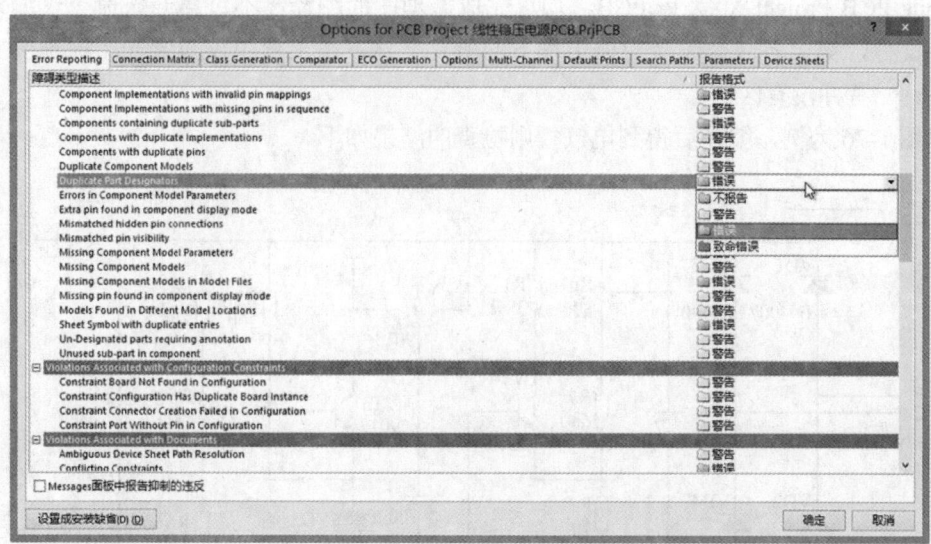

图 1-74 "工程参数"对话框"错误报告"标签页

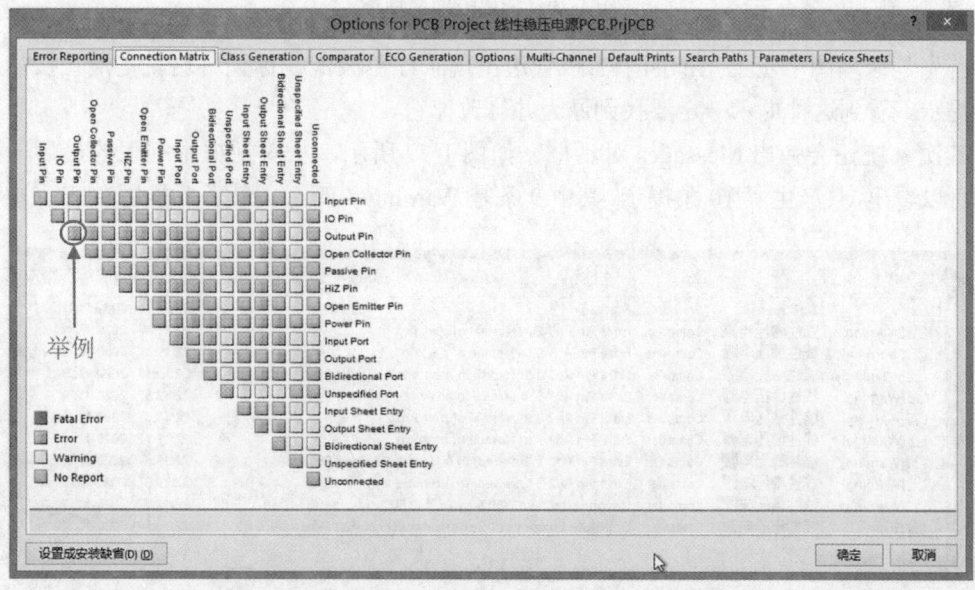

图 1-75 "工程参数"对话框"连接矩阵"标签页

以矩阵中第三行最左端的第一个色块为例，它所在行为 Output Pin，所在列也为 Output Pin，其颜色是橙色，表示将两个输出引脚连接在一起将被判定为 Error（错误）。在这些色块上单击，可以改变错误的报告等级，同样不建议随便改变系统默认的错误等级设定。

（2）电气规则检查。Altium Designer 2013 的电气规则检查是在编译原理图的过程中完成的。

执行菜单命令“工程”→“Compile document XXX.SchDoc”或执行菜单命令“工程”→“Compile PCB Project XXX.PrjPCB”均可完成原理图的编译，不过第一条命令仅编译当前原理图文件，第二条命令编译当前工程下的所有文件，在工程中仅包含一个原理图文件的情况下，二者并没有区别。

以图 1-76 为例，编译后得到电气规则检查的结果如下。

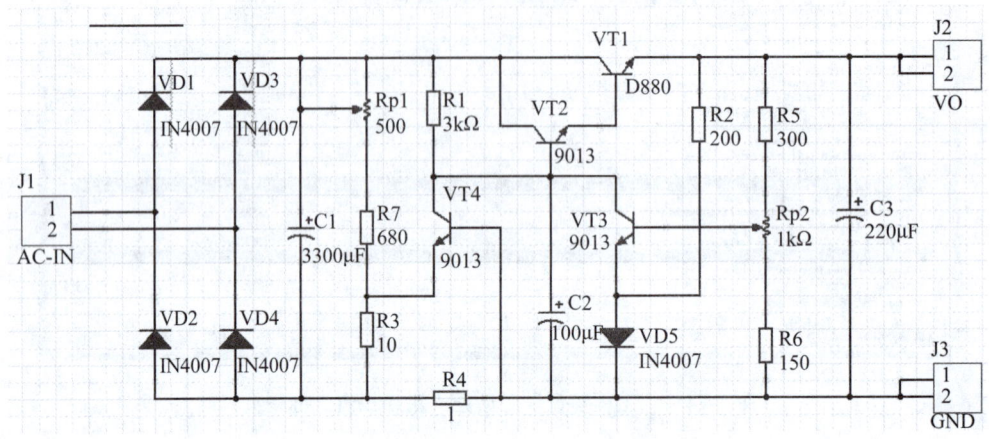

图 1-76　编译后的原理图

首先是原理图中左上角的两个二极管边出现了红色波浪线标识。这就是最直接的一种错误提示。看到这种提示一定要找到原因并修改掉它。

其次系统还会弹出 Messages 对话框，如图 1-77 所示，从对话框中列表的最后一列序号列可以看出，共产生了 10 条提示，其中 9 条是 Warning（黄色），最后 1 条是 Error（橙色）。

Messages

Class	Document	Source	Message	Time	Date	No.
[Warning]	线性稳压电源...	Compiler	Extra Pin Rp1-2 in Normal of part Rp1	22:19:37	2020-1...	1
[Warning]	线性稳压电源...	Compiler	Extra Pin Rp1-3 in Normal of part Rp1	22:19:37	2020-1...	2
[Warning]	线性稳压电源...	Compiler	Extra Pin Rp1-2 (Inferred) in Alternate 1 of part Rp1	22:19:37	2020-1...	3
[Warning]	线性稳压电源...	Compiler	Extra Pin Rp1-3 (Inferred) in Alternate 1 of part Rp1	22:19:37	2020-1...	4
[Warning]	线性稳压电源...	Compiler	Extra Pin Rp2-2 in Normal of part Rp2	22:19:37	2020-1...	5
[Warning]	线性稳压电源...	Compiler	Extra Pin Rp2-3 in Normal of part Rp2	22:19:37	2020-1...	6
[Warning]	线性稳压电源...	Compiler	Extra Pin Rp2-2 (Inferred) in Alternate 1 of part Rp2	22:19:37	2020-1...	7
[Warning]	线性稳压电源...	Compiler	Extra Pin Rp2-3 (Inferred) in Alternate 1 of part Rp2	22:19:37	2020-1...	8
[Warning]	线性稳压电源...	Compiler	Unconnected line (390,500) To (440,500)	22:19:37	2020-1...	9
[Error]	线性稳压电源...	Compiler	Duplicate Component Designators VD1 at 420,455 and 470,455	22:19:37	2020-1...	10

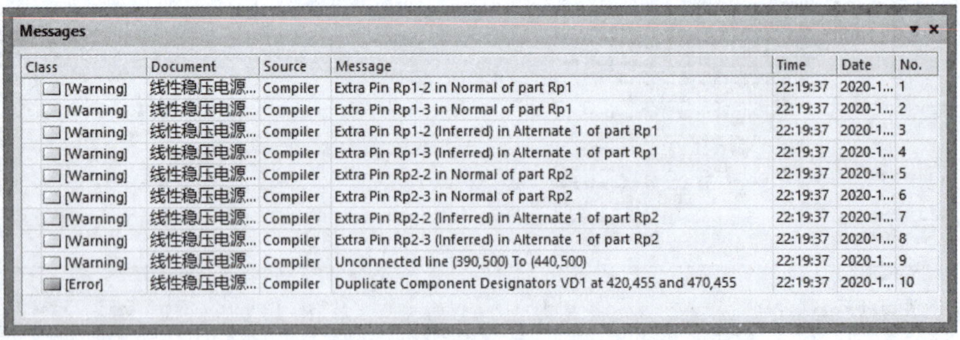

图 1-77　编译发现错误后弹出的 Message 对话框

对于 Error（橙色）和 Fatal Error（红色）级别的报告，是必须处理的。例如图 1-77 中第 10 条错误。错误提示“Duplicate Component Designators VD1 at 420,455 and 470,455”，意为在坐标 (420,455) 和 (470,455) 两处出现了重复的元件标号 VD1，正是原理图中红色波浪线标识的错误。

对于 Warning 级别的错误，可以视情况而定，有些警告可以不处理，不会导致设计出错。

不过还是应当尽可能处理出现的所有警告提示，使设计更规范。例如图 1-77 中第 9 条警告，“Unconnected line (390,500) To (440,500)” 意为坐标 (390,500) 到 (440,500) 之间存在未连接的导线。在这条警告上双击，还可以在原理图上快速定位到导线的位置，正是指图 1-76 左上角那一段孤立的导线。

关闭 Messages 对话框，修改两个 VD1 中一个的元件标号，删除多余的导线后，重新编译一次原理图，会发现二极管旁边的红色波浪线消失了，Messages 对话框也不再弹出。系统默认在没有出现 Error 及以上的错误报告时，不自动弹出 Messages 对话框。在编译后未弹出 Messages 对话框的情况下，仍然应当打开这个对话框看一看，因为可能出现 Warning 级别的错误报告。

操作者主动打开 Messages 对话框的方法有以下两种。

方法一：执行菜单命令“查看”→“工作区面板”→“System”→“Messages”。

方法二：在原理图界面底部任务栏中，执行命令“System”→“Messages”，如图 1-78 所示。

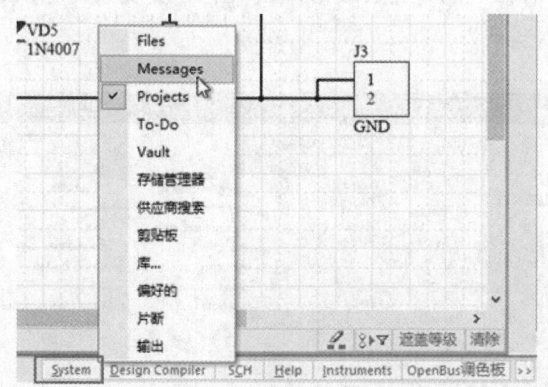

图 1-78　从底部任务栏打开 Messages 对话框

重新打开的 Messages 对话框如图 1-79 所示，可以看出，前文提到的两条错误报告已经不见了，取而代之的是，在第 9 条的位置上，提示“Compile successful, no errors found.”（编译成功，没有发现错误）。

Messages

Class	Document	Source	Message	Time	Date	No.
[Warning]	线性稳压电源...	Compiler	Extra Pin Rp1-2 in Normal of part Rp1	22:40:53	2020-1...	1
[Warning]	线性稳压电源...	Compiler	Extra Pin Rp1-3 in Normal of part Rp1	22:40:53	2020-1...	2
[Warning]	线性稳压电源...	Compiler	Extra Pin Rp1-2 (Inferred) in Alternate 1 of part Rp1	22:40:53	2020-1...	3
[Warning]	线性稳压电源...	Compiler	Extra Pin Rp1-3 (Inferred) in Alternate 1 of part Rp1	22:40:53	2020-1...	4
[Warning]	线性稳压电源...	Compiler	Extra Pin Rp2-2 in Normal of part Rp2	22:40:53	2020-1...	5
[Warning]	线性稳压电源...	Compiler	Extra Pin Rp2-3 in Normal of part Rp2	22:40:53	2020-1...	6
[Warning]	线性稳压电源...	Compiler	Extra Pin Rp2-2 (Inferred) in Alternate 1 of part Rp2	22:40:53	2020-1...	7
[Warning]	线性稳压电源...	Compiler	Extra Pin Rp2-3 (Inferred) in Alternate 1 of part Rp2	22:40:53	2020-1...	8
[Info]	线性稳压电源...	Compiler	Compile successful, no errors found.	22:40:54	2020-1...	9

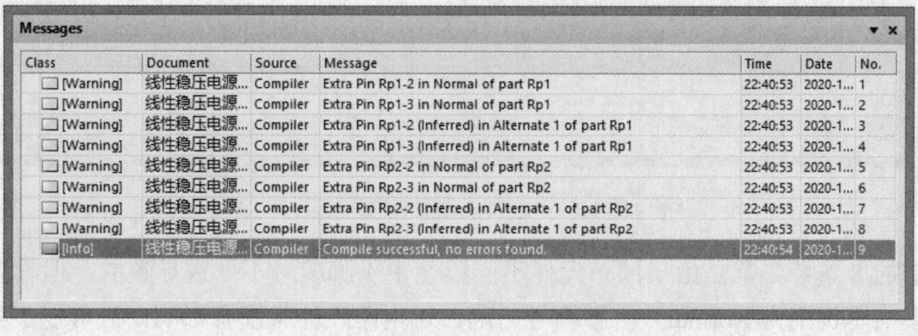

图 1-79　修正部分错误后再次打开的 Messages 对话框

图 1-79 中剩余的警告可以不处理，不会引起电路设计错误。当然也可以对其进行处理。

这里先对警告出现的原因进行分析。这 8 条警告集中出现在电位器 Rp1 和 Rp2 上，是由于之前对这两个元件进行过修改引脚的操作。以 Rp1 为例，修改后的引脚编号如图 1-80（a）所示。

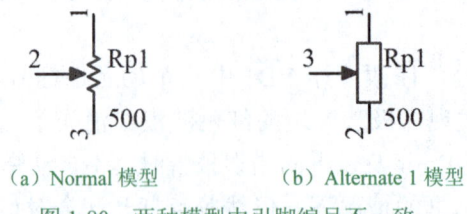

（a）Normal 模型　　　　（b）Alternate 1 模型

图 1-80　两种模型中引脚编号不一致

双击打开其中一个电位器的"元件属性"对话框，展开左下角 Mode（模型）下拉列表，如图 1-81 所示。发现它有 Normal 和 Alternate 1 两种模型，默认选项为 Normal，现将其修改为 Alternate 1，并勾选上 Show All Pins On Sheet（Even if Hidden）复选框显示其引脚，确认退出"元件属性"对话框后，观察被修改的元件，发现其符号及引脚编号如图 1-80（b）所示。

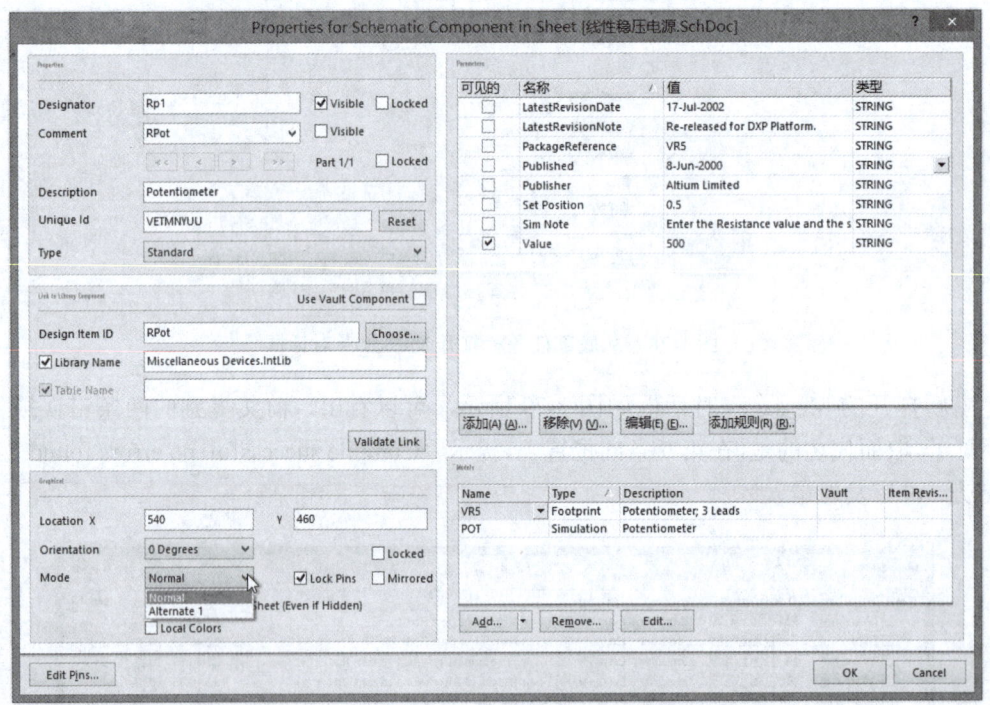

图 1-81　选择元器件的模型符号

剩余的 8 条警告就是由于同一元件不同模型中引脚编号不一致导致的，但只要当前使用的模型（本例中为 Normal）引脚编号正确，对电路设计就没有影响，故可以不处理。当然也可以用前文修改元件引脚的方法，将其他模型（本例中为 Alternate 1）的引脚编号修改成与当前使用的模型一致，警告提示就会消失。读者可以自行尝试。

5. 生成网络表文件

网络表的生成与作用

在完成原理图的绘制，并经编译正确无误后，就可以生成网络表了。在早期的 Protel 版本中，网络表文件是从原理图过渡到 PCB 设计必不可少的桥梁。进入 Altium Designer 时代后，由原理图转入 PCB 设计已经不再需要网络表文件，但对于导入导出原理图信息，兼容其他制图软件，仍然具有一定的意义。这里对网络表的生成和内容结构进行简单的介绍。

（1）生成网络表文件。执行菜单命令"设计"→"工程的网络表"→"Protel"或"设计"→"文件的网络表"→"Protel"，都可以完成网络表的创建。

生成网络表后，在软件界面左侧面板的 Projects 标签页中，可以看到多了一个 Generated 文件夹，单击文件夹前的"+"号，展开下一级内容，其中又包含了 Netlist Files 文件夹，再次单击文件夹前的"+"号，展开下一级内容，可以看到与原理图同名的 .NET 文件，这就是网络表文件，如图 1-82（a）所示。

（2）了解网络表的内容。打开网络表文件，可以看到网络表内容分成两部分：一部分是描述元件的，图 1-82（b）是其中的一段；另一部分是描述电气连接的，图 1-82（c）是其中的一段。

图 1-82（b）描述了元件 C1，其封装为 RB7.6-15，其元件名为 Cap Pol1。每个元件的描述封装在一对方括号 [ ] 中。

图 1-82（c）描述了网络 NetC1_2，它连接了 5 个元件引脚，分别是 C1-2、R3-1、R4-2、VD2-1 和 VD4-1。每个网络的描述封装在一对圆括号 ( ) 中。

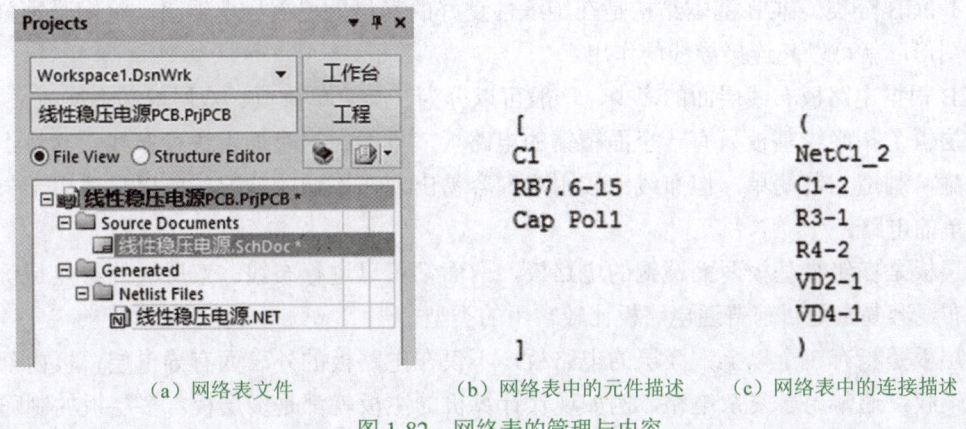

（a）网络表文件　　　　（b）网络表中的元件描述　　（c）网络表中的连接描述

图 1-82　网络表的管理与内容

由此可见，网络表的作用就是用文本的形式描述原理图包含的元件及它们之间的连接关系，可以说就是一张代码化的原理图。

思考题

1. Altium Designer 软件的文件管理方式是怎样的，有哪些关于文件的操作习惯是工作中应当注意的？

2. 原理图标题栏有什么意义？
3. 原理图绘制完成后为什么要进行电气规则检查，在 AD13 中如何进行电气规则检查？
4. Altium Designer 电气规则检查的错误等级有几级，哪些是必须处理的？

任务 4　线性稳压电源实验板 PCB 设计

任务描述

PCB 在电子产品中既起到为电子元件提供机械支撑的作用，又起到为电子元器件提供电气连接的作用，PCB 的设计直接影响到电子产品的性能和质量。本任务将应用 Altium Designer 软件完成线性稳压电源实验板 PCB 设计。

任务要求

- 了解 PCB 的物理结构。
- 用 Altium Designer 软件完成线性稳压电源实验板 PCB 的设计。

知识链接

1. PCB 的物理结构

PCB 物理结构

在进行 PCB 设计之前，应当先对 PCB 的物理结构和有关概念有所了解。

（1）PCB 分类。PCB 基本结构是在绝缘性良好的基材上覆盖导电铜膜，将铜膜蚀刻出一定的图形，就可以起连接导线的作用。

PCB 根据电路板布线层面的多少，一般可以分为 3 类：单层板、双层板和多层板。

单层板是指绝缘基板只有一个面覆铜的电路板，只能在这个面上进行布线，其特点是价格低廉，制造工艺简单，但布线比较困难，容易出现布不通的情况，所以只适用于一些比较简单的电路。

双层板是在绝缘基板两面覆铜的电路板，两面都可以进行布线。双层板的特点是价格适中、布线容易，是目前普通电路板比较常用的类型。

多层板是指有 3 个以上铜膜层的电路板，不仅在电路板的外表面有导电层，板内部也有导电铜膜，通常用于复杂电路，例如现代计算机的主板就都是多层板。多层板的制作成本相对于单层板和双层板而言要高很多。多层板的中间层通常有不同的功能分工，如果是专门用作电源导线的，称为电源层或地线层；如果是用于制作信号导线的，称为中间信号层。

PCB 按基材的刚性或延展性还可以分为刚性电路板和柔性电路板。其中，柔性电路板可以随意弯曲折叠，重量轻，体积小，散热性好，具有良好的发展前景。

（2）PCB 设计相关概念。

1）元件面与焊接面。PCB 的大多数元件一般放在朝上的一面，人们将其称为元件面（Component Side），对于早期最常使用的通孔元件而言，引脚穿过焊盘孔在另一面进行焊接，故另一面被称为焊接面（Solder Side）。现代电子产品中贴片元件使用更为普遍，两面都可以放置元件，两面也都可以焊接，但元件面与焊接面的叫法仍然被保留下来。另外，在 SMT 工艺流程中，在回流焊的过程中，为避免元件由于焊锡熔融而掉下来，还是尽量将更多的元件，特别是大元件放置在上表面，并将这一面习惯性称为元件面。

2）焊盘。焊盘（Pad）是电路板和元器件的连接点，位于铜膜层，一般与铜膜导线连为一体。电路板的焊接就是将元件的引脚与铜箔导线通过焊锡连接起来。焊盘分为直插式焊盘和表面贴装式焊盘。直插式焊盘的中心处有孔，它贯穿所有的板层。表面贴装式焊盘一般没有孔。

3）过孔。在双层板和多层板中，为连通各铜膜层之间的印制导线，通常在各层需要连通的导线的交汇处钻上一个公共孔，在孔壁上用化学沉积的方法镀上一层金属，以连通需要连接的铜箔，这就是过孔（Via）。过孔有 3 种，从顶层一直穿透到底层的称为通孔；从一个表面层（顶层或底层）通到多层板的中间铜膜层的称为盲孔；仅穿通并连接若干个中间铜膜层，不穿透到表面层的称为埋孔。

4）阻焊膜。阻焊膜（Solder Mask）是一种耐热绝缘的涂覆材料，它主要有两个作用：一是在后续焊接期间，阻止焊接，防止多余的焊锡溢出焊盘引起铜膜线路间电气短路，因此阻焊膜应当覆盖的是无须焊接的区域；二是保护铜膜线路，防止因潮气或化学反应等引起电气短路。考虑到这两个方面的作用，最常见的阻焊膜设计方式是覆盖线路板几乎整个表面，仅露出所有的焊盘。

5）丝印字符。为了安装和维修的方便，人们在 PCB 两面印制的图形或文字标识，包括元件轮廓形状、元件标号、元件值、生产制造信息等，通常印制在阻焊膜之上。由于这些图文的印制通常采用丝网印刷工艺，所以被称为"丝印"字符。

2. PCB 的设计图层

PCB 设计中涉及的层（Layer）是指的设计图层，有些图层在 PCB 上有实际的物理层面与之对应，即可以在 PCB 上看到设计的图形，如前文提到的铜膜导线、丝印字符等。有些则仅用于向 PCB 制造设备提供制造

PCB 的设计图层

文件或工艺文件，在 PCB 上并没有实物与之相对应，如机械层、禁止布线层。以下介绍一些重要的层。

（1）线路层。线路层是用于绘制铜膜导线的图层，包括顶层线路层（Top Layer）、底层线路层（Bottom Layer）和若干中间线路层。中间线路层又包括中间信号层（Mid Layer）和电源/接地层（Power Plane/Ground Plane）。

（2）机械层。机械层（Mechanical Layer）是用来设置电路板的外形尺寸、数据标记、装配说明等机械信息的图层。AD13 可以有最多 32 个机械层，这些层上的信息在板子做出来后是看不出来的。

（3）丝印层。丝印层是用于绘制丝印字符的图层。PCB 的两面均可以有丝印层，分别称之为顶层丝印层（Top Overlay）和底层丝印层（Bottom Overlay）。

（4）阻焊层。阻焊层是绘制阻焊膜覆盖位置和形状的图层，通常用来制作阻焊菲林等

阻焊膜制作工具。PCB 的两面均可以有阻焊膜，因此也可以有对应的阻焊层，即顶层阻焊层（Top Solder）和底层阻焊层（Bottom Solder）。为避免阻焊膜侵入焊盘，通常在阻焊层上绘制的阻焊开孔会比焊盘略大。

（5）锡膏层。在贴片元件的回流焊工艺流程中，需要采用钢网漏印的方式在 PCB 的焊盘上印刷上焊膏，锡膏层就是绘制锡膏印刷位置和形状的图层，这一图层通常用来制作印刷锡膏的钢网。为了不使锡膏溢出焊盘，钢网上的开口通常比焊盘略小。PCB 的两面均可能放置贴片元件，两面都可能需要印刷锡膏，因此对应有两个锡膏层，分别是顶层锡膏层（Top Paste）和底层锡膏层（Bottom Paste）。

（6）多层。多层（Multi Layer）顾名思义是绘制在 PCB 的多个物理层出现的对象的图层，如焊盘和过孔。

（7）禁止布线层。禁止布线层（Keep Out Layer）用于定义线路层的边界，定义了禁止布线层后，在以后的布线过程中，所有电气线路不可以超出禁止布线层的边界。因此经常将板子的边框、安装孔等绘制在这一层。

任务实施

1. 创建 PCB 文件

PCB 文件的创建

创建 PCB 文件的常用方法有 3 种，不管采用哪种方法，建议在 PCB 工程打开的情况下创建，避免创建的 PCB 文件成为自由文件。

方法一：使用菜单命令"文件"→"新建"→"PCB"创建，如图 1-83（a）所示。

方法二：在左侧面板的工程管理页中，在当前工程上右击，执行右键菜单命令"给工程添加新的"→"PCB"，如图 1-83（b）所示。

方法三：在左侧面板的文件管理页中，在"新的"列表框顶端单击标题"新的"展开列表，再单击"PCB File"进行文件的创建，如图 1-83（c）所示。

无论采用哪种方式创建 PCB 文件，在系统打开 PCB 设计界面后，都应立刻对新建 PCB 文件命名保存。最简单快捷的保存方式就是单击 PCB 标准工具栏中的"保存"按钮，然后在打开的"保存文件"对话框中命名保存。PCB 文件的扩展名为 .PcbDoc，保存后从左侧面板的工程管理页中可以看到 PCB 文件与原理图文件并列于工程管理之下，如图 1-83（d）所示。

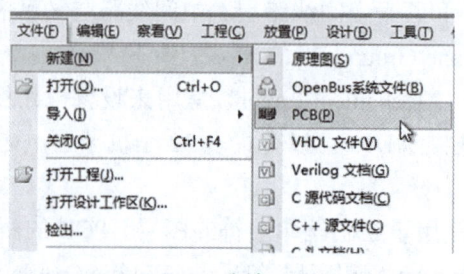

（a）方法一

图 1-83（一） PCB 文件的创建

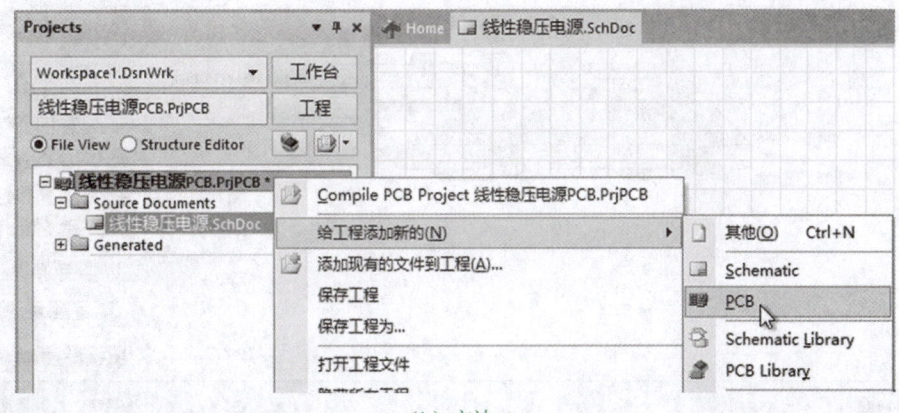

(b) 方法二

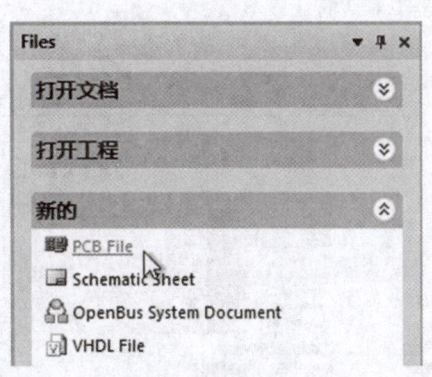

(c) 方法三

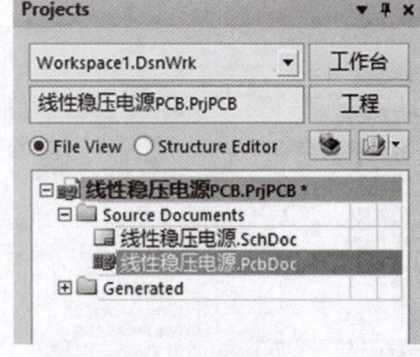

(d) 创建后命名保存

图 1-83（二） PCB 文件的创建

2. PCB 设计环境的设置

（1）工作层设置。在进行 PCB 设计时，需要根据电路的复杂程度对板层进行设置。

PCB 板层的设置
（层叠管理）

1）增加或删除板层。执行菜单命令"设计"→"层叠管理"，将打开"层堆栈管理器"对话框，如图 1-84 所示。从对话框中的示意图可以看出，系统默认设置为双层板，这也是最少层数。对于复杂电路，可以使用"添加层"按钮增加中间信号层，也可以通过"添加平面"按钮，增加中间电源层或接地层。选中某个中间信号层、电源层或接地层后，可以使用"上移""下移"按钮调整它的位置，也可以使用"删除"按钮删除不必要的中间层。注意，顶层线路层、底层线路层不可以移动，也不可以删除。在本项目的 PCB 设计中，使用默认设置，即双层板。

2）图层显示设置。执行菜单命令"设计"→"板层颜色"，将打开"视图配置"对话框，如图 1-85 所示。

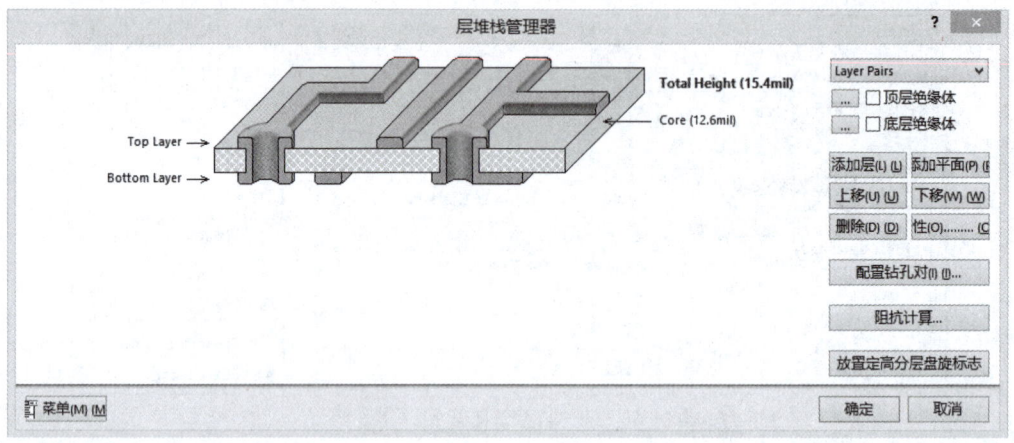

图 1-84 "层堆栈管理器"对话框

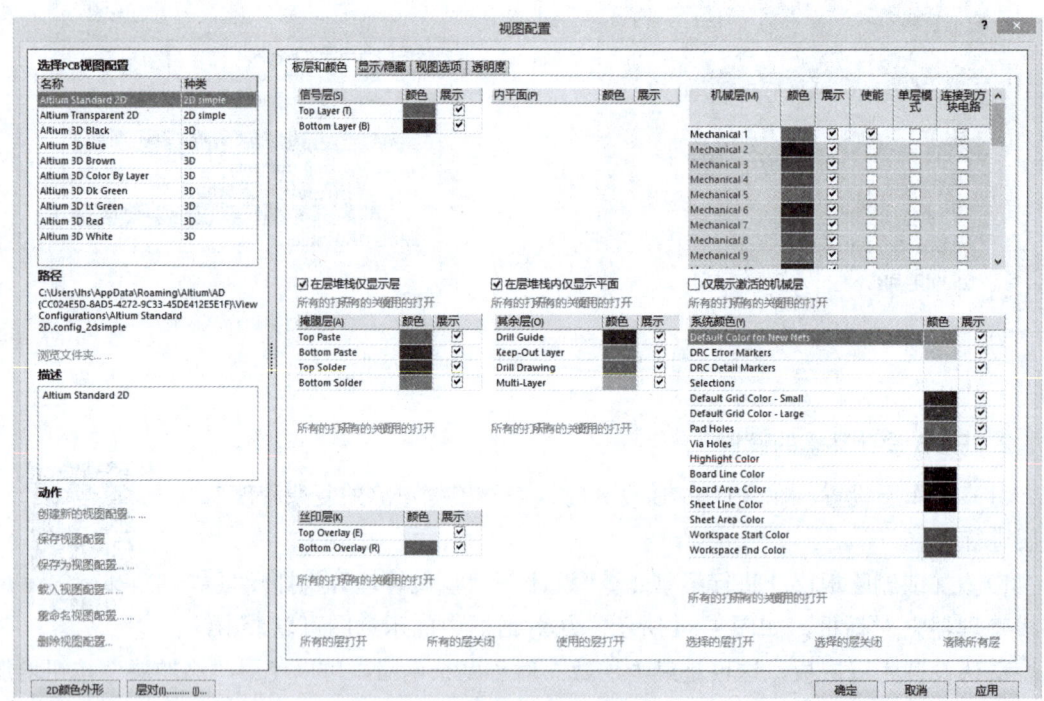

图 1-85 "视图配置"对话框

在对话框左侧，描述的是当前 PCB 视图配置的名称、种类、配置文件的路径等，以及配置文件的相关操作命令，如"创建新的视图配置"。从左上角的列表可以看出，系统自带两种 2D 视图，一种是不透明的，另一种是半透明的。8 种 3D 视图，分别为黑、蓝、棕等基本颜色。在没有特殊要求的情况下，设计时一般使用系统提供的 2D 模式，因为 2D 模式可以通过切换看到更多的设计图层。

图 1-85 中右侧展示的是系统默认的标准 2D 视图（Altium Standard 2D）的板层与颜色配置，这一个标签页有许多个复选项，这些复选项包括信号层、内平面、机械层、掩膜层、丝印层、其余层、系统颜色 7 种类型。被勾选出来的图层会在 PCB 设计时显示出来，每一个图层对应的色块表示该图层上的对象将被显示成的颜色，单击色块可以修改颜色，但无特殊情况不要去修改系统默认颜色。

首先来看信号层和内平面，由于在"层叠管理"时，选择了双层板，这里只有表面的两个信号层 Top Layer 和 Bottom Layer，这两个图层也是设计不可或缺的。本设计中没有中间信号层，也没有内平面，即中间电源层和接地层。

机械层可以有 32 个，这里只需要用到 1 个来设置电路板的外形尺寸、数据标记、装配说明等机械信息，因此可以仅使能 Mechanical 1，并勾选上"仅展示激活的机械层"复选框。

掩膜层包括了顶部和底部的阻焊层（Top Solder/Bottom Solder）和锡膏层（Top Paste/Bottom Paste），其中用于制作钢网的锡膏层不必显示，因此可以不勾选。

丝印层包括顶层丝印层（Top Overlay）和底层丝印层（Bottom Overlay）。本设计仅在一面放置元件，即只在顶层丝印层放置元件的符号、参数、图形等，底层丝印层可以不勾选。

其余层包括了钻孔引导层（Drill Guide）、禁止布线层（Keep-Out Layer）、钻孔图形层（Drill Drawing）和多层（Multi-Layer），其中钻孔引导层和钻孔图形层用来定义 PCB 上孔的位置和尺寸等信息，一般用于生成钻孔文件，无须单独绘制图形，在设计时也可以不显示，可以不勾选。

系统颜色是对设计电路板时一些基本颜色的定义，又分为必选项和可选项，必选项有板的颜色、边线颜色、图纸颜色等，可选项用来标识同一网络间的连接（飞线）、设计规则检查（Design Rule Check，DRC）的错误、辅助网络线、焊盘孔、过孔等，在设计时建议全部勾选并使用默认颜色。

对于本设计，按图 1-86 设置板层颜色后，按"确定"按钮退出"视图配置"对话框，从设计界面底部标签可以看出仅显示了选中的板层，如图 1-87 所示。

图 1-87 中标签用于对图层进行切换，若需要在底层线路层绘制一段线段，则需要先单击 Bottom Layer 切换到底层线路层，再使用画图或布线工具绘制线段，线段在图层上显示的颜色与标签上的颜色一致，但这并不是其在 PCB 上的实际颜色，以图 1-88（a）中的这一段线段为例，PCB 制造出来后，它将会成为底面上的一段铜膜导线。

又例如，单击 Top Overlay 切换到顶层丝印层，放置下一个字符"A"，如图 1-88（b）所示，字符在设计图中显示为与标签上一致的黄色，在实际的 PCB 上将出现一个丝印字符，目前行业中大都印刷为白色。

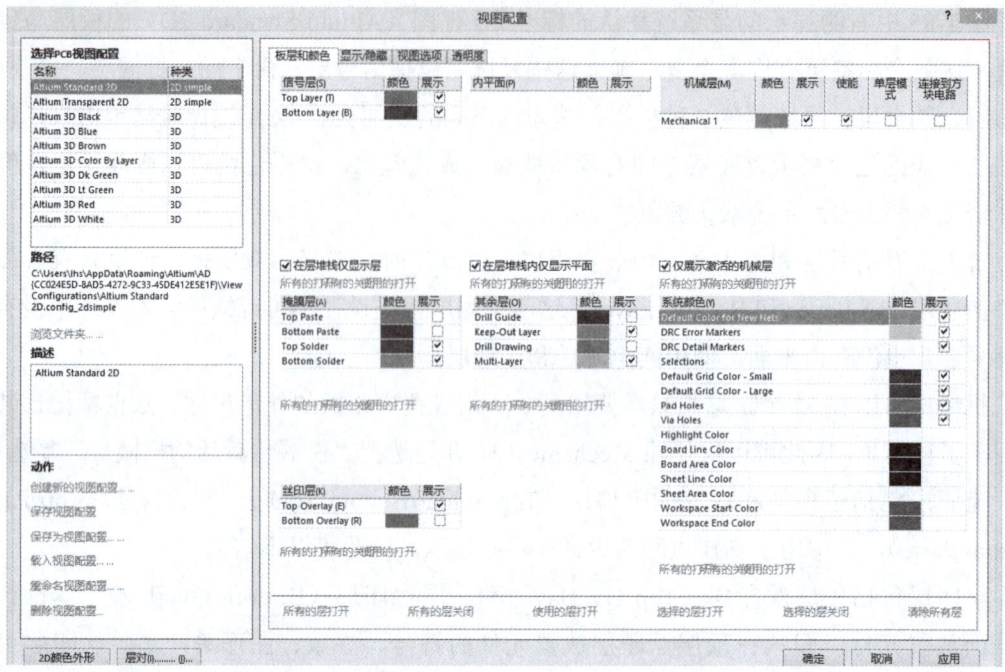

图 1-86 项目 1 视图配置

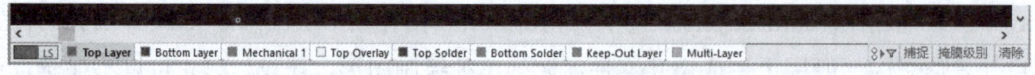

图 1-87 视图配置后保持显示的板层标签

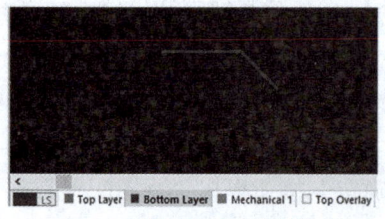   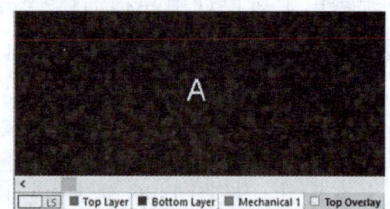

（a）底层线路层上的导线   （b）顶层丝印层上的字符

图 1-88 图层的颜色与意义

PCB 图层显示设置

（2）单位与栅格设置。执行菜单命令"设计"→"板参数选项"，或者在 PCB 设计窗口中右击，执行右键菜单命令"选项"→"板参数选项"，将打开"板选项"对话框，如图 1-89 所示。在对话框左上角的"度量单位"栏，通过下拉列表可以选择单位英制（Imperial）或公制（Metric）。选好后单击"确定"按钮退出对话框，单位的变化可以通过界面左下方状态栏中的当前鼠标位置坐标进行观察，如 X:4435mil Y:3055mil ，说明当前选用的为英制单位。

如果仅需进行单位切换，有更为快捷的方式，即在英文输入状态下按下 Q 键，即可在公、英制单位 mil 和 mm 之间来回切换。

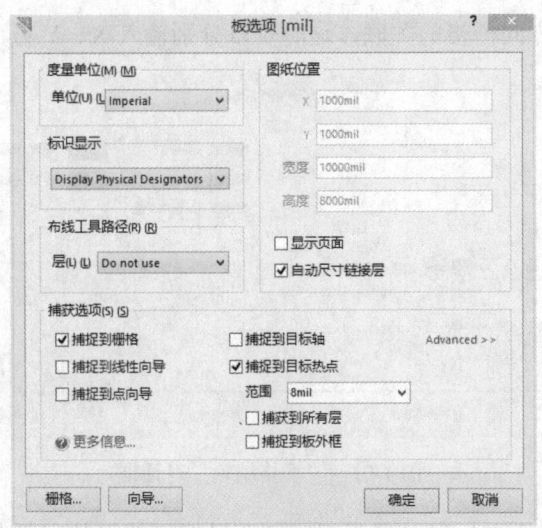

图 1-89 "板选项"对话框

通过"板选项"对话框，还可以对设计的图纸和栅格进行调整，在默认视图的主体设计区内看到的黑色部分是电路板区域，这一区域外还有图纸，默认不显示，如果勾选上"图纸位置"栏中的"显示页面"复选框，黑色电路板区域以外还会显示白色的图纸区域。如果去掉"自动尺寸链接层"这一复选框的勾选，图纸的尺寸与电路板相对图纸的位置就可以在上方的 4 个编辑框中进行修改了。

单击"板选项"对话框左下方的"栅格"按钮，可以进入"栅格管理器"对话框对栅格进行设置。图 1-90 为"栅格管理器"对话框，从中可以看到，仅有一种系统默认的栅格设置，双击本条设置，可以进入图 1-91 所示 Cartesian Grid Editor（栅格编辑）对话框，查看设置的细节，或者对设置进行修改。

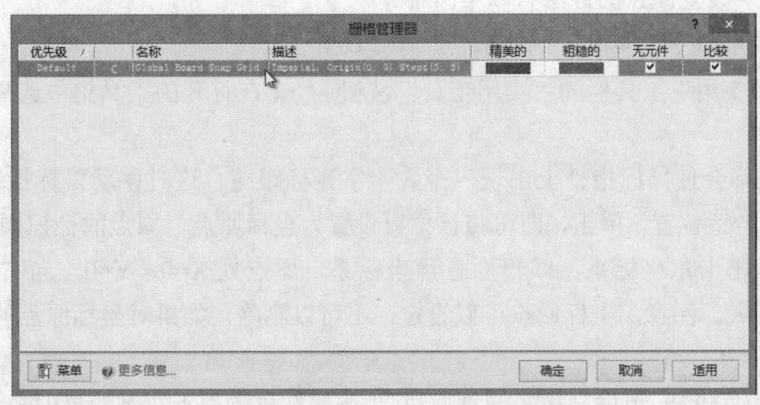

图 1-90 "栅格管理器"对话框

对话框"步进值"栏中的 ，表示将 X、Y 方向的栅格关联，即 X、Y 方向栅格间距取相同值，只能输入 X 方向的步进值，也就是栅格间距，系统默认值为 5mil。单击该符号，将其切换为，就切断了 X、Y 方向栅格的关联，这时可以分别输入 X、Y 方向的步进值。

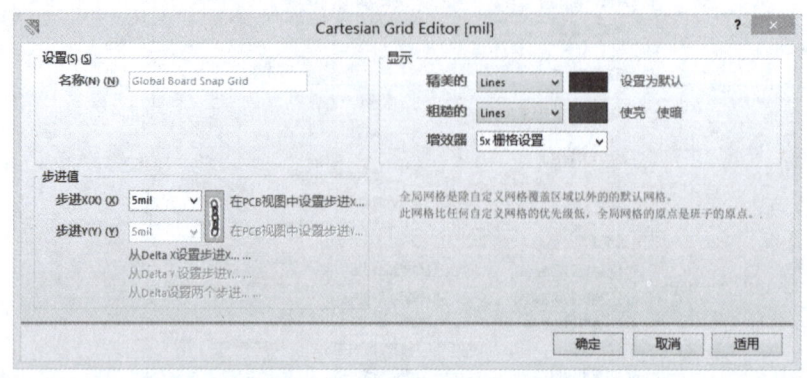

图 1-91 "栅格编辑"对话框

在对话框"显示"栏中，可以显示粗、细两种栅格的形状、颜色和相差的倍率。Lines 表示显示为栅线，Dots 表示显示为格点，默认粗糙的栅格是精美栅格间距的 5 倍，默认两种栅格为深浅两处不同的灰色。这些设置都可以视情况进行修改。

此外，也可以在 PCB 区域内使用右键菜单命令"跳转栅格"→"栅格管理器"进入"栅格管理器"对话框；或在 PCB 区域内使用右键菜单命令"跳转栅格"→"XX Mil"直接修改栅格尺寸。

3. PCB 机械参数设计

PCB 的机械参数包括板的形状尺寸、安装孔、定位孔等。

（1）绘制电路板边界。

第一步，设置原点。PCB 任何对象位置的确定都是基于坐标系的，为此，在绘制图形之前，先要设置原点。设置原点的方法有以下两种。

PCB 形状与尺寸的规划

- 执行菜单命令"编辑"→"原点"→"设置"。
- 单击"实用"工具栏的"实用工具"按钮，在打开的工具集中选择"设置原点"工具。

两种方法都会使鼠标指针上出现一个大十字光标跟随。这时移动鼠标指针到设计窗口中黑色区域的合适位置，单击，即可将该位置设置为坐标原点。原点的标识如图 1-92 所示。系统默认采用笛卡尔坐标系，即平面直角坐标系，原点处 X=0，Y=0，向右 X 坐标增大，向上 Y 坐标增大。注意，坐标原点可以设定，不可以删除，如果对坐标原点的位置不满意，重新设定即可。

第二步，板框设计。板框是板子的物理边界，一般在机械层上绘制边界的形状。本项目中，拟将线性稳压电源电路安装在一块 7cm×5cm 的矩形 PCB 上。板框的绘制步骤如下：

- 单击 Mechanical 1 标签切换到机械 1 层。
- 使用菜单命令或快捷键 Q 将当前单位切换到公制单位（mm）。

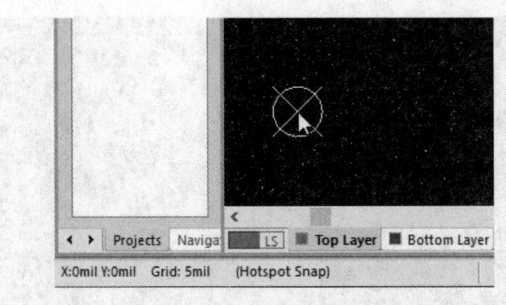

图 1-92　原点的标识

- 执行菜单命令"放置"→"走线",或者使用工具栏"实用工具 "中的"放置走线"按钮 ,或者使用快捷键 PL。以原点为左下角,绘制一个 7cm×5cm 的矩形。绘图时为定位准确,一般采用快捷键进行操作,具体方法如下。

按下快捷键 JO,作用是使鼠标指针跳转到原点,按 Enter 键一次,框线将以此作为起点。

按下快捷键 JL,作用是使鼠标指针跳转到指定坐标点,将弹出"跳转到指定坐标点"对话框,输入板框另一相邻顶点的坐标,如 (70,0),如图 1-93 所示。单击"确定"按钮,鼠标指针将跳转到 (70mm,0) 处,按 Enter 键两次以确认位置及放置下一个转折点,将在起点和该点间绘制出板框的第一条边。

再次按下快捷键 JL,输入下一顶点坐标 (70,50),按 Enter 键确定,当鼠标指针跳转到 (70mm,50mm) 处时,再按 Enter 键两次以确认位置及放置下一个转折点,将在起点和该点间绘制出板框的第二条边。

第三次按下快捷键 JL,输入下一顶点坐标 (0,50),按 Enter 键确定,当鼠标指针跳转到 (0,50mm) 处时,再按 Enter 键两次以确认位置及放置下一个转折点,将在起点和该点间绘制出板框的第三条边。

按下快捷键 JO,作用是使鼠标指针跳转到原点,按 Enter 键两次,将绘制出板框第四条边。

最后单击结束画线。

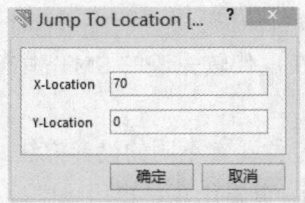

图 1-93　"跳转到指定坐标点"对话框

绘制完成的板框如图 1-94 所示。

很多简单电路板的物理边界同时也被设定为电气边界,即布线的范围,因此,使用禁止布线层来画板框在实际应用中也很常见。

电子产品设计与制作

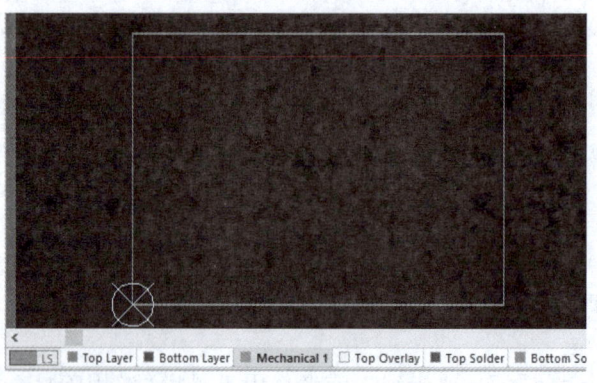

图 1-94 绘制完成的板框

框线绘制完成后，在框的外部按下鼠标左键拖动，直至框选了完整板框后释放鼠标左键，然后执行菜单命令"设计"→"板子形状"→"按照选择对象定义"，框外的板子部分将被裁切掉，表示板的黑色区域恰好位于框内，如图 1-95 所示。

图 1-95 裁切掉框外板子部分的视图

安装定位孔的绘制

（2）绘制安装孔、定位孔。PCB 上的安装孔用于 PCB 的固定和安装一些需要进行机械固定的特殊元器件。

PCB 上的定位孔则用于在焊接加工和测试过程中进行定位，经常用安装孔代替。在现代较先进的 SMT 生产线上，也经常采用光学定位，不需要机械定位。

根据不同的需求，安装孔/定位孔有不同的设计方法。

1）设计金属化安装孔/定位孔。金属化孔是指用化学反应将一层金属铜镀在孔的内壁上，使 PCB 的顶层和底层相互连接。如果需要电路板与产品的外壳之间有电气连接，如经过外壳接地，通常使用金属化安装孔。

绘制金属化孔的具体方法如下。

执行菜单命令"放置"→"过孔"，或者单击布线工具栏中的"放置过孔"按钮，或者按下快捷键 PV。3 种方法都会使鼠标指针附上一个大十字光标及一个过孔。

接下来，在需要绘制安装孔的位置（如板的四角）附近单击放置过孔，，如图 1-96（a）所示，右击结束放置。

然后双击每一个过孔，打开"过孔"对话框，确定孔的准确大小和位置。"过孔"对话框如图 1-96（b）所示。如果需要在板的四角设计 4 个直径为 3mm 的安装孔，孔中心距板边也为 3mm，则可以计算出 4 个孔的位置坐标分别为 (3,3)(67,3)(67,47) 和 (3,47)，单位为 mm。以右上角的孔为例，在"孔尺寸"后输入 3mm；"直径"后输入 3mm，如果需要加宽孔周的铜箔用于连接，此处也可以根据需要输入其他大于 3mm 的外径值；在"位置"后 X、Y 处分别输入 67mm、47mm，单击"确定"按钮，就完成了右上角的孔的绘制，按照相同的方法可以确定其他孔的孔径和位置。完成后的安装孔如图 1-96（c）所示。

（a）放置过孔作为安装孔

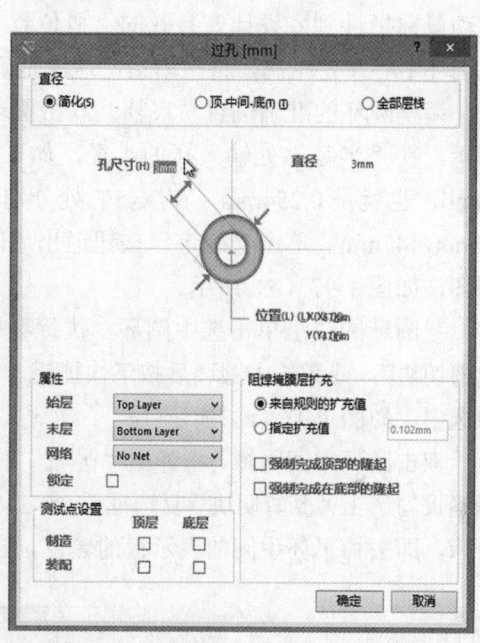

（b）修改过孔的位置和尺寸

（c）修改完成的安装孔

图 1-96 用放置过孔的方式绘制安装孔

2）设计非金属化安装孔/定位孔。金属化安装孔/定位孔有时也存在一定问题。例如，有些板子在后期进行电路组装的时候需要经过波峰焊，金属化的孔内壁对熔融状态的锡而言是浸润的，可能因此造成堵孔；金属化安装孔在维修安装的时候，在拧螺丝的过程中还有可能会产生金属碎屑，如果这些碎屑掉落在 PCB 上或产品内部，则有可能会导致短路等故障，为此经常需要设计非金属化孔，即孔内壁不进行化学镀铜。

绘制非金属化孔的方法如下。

单击 Mechanical 1 标签切换到机械 1 层。

执行菜单命令"放置"→"圆环"，或者使用工具栏"实用工具 "中的"放置圆环"按钮○，或者使用快捷键 PU。3 种方法都会使鼠标指针上出现一个大十字光标跟随。这时移动鼠标指针到欲设计安装孔的大概位置单击，这次是确定圆环中心，移动鼠标指针偏离此圆环中心一定距离，再次单击，这次是确定圆环半径，右击可以结束放置圆环。

调整圆环的准确位置与尺寸。双击圆环边沿将打开 Arc（圆环）对话框，如图 1-97（a）所示，在"半径"处输入孔的半径，如 1.5mm，"宽度"指绘制圆环线的粗细，一般选择 10mil，也就是 0.254mm，在 X、Y 处分别输入准确的圆心位置，如右上角安装孔的位置：67mm，47mm。单击"确定"按钮退出"圆环"对话框，这样就在机械 1 层上画下了一个圆环，如图 1-97（b）所示。

在圆环的边沿单击选中圆环，执行菜单命令"工具"→"转换"→"从选择的元素创建剪切块"，或者选中圆环后按下快捷键 TVT。之后单击圆环中间的区域，发现它可以被单独选中，如图 1-97（c）所示。

双击圆环中间区域，将弹出"区域"对话框，如图 1-97（d）所示，在对话框的"图形"标签页勾选上"板剪切块"复选框后，单击"确定"按钮退出对话框。圆环变得如图 1-97（e）所示，即去掉了环中间的表示板的黑色，它变成了一个镂空的孔。

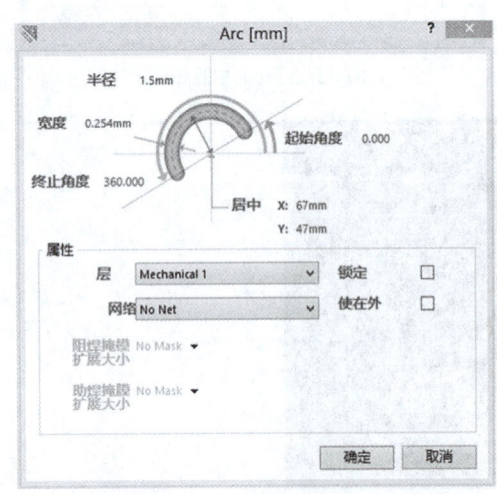

（a）在"圆环"对话框中调整圆环位置和尺寸

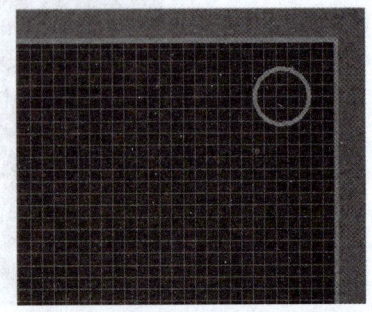

（b）调整好的右上角安装孔圆环

图 1-97（一）　绘制非金属化安装孔/定位孔

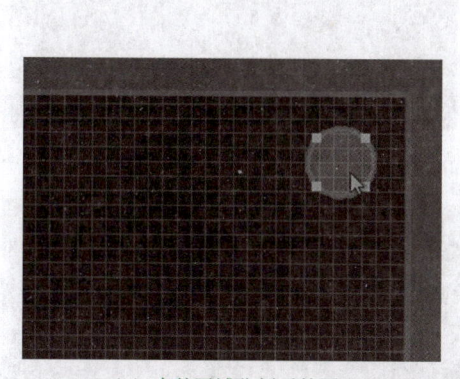 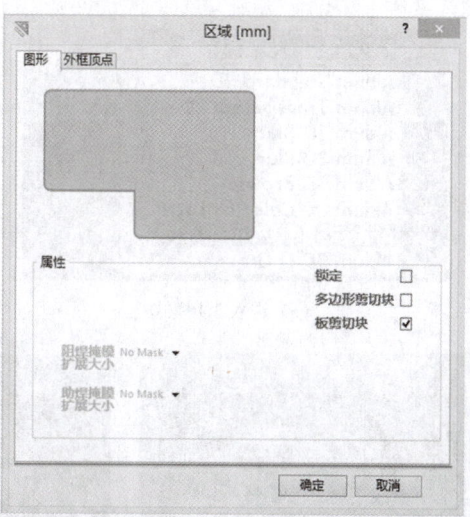

（c）内外区域分割后的圆环　　　　（d）在"区域"对话框中剪切掉选中的内部板材

（e）去除圆环内板材成为孔

图 1-97（二）　绘制非金属化安装孔/定位孔

这种绘制非金属化孔的方法还有一大优势，就是开孔不限于圆形，可以用来开各种形状的槽孔，读者可以自行尝试。

本项目最终设计的是非金属化安装孔。

3）观察对比金属化安装孔与非金属化安装孔。用 3D 模式可以观察对比所绘制的金属化安装孔和非金属化安装孔，具体方法如下。

执行菜单命令"察看"→"切换到 3 维显示"，或者在 PCB 标准工具栏的查看模式下拉列表中选择一种 3D 模式，如图 1-98（a）所示，或者按下快捷键 3，将切换到 3D 模式。在 3D 模式下按下键盘上的 Shift 键不放，屏幕上会出现一个调整 3D 方向的半球形操控手柄，如图 1-98（b）所示，这时按下鼠标右键向上下左右 4 个方向移动，分别相当于将板向前后左右旋转，可以全方位观察板的设计效果。

图 1-98（c）、图 1-98（d）、图 1-98（e）分别是 3 种不同安装孔的 3D 效果图。其中图 1-98（c）是金属化孔，且过孔的内外径相等；图 1-98（d）也是金属化孔，过孔的外径大于内径，板面上的一圈铜箔有利于 PCB 通过金属螺丝与外壳相接；图 1-98（e）是非金属化孔。

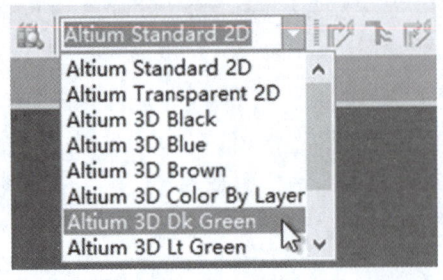
（a）进入 3D 模式

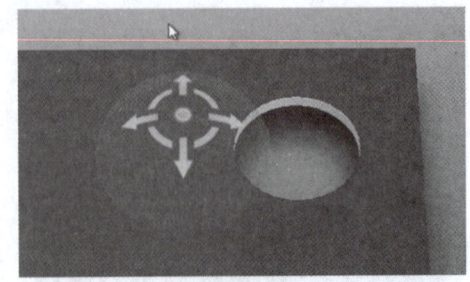
（b）调整 3D 查看角度

（c）内外径相等的金属化孔

（d）外径大于内径的金属化孔

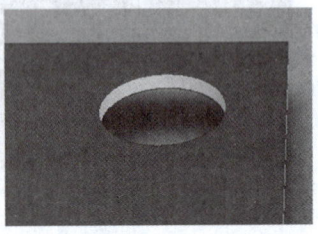
（e）非金属化孔

图 1-98　在 3D 模式下观察对比安装孔的设计效果

4. 导入元器件及网络

在完成原理图的检查及 PCB 机械尺寸等规划的情况下，就可以从原理图将元器件及网络连接导入 PCB 中。导入的方法有以下两种。

方法一：在原理图文件中执行菜单命令"设计"→"Update PCB Document XXX.PcbDoc"，即更新 PCB 文件。

方法二：在 PCB 文件中执行菜单命令"设计"→"Import Changes From XXX.PrjPcb"，即从工程导入变化内容。

将元件与网络导入 PCB 文件

这两种方法实施的前提是原理图和 PCB 文件在同一个工程的管理下。无论采用哪种方法，都将弹出图 1-99 所示"工程更改顺序"对话框。

图 1-99　"工程更改顺序"对话框

在"工程更改顺序"对话框中单击"生效更改"按钮，系统将检查变化更改是否正确，如果正确，将在"状态"→"检测"对应的栏内显示绿色符号"√"，否则将在错误项中显示红色符号"×"，检查结果全部正确时，如图1-100所示。若有错误，则应当关闭对话框，重新检查修改原理图直至没有错误。

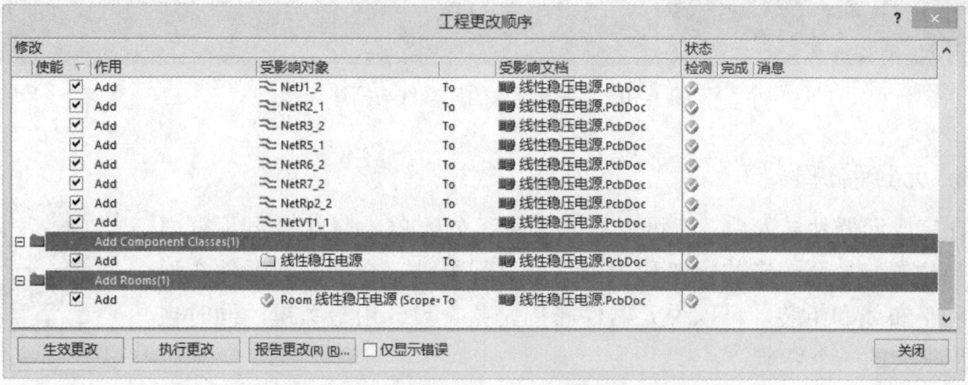

图1-100 单击"生效更改"按钮检查正确性

检查无误后，再单击"执行更改"按钮，观察"状态"→"检测"栏，所有项也应当全部显示绿色符号"√"，如图1-101所示。这时就完成了元器件及网络的导入，可以关闭"工程更改顺序"对话框了。

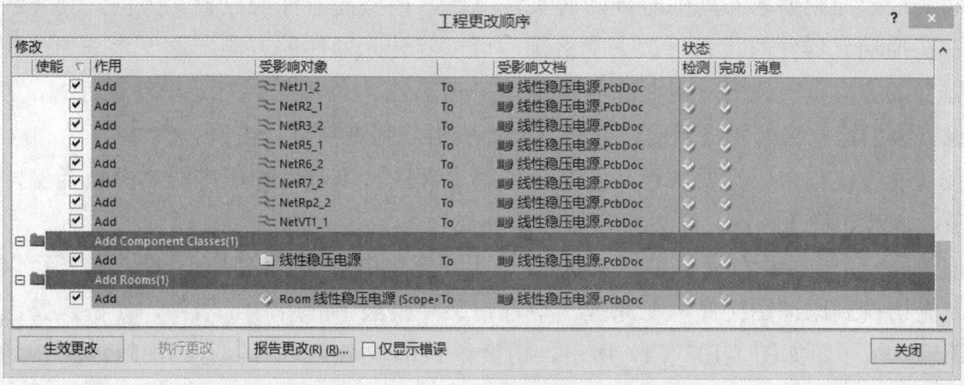

图1-101 单击"执行更改"按钮完成导入

完成导入后可以看到元器件出现在PCB文件中，如图1-102所示。所有的元件被约束在一个矩形区域中，这个区域被称为ROOM，移动ROOM，元器件会随之一起移动。元件的引脚上有连线，用于指示元器件间的连接关系，俗称飞线。但飞线并未产生实际电气连接。

电子产品设计与制作

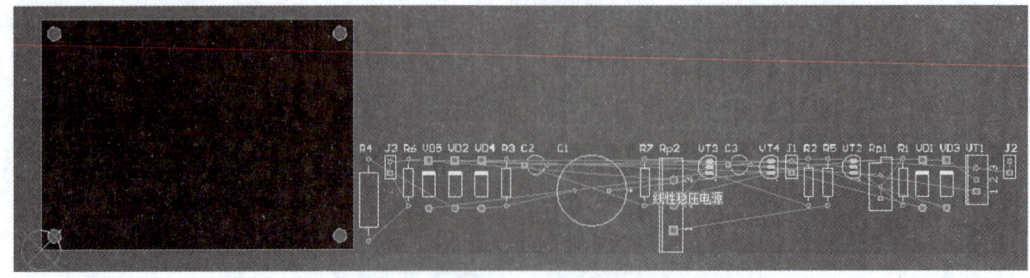

图 1-102　完成导入的元器件与网络连接

5. 元器件布局

在完成元器件导入后，就可以将元器件逐个从 ROOM 中移到板框内的恰当位置，按照一定的规律和规则摆放好元器件，合理的元器件布局将有利于布线和组装，可以说元器件布局是整个设计中最关键，同时也是难度很大的一个环节。

元器件布局基础

元器件布局可以采用手动布局和自动布局两种方式，由于自动布局很难达到设计者满意的效果，一般来说设计都会采用手动布局。

单个元器件的摆放操作非常简单，只需要用鼠标左键单击选中需要摆放的元件拖动到目标位置即可。元件的布局需要遵循一定的原则，初学者首先可以考虑以下两条原则：一是布线最短原则，二是按功能模块集中原则。

布线最短原则要求布局的时候随时关注飞线，调整元器件的位置、方向，使飞线尽可能短。在拖动元器件的状态下按下空格键，可以旋转元器件的方向，这一点与原理图中调整元器件的方向是一致的，但要注意的是，在 PCB 上一般不允许对元器件进行 X、Y 方向的镜像，因为这意味着要将元器件翻转，会造成组装困难甚至是错误。

按功能模块集中原则要求设计者充分理解原理图，以线性稳压电源实验板为例，它分成整流、滤波、稳压模块，可以分模块集中布局。

但是同一个模块中的元器件在 ROOM 中不一定集中排列，这时有一个小技巧可以帮助布局。先切换到原理图文件，在原理图中选中某一模块中的所有元器件，如桥式整流模块及交流输入端子，如图 1-103（a）所示，切换到 PCB 文件后，可以看到，ROOM 中对应的元件也被选中，如图 1-103（b）所示。可以将这 5 个元器件从 ROOM 中拖动到 PCB 的板框区域内，完成它们的布局。

按照以上方式，再选中其他模块元件，拖入板框区域内，逐步完成所有元器件的布局。在线性稳压电源实验板这个简单案例中，元器件基本按照原理图来进行布局即可。元器件完成初步布局后如图 1-104（a）所示。图中元件均显示为绿色，绿色在 PCB 文件默认的颜色设置中为标记错误的颜色，这时需要单击 ROOM，再使用键盘上的 Delete 键将其删除，之后大部分元件显示为正常的各种层次颜色，如黄色的丝印符号、灰色的焊盘、青色的孔等，这时仍有部分元件显示为绿色，如图 1-104（b）所示。这表明存在某种设计错误，需要后续进行修正。

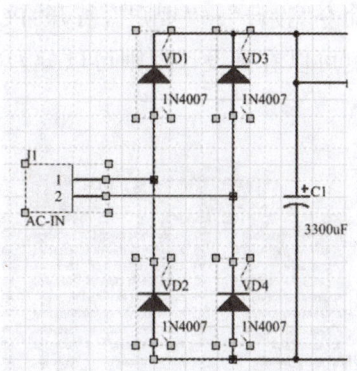

（a）在原理图中选中元器件

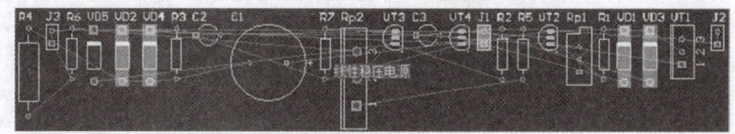

（b）在 PCB 文件中选中元器件

图 1-103　从原理图选中同一模块的所有元器件

例如，图 1-104（b）中 VD3、VD4、C1、R7 这 4 个元件报错的原因是靠得太近。进行适当的位置调整后，软件不再报错。

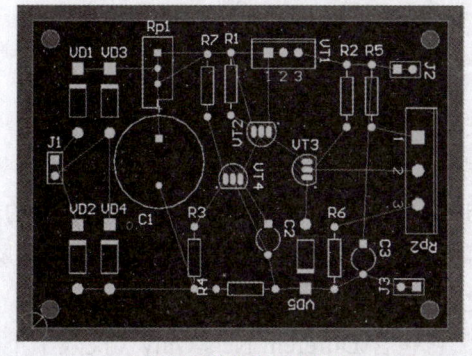 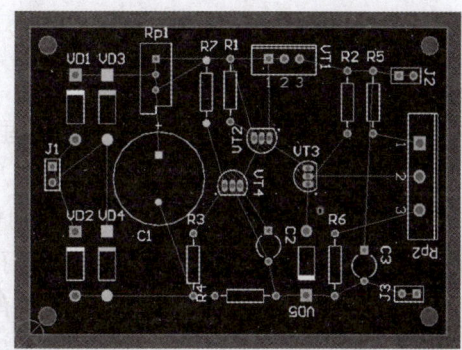

（a）元器件完成初步布局　　　　　　（b）去除 ROOM 后 VD3、VD4、C1、R7 显示绿色

图 1-104　元器件的布局及报错的情况

6. 设计规则设置

元器件布局后就要进行布线了。Altium Designer 可以进行手动布线和自动布线，但进行布线之前都应当进行规则设置。

设计规则的设置包括对布线板层的选择、布线宽度和安全间距的设置等，对这些规则进行了设定后，布线将依照规则进行，如果违反规则软件就会报错。设计规则的详细内容与设置的具体操作如下。

设计规则的设置

在原理图文件中执行菜单命令"设计"→"规则",打开"PCB 规则及约束编辑器"对话框,如图 1-105 所示。从对话框左侧可以看到设计规则可以分为电气规则、布线规则、SMT 规则等 10 大类。

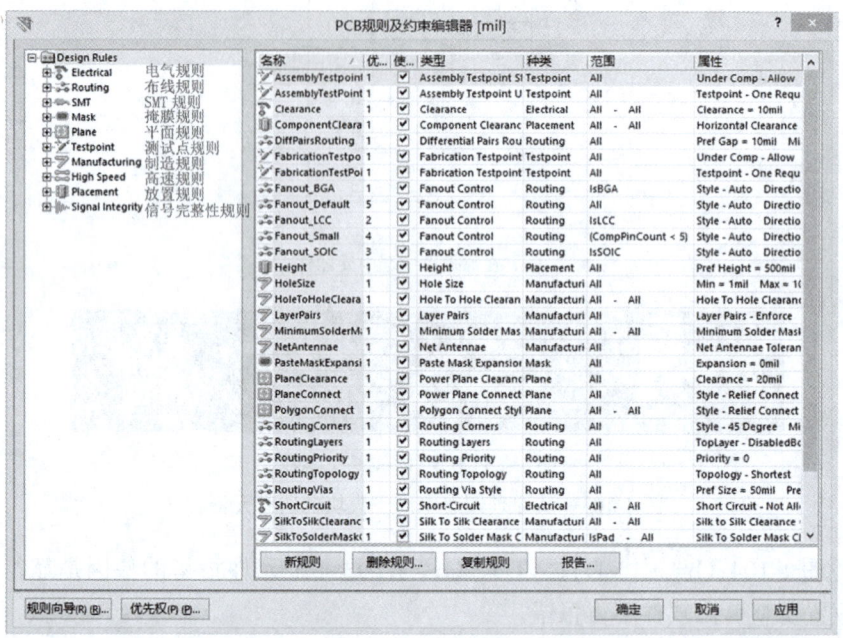

图 1-105 "PCB 规则及约束编辑器"对话框

本项目仅对几条简单的规则进行设置。

(1) 电气规则 (Electrical) 设置。这里仅对安全间距进行设置。

单击 Electrical 类左侧的"+"按钮展开电气规则,单击打开 Clearance (安全间距) 下唯一的一条安全间距规则。安全间距规则规定了选定的电气对象 1 和电气对象 2 之间的最小间距,电气对象可以是导线、焊盘、过孔、覆铜等导电图形,可以指定具体的网络、层,也可以包含所有电气对象。此处设定为所有对象之间,如图 1-106 所示。

在对话框右侧下方可以设置约束对象的范围,它包含 Different Nets Only(仅限于不同网络之间)、Same Net Only(仅限于同一网络之间)、Any Net(任意网络之间)、Different Differential Pair(不同的差分对之间)、Same Differential Pair(同一差分对之间)。

在这个区域内最终可以设定对象间的最小间距。单位默认与当前 PCB 编辑器使用的相同,如果需要使用其他单位,也可以手动输入单位。

在线性稳压电源的设计中,选择所有不同网络的对象之间最小间距 10mil,就是图 1-106 中的设置。完成设置后可以单击对话框右下角的"应用"按钮,此按钮会确认设置的内容但暂不退出对话框。如果按下"确定"按钮就会在确认后立刻退出对话框。

(2) 布线规则 (Routing) 设置。

1) 导线宽度规则设置。导线宽度规则的设置与流过导线的电流大小有关。线宽太小,则印刷导线电阻大，线上的电压降也就大，影响电路的性能；线宽太宽，则布线密度不高，导致板面积增加，由于一块电路板上不同线路上流过的电流大小通常相差甚远，所以通常可以根据需要为一块电路板设置多种线宽规则。

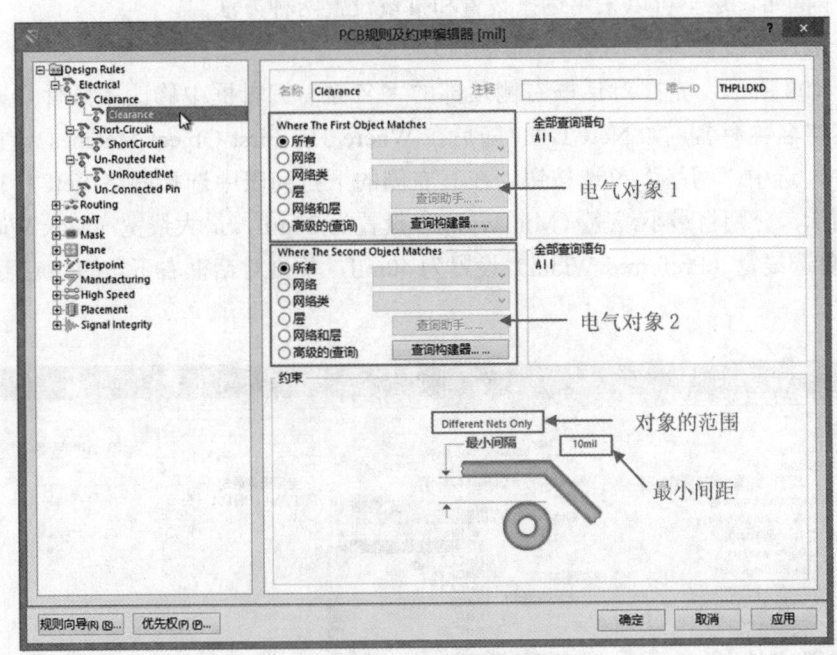

图 1-106 安全间距规则设置

针对线性稳压电源实验板，将设置两种线宽规则，即将电路中电流较大的网络 NetC1_1、NetC3_1、NetC1_2、NetC2_2、NetJ1_1、NetJ1_2（图 1-107 中虚线框标识的网络）的线宽设置为 20～40mil，首选 40mil，其他线宽设置为 20mil。在原理图中，将鼠标指针移动到导线上略作停留，系统将提示导线所在网络的名称，如图 1-107 中灰色浮框所示。

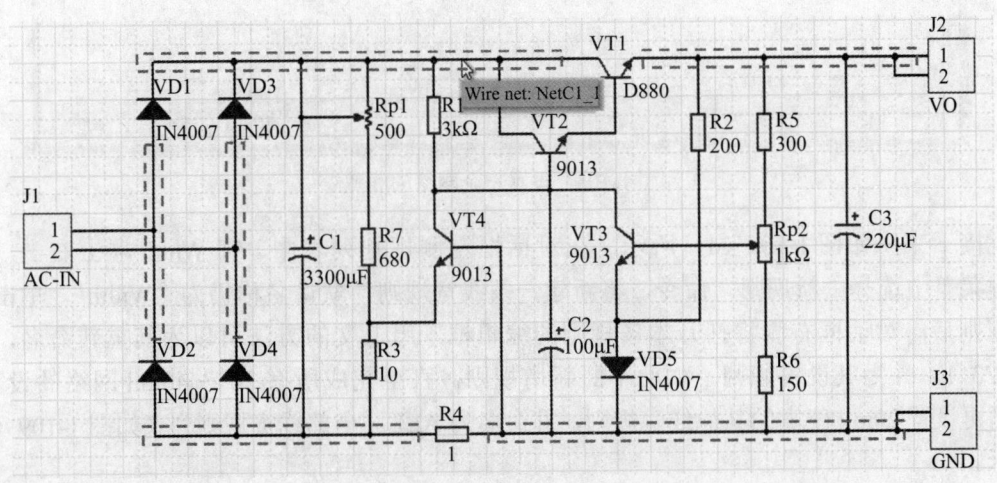

图 1-107 从原理图中看电路中的各网络名称

切换到 PCB 文件，设置以上线宽规则。再次执行菜单命令"设计"→"规则"，打开"PCB 规则及约束编辑器"对话框。单击 Routing 类左侧的"+"按钮展开布线规则，打开 Width（线宽）规则下的唯一一条线宽规则，在右侧进行规则设置。对于线宽为 20～40mil 的 6 个网络，这里可以采用逐条设置和批量设置两种方法。

方法一：逐条设置（每个网络一条规则）。

如图 1-108 所示，先在对话框右侧顶部的"名称"编辑框中修改本条件规则的名字，通常就用网络名称命名，如 NetC1_1，随后在 Where The First Object Matches（首选匹配的对象）栏中，选中"网络"单选按钮，在其右侧的下拉列表中选择网络 NetC1_1，然后根据下方的图示，分别将最小线宽（Min Width）设置为 20mil，最大线宽（Max Width）设置为 40mil，首选线宽（Preferred Width）设置为 40mil，单击对话框右下角的"应用"按钮完成本条设置。

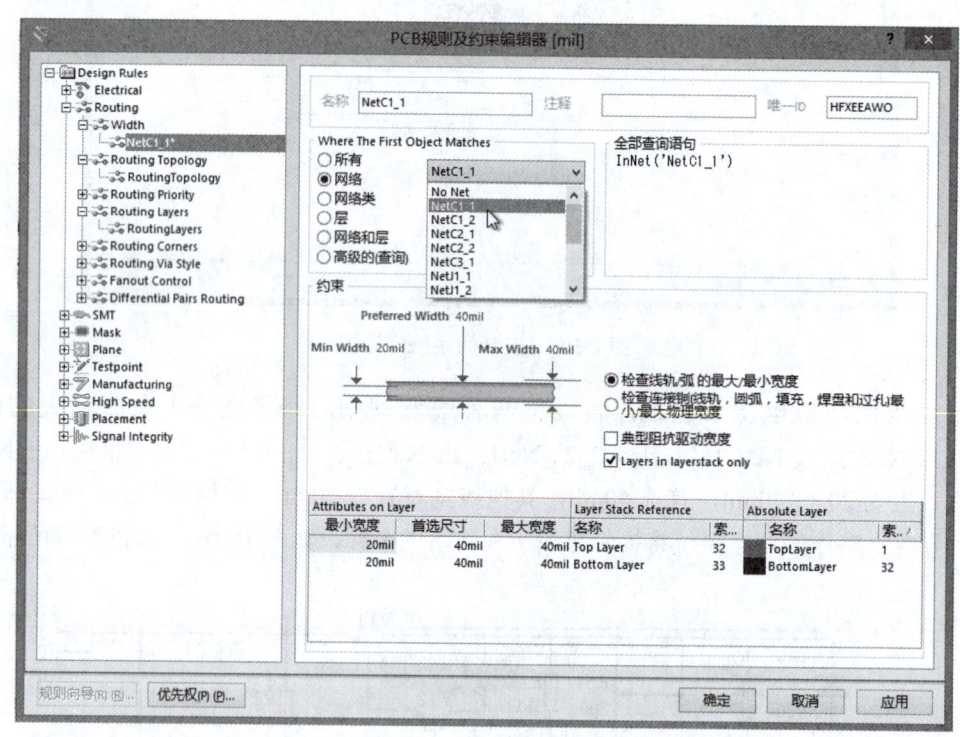

图 1-108　设置一个网络的线宽

接下来，如图 1-109（a）所示，在对话框左侧规则列表中，在 Width 项上右击，在右键菜单中选择"新规则"命令，将新建一条线宽规则，默认名称仍为"Width"，单击本条规则后，对话框右侧将打开本条规则的编辑框，用上文的方法可以为其重新命名，如 NetC3_1，并为其设置规则。如此不断新增规则，直至完成所有 20～40mil 网络的设置。最后再设置 20mil 线宽的其他线宽规则，并命名为 ALL。全部线宽规则列表如图 1-109（b）所示。

 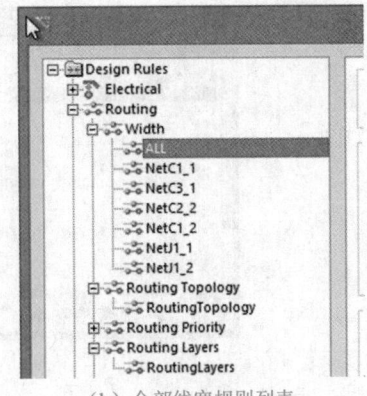

（a）添加新规则　　　　　　　　　　（b）全部线宽规则列表

图 1-109　线宽规则的添加与列表

其中，其他线宽规则的设置如图 1-110 所示。在"首选匹配的对象"栏中，选中"所有"单选按钮，表示此规则适用于所有网络，且最大、最小、首选线宽均为 20mil。这种规则的设置一般留给大多数使用相同线宽的网络。但如此一来就存在一个问题，即对于 NetC1_1 等网络来说，它们也属于"所有网络"之一，就会有两条规则同时适用，那么到底执行哪一条规则呢？这将由规则的优先级决定。

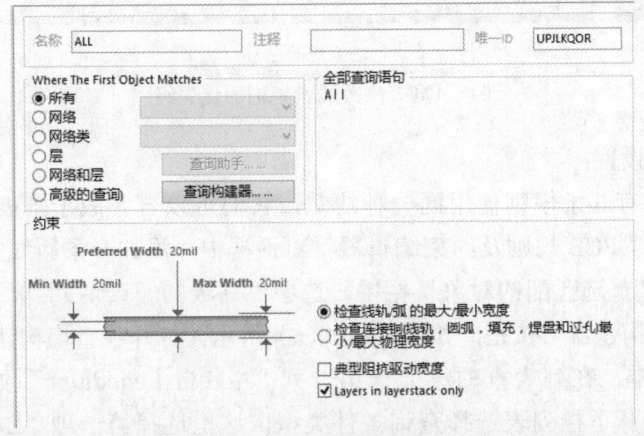

图 1-110　其他线宽规则的设置

单击对话框左下方的"优先权"按钮，进入"编辑规则优先权"对话框，如图 1-111（a）所示，规则的优先级数字越小，优先权越高。图 1-111（a）中规则 ALL 的优先权高于其他 6 条规则，这意味着 NetC1_1 等网络的线宽也将被设置成 20mil，对这些网络线宽的区别设置变得毫无意义，显然这并非设计的初衷。为此，应当选中规则 ALL，然后多次单击对话框下方的"减少优先权"按钮，直至规则 ALL 的优先级被置于最后，如图 1-111（b）所示。设置后单击"关闭"按钮退出对话框，可以看到，在规则列表中，规则 ALL 也将被移至最末的位置。

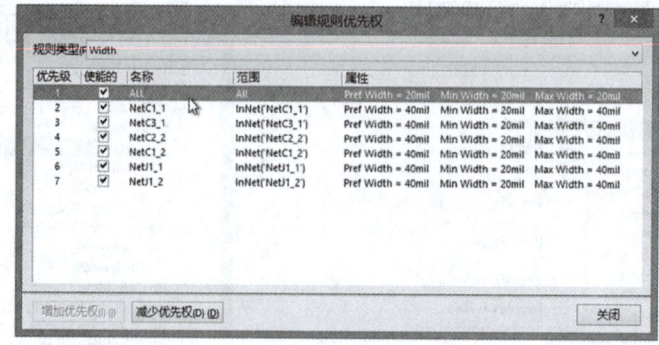

（a）修改前

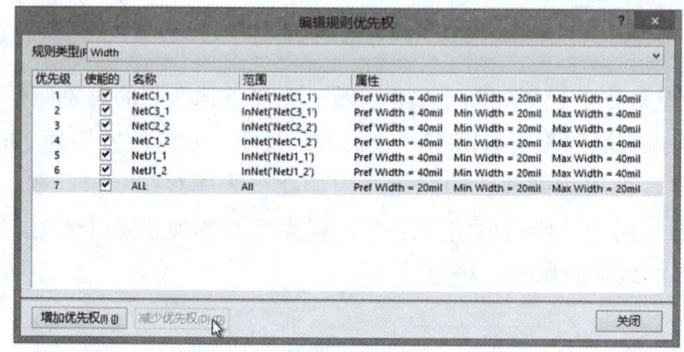

（b）修改后

图 1-111　修改线宽规则的优先级

方法二：批量设置。

在本项目中，有 6 条规则使用同一种线宽，它们可以合并成 1 条规则，一次性设置，具体操作如下。在"PCB 规则及约束编辑器"对话框中，添加一条新线宽规则，将其命名为"Width1"，在"首选匹配的对象"栏中，选中"高级的（查询）"单选按钮，然后单击本项右边的"查询构建器"按钮，如图 1-112（a）所示，打开"查询构建器"（Build Query from Board）对话框，在列表框的第一行第一列"Add first condition"处单击添加第一个查询条件，随后打开下拉列表选择查询条件类型，这里选择第一项"Belongs to Net"，如图 1-112（b）所示。再在第一行的"条件值"这一列打开下拉列表选择条件值，这里选择网络 NetC1_1，如图 1-112（c）所示。完成第一行设置后，再单击第二行第一列"Add another condition"，同样选择"Belongs to Net"，选择网络 NetC1_2，随后两行之间将出现条件之间的关系选项，默认为 AND，在其上打开下拉列表，改为 OR，如图 1-112（d）所示。如此不断添加条件，直至将 6 个网络全部添加进来，条件间的关系全部选 OR，即 6 个网络之一均满足条件，如图 1-112（e）所示，然后单击"确定"按钮退出，回到"PCB 规则及约束编辑器"对话框后，将最小、最大和首选线宽分别设置为 20mil、40mil、40mil，单击"应用"按钮，这样就将 6 个网络的线宽条件设置在了一条规则里。

20mil 线宽的其他线宽规则设置与方法一相同，可以命名为 All，同样 All 规则的优先级也应当设置为最低。图 1-112（f）是用方法二设置好的线宽规则列表，可以看到，这样设置的规则只有 2 条。

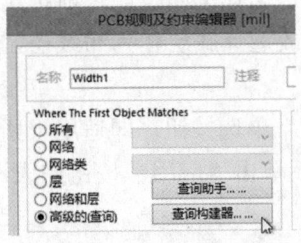 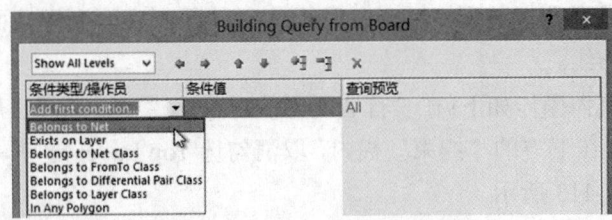

（a）使用查询条件设置线宽　　　　　　　　（b）选择条件类型

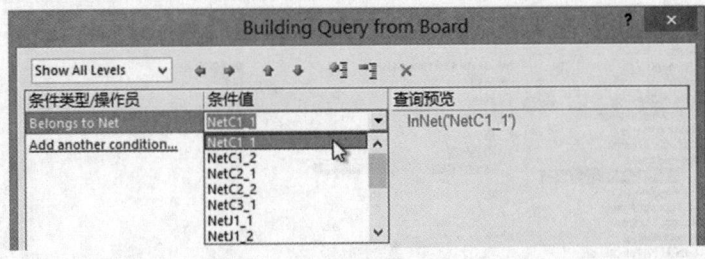

（c）选择条件值

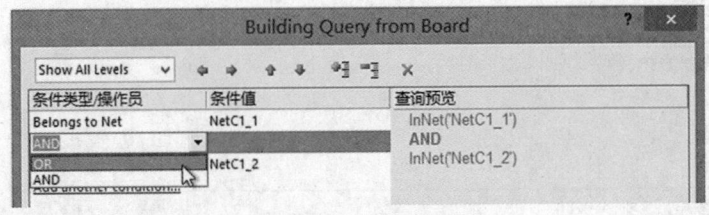

（d）选择条件间的关系

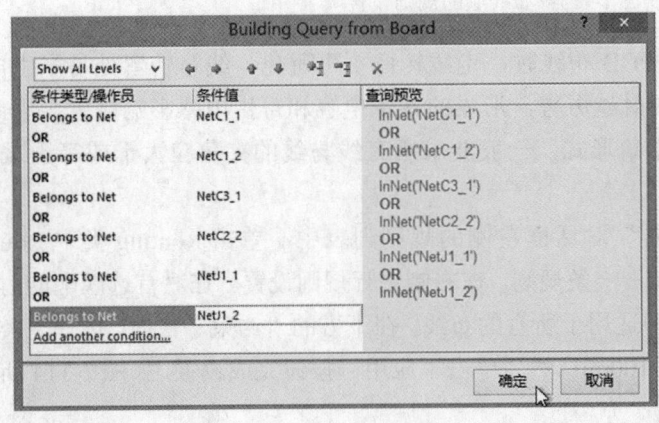 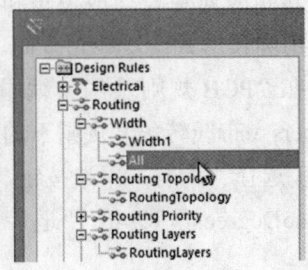

（e）设置好的查询条件　　　　　　　　（f）设置好的线宽规则列表

图 1-112　构建查询条件为多个网络设置相同线宽

2）布线层规则设置。在"PCB 规则及约束编辑器"对话框左侧的规则列表中，单击

Routing 类中 Routing Layers（布线层）规则下唯一的一条规则，在右侧进行规则设置。在这里可以根据需要指定网络在某个层进行布线，对于常见的单层板和双层板而言，可选的布线层只有顶层和底层，线性稳压电源实验板电路较为简单，选择单面板。之前选定的封装均是通孔插装型，PCB 的顶面为元件面，底面为焊接面，故选择底层作为布线层，不在顶层布线。

具体操作如下：在"首选匹配的对象"栏中，选择"所有"单选按钮，即适用于所有的布线，在下方的"约束"栏内，取消勾选 Top Layer 选项，然后单击"应用"按钮完成设置，如图 1-113 所示。

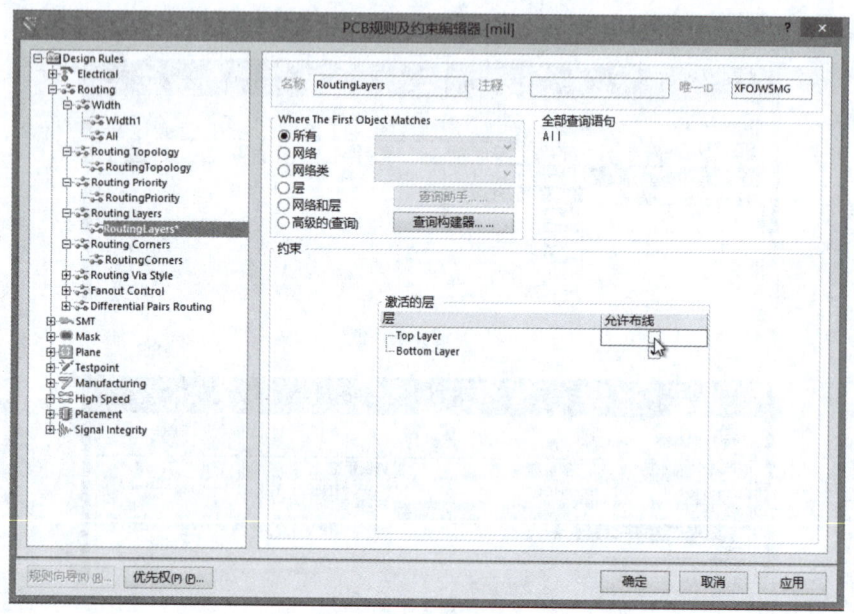

图 1-113 布线层的规则设置

3）布线转角规则设置。在 PCB 布线时，走线转弯不可避免，线路转弯处易产生电磁辐射，且转角处的曲率越大，辐射越厉害，形成的寄生电容和寄生电感影响越大，因此线路的转角应避免设计成锐角和直角形式，一般要求所有线与线的夹角应大于或等于 135°，或采用圆弧形式改变线路方向。

在"PCB 规则及约束编辑器"对话框左侧的规则列表中，单击 Routing 类中 Routing Conners（布线转角）规则下的唯一一条规则，在右侧进行规则设置。在"首选匹配的对象"栏中，选择"所有"单选按钮，即适用于所有的布线，在下方的"约束"栏内，选择"类型"为"45Degrees"，即 45°，"退步" 100mil，然后单击"应用"按钮完成设置，如图 1-114 所示。

7. 布线

完成了基本规则的设置后，就可以按照规则进行布线了。Altium Designer 可以采用两种布线方式：自动布线和交互式布线。

自动布线

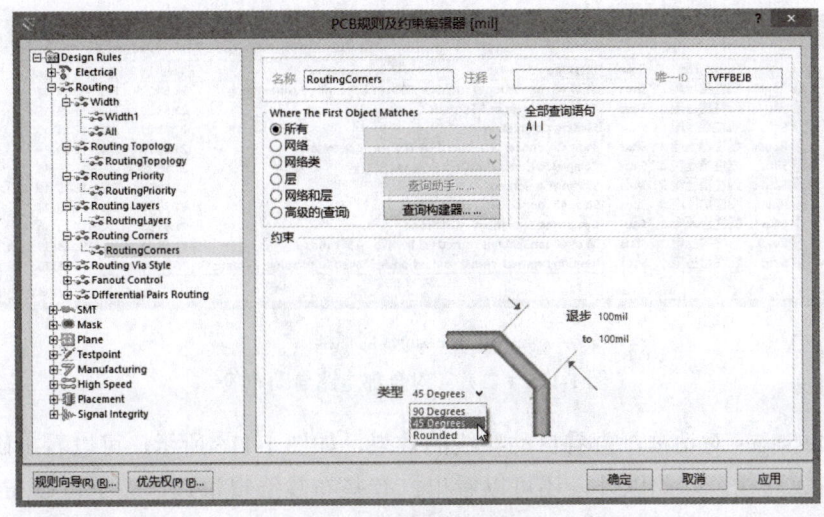

图 1-114　布线转角的规则设置

（1）自动布线。Altium Designer 具有一整套自动布线菜单，打开此菜单可以看到，它可以采用多种方式对电路进行自动布线，包括对全部电路自动布线，对指定网络、指定连接、指定区域、指定元件进行自动布线等。

1）全部自动布线。执行菜单命令"自动布线"→"全部"，在打开的"Situs 布线策略"对话框中，使用默认设置，直接单击 Route All 按钮，如图 1-115（a）所示，系统即开始自动布线，同时弹出图 1-115（b）所示 Messages 对话框，该对话框的最后一行是自动布线的最终完成度，可以看出，本案例中自动布线有两处连接未完成。

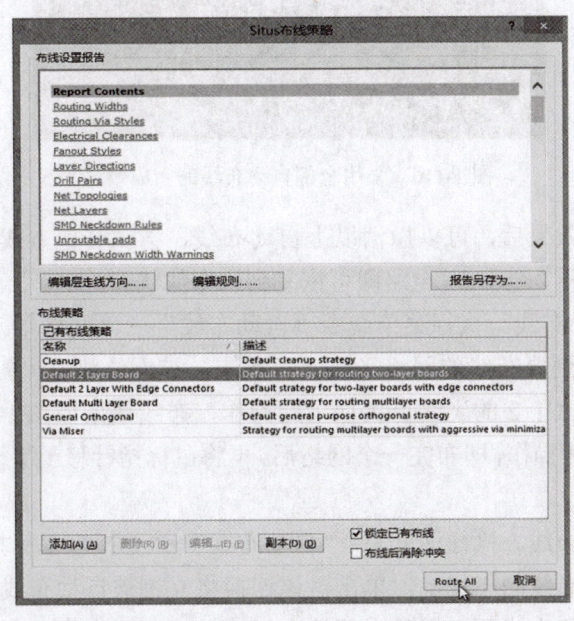

(a)　"Situs 布线策略"对话框

图 1-115（一）　对全部电路自动布线

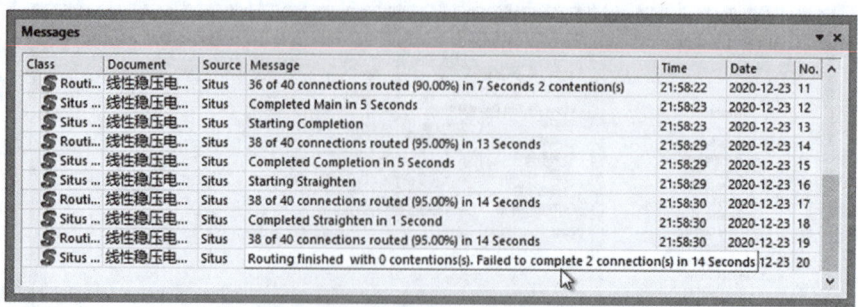

（b）Messages 对话框

图 1-115（二） 对全部电路自动布线

关闭 Messages 对话框，查看自动布线的效果，如图 1-116 所示，可以看出确实还有两条飞线未完成连线。除此以外，还可以看出，有些布线绕得很远，完全可以布得更简洁，这就是自动布线的缺点，特别是全部自动布线，一般不能布出满意的效果。但全部自动布线也不是全无用处，它可以用作试布线，根据自动布线的完成度，可以看出之前的元件布局是否合理，需不需要调整。

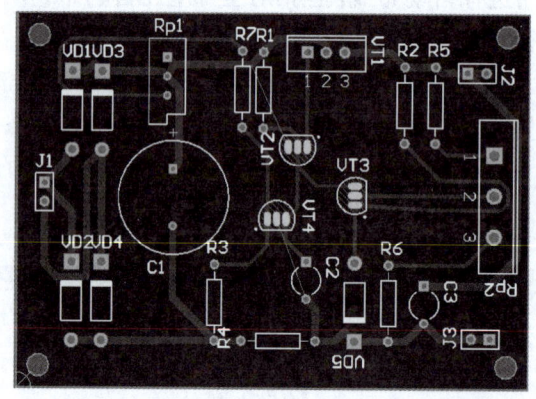

图 1-116 采用全部自动布线的完成效果

查看过自动布线效果后，可以撤消以上自动布线，尝试其他方式。执行菜单命令"工具"→"取消布线"→"全部"，电路即可恢复到未布线状态。

2）指定网络自动布线。执行菜单命令"自动布线"→"网络"，鼠标指针将变成十字形，将鼠标指针移动到要布线的网络飞线上，单击，该网络将立刻被自动布线。图 1-117（a）在左下角网络 NetC1_2 的飞线上执行了此操作，布线效果如图 1-117（b）所示。指定网络自动布线可以连续操作，即布完一个网络后，再将鼠标指针移至下一个需要布线的网络，右击可以停止此操作。

3）指定连接自动布线。执行菜单命令"自动布线"→"连接"，鼠标指针也将变成十字形，将鼠标指针移动到要布线的飞线上，单击，该连接将立刻被自动布线。与指定网络自动布线不同的是，本操作仅完成两个焊盘之间的布线连接，而不会扩展到整个网络。本操作同样通过右击停止。

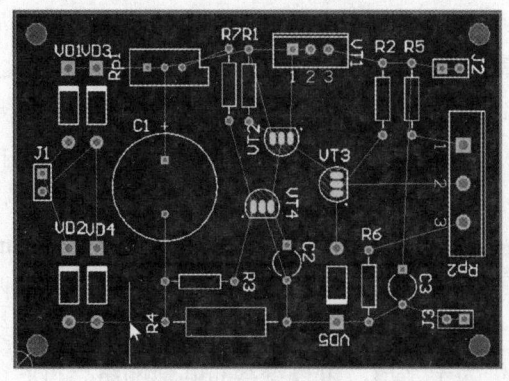 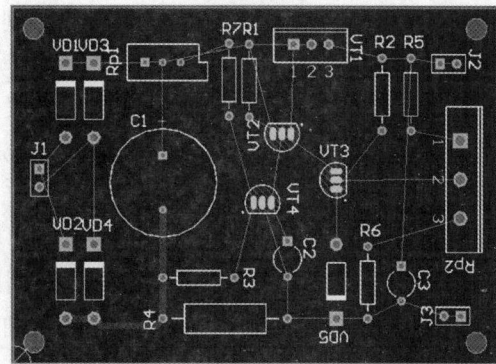

（a）用十字光标指定布线网络　　　　　　　　（b）指定网络自动布线效果

图 1-117　指定网络自动布线

4）指定区域自动布线。执行菜单命令"自动布线"→"区域"，光标也将变成十字形，按下鼠标左键，框选一片矩形区域，释放鼠标左键后，该区域内的连接将立刻被自动布线。图 1-118（a）框选了左侧的部分区域执行了此操作，布线效果如图 1-118（b）所示。本操作同样通过右击停止。

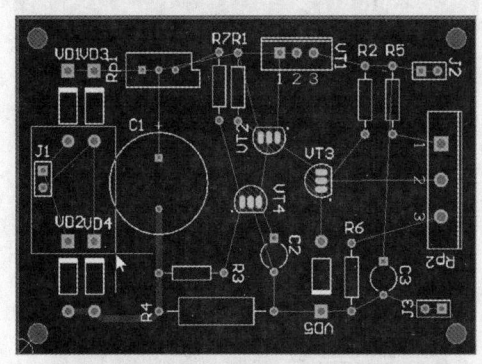 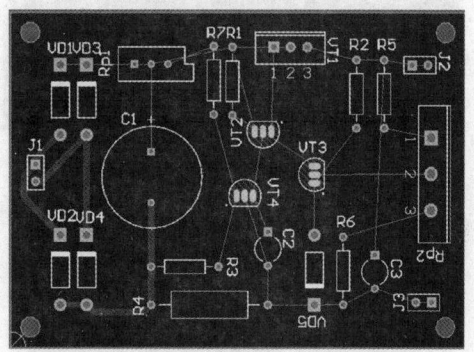

（a）用十字光标框选布线区域　　　　　　　　（b）指定区域自动布线效果

图 1-118　指定区域自动布线

5）指定元件自动布线。执行菜单命令"自动布线"→"元件"，鼠标指针也将变成十字形，将鼠标指针移动到要布线的元件上，单击，选中一个元件，该元件与其他元件的连接将立刻被自动布线。图 1-119（a）选中了电容 C2 执行了此操作，布线效果如图 1-119（b）所示。本操作同样通过右击停止。

（2）交互式布线。交互式布线先要选定布线的层，在本案例中，仅有底层一个布线层，因此单击 PCB 窗口下方彩色的图层标签先切换到 Bottom Layer。单击布线工具栏中的"交互式布线连接"按钮，或者执行菜单命令"放置"→"交互式布线"，鼠标指针将变成十字形。移动鼠标指针到要连接的焊盘上时，十字光标上还会产生一个圆圈圈住要连线的焊盘，如图 1-120（a）所示。这时单击，将开始连线。接下来根据飞线的提示向要连接的另一个焊盘方向移

交互式布线

动鼠标指针，在光标移动的后方，可以看到形成的布线，布线会随着光标移动变化，如果需要固定一段已形成的布线，可以单击，起点与单击处之间的布线就被固定了，如图1-120（b）所示。继续移动鼠标指针，再次单击又可以固定一段布线，如果要取消一个固定点从其他路径布线，只需要按下键盘上的Backspace（退格）键，如图1-120（c）所示。鼠标指针移动到同一网络的下一个焊盘时，十字光标会再次产生一个圆圈圈住焊盘，这时再单击1～2次，就完成了两个焊盘之间的连线，如图1-120（d）所示，注意这项操作中Altium Designer具有自动识别网络的功能，在不同网络的焊盘上单击将不能产生连线。在完成两个焊盘的连线后，可以继续将鼠标指针移向下一个同一网络的焊盘，继续布线。如果要结束这一网络的布线，单击即可。这时鼠标指针仍为十字形，可以继续布其他网络。再右击则退出了本次交互式布线操作。

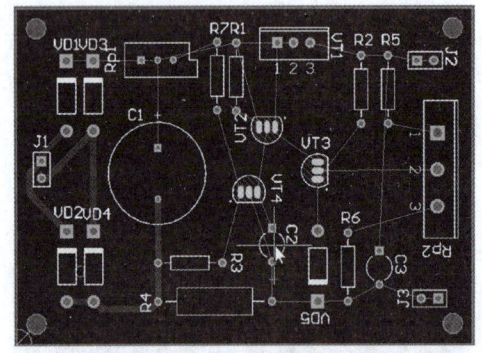

(a) 用十字光标指定布线元件　　　　　　　　(b) 指定元件自动布线效果

图1-119　指定元件自动布线

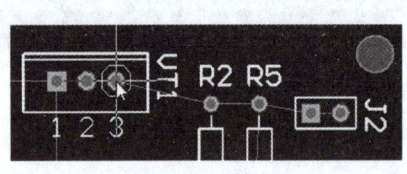

(a) 从一个起点开始布线

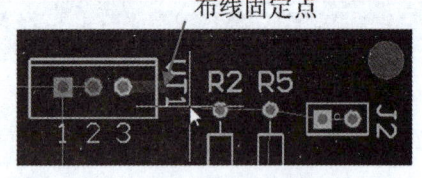

(b) 单击固定一个布线点

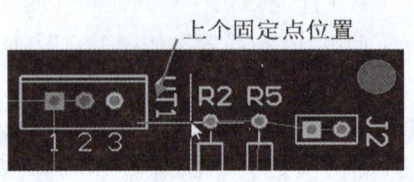

(c) 取消上个固定点

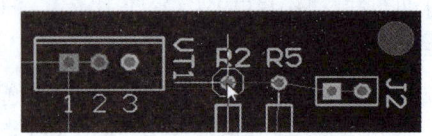

(d) 圈住下一个同网络焊盘

图1-120　交互式布线基本操作

在正在进行某个网络的布线过程中，按下Tab键，将弹出（Interactive Routing For Net）"网络交互式布线"对话框，可以修改当前线段的属性，如线宽、布线层等，如图1-121所示。

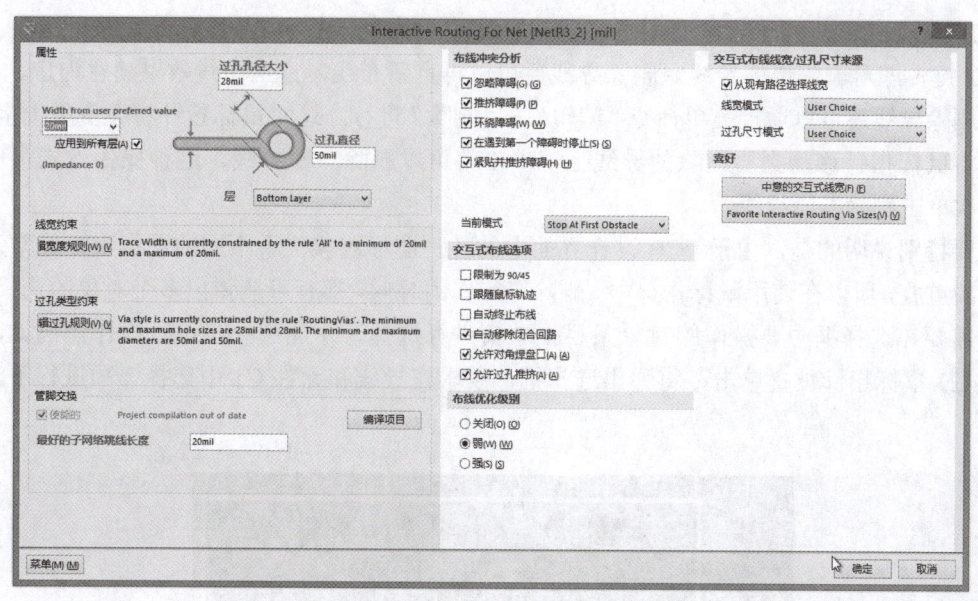

图 1-121 "网络交互式布线"对话框

应当指出,在"网络交互式布线"对话框对当前线段的设置应以不违背之前设置的设计规则为前提,否则系统将弹出警告窗口。

交互式布线是一种手动布线方式,它费时较长,但布线通常能更加合理,还可以一边布线一边修改元器件的布局,布线效果一般更好。

(3)布线的修改。Altium Designer 提供了多种修改已绘制导线的方法。

1)平推。单击选中要修改的布线,在导线上将出现一对弯曲的双向箭头,再按下鼠标左键不放开,移动鼠标,导线将被推移,移动到合适位置后,再释放鼠标左键。如图 1-122(b)所示将选中导线向左下推移,导线会自动改变长度,使连接关系不变。图 1-122(a)、图 1-122(c)分别是推移前、后的情况,读者可以进行对比。

布线的修改

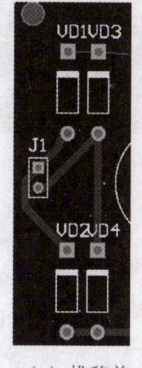

(a)推移前

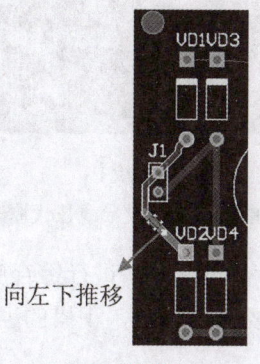

(b)推移中

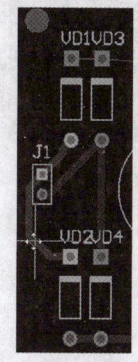

(c)推移后

图 1-122 导线的平推修改

2)删除重绘。对于一些布得不合适的导线,可以单击选中该导线,然后按下键盘上的 Delete 键,即可删除选中导线。删除导线后可以再重新布线,直至布线效果满意为止。

删除导线还可以通过菜单命令"编辑"→"删除"进行。这时鼠标指针将会变成十字形,这时将鼠标指针移动到要删除的导线上,单击就可以删除一段导线。这种操作方式可以连续多次单击删除多段导线。

要特别说明的是,由于 PCB 设计界面中的各种图形对象位于不同的图层上,经常发生对象的重叠,所以在使用鼠标作选中、删除等操作的时候,都有可能弹出多个对象的选择框,这时需要在选择框中要操作的对象条目上单击进行选择,才能进一步进行操作。例如,在图 1-123 鼠标指针位置单击,将弹出选择框,要求在导线和元件 C1 中选择一项进行下一步操作。

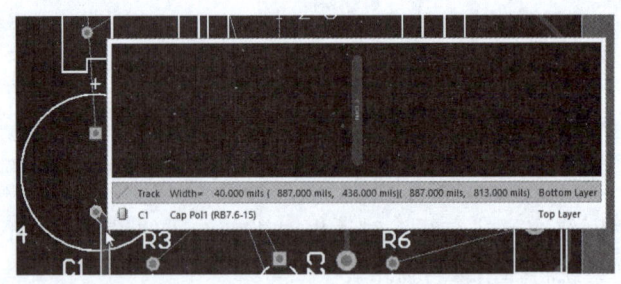

图 1-123 对象重叠时要通过选择框选中对象

3)直接重绘。以图 1-124 为例,图 1-124(a)中 VT3 的 2 脚与右边电位器的 2 脚原有的连接方式阻断了上方右侧电阻与电位器 1 脚的布线。若让原有布线绕过电位器 1 号焊盘,则问题得到解决。这时可以不必删除原有布线,直接从图 1-124(b)中导线转折处开始使用交互式布线工具重新画线,绕过电位器 1 号焊盘,连接到 2 号焊盘。连接完成后右击结束,可以看到,原有的连线已被新绘制的导线替代。

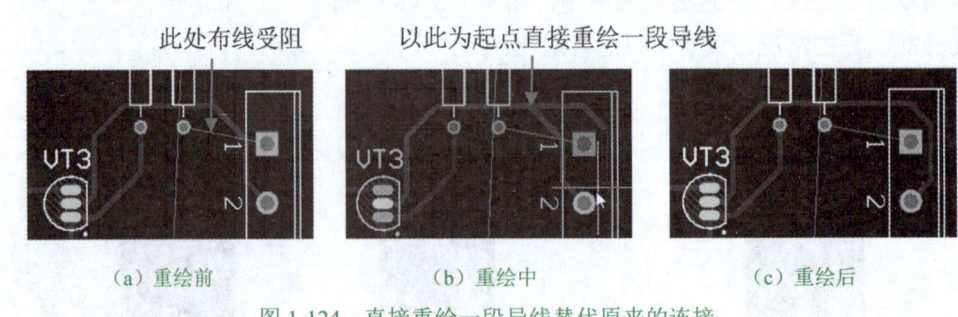

图 1-124 直接重绘一段导线替代原来的连接

通常一块 PCB 的布线需要对多种布线方法进行综合应用,设计者的经验越丰富,布线速度越快,质量也越高。初学者只要多加练习,积累的经验丰富了,就可以布置出更科学、更美观的走线。

图 1-125 是线性稳压电源实验板采用单面布线方式形成的最终效果。

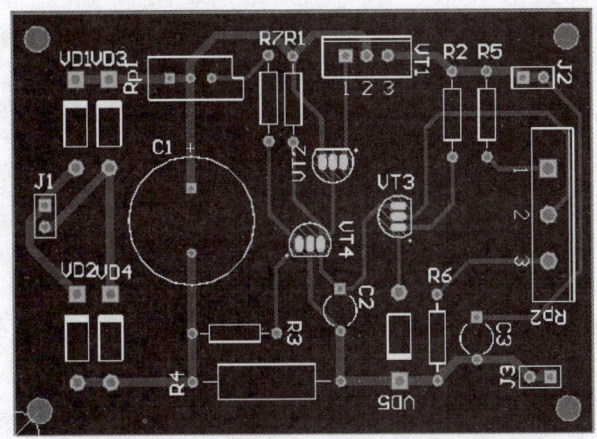

图 1-125　线性稳压电源实验板布线效果

8. PCB 布线后的完善

（1）添加泪滴。在 PCB 的设计中，通常会在导线和焊盘或过孔的连接处补泪滴，加强连接的稳固性，避免在外力影响下，引起导线与焊盘或过孔的连接处断裂。

滴泪与删除

泪滴的添加方法如下：执行菜单命令"工具"→"滴泪"，将弹出"泪滴选项"对话框，如图 1-126（a）所示。通常在"通用"栏中选择滴泪的对象为焊盘和过孔，在"行为"栏中选择"添加"单选按钮，在"泪滴类型"栏中选择 Arc（弧形）单选按钮，单击"确定"按钮退出。

放大观察电路中的焊盘可以看出添加泪滴前后的效果，如图 1-126（b）、图 1-126（c）所示。

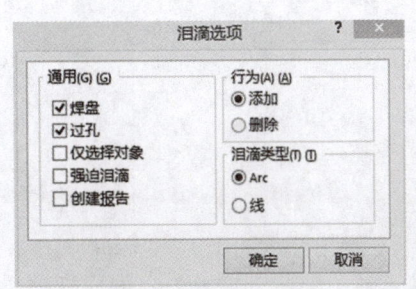
（a）"泪滴选项"对话框

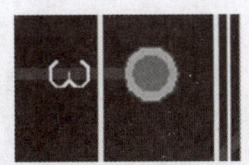
（b）滴泪前

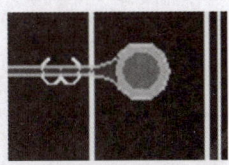
（c）滴泪后

图 1-126　添加泪滴

添加泪滴以后，如果需要对布线进行修改，删除布线时不会连泪滴一起删除，且泪滴由多段圆弧构成，逐段删除比较麻烦。因此如果需要删除泪滴，通常会先将所有泪滴一起删除，删除操作也通过菜单命令"工具"→"滴泪"来进行，在弹出的"泪滴选项"对话框的"行为"栏中选择"删除"单选按钮，单击"确定"按钮即可。

（2）整理丝印字符。PCB 上的字符对于后期电路的组装焊接很重要，应尽可能地清晰美观，易于识别。字符可以直接用鼠标选中后拖动，在拖动的过程中，还可以按下空格键，对字符进行旋转。

由于线性稳压电源实验板后续将采用手工焊接方式，如果能将电阻电容等元件的参数值在 PCB 上一并显示，无疑将给焊接组装带来很大的便利。

如何才能显示元件的参数值呢？双击一个元件（如电容 C1），打开"元件属性"对话框，如图 1-127 所示，可以发现，元件可以在 PCB 上显示的文本有两种，一个是标识（Designator），一个是注释（Comment），其中标识已经显示出来，注释处于隐藏状态。如果需要，可以将注释显示出来，用于显示元件的参数值。操作也很简单，取消勾选这一栏中的"隐藏"复选框即可。

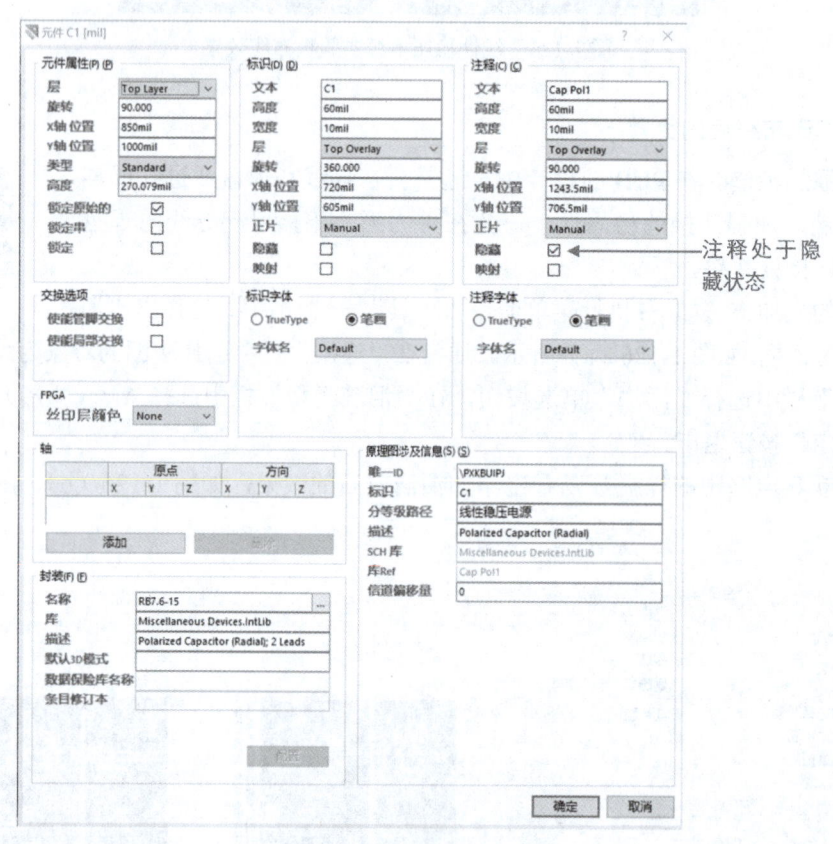

图 1-127　"元件属性"对话框

需要注意的是，如果出现了图 1-127 中的类似情况，注释的文本并非该电容元件的参数值，而是元件在库中的名称"Cap Pol1"，则取消勾选"隐藏"复选框并单击"确定"按钮退出对话框后，显示将如图 1-128（a）所示。如果要显示电容值，就还需要到原理图文件中，对应修改元件的属性，将注释修改为"=Value"，然后在原理图文件中执行菜单命令"设计"→"Update PCB Document XXX.PcbDoc"，或者在 PCB 文件中执行菜单命令"设计"→"Import Changes From XXX.PcbPrj"，将原理图中所作的修改同步更新到 PCB 文件，则更新后元件将如图 1-128（b）所示。注意每次从原理图更新 PCB 的操作都会重新生成一个 ROOM，尽管这个 ROOM 是空的，但也会导致元件全部变成绿色，只需要到 PCB 的左下方找到这个空的 ROOM，删除即可。

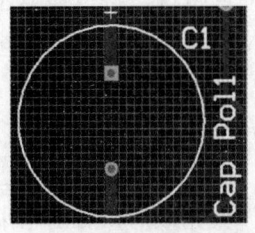 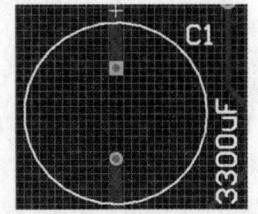

（a）显示的注释为元件名称　　　　　　　　（b）修改后注释为元件参数值

图 1-128　显示元件的参数值

（3）调整焊盘间距。从图 1-129 可以看出，作为需要手工焊接的 PCB，三极管 VT2、VT3、VT4 的焊盘间距太小，焊接时容易短路，可以适当拉开焊盘间距，在焊接时，也将三极管引脚略作整形，拉开间距。

以 VT2 为例，调整焊盘间距的具体操作如下。执行菜单命令"工具"→"取消布线"→"器件"后，单击 VT2，拆除其布线，然后双击 VT2，打开"元件属性"对话框，取消勾选左上角"元件属性"栏中"锁定原始的"复选框，如图 1-129（a）所示，然后单击"确定"按钮或直接使用 Enter 键退出对话框。再分别单击 VT2 左右焊盘位置，选中焊盘，向外侧拖动焊盘，使它们与中间焊盘的间距加大。修改后的 VT2 和 VT3、VT4 元件对比，如图 1-129（b）所示。用相同的方式可以修改 VT3、VT4 的焊盘间距。

修改完成后，要再次双击元件，在"元件属性"对话框中，重新锁定其焊盘，即恢复左上角"元件属性"栏中"锁定原始的"复选框，单击"确定"按钮退出对话框后，对其重新布线并重新进行焊盘滴泪操作。全部修改完成后如图 1-129（c）所示。

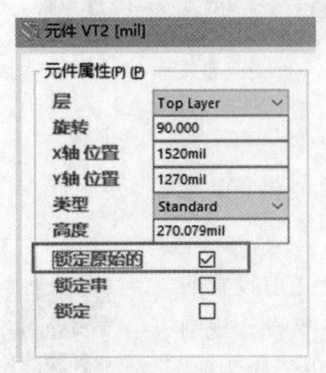 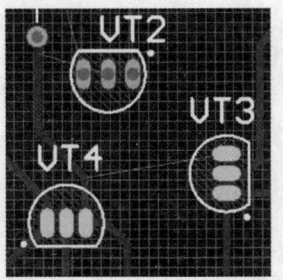 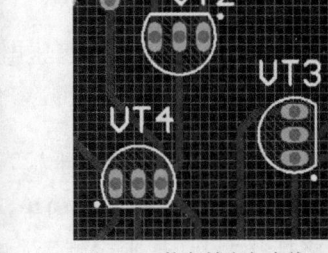

（a）取消勾选解除锁定　　（b）拆除元件布线修改焊盘间距　　（c）恢复锁定与布线

图 1-129　调整焊盘间距

（4）添加设计信息。在完成了基本电路图形的设计后，还需要为 PCB 添加一些设计信息，让 PCB 更易于识别和使用。例如，在 PCB 的边沿处，写上电路的名称与设计版本号、日期等信息。添加设计信息的具体操作如下。

首先用鼠标左键在编辑器下方的板层选择栏中，选中顶层丝印层"Top Overlay"，然后单击"放置"工具栏中的"放置字符串"按钮，鼠标指针将变成大十字上粘附一串字符"String"的形状，再将鼠标指针移动到要放置字符的位置附近，按下键盘上的 Tab 键，将打开"串"对话框，如图 1-130（a）所示。在其中的"文本"输入框中输入电路的名称，将"字体"选择为 TrueType，还可以选择具体的字体类型，这里就使用默认的 Arial，通过修改顶部的 Height 值来调整字体的大小，通过调整"旋转"角度值来调整文本的方向，完成必要的调整后单击"确定"按钮退出，再单击将字符串放置在适当的位置上。放置完成后的效果如图 1-130（b）所示。字符可以连续添加，全部放置完成后，右击结束。

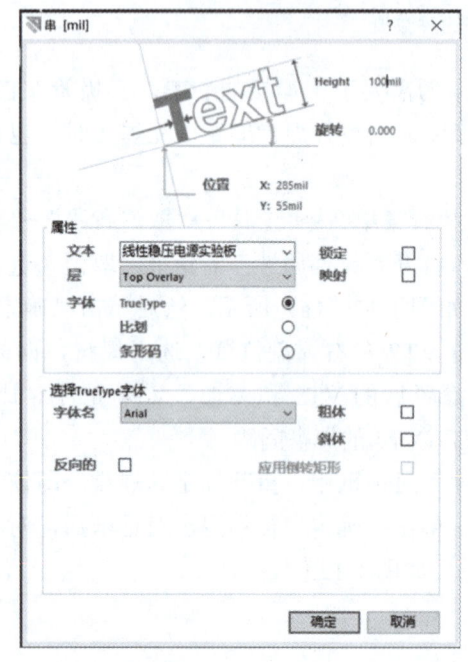

(a)"串"对话框

(b) 字符串放置

图 1-130　放置电路板信息字符串

完成各种调整后的线性稳压电源 PCB 图如图 1-131 所示。

9. 设计规则检查

设计规则检查的目的在于检查 PCB 设计的结果是否符合之前设置的各种规则规范。它的操作很简单，执行菜单命令"工具"→"设计规则检查"，将打开"设计规则检测"对话框。对话框左侧的列表列出了检测项，右侧是关于检测报告的设置项，如图 1-132 所示。

设计规则检查

先保留默认设置，单击左下角的"运行 DRC"按钮，系统进行规则检查后弹出一个新的文件和一个 Messages 对话框。弹出的新文件是设计规则检查报告（Design Rule Verification Report）。

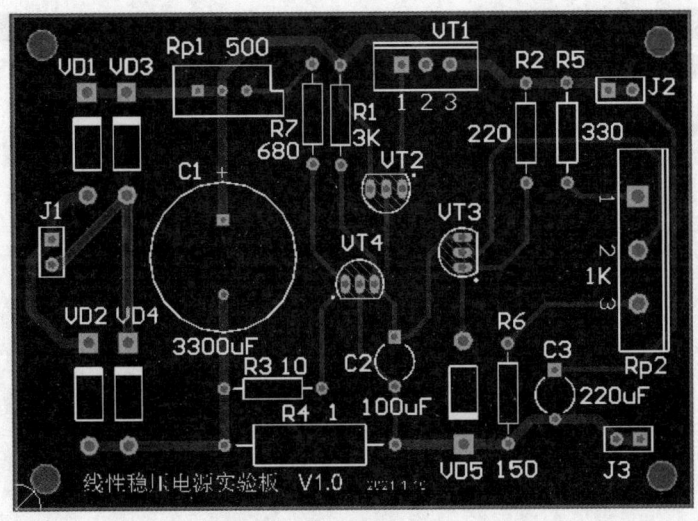

图 1-131　完成各种调整后的线性稳压电源 PCB 图

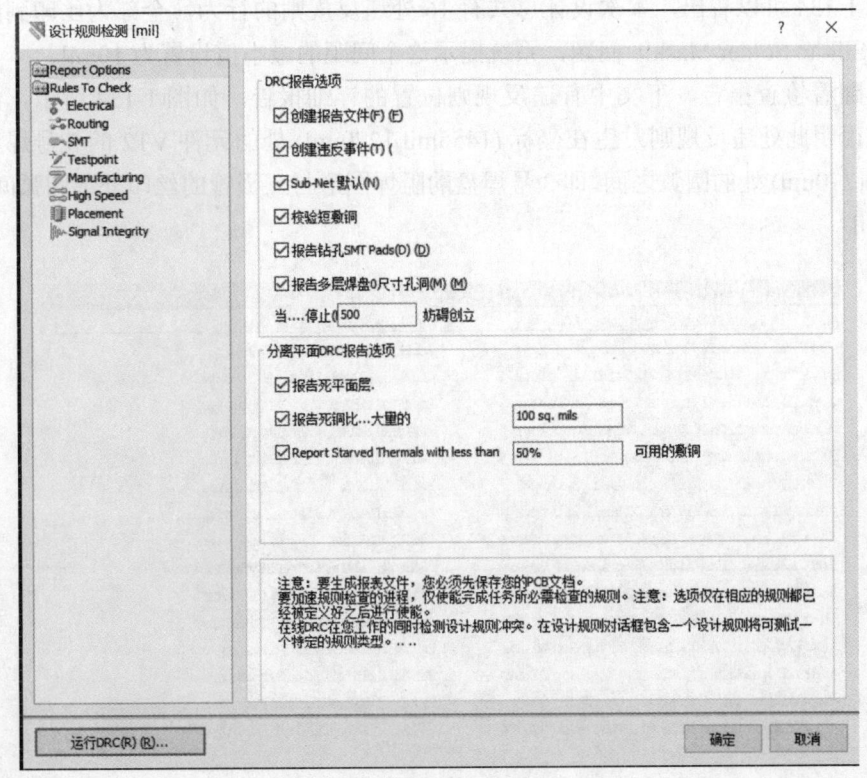

图 1-132　"设计规则检测"对话框

报告包含违反规则的条目统计，如图 1-133 所示，包括线宽规则、短路规则、安全间距等。

[图 1-133 设计规则检查报告中检查条目统计结果]

从图 1-134 可以看出，本次设计总共有 16 处违反规则的行为，全部为丝印到阻焊图形的间距（Silk to Solder Mask）问题，系统提示这个间距的最小值设置为 10mil。

向下翻看检查报告，下文中有违反规则位置的详细报告，如图 1-134 所示。例如，图中第一行说明此处违反规则发生在坐标 (1455mil,1270mil) 处的元件 VT2 的 3 号焊盘与坐标 (1520mil,1270mil) 处的圆弧之间，即 3 号焊盘的阻焊图形与三极管的丝印外形圆弧间距太近，小于 10mil。

图 1-134 违反设计规则的详细定位表

借助弹出的 Messages 对话框则可以更好地定位违反规则的位置。如果已经将 Messages 对话框关闭，可以在软件窗口中，单击"System"→"Message"命令，这一对话框将重新打开，其内容如图 1-135 所示，也是对违反规则情况的详细描述。但与检测报告不同之处在于，它可以定位到 PCB 图中的具体位置，操作也很简单。保持对话框处于打开的状态，切换到 PCB 文件，然后双击 Messages 对话框中的某一条目，PCB 图会被定位并放大到违规所在位置。图 1-136 就是第一条违规定位的结果。

Messages

Class	Document	Source	Message	Time	Date	No.
[Silk T...	线性稳压电...	Adva...	Silk To Solder Mask Clearance Constraint: (6.224mil < 10mil) Between Pa...	15:21:29	2021/1/13	1
[Silk T...	线性稳压电...	Adva...	Silk To Solder Mask Clearance Constraint: (6.224mil < 10mil) Between Pa...	15:21:29	2021/1/13	2
[Silk T...	线性稳压电...	Adva...	Silk To Solder Mask Clearance Constraint: (8.461mil < 10mil) Between Tr...	15:21:29	2021/1/13	3
[Silk T...	线性稳压电...	Adva...	Silk To Solder Mask Clearance Constraint: (8.461mil < 10mil) Between Tr...	15:21:29	2021/1/13	4
[Silk T...	线性稳压电...	Adva...	Silk To Solder Mask Clearance Constraint: (8.461mil < 10mil) Between Tr...	15:21:29	2021/1/13	5
[Silk T...	线性稳压电...	Adva...	Silk To Solder Mask Clearance Constraint: (8.461mil < 10mil) Between Tr...	15:21:29	2021/1/13	6
[Silk T...	线性稳压电...	Adva...	Silk To Solder Mask Clearance Constraint: (8.461mil < 10mil) Between Tr...	15:21:29	2021/1/13	7
[Silk T...	线性稳压电...	Adva...	Silk To Solder Mask Clearance Constraint: (8.461mil < 10mil) Between Tr...	15:21:29	2021/1/13	8
[Silk T...	线性稳压电...	Adva...	Silk To Solder Mask Clearance Constraint: (8.461mil < 10mil) Between Tr...	15:21:29	2021/1/13	9
[Silk T...	线性稳压电...	Adva...	Silk To Solder Mask Clearance Constraint: (8.461mil < 10mil) Between Tr...	15:21:29	2021/1/13	10
[Silk T...	线性稳压电...	Adva...	Silk To Solder Mask Clearance Constraint: (8.461mil < 10mil) Between Tr...	15:21:29	2021/1/13	11
[Silk T...	线性稳压电...	Adva...	Silk To Solder Mask Clearance Constraint: (8.461mil < 10mil) Between Tr...	15:21:29	2021/1/13	12
[Silk T...	线性稳压电...	Adva...	Silk To Solder Mask Clearance Constraint: (8.461mil < 10mil) Between Tr...	15:21:29	2021/1/13	13
[Silk T...	线性稳压电...	Adva...	Silk To Solder Mask Clearance Constraint: (8.461mil < 10mil) Between Tr...	15:21:29	2021/1/13	14
[Silk T...	线性稳压电...	Adva...	Silk To Solder Mask Clearance Constraint: (8.461mil < 10mil) Between Tr...	15:21:29	2021/1/13	15
[Silk T...	线性稳压电...	Adva...	Silk To Solder Mask Clearance Constraint: (8.461mil < 10mil) Between Tr...	15:21:29	2021/1/13	16

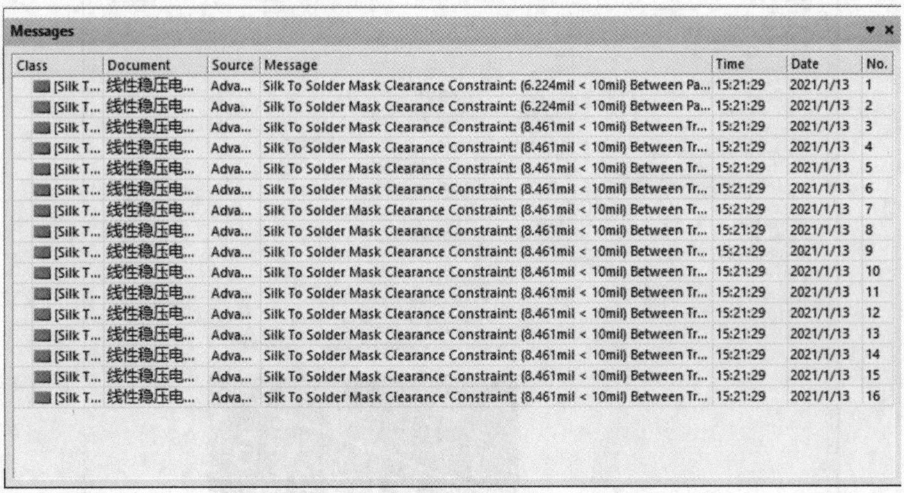

图 1-135　设计规则检查结果 Messages 对话框

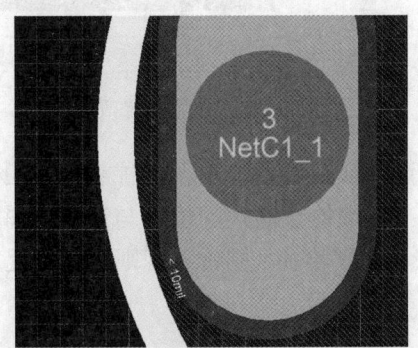

图 1-136　违反设计规则条目的定位及放大显示

从图 1-136 左下方可以看出，系统指出紧密包围焊盘的阻焊图形（紫色图层）与圆弧形的元件丝印（黄色图层）距离最近处间距小于 10mil。如果有必要，就可以直接对 PCB 进行修改。例如本案例中，可以通过略微扩大圆弧半径来解决这种违规。

不过，检查到违反规则的条目后，更需要仔细分析违规的原因。例如，在本案例中检出的这种类型的违规是由于使用系统的默认规则导致的，而实际上，本案例的 PCB 为单层板，丝印层在 PCB 的上表面，焊盘与阻焊层在 PCB 的下表面，它们即使图形重合对电路的工作也没有影响，所以这种情况下规则不必要如此严格，可以通过修改规则或忽略本项目的检查来消除违规。

修改规则的方法见本任务中“6.设计规则设置”。针对本案例中的具体问题，应该根据规则报告或 Messages 对话框中的条目提示，找到 Manufacturing 规则中的 SilkToSolderMask-

Clearance 规则进行修改，将间距修改到 0mil，如图 1-137 所示。

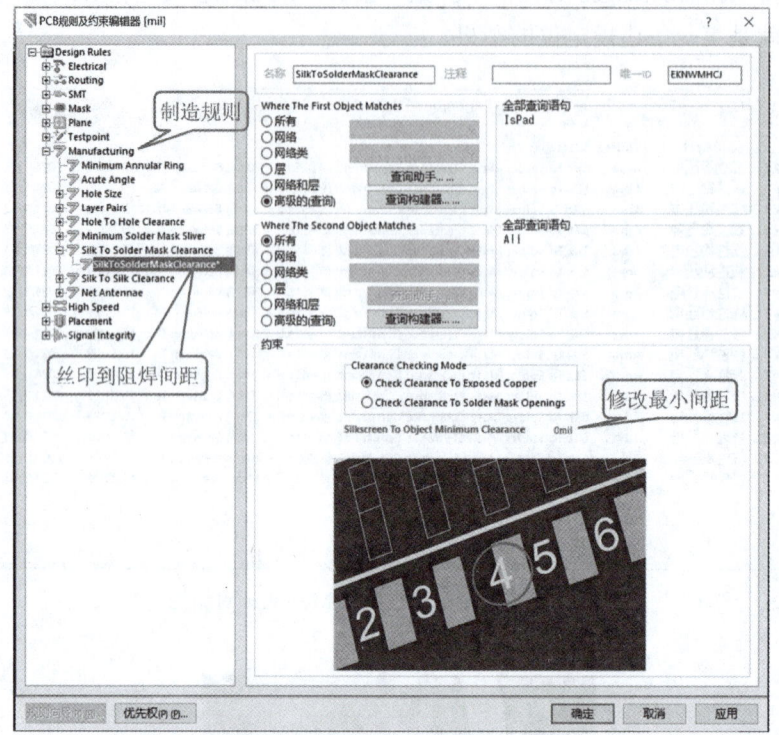

图 1-137　规则的修改

完成修改后，再次进行设计规则检查，发现这种类型的违规条目已不再出现。如果还存在其他违规条目，同样应当仔细检查违规的位置与违规的原因，确属设计问题的，应当及时修正；属于规则不合适或过于严格的，则修改规则。如此反复检查，直至违规数量为零，即全部合乎规则。

> **分享**　习惯养成：设计规则检查指出的各种违规是来自 Altium Designer 的善意提醒，无论设计者最终是否根据它们修改设计，认真理解和处理这些违规条目都是有必要的。设计规则检查结果的处理对初学者来说有一定难度，一是由于尚不熟悉设计规则，且检查报告颇多英文专业词汇，理解起来有困难；二是由于问题出现和处理方法的不确定性，在初学阶段很难处理得恰当和灵活，但这些都不应该成为忽视设计规则的理由。只有迎难而上，方得豁然开朗，"零违规"应该成为每一份设计的最低要求。做到"零违规"也有 3 个小小的"秘诀"：一是设计全过程小心谨慎，布局布线用心思考，尽量优化，减少出错；二是多关注专业网站、专业论坛或求助同学前辈，他山之石，可以攻玉；三是时常回顾，注重积累，每次处理一处新的错误类型都记下来，积少成多，稳步进阶。

图 1-138 是 PCB 设计完成后的 3D 视图。

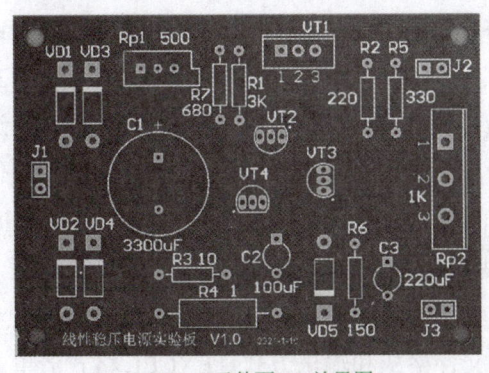
（a）PCB 元件面 3D 效果图

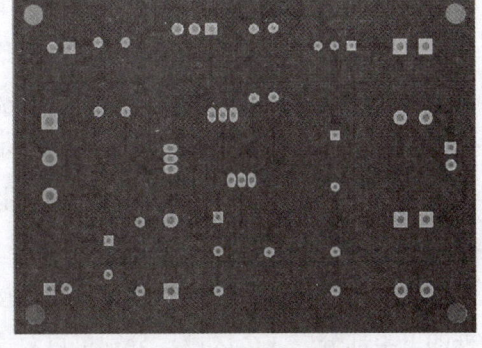
（b）PCB 焊接面 3D 效果图

图 1-138　PCB 设计完成后的 3D 视图

10. 生成元器件清单

完成 PCB 的设计与制作后，为了后续元器件采购准备和安装调试工作的方便，需要生成元器件清单。

生成元器件清单

在 PCB 文件或原理图文件中执行菜单命令"报告"→"Bill of Materials"，将弹出"材料清单"（Bill of Materials For PCB Document）对话框，如图 1-139 所示。对话框上部右侧就是将要列举的清单项目与内容。列举的项目可以通过左侧项目选择区进行修改，在此区域内勾选要选择的项，在清单中就会列举出来。例如，图 1-139 中勾选并显示出来的 4 个选项是 Designator（设计标号）、LibRef（库内元件名）、Comment（元件注释）和 Footprint（封装）。

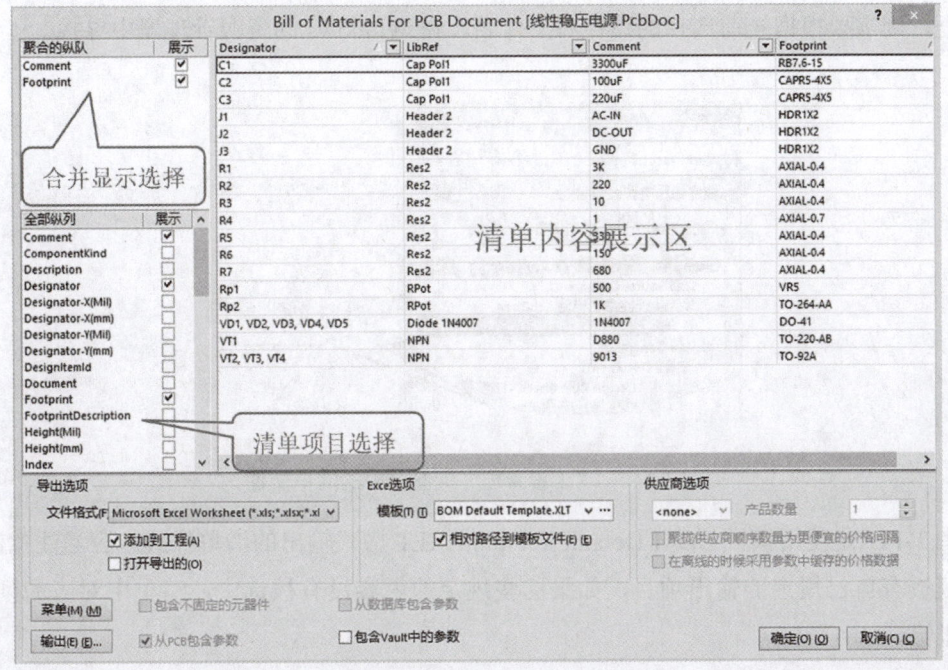

图 1-139　"材料清单"对话框

对话框的左上角是合并显示选择区，可以将项目选择区的选项用鼠标左键选中拖入或拖出此区域，元件如果在区域内的项目值均相同，将会被聚合在一行显示。例如，图 1-139 中，拖入此区域的项目是 Comment 和 Footprint，由于 VD1、VD2、VD3、VD4、VD5 这 5 个元件的 Comment（元件注释）同为 1N4007，Footprint（封装）同为 DO-41，所以它们被集中在一行中。这种聚合方式可以简化材料的管理。如果在项目中再添加上 Quantity（数量）一项，同种元件将被集中显示和统计，使材料的采购、清点等变得简单。

在完成对清单项目和内容的设置后，接下来就是对清单形式进行设置。"材料清单"对话框的下半部分成 3 个区域，分别可以对清单的文件格式和输出方式、EXCEL 格式清单的模板和供应商进行设置。清单文件输出格式有 EXCEL、PDF、文本格式和网页格式等，最常用的是 EXCEL 和 PDF。图 1-140 选择的是 EXCEL 格式输出。AD13 对于 EXCEL 文件格式的清单还提供了多种模板，读者可以自行在 EXCEL 选项区的下拉列表中选择一种模板。如果不想使用系统提供的任何模板，也可以在下拉列表中右击，在弹出的右键菜单中选择 Select All 命令，然后按下键盘上的 Delete 键，则模板下拉列表变成空白，输出的文件将不带任何模板。选择好格式后，通常还会勾选"添加到工程"复选框，再单击左下角"输出"按钮，在弹出的"文件"对话框中选择生成文件的名字和路径，确认保存，就完成了清单的输出。

若之前勾选了"添加到工程"复选框，则清单文件在软件左面板"工程管理"标签页中可以找到，如图 1-140 所示，双击可以打开清单文件。若在输出前没有勾选"添加到工程"复选框，则需要根据之前选择的路径和文件名，在 Windows 的资源管理器中寻找。

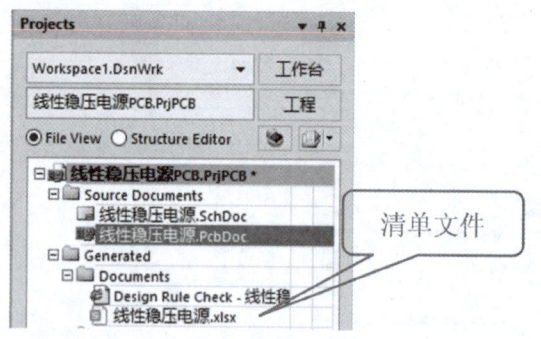

图 1-140　"工程管理"标签页中的清单文件

图 1-141 是使用模板 BOM Default Template.XLT 格式输出的清单样式。应当注意的是，每种模板有自己规定的输出项目，如果这些规定的内容没有被选中，清单中对应的列会空白并报错。

图 1-142 是无模板的清单输出样式，较为简单，输出项目也可以随意指定。

Bill of Materials — Bill of Materials For PCB Document [线性稳压电源.PcbDoc]

Source Data From: 线性稳压电源.PcbDoc
Project: 线性稳压电源PCB.PrjPCB
Variant: None

Creation Date: 2021-3-24　10:53:02
Print Date: 24-Mar-21　10:53:21 AM

Footprint	Comment	LibRef	Designator	Description	Quantity
RB7.6-15	3300uF	Cap Pol1	C1	Polarized Capacitor (Radial)	1
CAPR5-4X5	100uF	Cap Pol1	C2	Polarized Capacitor (Radial)	1
CAPR5-4X5	220uF	Cap Pol1	C3	Polarized Capacitor (Radial)	1
HDR1X2	AC-IN	Header 2	J1	Header, 2-Pin	1
HDR1X2	DC-OUT	Header 2	J2	Header, 2-Pin	1
HDR1X2	GND	Header 2	J3	Header, 2-Pin	1
AXIAL-0.4	3K	Res2	R1	Resistor	1
AXIAL-0.4	220	Res2	R2	Resistor	1
AXIAL-0.4	10	Res2	R3	Resistor	1
AXIAL-0.7	1	Res2	R4	Resistor	1
AXIAL-0.4	330	Res2	R5	Resistor	1
AXIAL-0.4	150	Res2	R6	Resistor	1
AXIAL-0.4	680	Res2	R7	Resistor	1
VR5	500	RPot	Rp1	Potentiometer	1
TO-264-AA	1K	RPot	Rp2	Potentiometer	1
DO-41	1N4007	Diode 1N4007	VD1, VD2, VD3, VD4, VD5	1 Amp General Purpose Rectifier	5
TO-220-AB	D880	NPN	VT1	NPN Bipolar Transistor	1
TO-92A	9013	NPN	VT2, VT3, VT4	NPN Bipolar Transistor	3
					24

Approved　　　　　Notes

图 1-141　使用模板的清单输出样式

Designator	LibRef	Comment	Footprint	Quantity
C1	Cap Pol1	3300uF	RB7.6-15	1
C2	Cap Pol1	100uF	CAPR5-4X5	1
C3	Cap Pol1	220uF	CAPR5-4X5	1
J1	Header 2	AC-IN	HDR1X2	1
J2	Header 2	DC-OUT	HDR1X2	1
J3	Header 2	GND	HDR1X2	1
R1	Res2	3K	AXIAL-0.4	1
R2	Res2	220	AXIAL-0.4	1
R3	Res2	10	AXIAL-0.4	1
R4	Res2	1	AXIAL-0.7	1
R5	Res2	330	AXIAL-0.4	1
R6	Res2	150	AXIAL-0.4	1
R7	Res2	680	AXIAL-0.4	1
Rp1	RPot	500	VR5	1
Rp2	RPot	1K	TO-264-AA	1
VD1, VD2, VD3, VD4, VD5	Diode 1N4007	1N4007	DO-41	5
VT1	NPN	D880	TO-220-AB	1
VT2, VT3, VT4	NPN	9013	TO-92A	3

图 1-142　无模板的清单输出样式

思考题

1. PCB 的设计图层与物理图层是一一对应的吗，不同设计图层的图形重叠是不是都是错误的？

2. 金属化和非金属化的安装孔各适用于哪些应用场合，设计方法有何不同？
3. 当有多条线宽规则作用于同一网络时，系统如何判定应用哪一条规则？
4. PCB 设计规则检查的意义是什么，如何根据检查结果快速定位到违反规则的位置？

任务 5 线性稳压电源实验板制作

任务描述

PCB 设计完成并生产出来后，还要将产品样机制作出来并进行调试，以确定产品从外观尺寸到功能指标都满足设计需求，这一过程并不能被虚拟仿真完全替代。企业往往对产品的组装调试有严格的安全和工艺要求，而且与企业的文化紧密结合。这里将基于最基本的操作规范完成线性稳压电源实验板的制作。

任务要求

- 掌握电子产品制作和调试过程中的安全操作规范。
- 掌握通孔电子元件的焊接安装工艺。
- 完成线性稳压电源实验板的组装与调试。

知识链接

1. 电子产品制作和调试过程中的安全操作规范

在电子产品制作和调试过程中，应当养成以下安全操作习惯。

（1）开始工作前应当熟悉工作环境，特别是对场地的电源配备，工作台的电源位置、性质等，当发生短路、漏电、触电、火情等意外情况时，能够立即采取切断电源等有效措施。

（2）采取必要的防静电措施，根据产品的防静电等级，着防静电服、佩戴防静电手环或手套，或者着棉质工作服等。

（3）保持工作台面整洁，养成工具设备定位放置的习惯，动手操作前充分了解工具设备的性能和操作方法。

（4）留长发者在进行焊接等操作前，不应披散长发，应当将长发扎至脑后或按要求塞入防静电帽。

（5）电烙铁离手就必须放置在烙铁架上，烙铁架应放置在右手的前方并与其他物品保持安全距离。

（6）电烙铁通电前应将电线拉直并检查绝缘层是否有损坏，通电后不得用手触摸发热金属部位，以免烫伤。焊接过程中不得乱甩焊锡，敲打烙铁。

（7）焊接完成后或较长时间不进行焊接，应当关闭或切断电烙铁电源。

（8）电子产品安装制作过程中应当避免吃东西或其他手嘴之间的接触，以免引起铅中毒。

（9）安装制作完成后，应当将所有工具设备归位，清扫工作区域，制作过程中产生的元件引脚、锡渣、线皮等垃圾送入规定的垃圾桶。

（10）操作仪器仪表前必须先熟悉其使用方法和注意事项。

（11）调试电路的过程中，应当养成先完成线路连接，再接通电源，先关断电源，再拆除线路的操作习惯。

（12）无论是否为安全电压，在电路通电后，都不应当接触其金属裸露部位。

（13）调试工作结束后，也应当将仪器仪表等设备复位，清理工作区域，关断电源。

（14）因电子元件和焊锡等耗材多含铅等对人体有害的物质，操作完成后，应及时洗手。

2. 手工焊接常用的工具和材料

在焊接前应当准备好必备的工具和耗材。手工焊接通孔元件通常需要的焊接工具包括电烙铁、镊子、斜口钳、吸锡器等，耗材包括焊锡、松香等，如图 1-143 所示。其中镊子的主要作用是辅助引脚成形，斜口钳用于焊接完成后剪短引脚。

如果使用的是新的电烙铁或更换新的烙铁头，在首次焊接前应当为烙铁头搪锡，否则在使用时烙铁头将不挂锡。如果是普通烙铁头，先将烙铁头用砂纸或锉刀打磨，去掉上面的合金层，然后待温度上升到焊锡熔点后，先蘸上松香，再接触焊锡丝，直到烙铁头上均匀地镀上一层亮而薄的焊锡。若是长寿烙铁头，则不要打磨，直接进行加热后的蘸松香、镀锡操作。

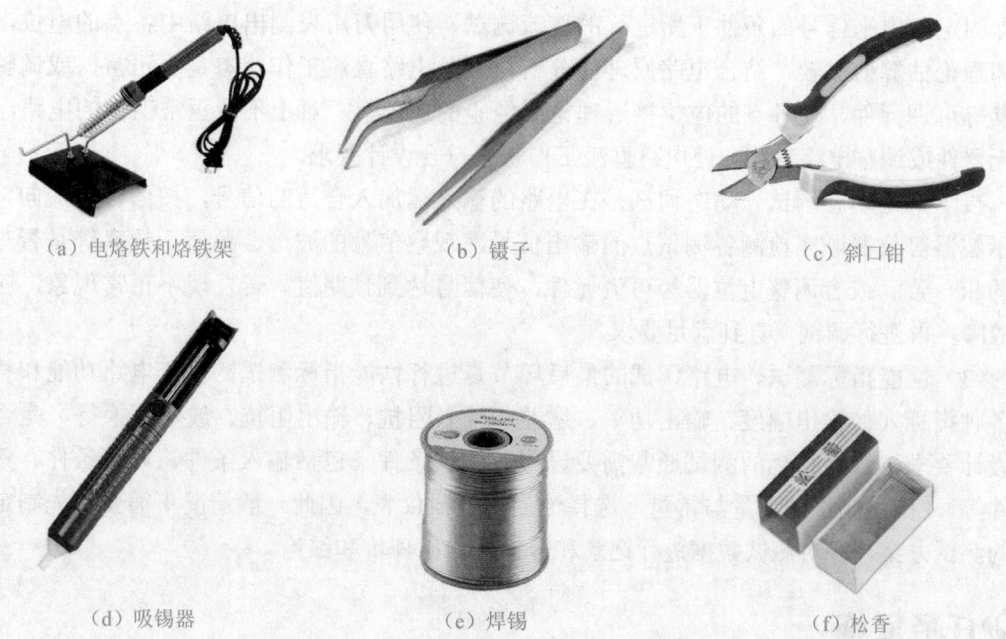

(a) 电烙铁和烙铁架　　(b) 镊子　　(c) 斜口钳

(d) 吸锡器　　(e) 焊锡　　(f) 松香

图 1-143　通孔元件手工焊接常用的工具和耗材

准备好常用工具和耗材后还需要对照清单清点元器件，要养成准备充分再动手的好习惯。

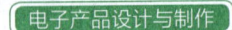

3. 模拟电路调试的一般步骤

对于模拟电路，安装完成后，一般按照以下步骤进行调试。

（1）上电前检查。电路板上电前，主要需要对电路的连接情况和元件的安装情况进行检查。

对于由 PCB 组装的电路板，电路连线出现错误的概率较低，主要应检查焊点的情况，排除虚焊、漏焊和桥接短路等故障。通过目测可以排除大部分错误，对于有怀疑的焊点，可以使用万用表的蜂鸣器挡测试元器件引脚间通断，从而发现接线不良或短路。如果是用万能板搭建的临时电路，最好对照原理图，使用万用表的蜂鸣器挡测量每一个网络的连接是否正确。测试时为排除虚焊，万用表表笔应当与元器件引脚相接，而不是仅与焊点焊锡相接触。为安全起见，应当重点检测电路板的正负电源端、接地端之间是否存在短路。

无论是哪种电路，还应当检查元件是否安装正确。重点检查电阻、电容的参数是否与原理图相匹配，电解电容、二极管、三极管等元件的极性是否正确，芯片的安装方向是否正确等。

（2）通电检测。完成上电前的排查后，可以对电路进行通电检测，通电后首先要进行观察，不要急于测量电气指标，而要查看电路有无异常现象，例如有无冒烟现象、有无异常气味、手摸集成电路外封装、是否发烫等。如果出现异常现象，应立即关断电源，待排除故障后再通电。

通电无异常的模拟电路可以进行静态调试。静态调试一般是指在不加输入信号，或者只加固定的电平信号的条件下所进行的直流测试，使用万用表测出电路中各点的电位，通过和理论估算值比较，结合电路原理的分析，判断电路直流工作状态是否正常，或调整电位器等可调元件，使各点的电位接近理论或经验的最佳值。对于不能正常工作的电路，更换元器件或调整电路参数，使电路直流工作状态符合设计要求。

接下来是动态调试。动态调试是在电路的输入端加入合适的信号，按信号的流向，使用示波器等仪器顺序检测各测试点的输出信号，观察信号的波形、幅值、频率等是否与预期的相一致。或者调整电位器等可调元件，使信号达到预期值。若发现不正常现象，应排除故障，再进行调试，直到满足要求。

（3）性能指标测试。电路调试的最后环节是进行性能指标测试。检查电路功能和整机的各种指标（如输出幅度、输出功率、增益、输入阻抗、输出阻抗、波形变换等）是否满足设计要求。性能指标的测试通常需要设置好测试条件（包括输入条件、环境条件、干扰条件等），指定测试的变量与常量，选择恰当的仪器仪表，因此一般情况下需要预先制定严谨的测试方案，并对测试数据进行记录和分析，作出评价和结论。

任务实施

1. 线性稳压电源实验板 PCB 的制作

设计好的 PCB 制作方法有很多种。有条件的企业、学校或科研单位，或者担心设计的版权、独创性等问题的，可以利用小型制板设备自制样品板，不具备自制条件的也可以将设计文档发给 PCB 制造企业打样。在当前发达的网络和物流支持下，PCB 制造企业响应的时间、PCB 样板的转运时间一般都很短，价格一般也不高。本项目 PCB 的制作建议读者尝试将 PCB 文件直接发给 PCB 制造企业打样。图 1-144 是制作出的 PCB 样板实物图。

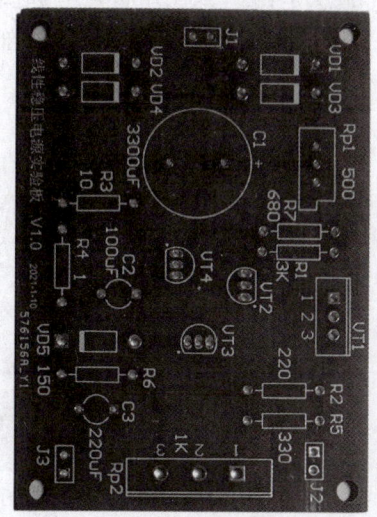
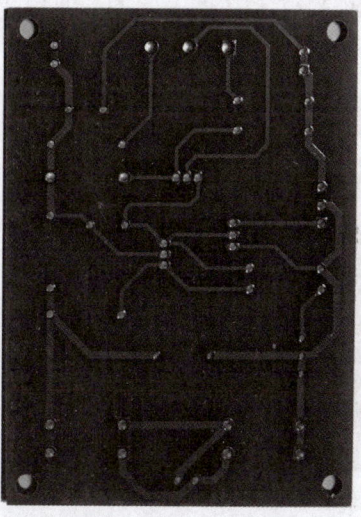

图 1-144　PCB 样板实物图

2. 线性稳压电源实验板的安装

（1）通孔电子元件引脚成形。由于通孔电子元器件一般都是通过引脚插入焊盘孔来进行焊接的，所以很多元件要根据电路板上的焊盘间距来对引脚进行形状的修改，以二极管 1N4007 为例，它的引脚要从原来的直引脚弯折后，才能插入 PCB 上的焊盘孔，如图 1-145 所示。

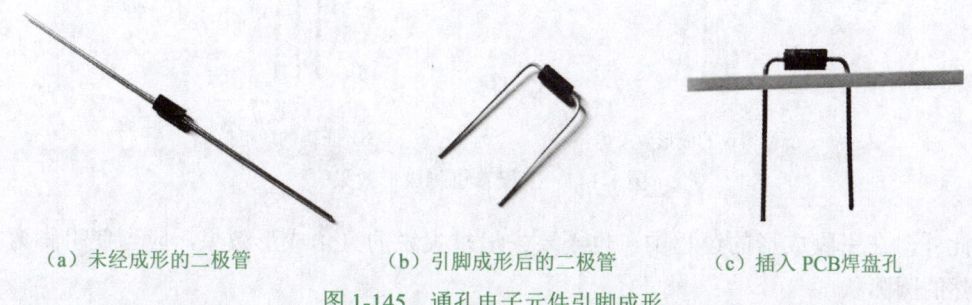

（a）未经成形的二极管　　　（b）引脚成形后的二极管　　　（c）插入 PCB 焊盘孔

图 1-145　通孔电子元件引脚成形

切忌将未进行引脚成形的元器件直接插入焊盘孔后生拉硬拽至贴紧板面，这样不仅易损伤引脚和焊盘孔，还可能因为引脚上应力未得到释放，而在产品使用日久时性能不稳定甚至元件体断裂。

引脚成形有专用的工具或设备，如引脚成形钳或引脚成形机，一般用于电子产品的大批量生产，在少量电子产品的样机制作中，一般采用镊子来进行引脚成形。

镊子这一工具应用于引脚成形的过程中,主要用来确定引脚转弯的位置和对元件进行保护,正确的做法是,镊子夹在弯折点旁靠近元件体一侧进行定位,手指使力将远离元件体一端的引脚弯折成形,如图1-146(a)所示,这样在整个成形过程中,元件最脆弱的引脚根部被镊子保护,不会发生形变。而错误的做法是镊子夹在弯折点旁远离元件体一侧,直接通过镊子使力将引脚弯折,如图1-146(b)所示,这样可能损伤引脚根部。

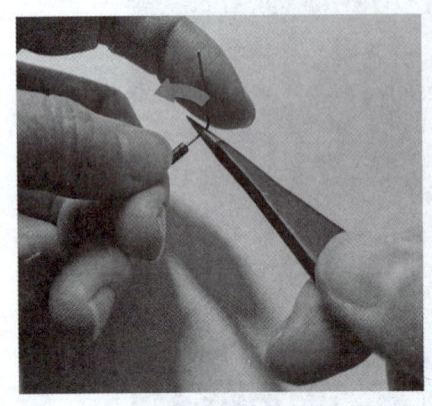 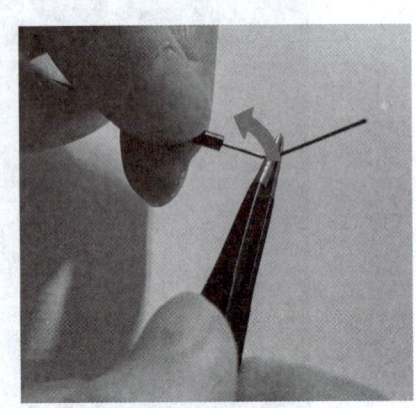

（a）正确操作——用镊子定位和保护　　　　（b）错误操作——直接用镊子弯折

图1-146　用镊子辅助进行引脚成形

正确的引脚成形效果应当达到两个基本要求：一是成形后引脚与元件体相连处仍保持原有的角度,二是成形后引脚能垂直插入焊盘。据此可以判断,图1-147(a)中,对三极管引脚成形的方式错误,如需扩大引脚间距,应当采用图1-147(b)中的成形方式。

（a）错误的成形效果　　　　（b）正确的成形效果

图1-147　三极管引脚成形效果

此外,在引脚成形的过程中,也不要去追求尖锐的直角成形效果,应当使引脚弯折处呈自然的圆弧状。

（2）焊接组装。

1）焊接顺序。焊接通孔元器件,应当遵从合理的焊接顺序,正确地插入元器件,规范地完成焊接操作,这样才能使焊接过程高效、焊接效果牢固美观。

电路板的一般焊接顺序是,先安装高度较小的元器件,再安装高度较大的元器件,最后焊接不固定在电路板上的元器件。

以本项目中的线性稳压电源为例,焊接安装顺序如下。

第一步，焊接 VD1～VD5，R1～R7，安装完成后效果如图 1-148（a）所示。
第二步，焊接 VT2～VT4，J1～J3，安装完成后效果如图 1-148（b）所示。
第三步，焊接 C2、C3、Rp1，安装完成后效果如图 1-148（c）所示。
第四步，依次焊接 VT1、Rp2、C1，安装完成后效果如图 1-148（d）所示。
所有焊接工作完成后，再将变压器二次线圈接到 J1 上。

（a）第一批焊接元器件

（b）第二批焊接元器件

（c）第三批焊接元器件

（d）第四批焊接元器件

图 1-148　线性稳压电源实验板的焊接顺序

2）元器件插入。元器件插入焊盘的时候，一定要注意保持引脚垂直于电路板板面，如果没有散热等特殊要求，元件体可以贴板面安装。功率较大的元器件应当适当抬高，使元件体离开板面。有极性元器件在插入和焊接前要再三确认极性正确。如果没有夹具辅助对电路板进行固定，应当插好一个元器件，就焊接一个元器件。

图 1-149 是几种元器件插入时容易出现的几种问题。图 1-149（a）、图 1-149（c）所示两种情况通常是没有遵守正确的焊接顺序，先焊接了"高个"的元器件，导致"矮个"元器件在板子翻过来后下滑导致的；图 1-149（b）中的情况往往是板翻过来后，未注意侧向观察引脚的垂直情况，或者插好后，焊接前板子又贴着工作台滑动导致的；图 1-149（d）则是插入时未注意元件极性导致的。

在插装元器件的过程中，为后续检查和调试电路的方便，最好将色环电阻等无极性元件也按照确定的方向放置，使读色环的顺序统一为从左至右或从上至下。

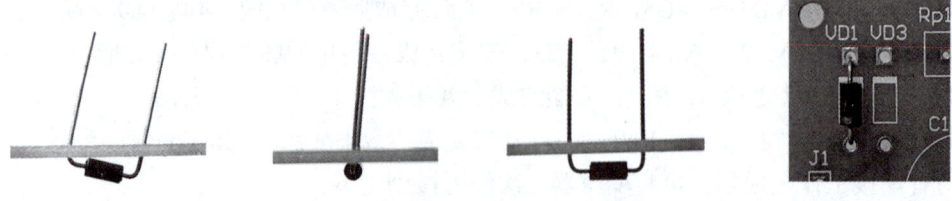

(a) 引脚未垂直（情况一） (b) 引脚未垂直（情况二） (c) 元件体悬空 (d) 元件极性错误

图 1-149 元器件插入问题

3）手工焊接。如果使用调温电焊铁或焊台，在焊接前，应当设置好烙铁温度。如果使用的是含铅焊锡，一般温度设置在 300～350℃；如果使用的是无铅焊锡，那么温度要更高。

通孔元件的手工焊接应当按照人们常说的五步法来执行，如图 1-150 所示。即准备好工具和耗材并插好元件后，先进行焊接对象的加热，由于焊接的目的是要连接引脚和焊盘，这两者即焊接对象，所以正确的加热方式是电烙铁既要接触引脚，又要接触焊盘，只加热其中任何一个，都容易造成虚焊。加热时长约为 1～2 秒，然后，送焊锡丝，注意焊锡不是送到烙铁头上，而是推送到引脚和焊盘上，焊锡熔化布满焊盘并环绕引脚后，先撤去焊锡丝，再移开烙铁，这两步的顺序弄错，则容易拉出锡尖。注意移开烙铁后有一段焊锡的冷却固化期，应当特别注意保持元件和电路板之间不发生相对移动。

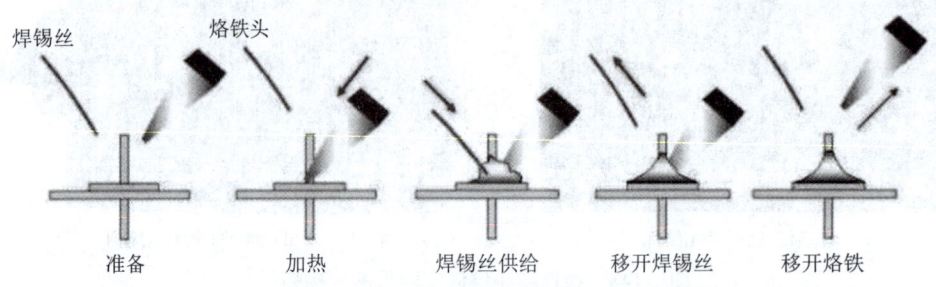

准备　　加热　　焊锡丝供给　　移开焊锡丝　　移开烙铁

图 1-150 通孔手工焊接步骤

完成焊接以后，合格的焊点与引脚和焊盘之间应该呈现较小的浸润角，30°～60° 为最佳范围，超过 90° 则不合格。此外，焊点外表应当光亮且较光滑，焊点发白或呈现锡渣样，都容易造成虚焊。

图 1-151(a) 为合格焊点，其余均存在不良焊点。图 1-151(b) 中焊料过少，且加热不均匀，焊锡丝和烙铁撤离过快，导致焊锡未环绕整个引脚，使用一段时间或元件引脚处受力都很容易引起断路故障。图 1-151（c）是焊料过多的情况，一方面浪费焊料，另一方面过多焊锡的堆积反倒不容易判断焊锡对引脚和焊盘的浸润情况，可能存在内部的虚焊。图 1-151（d）属于假焊，看似有焊锡连接了焊盘与引脚，实际上焊锡未浸润焊盘，从元件面推这一引脚，可能就会使焊锡与引脚一起脱离焊盘，引起这种假焊的原因一般是烙铁仅对引脚进行加热而未对焊盘进行加热。图 1-151（e）是拉尖现象，一般由焊接操作顺序不当，先撤离烙铁，

后撤离焊锡丝引起,也有可能由焊锡丝撤离的方向不当引起。图 1-151 (f) 是桥连现象,容易发生在焊点间距很小处,通常由焊料过多和烙铁撤离方向不当引起。

(a) 合格焊点　　　　　　(b) 焊料过少　　　　　　(c) 焊料过多

(d) 假焊　　　　　　(e) 拉尖　　　　　　(f) 桥连

图 1-151　合格焊点与常见不良焊点

(3) 修剪引脚。经引脚成形后焊接的元器件,焊接完成后往往还会留下长长的多余引脚,这些引脚弯折后可能与其他焊点接触造成电路短路,还有可能由于不恰当的受力导致焊盘起翘脱落等。因此,在 IPC-A-610 等行业标准中,对元件剪脚有严格的标准。例如,对 2 级电子产品,引脚伸出焊接面的长度不应超过 2.3mm。读者可以参考此标准,对元件的引脚进行修剪。

修剪引脚采用的工具为斜口钳,剪脚时应当使钳口垂直于引脚剪下。操作中可以将电路板适当倾斜,以免剪下的引脚四处乱飞。

> **分享**　用电烙铁为中国高铁助跑:焊接虽小事,亦可扬国威。中国中车集团株洲所技能专家郭红英秉承"唯实、尊重、创新、成事"的企业精神,二十年如一日,在电子装接岗位深耕细作、不断精进,从一名普通的电子装接工成长为高铁工匠,在 2019 年、2020 年连续两次斩获 IPC 手工焊接大赛全国总冠军。同时,她代表中国参加 IPC 世界大赛,荣获全球第五的名次,并以 3 分 20 秒的创造性成绩打败了焊接机器人,让轨道交通的焊接工艺技术走出中国,极大提升了我国轨道交通产品的品牌形象。

(4) 检查与清洁。在所有元器件焊接完成以后,还需要对安装质量进行检查。

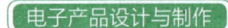

首先，观察电路板元件面，对照元器件清单，将元器件的参数与极性进行逐一检查核对，排除装错焊错的情况。

其次，观察电路板焊接面，仔细查看各焊点，对焊接质量存疑的焊点，最好采用数字万用表检查其连接是否可靠，具体的操作方法是，将万用表开关拨至蜂鸣器挡，对电路中的一段线路连接进行判断，该线路连接需包含被怀疑的焊点。请注意，可靠的操作方式是从元件面用万用表表笔接触对应的引脚，而不是从焊接面接触焊盘，如果蜂鸣器稳定发声，说明至少焊接当时是有效的，否则就存在焊接问题。

最后，清洁电路板。在焊接操作过程中，可能出现助焊剂熔出焊盘、焊接温度过高产生溅锡、电烙铁蘸松香过多在焊点留下黑色残留物、手指在电路板上留下印迹等情况。这些都会成为影响电路板美观和使用寿命的因素，因此，要对电路板加以清洁。针对手工焊接的一般条件，可以使用中等硬度的刷子蘸取电路板清洗剂（俗称洗板水）进行刷洗，直至焊点光亮、焊接面干净。

（5）清扫与整理。完成电路组装后，应及时清扫工位，将剪下的引脚、锡渣等废料及时清扫至规定的容器中，由于电子垃圾中含有很多对人体或环境有害的物质，应当严格按照相关的国家规定来进行回收与处理。

还应当养成随手整理的良好工作习惯，将电烙铁断电，各种焊接工具设备归至原位，恢复工作台的整洁。

本任务可参照工卡 DZCP-01-01 具体实施。

工卡标题 Title	线性稳压电源实验板组装工卡		工卡编号 Card No.	DZCP-01-01	
工作区域 Zone	电子产品手工焊接工位			工位号 Station No.	
组别 Group		组长 Leader		组员 Members	
参考文件 Ref.	IPC-A-610 电子组件的可接受性				
注意事项 Cautions	（1）建议佩戴防静电手环，着棉质工作服操作。 （2）留长发者在进行焊接等操作前，不应披散长发，应当将长发扎至脑后。 （3）电烙铁通电前应将电线拉直并检查绝缘层是否有损坏，通电后不得用手触摸发热金属部位，以免烫伤。焊接过程中不得乱甩焊锡，敲打烙铁。 （4）焊接完成后或较长时间不进行焊接，应当关闭或切断电烙铁电源。				
编写 / 修订 Edited By		审核 Examined By		批准 Approved By	
日期 Date		日期 Date		日期 Date	

工量具 / 设备 / 材料（TOOL/EQUIPMENT/MATERIAL）

类别	名称	规格型号	单位	数量	工作者 Perf.By	检查者 Insp.By
工具	恒温焊台	AT936B	台	1	（使用前清点）	（使用后检查）
工具	镊子		只	1		
工具	斜口钳		只	1		
材料	焊锡	0.8mm	卷	1		
材料	松香	10g	盒	1		
材料	线性稳压电源PCB		块	1		
材料	元器件	见清单	套	1		

附：线性稳压电源实验板元器件清单

元件名称	型号	封装	数量	设计标号
电解电容	3300μF	RB7.6-15	1	C1
电解电容	100μF	CAPR5-4X5	1	C2
电解电容	220μF	CAPR5-4X5	1	C3
排针	2p	HDR1X2	3	J1、J2、J3
色环电阻	3kΩ/0.25W	AXIAL-0.4	1	R1
色环电阻	220Ω/0.25W	AXIAL-0.4	1	R2
色环电阻	10Ω/0.25W	AXIAL-0.4	1	R3
色环电阻	1Ω/1W	AXIAL-0.7	1	R4
色环电阻	330Ω/0.25W	AXIAL-0.4	1	R5

元件名称	型号	封装	数量	设计标号
色环电阻	150Ω/0.25W	AXIAL-0.4	1	R6
色环电阻	680Ω/0.25W	AXIAL-0.4	1	R7
电位器	3296W 500Ω	VR5	1	Rp1
电位器	WH148 单联 1K	TO-264-AA	1	Rp2
二极管	1N4007	DO-41	5	VD1、VD2、VD3、VD4、VD5
三极管	D880	TO-220-AB	1	VT1
三极管	9013	TO-92A	3	VT2、VT3、VT4

1. 工作任务 Requirement		
完成线性稳压电源实验板的焊接组装。		
2. 工作准备 Job Set-up	工作者 Perf.By	检查者 Insp.By
（1）按照元器件清单清点元器件。		
（2）将高温清洁海绵充分吸水后拧干，放在焊台海绵槽内备用。		
3. 工作步骤 Procedure	工作者 Perf.By	检查者 Insp.By
（1）元器件引脚成形。		
（2）按照从矮到高的顺序焊接元器件。		
（3）剪去过长引脚，焊点引线露出高度为 0.5～1mm。		
4. 结束工作 Close Out	工作者 Perf.By	检查者 Insp.By
将所有工具设备归位，清扫工作区域，制作过程中产生的元件引脚、锡渣等垃圾送入规定的垃圾桶。		

在完成焊接组装后，可以按照本书附录 2 对电路板组装质量进行检验。

3. 线性稳压电源实验板的调试与测试

产品制作完成后，要对其进行调试与测试，看性能指标能否达到设计要求。线性稳压电源实验板的调试测试步骤与任务 2 中的仿真测试步骤基本一致。

本任务可参照工卡 DZCP-01-02 具体实施。

工卡标题 Title	线性稳压电源实验板调试工卡	工卡编号 Card No.	DZCP-01-02	
工作区域 Zone	电子产品调试测试工位		工位号 Station No.	
组别 Group		组长 Leader		组员 Members
参考文件 Ref.	JJF 1597—2016 直流稳定电源校准规范			
注意事项 Cautions	（1）操作仪器仪表前必须先熟悉其使用方法和注意事项。 （2）调试电路的过程中，应当养成先完成线路连接，再接通电源，先关断电源，再拆除线路的操作习惯。 （3）无论是否安全电压下，在电路通电后，都不应当接触其金属裸露部位。 （4）调试工作结束后，应当将仪器仪表等设备复位，清理工作区域，关断电源。			
编写 / 修订 Edited By		审核 Examined By		批准 Approved By
日期 Date		日期 Date		日期 Date

工量具 / 设备 / 材料（TOOL/EQUIPMENT/MATERIAL）					工作者 Perf.By	检查者 Insp.By
类别	名称	规格型号	单位	数量		
设备	交流调压器	单相，0.5kVA	台	1		
设备	数字万用表		只	1		
设备	数字示波器		台	1		
设备	滑线变阻器	2A/100Ω	只	1		
材料	线性稳压电源实验板		块	1		
材料	导线		根	若干		

1. 工作任务
   Requirement

完成线性稳压电源实验板的指标测试与调试。

2. 工作准备　　　　　　　　　　　　　　　　　　　　　　　工作者 Perf.By　检查者 Insp.By
   Job Set-up

（1）检查万用表、示波器等设备及探头，确保性能完好。
（2）清除工位多余物品。

3. 工作步骤　　　　　　　　　　　　　　　　　　　　　　　工作者 Perf.By　检查者 Insp.By
   Procedure

（1）初步测定输出电压范围。
①按测量参考电路图 1 连接电路。
②万用表拨到直流电压 20V 挡，测量实验板输出电压。
③将 Rp2 向两端分别调至极限，测量并记录输出电压（空载）的最大值和最小值。

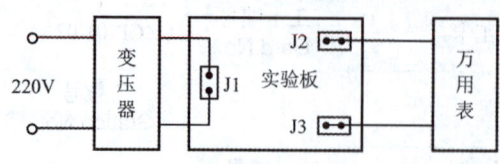

（测量参考电路图 1）

空载输出电压最大值 U_{OMAX}=_____V；最小值 U_{OMIN}=_____V。

（2）限流保护电路整定。
将万用表拨至电阻挡，接到实验板 Rp1 两端，按照仿真结果调整 Rp1。
记录下电位器阻值：Rp1=_____Ω。

（3）检测输出电阻。
用万用表边测试输出电压边调整 Rp2，使电源板空载输出电压约为 10V，记下实际值。
断开交流电源，在电源板输出端接入 100Ω 左右电阻，记录实际负载电阻值。
测量此时输出电压并记录在表 1 中。

表 1　输出电阻检测

空载输出电压 U_{OC}/V	带负载测试		输出电阻计算
	负载 $R_L/Ω$	带载输出电压 U_O/V	$R_O = \left(\dfrac{U_{OC}}{U_O} - 1 \right) R_L$

（4）检测源电压效应。
①按测量参考电路图 2 连接电路，交流调压器输出先调到 0。

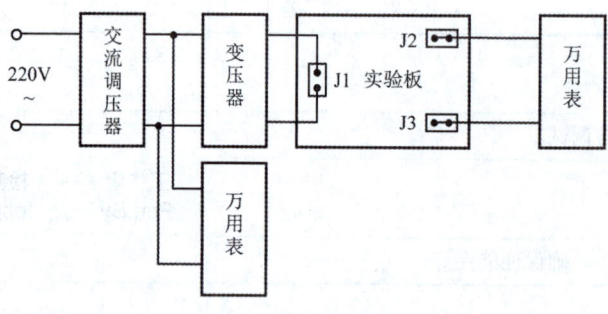

（测量参考电路图 2）

②将万用表拨到交流电压 750V 挡接交流调压器副边，边调节交流调压器边观测万用表读数。
③将调压器副边电压调整到 242V。
④撤下万用表，将其拨到直流电压 20V 挡后改接实验板输出端。
⑤将 Rp2 向两端分别调至极限，测量并记录下输出电压（空载）的最大值和最小值，填入表 2 中。

⑥重复步骤②，将调压器副边电压调整到198V。
⑦重复步骤⑤。

表2　源电压效应检测

输入交流电压 /V	输出直流电压 /V	
	最大值	最小值
242		
198		

（5）检测纹波电压。
按测量参考电路图3连接电路。

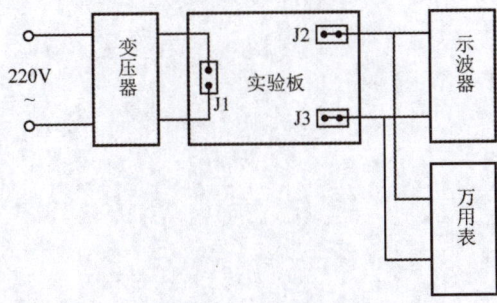

（测量参考电路图3）

①用万用表监测实验板输出电压，将输出直流电压调整到12V左右。
②在空载条件下用示波器测量输出纹波电压有效值。
③在接100Ω左右负载电阻的情况下用示波器测量输出纹波电压有效值。
④将两次测量结果填入表3中进行比较。

表3　纹波电压检测

测量条件	空载测量	带负载测试	
输出直流电压 /V	输出纹波电压有效值 /mV	负载 R_L /Ω	输出纹波电压有效值 /mV

（6）测试调试结论。

4. 结束工作　Close Out

将所有工具设备归位，清理整顿工作区域。

工作者 Perf.By　　检查者 Insp.By

> **思考题**

1. 通孔元器件的引脚成形有哪些要注意的地方？
2. 元器件的手工焊接一般要遵循什么顺序？
3. 哪些因素可能引起焊点不良？

项目 2

厨用多功能定时器的设计与制作

项目导读

在用 Altium Designer 软件进行电子产品的原理图绘制和 PCB 设计的过程中,可能遇到系统库中没有的原理图符号和封装,本项目要设计的厨用多功能定时器就是这样,那么这些原理图符号和封装可以自行绘制吗?

此外,从设计图纸到一块 PCB,又经历了怎样的过程呢?现代 PCB 制造企业是如何根据用户需求生产电路板的?应用小型制板设备如何制作出学习和科研所需的少量样品板?本项目将通过厨用多功能定时器的设计与制作,和大家一起寻求这些问题的答案。

> 项目 2 总任务:设计制作一个厨用多功能定时器电路,达到以下技术指标。
> ①电源:采用 DC-5V 电源适配器供电。
> ②定时范围:0～99 秒可调,定时时间以倒计时方式显示。
> (计时范围为 0～99 秒,仅为方便学习调试。根据实际需求,可以改为 0～99 分钟或其他值。)
> ③报警方式:声光报警。
> ④功能拓展:兼有燃气检测与报警功能。
> ⑤适应环境:室内温度 -10～55℃,相对湿度 ≤ 90%RH。
> ⑥ PCB 尺寸:90mm×80mm。

教学目标

★ 掌握厨用多功能定时器的工作原理。
★ 进一步掌握 Altium Designer 软件的各种应用技巧,用它进行 PCB 设计。

★ 掌握表面贴装电子电路的焊接装配工作流程。
★ 掌握厨用多功能定时器电路的调试方法。

任务1　厨用多功能定时器电路设计

任务描述

随着人们生活水平的提高，在烹饪美食时，需要精准控制时间，帮助烹饪者更轻松、更有效率地完成所有烹饪任务，不再发生恼人的食物烧焦或食物未熟的问题；另外，厨房用的燃气一旦泄漏，会使人中毒昏迷甚至死亡，有的还会因处理不慎引发爆炸。本项目针对以上问题，设计制作一个既可以实现定时及倒计时显示，又能检测燃气泄漏，并发出声光报警的厨用多功能定时器电路。

任务要求

● 理解电路层次化设计过程。
● 完成厨用多功能定时器的电路原理图设计。

知识链接

电路的层次化设计

一般复杂电路的设计通常按照层次化的设计过程进行，层次化设计方法的基本思想是分模块、分层次进行设计描述。任何一个复杂的大电子电路系统都可以逐步划分成不同层次的较小的模块或子系统。电子电路设计一般先将大电子电路系统划分为若干个相对独立的功能部分，并将其作为独立电子电路功能模块；再全面分析各模块功能类型及功能要求，考虑如何实现这些功能，即采用哪些电路来完成；然后选用具体的实际电路，选择出合适的元器件，计算元器件参数并设计各单元电路。层次化设计既可采用自顶向下的设计方法，也可采用自底向上的设计方法。自顶向下的设计方法就是从设计的总体要求入手，自顶向下地将设计划分为不同的功能子模块，每个模块完成特定的功能。这种设计方法首先确定顶层模块的设计，再进行子模块的详细设计。而在子模块的设计中可以采用已有的、成熟的、经典的模块或设计过程中保留下来的成功实例。自底向上的设计方法是自顶向下的设计方法的逆方向。通常，在一个实际项目中往往需要同时采用自顶向下法和自底向上法。

任务实施

1. 确定系统整体设计方案

根据厨用多功能定时器的设计指标可知，厨用多功能定时器包括定时器、燃气检测、报警电路 3 个模块。作为入门级的设计作品，它不使用任何微处理器，拟采用纯硬件方式实现。

定时器要求定时时间在 0～99 秒范围内可调且具备倒计时显示，根据一般定时器的结构，电路应包括时基电路、计数器、译码显示电路及设置按键等部分。

燃气检测电路应包括传感器、信号处理电路。

报警电路分为声音报警、光报警两部分，其中声音报警电路为定时器和燃气检测电路输出结果共用，另用不同颜色的 LED 发光来区分"定时时间到"和"检测到燃气"两种不同报警情况。

厨用多功能定时器的系统框图如图 2-1 所示。

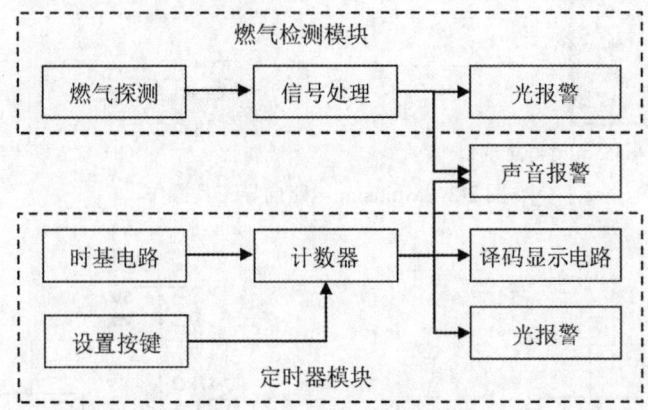

图 2-1　厨用多功能定时器的系统框图

2. 分模块电路设计

（1）时基电路模块。由 555 定时器为核心元件构成多谐振荡器，产生频率约为 1Hz 的脉冲信号，作为时基电路，这部分电路通常又被称为秒脉冲发生器。

这部分电路可以采用 Multisim 仿真软件的"电路向导"工具进行设计。在 Multisim 软件中执行菜单命令"Tools"→"Circuit wizards"→"555 timer wizard"，如图 2-2（a）所示，在弹出的 555 定时器向导窗口中的 Type 选项中选择 Astable operation（无稳态工作方式，即多谐振荡器方式），然后设置频率为 1Hz。这里将占空比设为 67%，这是因为根据 555 定时器构成多谐振荡器电路原理，当电阻 R1=R2 时，高电平时间约为低电平时间的 2 倍。反过来说，当占空比为 2/3 时，可以使两定时电阻的值相等，这样可以简化电阻的设计。电容 C 选择 10μF，Cf 和负载 Rl 使用默认值，然后单击 Build circuit 按钮就可以自动生成一个秒脉冲发生器了。

使用向导设计的秒脉冲发生器电路如图 2-3（a）所示，根据实际电子元器件常见阻值，将 R1 和 R2 都取常见序列电阻阻值 47kΩ，最终得到修改后的秒脉冲发生器电路如图 2-3（b）所示。

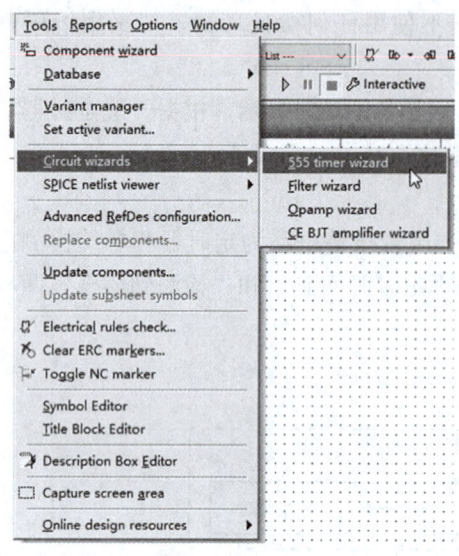
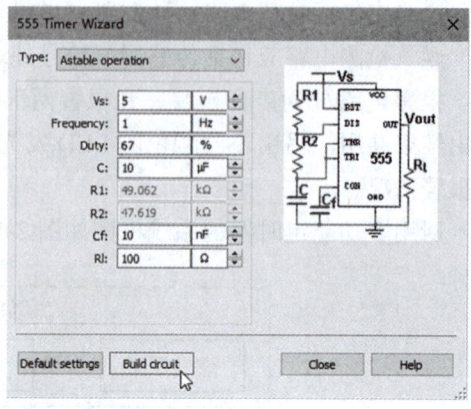

（a）进入 555 定时器向导　　　　　　　　　　（b）输入设计要求

图 2-2　Multisim 电路向导工具操作

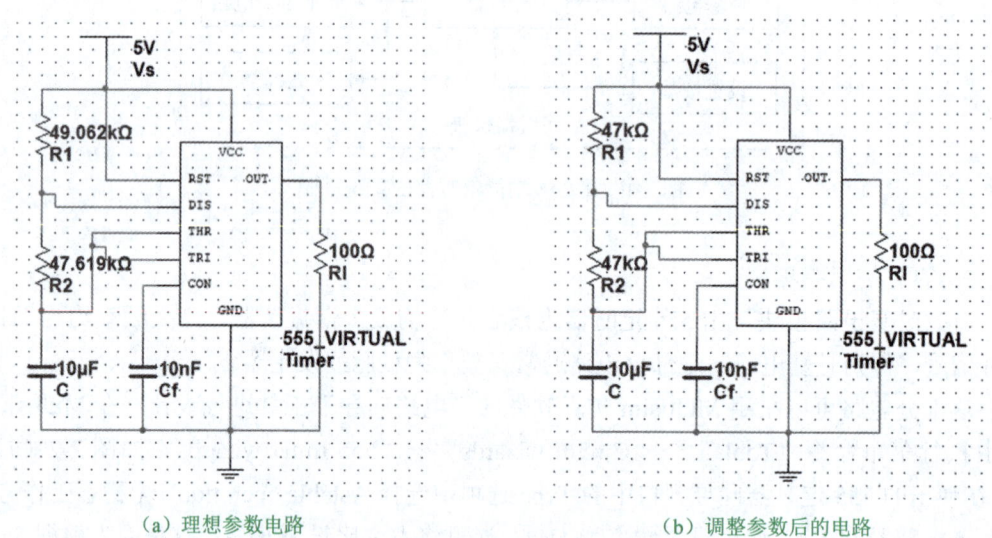

（a）理想参数电路　　　　　　　　　　（b）调整参数后的电路

图 2-3　使用向导设计的秒脉冲发生器电路

（2）计数显示模块。定时器模块电路原理图如图 2-4 所示。

选用可逆十进制计数器 74LS190 作为计数芯片，个位芯片的行波时钟输出端 $\overline{RCO}$ 接到十位的时钟输入端，形成计数时的借位或进位时序。

用双路单刀双掷的自锁按钮 S1 选通计数器计数脉冲与计数方式。S1 切换向上时，555 定时器输出的秒脉冲 CP 经与非门 U7B 后被送入个位计数器的时钟输入端，计数方式控制端 $\overline{U}/D$ 接入高电平，为减计数状态，即正常倒计时。S1 切换向下时，秒脉冲 CP 同时送向按钮 S2 和 S4 的下方，计数方式控制端 $\overline{U}/D$ 接入低电平，74LS190 切换到加计数状态，当按下 S4 时，个位进行加计数，直至松开 S4；同理，当按下 S2 时，十位进行加计数，直至松开 S2，这是对定时时间进行设定。由于十位计数器的脉冲有 S2 和个位 $\overline{RCO}$ 两种来源，故 R17 进行隔离。

定时时间设定完毕，将 S1 切换到向上位置，就开始倒计时。当倒计时时间到 00 时，两个计数器的 MAX/MIN 端均输出高电平，与非门 U7A 输出低电平，使 LED1 亮起作为定时器光报警信号及蜂鸣器声报警信号，同时封锁秒脉冲 CP 使倒计时停止。

译码显示电路选用显示译码器 CD4511，驱动共阴极的数码管，每个驱动端与数码管对应端之间用一只 330Ω 的电阻限流。

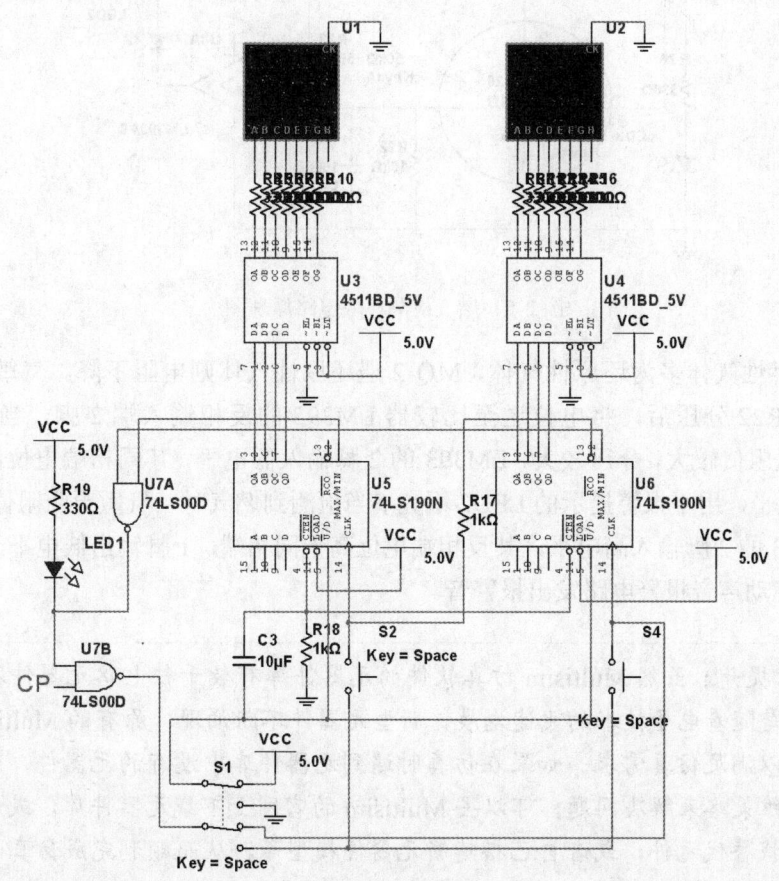

图 2-4　定时器模块电路原理图

特别说明，元件 C3 和 R18 构成的延时电路用于消除电路的一种特定错误：如果将两片 74LS190 的 $\overline{CTEN}$ 端直接接 GND，当将预定时间设置到 X9 秒后，切换到倒计时，会丢失 10 秒。例如，设置为 29 秒，倒计时开始后会瞬间跳至 19。原因是设定过程中个位正计数至 9，其 $\overline{RCO}$ 端会进入低电平，切换到倒计时后，低电平转为高电平，将向十位送出一个计数脉冲。为此使用 C3 和 R18 构成的延时电路将计数使能端 $\overline{CTEN}$ 封锁一个很短暂的时间，使十位在从加计数转为减计数的瞬间不能产生借位。

（3）燃气检测模块。燃气检测模块电路原理图如图 2-5 所示。图中圆圈部分表示 MQ-2 型气敏传感器，气敏传感器内除有气敏电阻体外，还有加热器，加热的目的是提高器件的灵敏度和反应速度，并烧去可能附着的油雾和尘埃。气敏传感器对外呈现为一个四端元件，仿真中用两个电阻 R21、R20 模拟其特性，其中可变电阻 R21 用于模拟气敏电阻体，固定电阻 R20 用于模拟加热电阻（加热器）。参照元器件手册中的参数选取这两个电阻的阻值。

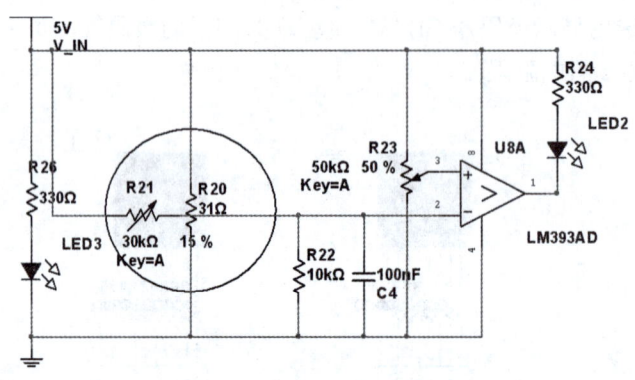

图 2-5　燃气检测模块电路原理图

一般可燃性气体多为还原性气体，MQ-2 遇还原性气体则电阻下降。气敏电阻体 R21 与固定电阻 R22 分压后，将电位送至比较器 LM393 的反相输入端 2 脚，当无燃气泄漏时，气敏电阻阻值较大，分压较大，LM393 的 2 脚输入低电平，其同相端电位高于反相端，1 脚输出高电平，用于报警提示的 LED2 不亮；当检测到燃气时，气敏电阻阻值较小，分压较小，LM393 的 2 脚输入高电平，其反相端电位高于同相端，1 脚输出低电平，LED2 点亮报警，同时驱动声音报警电路发出报警音。

> **分享**　小结提升：虽然 Multisim 仿真软件的器件库有数千种电路元器件及模型可供选用，但是随着电子技术的飞速发展，新型器件不断涌现，原有的 Multisim 元器件库已经难以满足仿真需求。如果在仿真时遇到元器件库中没有的元器件，则需要运用灵活的思维策略来解决问题，可以去 Multisim 的官网上下载元器件库，或者根据元器件特性寻找替代元件，或者自己搭建新元器件模型等，从而顺利完成仿真以满足设计需要。

（4）声音报警电路。声音报警电路原理图如图 2-6 所示。图中 Q1 选用 PNP 三极管 9012，当它的基极输入低电平时，Q1 导通驱动蜂鸣器发声。A、B 分别来自燃气报警信号和定时报警信号，这两路中任意一路为低电平时，Q1 基极都将为低电平，即定时时间到和检测到燃气都可以引发声音报警。

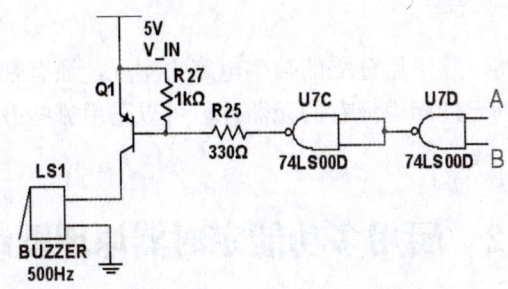

图 2-6 声音报警电路原理图

3. 形成整体原理图

综合各模块电路设计，形成系统最终原理图，如图 2-7 所示。

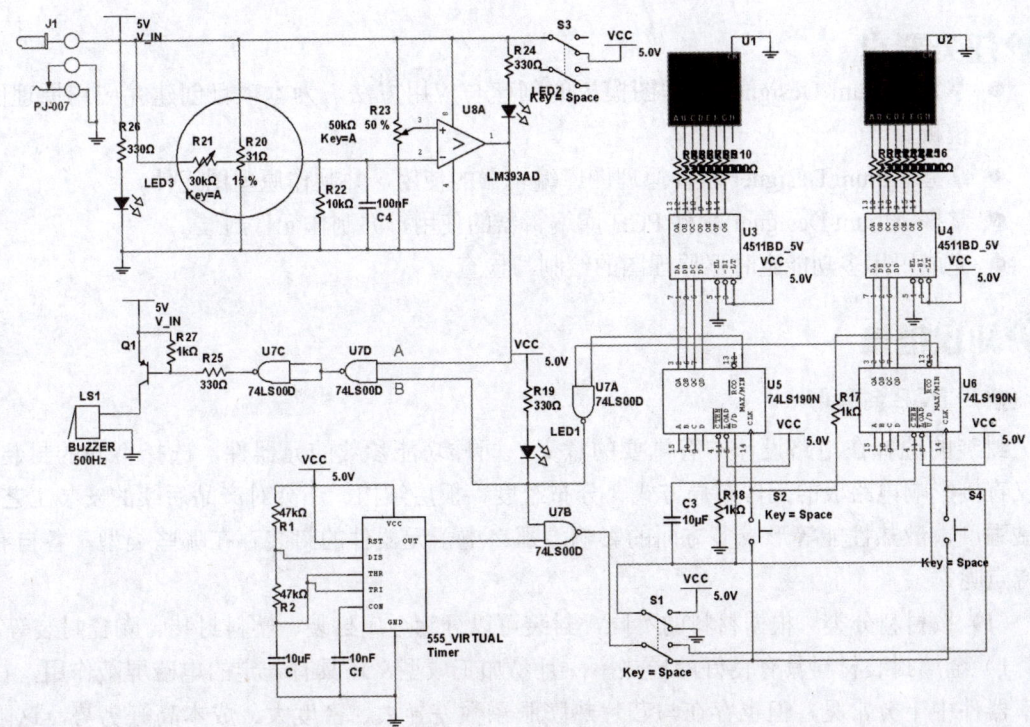

图 2-7 厨用多功能定时器总原理图

系统整体采用 5V 电源适配器，通过 DC 插头插座供电，R26 与 LED3 为电源指示电路。考虑定时器和燃气检测电路供电需求不同，燃气报警器需要长时间供电，将电源指示和燃气报警两部分电路电源标注为 V_IN。而定时器仅在有烹饪需求时供电，为此单独为定时器电路加装开关，不使用时关闭定时器，以降低功耗，这部分电路电源标注为 VCC。

经仿真，能完整实现各项功能。

🔊 思考题

1. 设计一个定时电路，除了用分立的数字电路来实现，还有别的方式吗？
2. 在电路仿真时遇到元件库中没有的元器件，可以采用哪些办法解决？

任务 2　厨用多功能定时器原理图绘制

🔍 任务描述

通过上一项目，读者熟悉了 Altium Designer 软件的基本操作，本任务是继续使用 Altium Designer 软件绘制厨用多功能定时器的原理图，并进一步掌握原理图绘制中其他功能的使用方法。

📖 任务要求

- 掌握 Altium Designer 原理图模板的创建与应用方法，为本项目创建并应用原理图模板。
- 掌握 Altium Designer 软件原理图库编辑器的使用，并制作原理图元件。
- 掌握 Altium Designer 软件 PCB 库编辑器的使用，并制作元件封装。
- 完成厨用多功能定时器原理图的绘制与检查。

🔗 知识链接

常用 PCB 封装

封装的选择在电路设计中有重要的意义，同样功能参数的元器件，选择不同的封装，不仅直接影响电路板的元件布局方式、分布密度、板层结构，还会对产品后续的安装工艺、机械强度、散热性能等形成多方面的影响。那么电子元器件的封装存在哪些类型，各自有何特点呢？

（1）按材料分类。根据材料的不同，封装可以分为金属封装、塑料封装、陶瓷封装等。

1）金属封装材料具有良好的导热率，且易加工成型，还具有一定的电磁屏蔽作用，在功率器件中十分常见，但也存在与芯片热膨胀系数差异大、密度大、成本高等劣势，这限制了金属封装在某些领域的应用。

2）塑料封装材料具有质量轻、价格低、绝缘性能好和抗冲击性强等优点，应用最为广泛，但塑料封装也存在气密性不好、导热性能差、不环保等缺点，会导致元器件对温度敏感，在回流焊的过程中因吸收的水分受热膨胀导致元器件爆裂等问题，无法满足对可靠性要求较高的行业产品的需求，如军工、航空航天产品的需求。

3）陶瓷封装属于气密性封装，它的优点在于耐湿性好，热学性能好（如低热膨胀率及低热导率），机械强度高、化学性能稳定，综合性能较好，但陶瓷封装材料也存在脆性较大、烧结困难、生产成本高、加工工艺复杂、生产效率低、价格很高等问题，在航空航天及军事领域应用更为广泛。

（2）按结构分类。封装按照外形结构，可以分成很多具体的类型，其发展变化总体向体积越来越小的方向发展。

1）TO 封装。TO（Transistor Out-line，晶体管外形）是最早出现的封装之一。TO 封装有很多具体形式，图 2-8 是一些常见 TO 封装的外形和 Footprint 图形。早期的 TO 封装都是插入式设计，如 TO-18、TO-92、TO-220 等。后来也发展出了表面贴装形式，如 TO-252、TO-263 等。

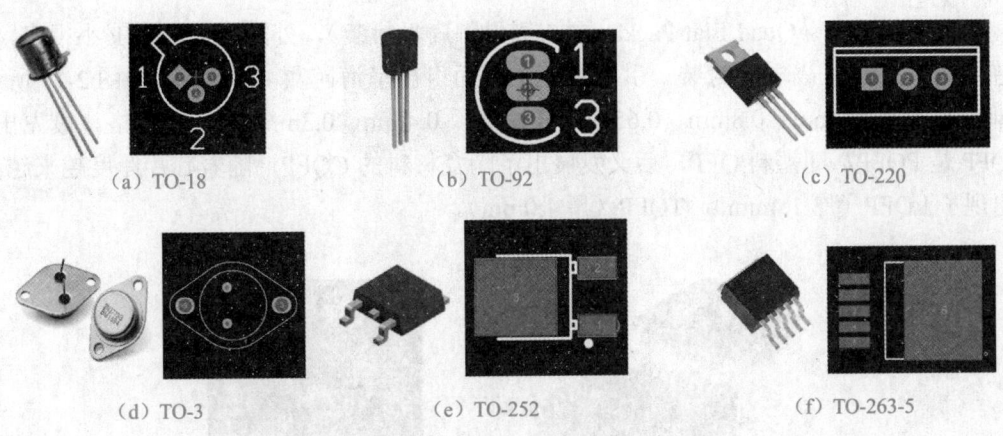

图 2-8　常见 TO 封装的外形和 Footprint 图形

2）DIP。DIP（Dual In-line Package，双列直插式封装），外形为长方形，两侧则有两排平行的金属引脚，如图 2-9 所示。DIP 是 1970 及 1980 年代微电子产业的主流，多见于中小规模集成电路，一般简称为 DIP-n，其中 n 是引脚的个数，例如 14 针的双列直插式封装即被称为 DIP-14。

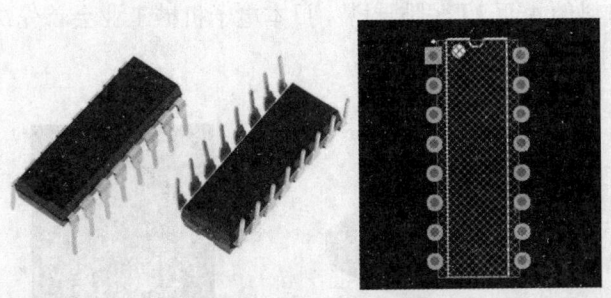

图 2-9　DIP-16 封装外形和 Footprint 图形

3）SOP 系列。SOP（Small Outline Package，小外形封装）技术由飞利浦公司在 1968—1969 年开发成功，之后逐渐派生出 SOJ（J 型引脚小外形封装）、TSOP（薄小外形封装）、VSOP（甚小外形封装）、SSOP（缩小型 SOP）、TSSOP（薄的缩小型 SOP）及 SOT（小外形晶体管）、SOIC（小外形集成电路）等。常见 SOP 系列封装外形和 Footprint 图形如图 2-10 所示。

(a) SOT-23　　　　(b) SOIC-16　　　　(c) SOJ-32

图 2-10　常见 SOP 系列封装外形和 Footprint 图形

4）QFP。QFP（Quad Flat Package，4 侧引脚扁平封装），外形尺寸比 DIP 小得多，是最普及的大规模集成电路封装。引脚从 4 个侧面引出呈海鸥翼（L）型，如图 2-11 所示。引脚中心距有 1.0mm、0.8mm、0.65mm、0.5mm、0.4mm、0.3mm 等多种规格。最先出现的 QFP 是 PQFP，即塑料 QFP，后又发展出了陶瓷材料的 CQFP，随着芯片厚度越来越小，又出现了 LQFP（厚 1.4mm）、TQFP（厚 1.0mm）。

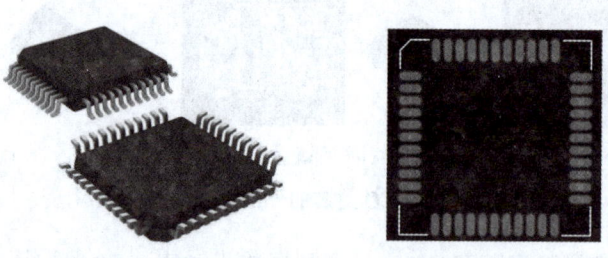

图 2-11　QFP-44 封装外形和 Footprint 图形

5）PLCC/QFJ 封装。PLCC（Plastic Leaded Chip Carrier），带引线的塑料芯片封装。J 形引脚从封装的 4 个侧面引出，因为引脚内收，外形尺寸比 QFP 更小，如图 2-12 所示。后由于出现了陶瓷材料的 4 面 J 形引脚封装，日本电子机械工业会首先决定，不再区分材料，把从 4 侧引出 J 形引脚的封装都称为 QFJ。

图 2-12　PLCC-44 封装外形和 Footprint 图形

6）LCC/QFN 封装。LCC（Leadless Chip Carriers，无引脚芯片封装）如图 2-13 所示，其电极紧贴芯片边缘并弯向芯片下方内部，比 J 形引脚更紧凑。LCC 是高速和高频 IC 常用封装，最先出现的是陶瓷 LCC，在塑封 LCC 出现后，日本电子机械工业会为区别于 QFJ 封装，将其命名为 QFN。

 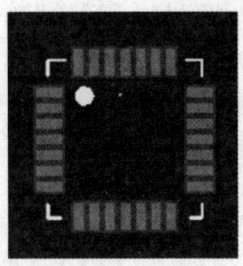

图 2-13　LCC-28 封装外形和 Footprint 图形

7）PGA。PGA（Pin Grid Array Package，插针网格阵列封装），这种封装底部有多圈方形阵列插针，根据引脚数目的多少，可以围成 2～5 圈，如图 2-14（a）所示。安装时，将芯片插入专门的 PGA 插座，如图 2-14（b）所示。设计 PCB 时，插座的 Footprint 图形如图 2-14（c）所示。该封装技术一般用于需要插拔操作的场合。这一系列后来又发展出表面贴装型 PGA。贴装型采用与印刷基板碰焊的方法，因而也称为碰焊 PGA。其引脚中心距只有 1.27mm，比插装型 PGA 更小。

  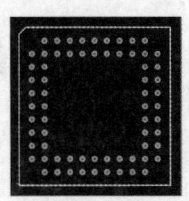

（a）PGA 芯片外形　　　　　（b）PGA 插座外形　　　　　（c）PGA 芯片/插座的 Footprint 图形

图 2-14　PGA 芯片/PGA 插座外形和 Footprint 图形

8）BGA 封装。BGA（Ball Grid Array，球状引脚栅格阵列封装），是一种高密度表面装配封装，它是在封装体基板的底部制作阵列焊球作为电路的端口与印刷线路板互接，如图 2-15 所示。BGA 封装的出现，进一步缩小了芯片的体积，在相同容量下，采用 BGA 封装技术的内存产品体积只有 TSOP 的三分之一。与 QFP 形式相比，BGA 封装在引脚数增加的情况下，引脚间距并没有减小反而增加了，提高了组装成品率。

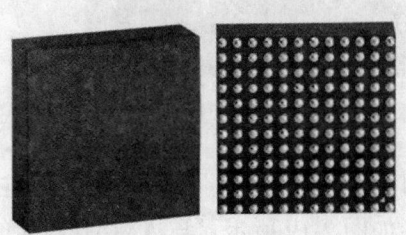 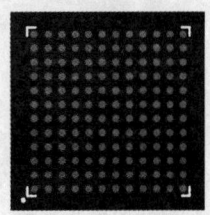

图 2-15　BGA-144 封装外形和 Footprint 图形

9）分立元件的封装。常用的电阻、电容、二极管等分立元件的封装，通常要结合外形和尺寸一起描述。常用的封装形式有以下类型。

AXIAL-xx：轴形封装，通常用作插装的色环电阻的封装，其中 xx 为其尺寸，以英寸（inch，1inch=2.54cm）为单位。例如，AXIAL-0.3 指 Footprint 图形焊盘间距为 0.3inch，如图 2-16 所示。这个值通常略大于电阻体的长度。AXIAL 封装也可用于其他无极性双端插装元件。

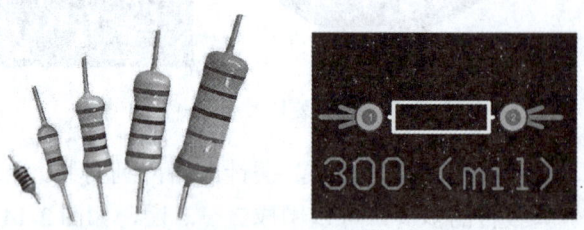

图 2-16　色环电阻与 AXIAL-xx 封装图形

RAD-xx：径向封装，通常用作插装的无极性电容的封装，xx 也表示其尺寸，以英寸为单位。例如，RAD-0.1 封装的焊盘间距为 0.1inch，如图 2-17 所示。

图 2-17　瓷片电容与 RAD-xx 封装图形

RBxx/yy：极性电容封装，xx 表示其焊盘间距，yy 表示其外径。例如，RB.3/.6 表示焊盘间距为 0.3inch，元件外径为 0.6inch，如图 2-18 所示。要特别指出的是，在 AD13 的系统库 Miscellaneous Devices.IntLib 中，RB5/10.5、RB7.6/15 两个封装的尺寸单位是 mm。

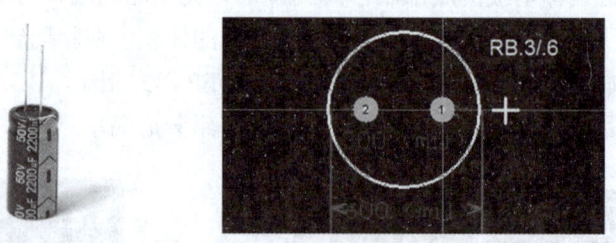

图 2-18　电解电容与 RBxx/yy 封装图形

DIODExx 封装：插装二极管封装，常用的有焊盘间距为 0.4inch 的 DIODE0.4 和焊盘间距为 0.7inch 的 DIODE0.7。其 Footprint 图形如图 2-19 所示。与 AXIAL 封装的主要区别在于图形上有极性标志。插装二极管封装还有 DO 系列中的 DO-15、DO-41、DO-201 等，数字不表示尺寸，读者可通过查找相关元器件手册了解其尺寸。

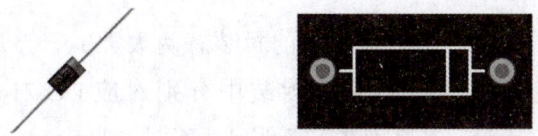

图 2-19 二极管与 DIODExx 封装图形

贴片电阻封装：贴片电阻的封装一般直接用其尺寸描述。封装的尺寸同时决定了它的额定功率和最大工作电压，见表 2-1，表中 a 和 b 分别表示顶面和底面的电极宽度。

表 2-1 贴片电阻封装尺寸

封装型号（英制）	封装型号（公制）	长度 /mm	宽度 /mm	高度 /mm	a/mm	b/mm	额定功率@70℃ /W	最大工作电压 /V
0201	0603	0.60±0.05	0.30±0.05	0.23±0.05	0.10±0.05	0.15±0.05	1/20	25
0402	1005	1.00±0.10	0.50±0.10	0.30±0.10	0.20±0.10	0.25±0.10	1/16	50
0603	1608	1.60±0.15	0.80±0.15	0.40±0.10	0.30±0.20	0.30±0.20	1/16,1/10	50
0805	2012	2.00±0.20	1.25±0.20	0.50±0.20	0.40±0.20	0.40±0.20	1/10,1/8	150
1206	3216	3.20±0.20	1.60±0.20	0.55±0.10	0.50±0.20	0.50±0.20	1/8,1/4	200
1210	3225	3.20±0.20	2.50±0.20	0.55±0.10	0.50±0.20	0.50±0.20	1/4,1/3	200
1812	4532	4.50±0.20	3.20±0.20	0.55±0.10	0.50±0.20	0.50±0.20	1/2	200
2010	5025	5.00±0.20	2.50±0.20	0.55±0.10	0.60±0.20	0.60±0.20	1/2,3/4	200
2512	6432	6.40±0.20	3.20±0.20	0.55±0.10	0.60±0.20	0.60±0.20	1	200

贴片电容封装：贴片电容封装与贴片电阻封装相似，也是以尺寸来描述的，常用尺寸见表 2-2。

表 2-2 常用贴片电容封装尺寸

封装型号（英制）	长度 /mm	宽度 /mm
0201	0.60 ± 0.03	0.30 ± 0.03
0402	1.00 ± 0.10	0.50 ± 0.10
0603	1.60 ± 0.15	0.81 ± 0.15
0805	2.00 ± 0.20	1.25 ± 0.20
1206	3.20 ± 0.20	1.60 ± 0.20
1210	3.20 ± 0.20	2.50 ± 0.20
1812	4.50 ± 0.30	3.20 ± 0.20
1825	4.50 ± 0.30	6.40 ± 0.40
2225	5.72 ± 0.25	6.40 ± 0.40

贴片二极管封装：贴片二极管最常见的封装有两大类：一类是引脚向底面内部弯折的 SMA、SMB、SMC 封装，在 DO 系列封装中分别对应 DO-214AA、DO-214AB、DO-214AC，如图 2-20（a）所示，其区别在于元件尺寸不同，即 SMA＜SMB＜SMC；另一类是引脚向底部外边伸展的 SOD 封装，如图 2-20（b）所示，如 SOD-123、SOD-323，区别也在于元件尺寸不同。这些封装的具体尺寸请读者自行查阅相关元器件手册。

（a）DO-214 封装二极管外形　　　　　　　　（b）SOD 封装二极管外形

图 2-20　常用贴片二极管封装外形

> **分享**　前沿动态：摩尔定律在制造端的提升已经逼近极限，开始逐步将重心转向封装端和设计端。过去十年，在国家政策支持背景下，国内封装技术发展日新月异，工艺、装备、材料分析和设计能力等都有显著提升，先进封装的产业化能力基本形成。但在 UHD FO、2.5D、3D 等高性能封装方面，与国际顶尖水平相比仍有一定差距。当前，在贸易摩擦和禁运的新形势下，长电科技、通富微电和华天科技等国内头部封测企业正通过积极开展产品研发和技术创新，加强与终端应用、设计与晶圆制造企业之间的紧密合作等方式，力争从全球封装产业的价值链低端走向高端，实现该领域的自主可控。

任务实施

1. 创建工程与原理图文件

在计算机上合适的位置新建"厨用多功能定时器"文件夹，然后打开 AD13 软件，新建工程，这次使用右键快捷命令来创建工程，把鼠标指针放在 Projects 标签页中"工程"框中，右击，选择"添加新的工程"→"PCB 工程"命令，如图 2-21（a）所示，此时在 Projects 标签页中出现了 PCB-Project1.PrjPCB 的工程文档，将鼠标指针放在这个工程文档上右击，选择"保存工程"命令，如图 2-21（b）所示，在弹出的"保存"对话框中，选择之前建好的文件夹"厨用多功能定时器"，修改文件名为"厨用多功能定时器 PCB.PrjPCB"，单击"确定"按钮。

在工程下新建原理图文件并保存为"厨用多功能定时器 .SchDoc"，检查左侧面板 Projects 标签页，确保原理图文件在"厨用多功能定时器 PCB"工程的管理之下。

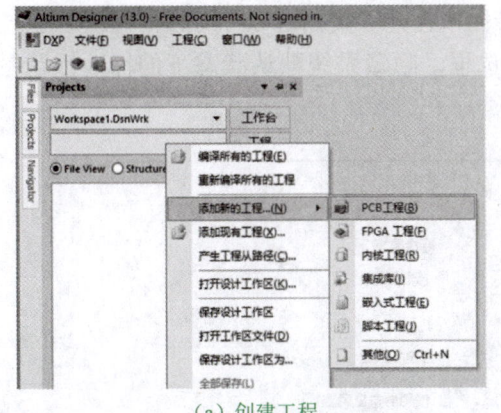 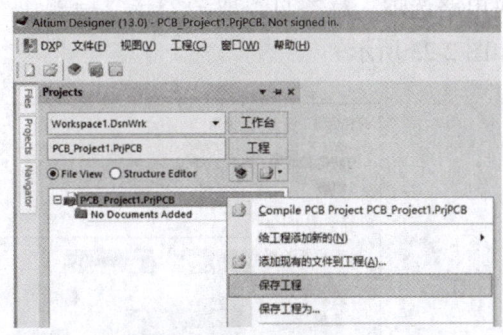

（a）创建工程　　　　　　　　　　　（b）保存工程

图 2-21　在 Projects 标签页中创建和保存工程

2. 创建原理图模板文件

在项目 1 绘制原理图之前，曾经在原理图图纸右下角的标题栏中填入了图纸的相关参数，这可以使绘图的信息很清晰，方便管理与协作。不过，一些公司或企业往往对图纸上的信息管理有自己的不同要求，软件自带的标题栏形式并不能符合其管理理念或需求，这时候，就希望能定制自己的模板。

模板文件的设计

原理图模板的制作步骤如下。

（1）新建一个空白的原理图文件，执行"文件"→"保存"菜单命令，弹出图 2-22 所示的"保存文件"对话框。输入保存文件名如"原理图模板"，并在保存文件类型中选择原理图模板类型"Advanced Schematic template(*.SchDot)"，最后单击"保存"按钮即可。

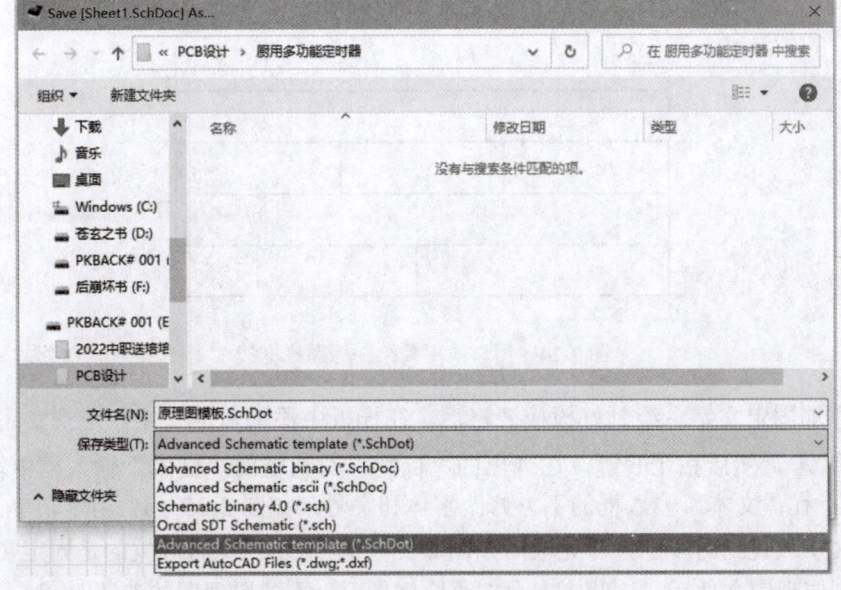

图 2-22　将新建原理图文件保存为模板

（2）隐藏系统默认标题栏。双击原理图边带区域打开"文档选项"对话框，切换到"方块电路选项"标签页，取消勾选"标题块"复选框，隐藏系统默认状态下的标准标题栏，如图 2-23 所示。

图 2-23　隐藏系统自带标题栏

（3）绘制模板表格。单击实用工具中向下箭头，选择直线工具，然后按 Tab 键，设置直线属性。按照图 2-24 在原理图右下方规划出模板标题栏的框线。这里直线工具与交互式布线工具容易混淆，在使用时应注意不要选错。

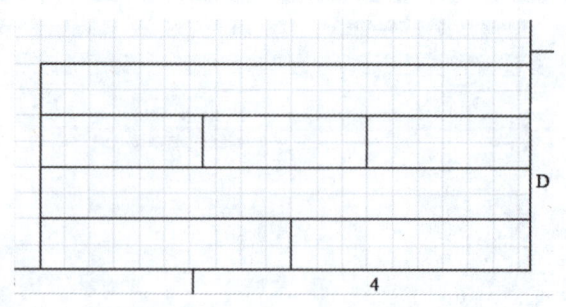

图 2-24　用直线工具绘制标题栏框线

（4）添加固定文字。绘制好模板表格后，在模板中添加对应文字。选择实用工具栏中的文字工具，然后按 Tab 键，在弹出的"标注"对话框的"文本"输入框中输入文字，如"标题"，在"文本"输入框的下方修改字体和字号，如图 2-25（a）所示，单击"确定"按钮后把文字放置到对应位置。完成后如图 2-25（b）所示。此时放置的是固定文字，将来模板应用到原理图文件后，这些文字会按照原样呈现，不随原理图的参数改变。

项目 2
厨用多功能定时器的设计与制作

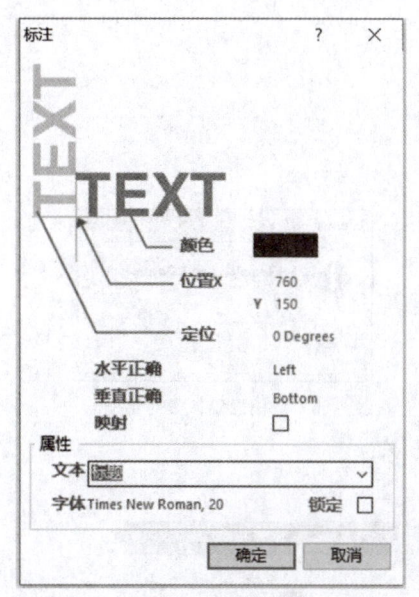
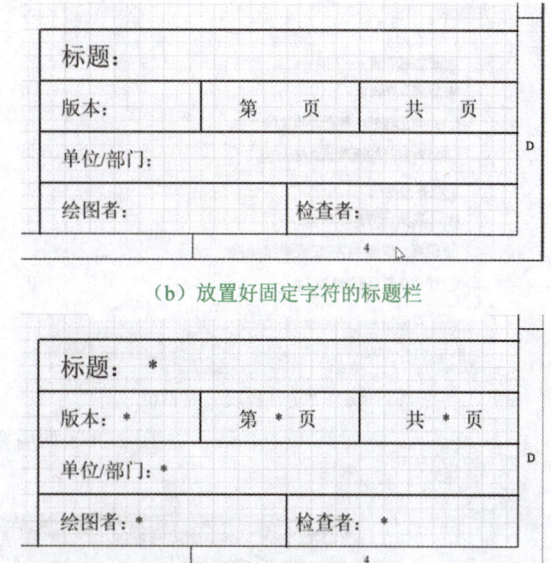

（a）在"标注"对话框中输入字符　　　　　（c）放置好文档参数的标题栏

图 2-25　标题栏内容的设计

（5）添加文档参数。仍然使用实用工具栏中的文字工具 **A**，然后按 Tab 键，这一次在"文本"输入框中不直接输入字符，而是单击右侧的下拉箭头选择参数，如"=Title""=Revision"等，调整好字体和字号等，确定后放在合适的位置，这些字符在模板文件中显示为"*"号，如图 2-25（c）所示。将来模板文件应用到原理图文件后，这些文字会随原理图的文档参数的设置而显示为正确的字符。

至此，模板文件的设计就完成了，单击工具栏中的"保存"按钮保存模板，也可以关闭模板文件。

3. 将原理图模板应用于当前设计

原理图模板制作完成并保存后，就可以在其他原理图文件中调用它。

切换到原理图文件"厨用多功能定时器.SchDoc"，与模板文件的处理方式一样，先隐藏系统默认标题栏。

模板文件的应用

如果模板文件在工程的管理之下，执行"设计"→"项目模板"→"原理图模板"菜单命令，将弹出"更新模板"对话框，如图 2-26（a）所示。根据需要在"选择文档范围"选项区域中选择一种文档范围，在"选择参数作用"选项区域中选中"不更新任何参数"单选按钮，单击"确定"按钮，在弹出的"信息确认"对话框中再单击 OK 按钮，可以看到当前原理图中已经自动换成了"原理图模板"模板标题栏。

再打开"文档选项"对话框，切换到"参数"标签页，完善需要填写的参数，如图 2-27 所示，单击"确定"按钮退出。标题栏中的"*"号就都显示为当前原理图的参数了，如图 2-28 所示。

137

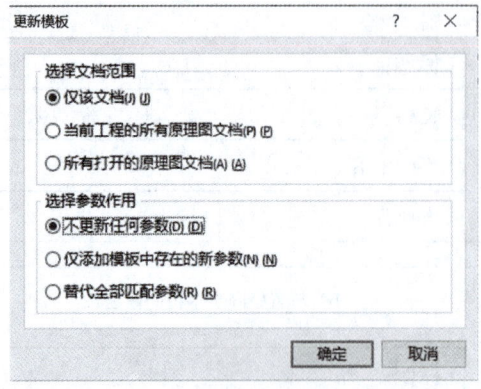
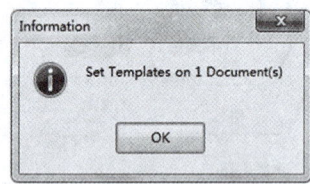

（a）"更新模板"对话框　　　　　　　　（b）"信息确认"对话框

图 2-26　调用模板的相关操作

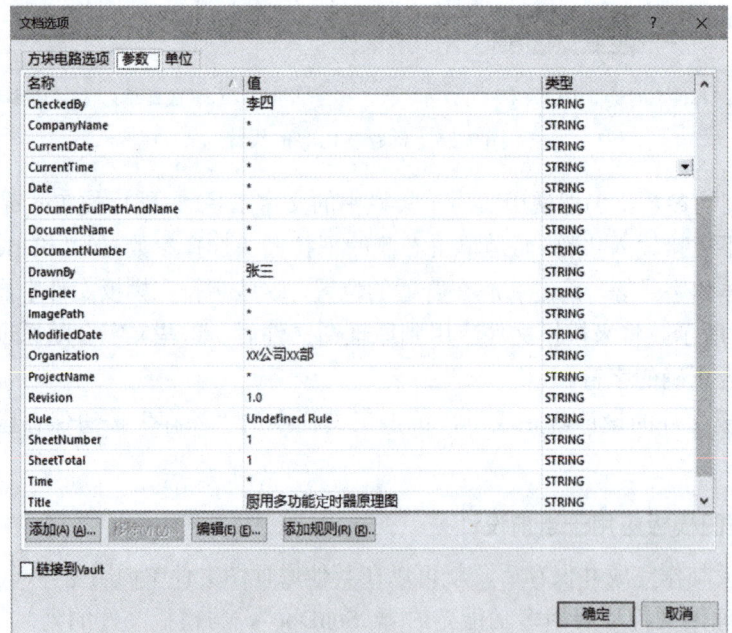

图 2-27　填写必要的原理图参数

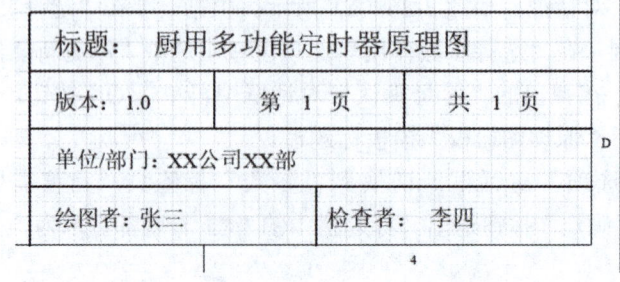

图 2-28　原理图中最终呈现的标题栏

两点说明：

（1）如果模板文件不在当前工程的管理之下，调用模板时，需执行"设计"→"项目模板"→"Choose a File"菜单命令，在弹出的"模板文件"对话框中选择之前设计好的模板文件来加以调用。

（2）模板的应用是为了使设计显得更规范，协同工作者使用同一模板时风格更统一，信息填写更快捷。使用者也可以用更灵活的方式使用模板。例如：绘图员可以将公共模板中的"Draw by"参数修改为自己的姓名，保存成个人模板。绘制原理图时，在"更新模板"对话框的"选择参数作用"选项区域中，选中"替代全部匹配参数"单选按钮，则个人模板中的"Draw by"参数将被代入原理图参数中，原理图文件中不需要重新填写。其他应用方式请读者自行尝试。

> **分享** 小结提升：
>
> （1）工程文件和原理图文件的创建可以采用菜单命令的方法创建，也可以采用右键菜单命令创建。有时合理使用右键菜单命令可提高效率。
>
> （2）注意文件夹中原理图模板文档与原理图文档的文件类型的区别，原理图模板文档的文件类型为 Altium Schematic Template（*.SchDot），而原理图文档的文件类型为 Altium Schematic Document（*.SchDoc）。

4. 制作并应用原理图库

尽管 Altium Designer 的元器件库提供的元件数量非常庞大，但由于电子制造业的迅猛发展，新的元器件不断涌现，导致元器件库无法及时囊括所有的元器件符号，为此 Altium Designer 提供了可以自制元器件符号的原理图库文件编辑器。本项目中的气敏传感器 MQ-2 和数字逻辑芯片 74LS190、74LS00、CD4511 等元件在系统提供的元件库内就找不到，可以使用原理图库文件编辑器自行绘制。

（1）创建原理图库文件。创建新原理图库文件的方法有以下两种。

方法一：执行菜单命令"文件"→"新建"→"库"→"原理图库"。

方法二：在左侧面板 Projects 标签页中右击工程名，执行右键菜单命令"给工程添加新的"→"Schematic Library"。

原理图库文件的创建、管理与使用

两种方法均会打开一个新的原理图库文件，在左侧面板的 Projects 标签页中也将出现 Schlib1.SchLib 的文件名，随后单击工具栏中的"存盘"按钮 将文件命名保存为"自制原理图元件 .SchLib"，存储在当前工程所在的文件夹下。

此时在软件右边打开一个原理图库文件，进入原理图库编辑器界面，如图 2-29 所示。

原理图库编辑器界面由元器件库管理器、菜单栏、工具栏和编辑区等组成。在编辑区的中心有一个"十"字形坐标轴，将元件编辑区划分为 4 个象限，"十"字中心为坐标原点，原理图库元件图形应在原点附近绘制。

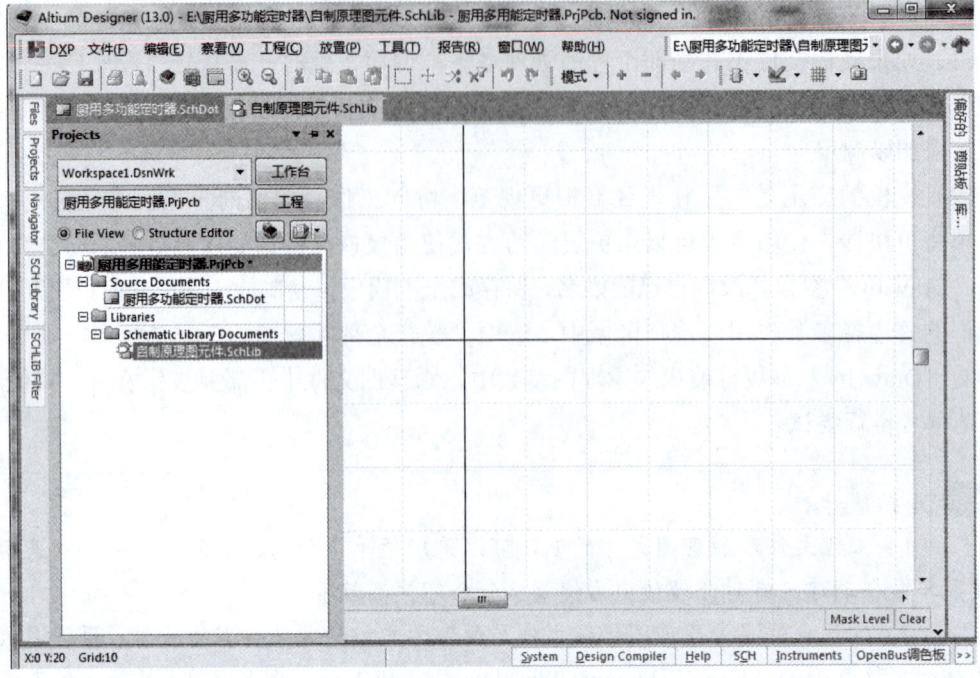

图 2-29　原理图库编辑器界面

为方便绘制和管理原理图元件,需要将左侧面板切换到 SCH Library 标签页,如图 2-30 所示。本标签页的作用是管理当前原理图库文件中的元器件符号。它由以下 6 个部分构成。

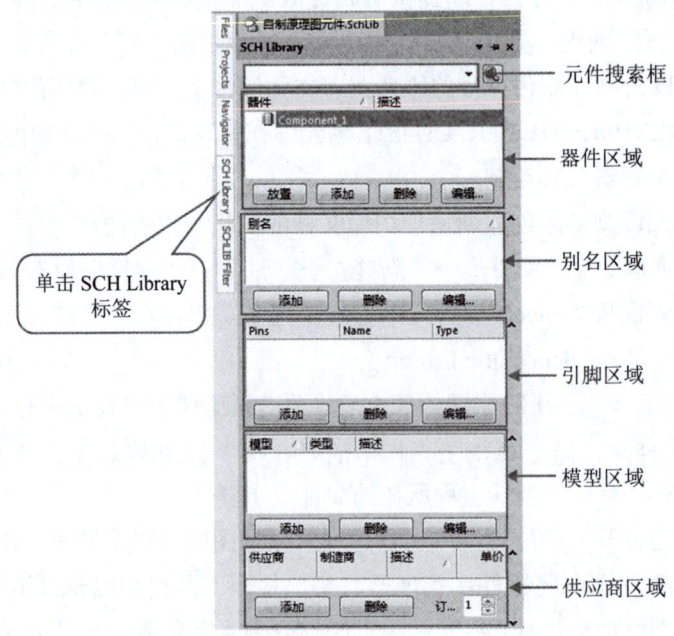

图 2-30　左侧面板 SCH Library 标签页

元件搜索框：用于筛选元件。在此文本框中输入完整或部分元件名对元件进行模糊查找，不确定的字符或字符段可以用通配符"*"代替。

器件（Components）区域：主要功能是管理元器件，如查找、增加新的元器件符号，删除元器件符号，将元器件符号放置到原理图文件中，编辑元器件符号等。新建的库文件中，这个区域内只有系统自动创建的一个元件符号，默认名为"Component_1"。

别名（Aliases）区域：主要功能是设置元器件符号的别名，可以不设置。

引脚（Pins）区域：主要功能是在当前工作窗口中显示元器件符号引脚列表，以及显示引脚信息，包括引脚序号、引脚名称和引脚类型等信息。可以通过单击"添加""删除""编辑"按钮进行操作。

模型（Model）区域：主要功能是指定元器件符号的PCB封装、仿真模型、PCB 3D模型和信号完整性等。

供应商（Supplier）区域：主要可以添加和删除该元件的供应商、制造商的相关信息，如元件库存、单价等。

（2）绘制原理图元件。本项目中，传感器MQ-2、集成电路74LS190、74LS00、LM393、NE555、CD4511这些元件的原理图符号是在Altium Designer的自带原理图库中找不到的，需要自行绘制。

1）绘制气敏传感器MQ-2。MQ-2实物图如图2-31（a）所示，底部6个引脚的分布及序号如图2-31（b）所示。其中2、5脚内部为加热电阻丝，1、3脚与测量电极A相连，4、6脚与测量电极B相连，电气连接如图2-31（c）所示。

(a) 实物图

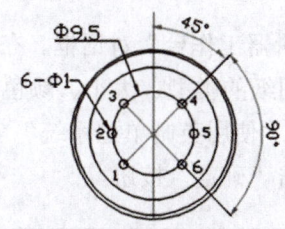
(b) 引脚序号与排列

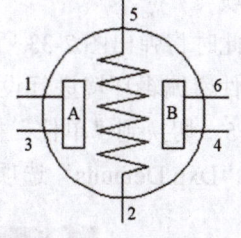
(c) 电气连接

图2-31 气敏传感器MQ-2

首先为元件命名，在左侧面板SCH Library标签页的器件区域将默认的元件"Component_1"选中，执行菜单命令"工具"→"重新命名器件"，在弹出的对话框中，将元件重新命名为"MQ-2"，单击"确定"按钮，如图2-32所示。

接下来绘制元件图形。原理图元件由两部分组成：元件外形和元件引脚。元件外形主要起到提示元件形状、类型等作用，元件引脚则用于生成与电路其他部分的电气连接，如连接导线。

绘图前先打开原理图库编辑器的"文档选项"对话框进行设置。打开"文档选项"对话框的方法有以下两种。

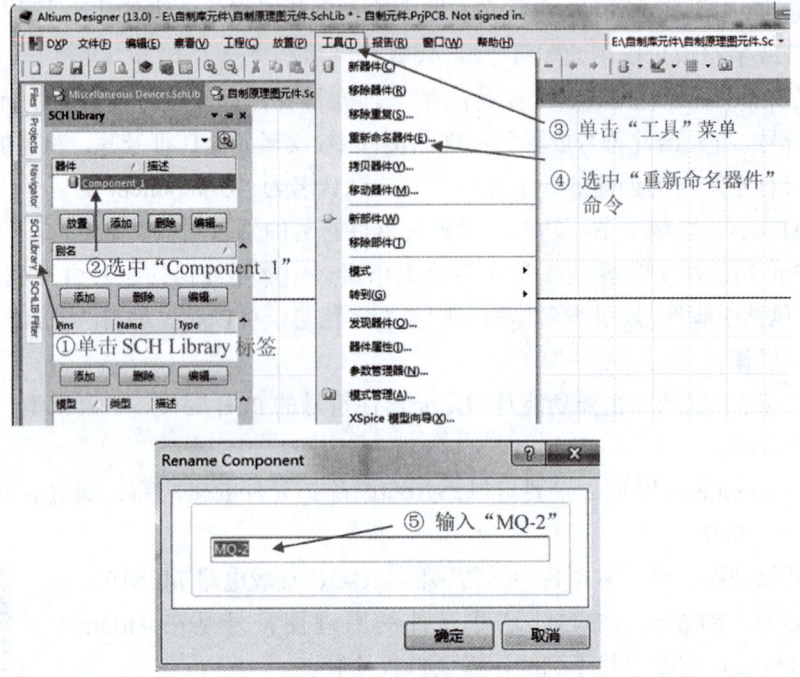

图 2-32　元件重新命名

方法一：执行菜单命令"工具"→"文档选项"。

方法二：在原理图库编辑器主工作区空白处右击，执行右键菜单命令"选项"→"文档选项"。

此时将弹出图 2-33 所示"库编辑器工作台"对话框。在"库编辑选项"标签页中可以对元件库编辑环境进行设置，包括图纸的类型、大小、颜色、栅格等。这里将捕捉栅格设置为 5。切换到"单位"标签页，在"使用英制单位系统"前打√，"在习惯英制单位"处选择"Dxp Defaults"选项，最后单击"确定"按钮。

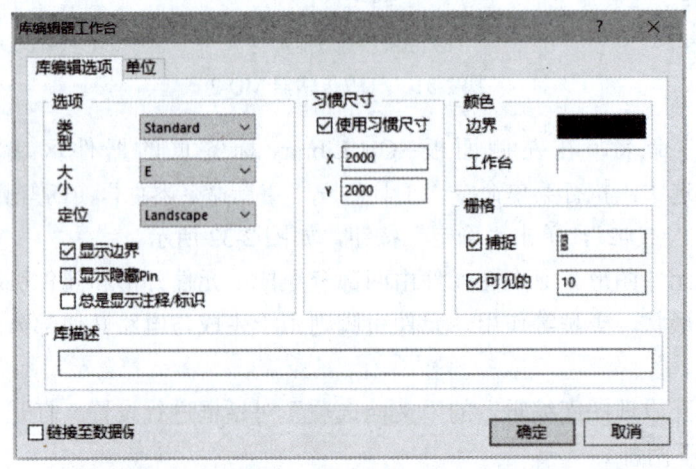

图 2-33　原理图"库编辑器工作台"对话框

需要提醒读者的是，绘制元件外形时，为保证图形精细美观，捕捉栅格的值可以按需要改动，但是在放置引脚前，捕捉栅格的值应尽量改回到与原理图捕捉栅格的值相同（默认为 10 Dxp Defaults），以免出现引脚连接不上的情况。

元件图形的绘制主要需要用到实用工具栏中的绘图工具 ，AD13 原理图库编辑器实用工具栏的组成如图 2-34 所示。其中，绘图工具中各按钮功能见表 2-3。

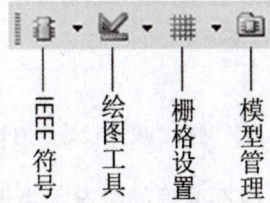

图 2-34　AD13 原理图库编辑器实用工具栏的组成

表 2-3　绘图工具中各按钮功能

按钮	功能	按钮	功能意义
╱	绘制直线		创建新元器件
⌒	绘制贝塞尔曲线		添加元器件的新部件
⌒	绘制椭圆弧线	□	绘制矩形
⌇	绘制多边形	□	绘制圆角矩形
A	放置文本字符串	○	绘制椭圆
✎	放置超链接	▨	放置图片
▦	放置文本框	⤳	放置元器件引脚

先绘制一个圆表示气敏传感器的外形。单击绘图工具 中的"放置椭圆"按钮 ○，在原点处单击，确认椭圆的中心点，再拖动鼠标，在水平方向 20 处单击确认椭圆长轴，在垂直方向 20 处单击确认椭圆短轴，这就放置了一个圆，然后右击退出放置状态。

接下来对圆的属性（如线宽、线的颜色、填充色等）进行设置。双击该椭圆，进入"属性设置"对话框，如图 2-35 所示。把 Border Width（边界线宽）设置为 Small，Border Color（边界颜色）设置为蓝色，即 229 号色。不勾选 Draw Solid（实心填充）复选框。需要说明的是，本对话框的汉化有误，图 2-35 将未汉化的对话框与汉化后的对话框同时列出，请读者自行比对。在本对话框中也可以重新调整椭圆的中心点、X 半径和 Y 半径。设置完相关参数后，单击"确定"按钮。

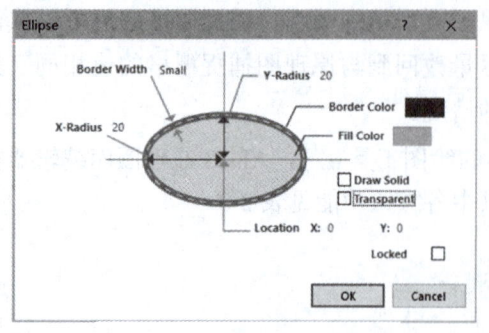
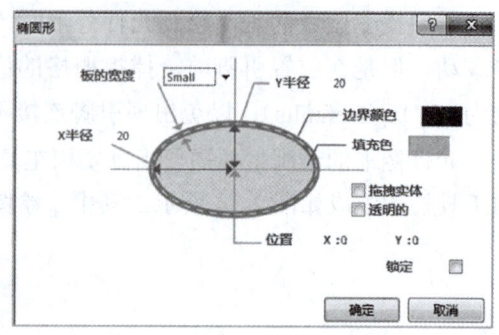

（a）未汉化的对话框　　　　　　　　　　（b）汉化后的对话框

图 2-35　椭圆"属性设置"对话框

英文版软件汉化过程中经常出现不准确的情况，当遇到一些让人比较费解的汉化表述时，建议切换回英文版对比求证。

接下来绘制两段贝塞尔曲线表示气敏电阻内的加热丝。单击绘图工具中的"放置贝塞尔曲线"按钮，鼠标指针将变成大十字形状，此时在图中坐标 (0,20)、(-20,10)、(20,10)、(0,0) 处，也就是图 2-36（a）中虚线连接的 4 个小方块处依次单击，即完成了一段曲线的绘制。绘制完成后，在曲线上单击，就可以看到图 2-36（a）所示的虚线与 4 个小方块。此时用鼠标拖动这些小方块还可以对贝塞尔曲线进行调整，具体的调整情况请读者自行探索。

按照相同的方法绘制完下一段曲线，绘制完成的加热丝如图 2-36（b）所示。这里也可以使用绘图工具中的直线工具绘制折线来表示气敏电阻内的加热丝，读者可自行尝试。

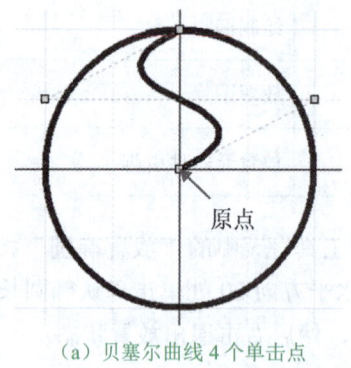
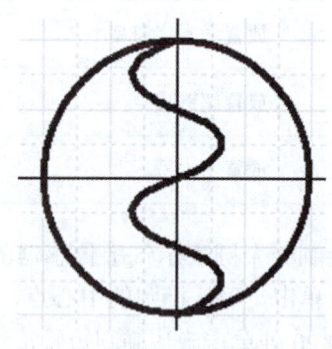

（a）贝塞尔曲线 4 个单击点　　　　　　　（b）绘制完成的加热丝

图 2-36　绘制贝塞尔曲线

接下来添加元件引脚。单击绘图工具中的"放置引脚"按钮，之后鼠标指针上会带上一个浮动的引脚，此时按下 Tab 键，将弹出图 2-37 所示"管脚属性"对话框。

"显示名字"输入框中一般填入引脚的功能。气敏传感器的 1 脚是连接测量电极 A 的引脚之一，这里命名为"A0"。勾选右侧"可见的"复选框，意为显示引脚名字，由于此处无须依赖名字来识别引脚功能，选择不勾选该复选框。

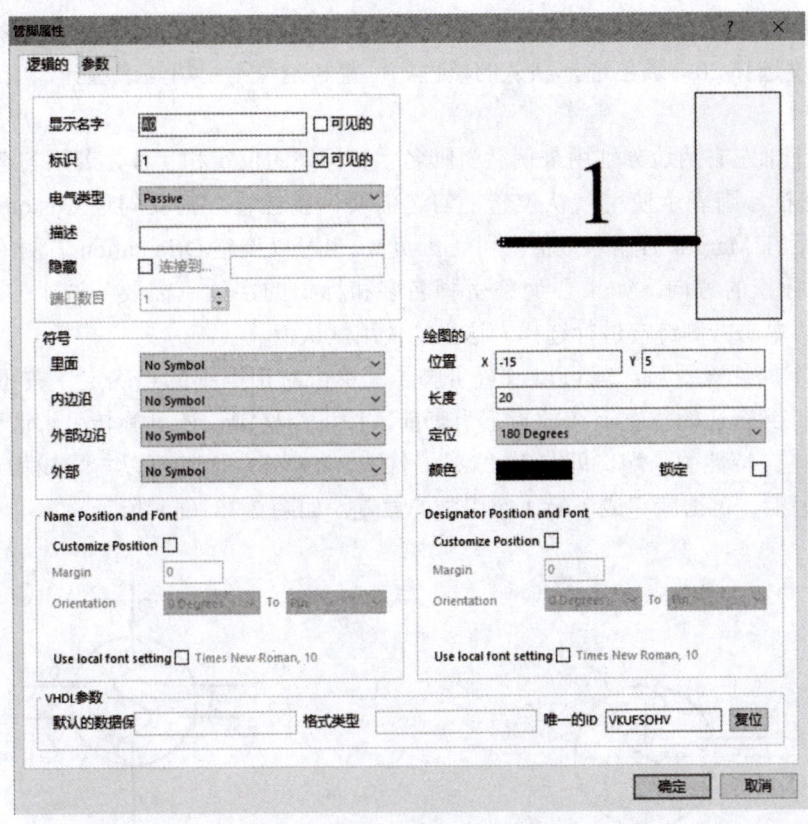

图 2-37 "管脚属性"对话框

"标识"输入框中应填入引脚序号。元件的每个引脚必须有标识,且是不重复的、唯一的。这里填入"1",并勾选其右侧"可见的"复选框,显示引脚标识。

在"电气类型"下拉列表中选择引脚的电气类型。可供选择的引脚电气类型有 8 种,见表 2-4,这里选择 Passive 选项。

原理图库元件引脚的类型

表 2-4 原理图符号中的引脚类型与意义

引脚类型	意义
Input	输入引脚
I/O	输入 / 输出引脚
Output	输出引脚
Open Collector	集电极开路型引脚
Passive	无源引脚
HIZ	高阻引脚
Open Emitter	发射极开路型引脚
Power	电源引脚(芯片的供电引脚通常选此类型)

确定引脚的长度、位置和颜色。在对话框中部右侧的"绘图的"区域内可以进行选择，这里引脚长度选择 20，颜色选择默认的黑色。位置和定位不用填写或选择，放置时可以自动调整。

对话框下部左右两边分别用来调整引脚名字和标识的位置和字体，若不勾选 Customize Position 复选框，则表示使用默认位置；勾选需要调整位置，则要勾选 Customize Position 复选框，然后在 Margin 后输入数值（可正可负），也可以调整 Orientation 右侧的下拉列表，改变名字和标识的方向。如果要调整引脚名字和标识的字体，需要勾选上 Use local font setting 后，再单击右侧链接进行选择。这里均使用默认值。

完成以上属性设置后，就可以放置引脚了。单击对话框中的"确定"按钮退出设置，移动鼠标指针到合适的位置，在放置下引脚前，按下空格键，还可旋转引脚调整方向，注意应使具有电气特性的一端，即带有"×"号的一端朝外，使其可以与导线相连，位置和方向都调整好后，单击就完成了第 1 个引脚的放置，如图 2-38（a）所示。

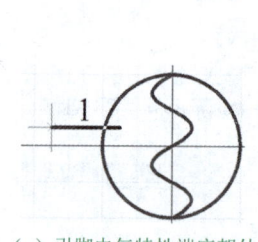

（a）引脚电气特性端应朝外　　　　　　　　（b）放置完全部引脚的元件

图 2-38　MQ-2 引脚的放置

放置好第 1 个引脚后，软件会自动生成第 2 个引脚粘附在鼠标指针上，按照以上步骤操作，可以再放置第 2 个引脚、第 3 个引脚、……，引脚名字和标识的对应关系参见表 2-5。所有引脚的名字都设置为不可见，标号都设置为可见。当不需要再放置引脚时，右击结束放置，放置完全部引脚的元件如图 2-38（b）所示。

表 2-5　引脚名字和标识的对应关系

引脚标识	1	2	3	4	5	6
引脚名字	A0	H0	A1	B0	H1	B1

如果一个引脚尚未修改好属性就已放置好，可以双击已放置的引脚，进入"管脚属性"对话框，进行修改。

最后，为表示引脚 1、3 和 4、6 在内部是连接在一起的并与测量电极相连，使用绘图工具 中的矩形工具 画出两个小矩形表示电极的形状。单击 按钮后，鼠标指针将变成大十字形状，然后分别在预计的矩形左上角和右下角位置单击就可以完成一个矩形的绘制，如图 2-39（a）所示。完成后可以接着绘制第 2 个，也可以右击结束矩形绘制。

画好后双击矩形边框，打开其属性对话框，如图2-39（b）所示。将"边界线宽"设置为Small，"边界颜色"设置为蓝色，Draw Solid（实心填充）项不勾选，即不填充。

两个电极绘制完成后MQ-2原理图符号也就绘制完成了。

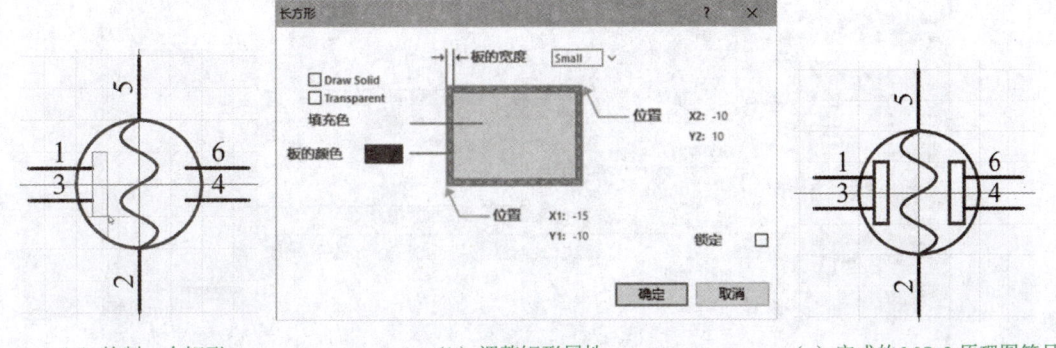

(a) 绘制一个矩形　　　　(b) 调整矩形属性　　　　(c) 完成的MQ-2原理图符号

图2-39　用矩形工具绘制MQ-2测量电极

图形绘制完成后还需要对原理图元件的特性进行完善。在左侧面板SCH Library标签页的器件区域中"MQ-2"条目上双击打开元件属性对话框，如图2-40所示。这个对话框与原理图编辑界面中的元件对话框大体一致，这里主要需要注意3处的填写。第1项是Default Designator（默认标号），这就类似电阻元件的"R?"。其中"?"在元件放置到原理图后用数字序号代替，这里填上"Sensor？"。第2项是Default Comment（默认注释），这里可以填写为"MQ-2"，这一项在元件放置到原理图中后随之一起显示。第3项是Symbol Reference（符号标记），已被填入"MQ-2"，这一项其实就是之前在原理图库中给元件命的名，如果要在库中查找此元件，就应当在搜索框中输入此项中的字符，但此项中的字符不会随元件在原理图中显示。在元件属性对话框中，如果需要，还可以填写Description（元件描述），对原理图符号的引脚进行操作（左下区域），添加各种参数（右上区域），或者添加封装、3D模型（右下区域）等。完成各项设置后，单击右下方OK按钮退出对话框。至此，MQ-2原理图元件的绘制全部完成。

2）绘制计数器芯片74LS190。74LS190是十进制可逆计数器，属于典型的数字逻辑集成电路，绘制完成后原理图符号如图2-41所示。绘制过程中需特别注意各引脚的属性。

在"自制原理图元件"库中再添加一个新的元器件，有以下两种方法。

方法一：执行菜单命令"工具"→"新器件"。

方法二：在左侧面板SCH Library标签页器件区域单击"添加"按钮。

两种方法均会弹出New Component Name对话框，如图2-42（a）所示，在输入框中输入"74LS190"，单击"确定"按钮，即创建了一个名为74LS190的新元器件，可以在器件区域观察到，如图2-42（b）所示，同时也打开了一个新的原理图符号编辑界面。通过单击器件区域的元件名，可以在不同原理图符号编辑界面之间进行切换。

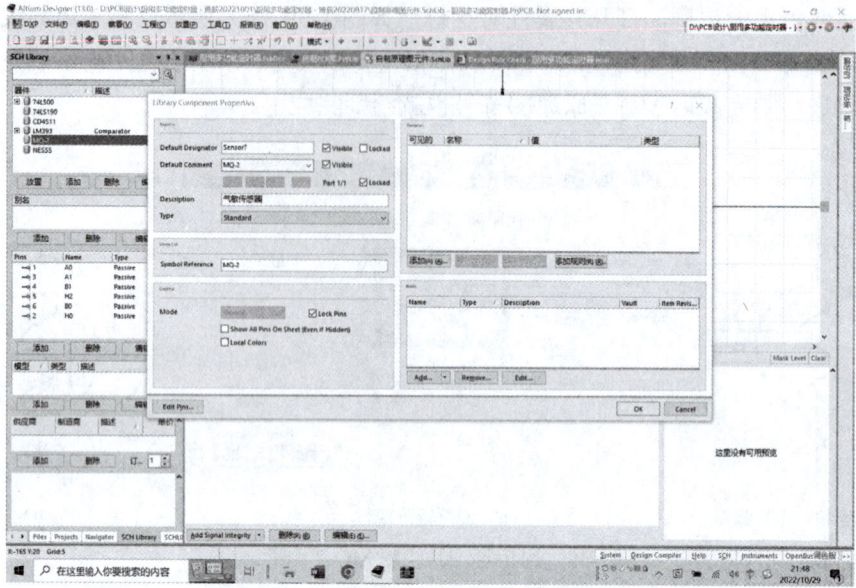

图 2-40　对原理图元件的特性进行完善

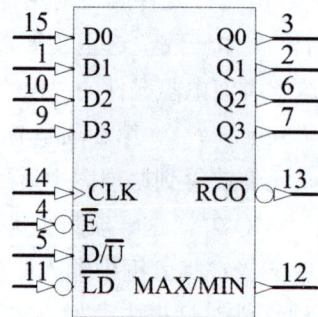

图 2-41　计数器 74LS190 引脚图及原理图符号

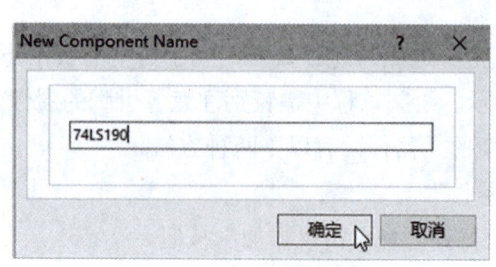

（a）New Component Name 对话框　　　　　　　（b）新元器件出现在器件区域

图 2-42　添加新的元器件

确保将编辑界面的捕捉栅格和可见栅格均设置为 10 Dxp Defaults。

先绘制符号外框。使用绘图工具 中的"放置矩形"按钮 ，以主窗口为原点，即大十字的中心为左上角，在第 4 象限内画一个大小合适的矩形。初次绘图可以将矩形大小定在可见栅格 6 格 ×10 格，也可以大小先随意，放置完引脚后再调整矩形大小。

接下来添加引脚。引脚长度为 20 或 30，位置、序号和名称参照图 2-41 设置。此外，对于数字芯片，引脚上有各种功能标记符号，需要结合"管脚属性"对话框的"符号"栏进行设置。

以 74LS190 的 14 脚为例，这是计数器的时钟输入端，应当带有时钟标记。在放置 14 脚时，打开其"管脚属性"对话框后，应当在"符号"栏的"内边沿"下拉列表中，选择 Clock 选项，如图 2-43（a）所示。

又例如 4 脚，是低电平有效的使能端，数字逻辑符号中通常在引脚上加圈来表示低电平有效，因此，在 4 脚的"管脚属性"对话框"符号"栏的"外部边沿"下拉列表中，选择 Dot 选项，如图 2-43（b）所示。

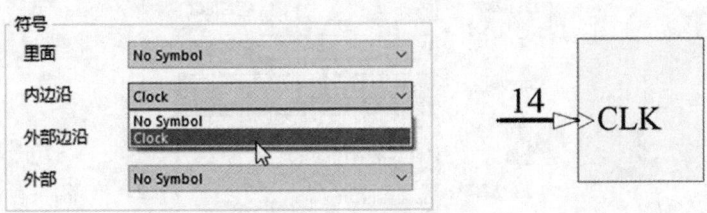

（a）在内边沿添加时钟符号

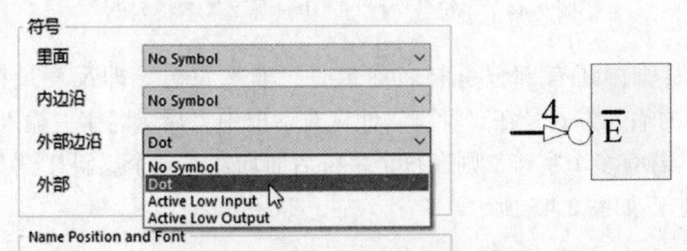

（b）在外部边沿添加圆圈符号

图 2-43 给引脚添加功能符号

在元件"管脚属性"对话框的"符号"栏中，共有四大类符号，除上述引脚用到的内外边沿外，还有包括延迟输出、集电极开路输出等在内的 11 种内部符号，包括从左至右信号流、双向信号流等在内的 6 种外部符号，分别如图 2-44（a）、图 2-44（b）所示，内部符号主要用来说明内部电路结构特征，外部符号主要用来说明引脚上的信号特征。

要特别指出的是，"符号"栏中的部分符号与上方"电气类型"下拉列表指定的电气类型符号［图 2-44（c）］是一致的。例如，对引脚 14，指定电气类型为 Input 和添加外部符号 Right Left Signal Flow 都会为引脚添加向右（内）的小三角箭头标志。但这两者也有一些区别，在元件放置到原理图中并进行电气规则检查的时候，系统会根据指定的电气类型而不是外部符号进行规则检查。仍以 14 脚为例，如果该引脚被指定为 Input 类型，且元件放入原理图后，14 脚无连接，那么电气规则检查时会出现警告，提示 14 脚无信号来源；

如果该引脚被指定为 Passive 类型，仅添加了外部符号 Right Left Signal Flow，原理图中 14 脚同样无连接，电气规则检查时却不会出现警告提示。因此读者需要根据实际情况甄别使用。

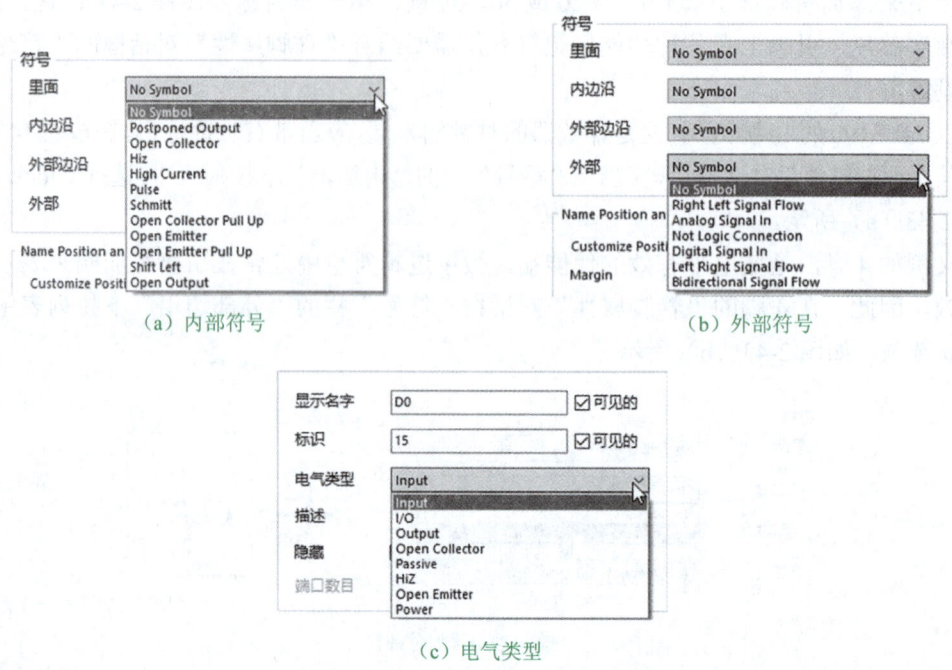

图 2-44 "符号"栏与"电气类型"下拉列表

74LS190 的引脚中还有部分引脚名称带有"非"符号，即反变量标志，如 4 脚 $\overline{E}$、13 脚 $\overline{RCO}$。它们的输入方式是在"管脚属性"对话框中"显示名字"输入框中字符后输入一个反斜杠"\"，若有多个字符，则在每个字符后面均输入一个反斜杠"\"。反斜杠显示出来就是反变量标志，如图 2-45 所示。

图 2-45 带反变量标志字符的输入

细心的读者可能通过对比 74LS190 的手册发现，在图 2-41 中还缺少了两个重要的引脚，即，16 脚 VCC 和 8 脚 GND。其实图 2-41 中只是将这两个引脚隐藏起来了，在绘制原理图符号时，这两个引脚是不可或缺的，否则会导致设计出的 PCB 上芯片无法供电。

隐藏引脚的绘制方法如下。以 16 脚为例，在放置 16 脚时，打开"管脚属性"对话框，将左上角区域"隐藏"项勾选上，并为其指定连接，在这里，输入连接 VCC，如图 2-46 所示。同时将电气类型指定为 Power，即电源类。完成后单击"确定"按钮退出，此时就已经看不到引脚的形状大小，只有一个十字光标跟随在鼠标指针上，然后在其他图形不远处单击将引脚放下即可。用同样的方法可以放置隐藏的 8 脚并指定其连接到 GND。

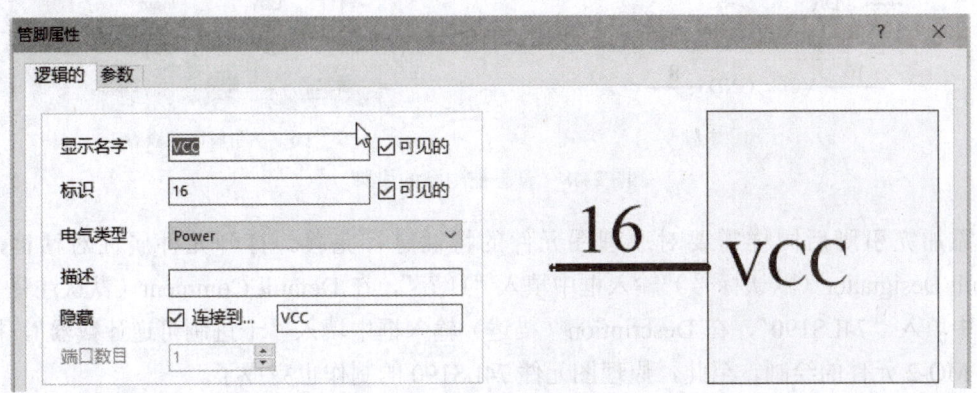

图 2-46　将引脚设置为隐藏

隐藏引脚的好处在于使元件看起来更简洁，特别是对数字逻辑芯片，更加凸显了其数字逻辑功能。但这样做也有一定风险，如果在原理图中系统的电源网络不被命名为"VCC"或接地网络不被命名为"GND"，将会导致芯片无法与电源或地相连而失去供电。为此，系统在对原理图进行电气规则检查时，默认会对隐藏引脚的连接情况进行检查和提示，例如图 2-47 就是对应用了本元件后的原理图进行电气规则检查后 Messages 对话框输出的相关提示。设计者要仔细查看电气规则检查的相关结果。

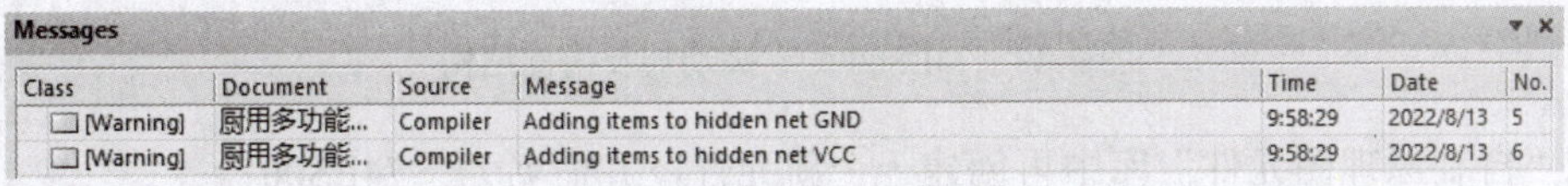

图 2-47　原理图符号包含隐藏引脚时的电气规则检查警告

隐藏引脚在原理图符号编辑器中也是可以被查看的。一种方式是执行菜单命令"查看"→"显示隐藏管脚"，这时隐藏引脚会显示出来，如图 2-48（a）所示，另一种方式是在左侧面板 SCH Library 标签页引脚区域可以看到隐藏引脚的信息，不过隐藏引脚在这个区域里是灰色的，如图 2-48（b）所示。双击该区域中对应的引脚，就可以打开它的属性对话框编辑其属性，对隐藏引脚也一样。

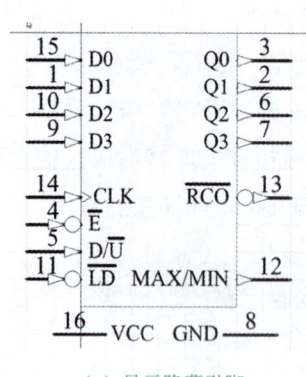

(a) 显示隐藏引脚

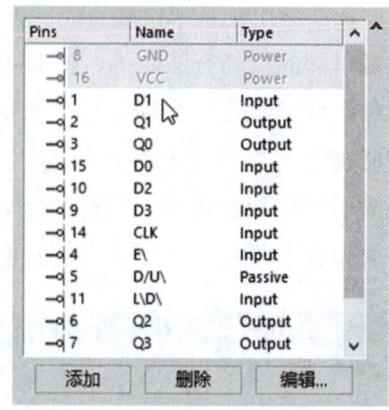

(b) 从引脚区域查看

图 2-48 查看被隐藏的引脚

添加完引脚后同样需要对原理图元件的特性进行完善。打开元件属性对话框，在 Default Designator（默认标号）输入框中填入"U？"，在 Default Comment（默认注释）输入框中填入"74LS190"，在 Description（描述）输入框中填入"十进制可逆计数器"，操作参见 MQ-2 元件的绘制。至此，原理图元件 74LS190 的制作也完成了。

3）绘制与非门芯片 74LS00。74LS00 的引脚功能及内部结构如图 2-49 所示。它是一个多部件的元件，内含 4 个独立的 2 输入端与非门，其中 14 脚为 V_{CC}，7 脚为 GND。下面开始这个元件的绘制。

多部分组合元件的绘制

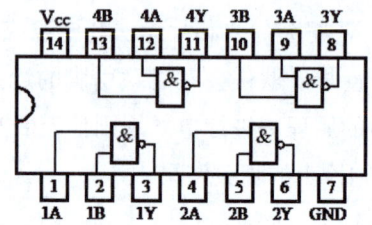

图 2-49 74LS00 的引脚功能及内部结构

在"自制原理图元件"库中再创建一个新元件，并命名为"74LS00"。

在新打开的绘图界面中绘制第 1 个与非门符号。这次需要用到位于实用工具栏中的 IEEE 符号工具 。IEEE 指电气与电子工程师协会（Institute of Electrical and Electronics Engineers），是一个国际性的电子技术与信息科学工程师的协会，它推出的电气符号标准为全球电子工程师认同和采用，是重要的行业标准。

找到 IEEE 符号工具中的"放置与门符号"按钮 ，单击，鼠标指针上会跟随一个与门符号，如图 2-50（a）所示，在绘图区域的第 4 象限，即主窗口大十字线的右下方再次单击将其放下。然后双击图形中央打开其属性对话框，如图 2-50（b）所示，修改"线宽"为 Small，"颜色"为蓝色（229 号色），还可以调整其"大小"，使其在原理图中所占位置不要太大，这里改为 6.6。注意，图形也不能太小，要保证引脚之间的间距为 10 Dxp Defaults 的整数倍。修改后的与门符号如图 2-50（c）所示。

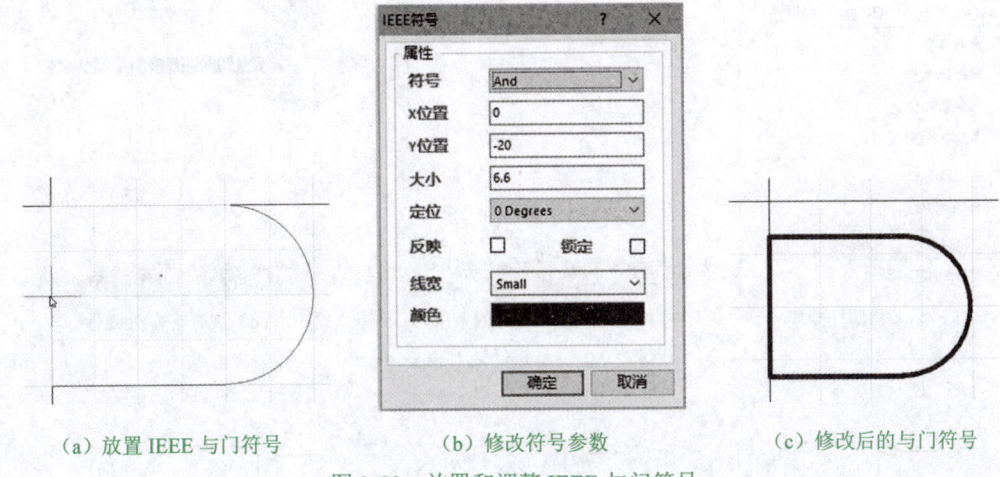

（a）放置 IEEE 与门符号　　　　（b）修改符号参数　　　　（c）修改后的与门符号

图 2-50　放置和调整 IEEE 与门符号

接下来为第 1 个与非门添加引脚。输入引脚 1、2，将其名称分别命名为 A、B，不显示名称，电气类型为 Input，将输出引脚 3 命名为 O，不显示名称，电气类型为 Output，并在其外部边沿添加 Dot（圆圈），表示非运算。绘制的第 1 个的与非门如图 2-51 所示。

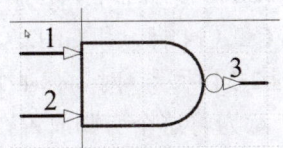

图 2-51　绘制的第 1 个与非门

再绘制第 2 个与非门。注意，为了使用的灵活性，这里不将第 2 个门与第 1 个门画在同一图纸中，而是为元件新建一个部件。执行菜单命令"工具"→"新部件"，如图 2-52（a）所示，注意，不是"新器件"！这时，将打开一个新的编辑界面，同时，在左侧面板 SCH Library 标签页的器件区域 74LS00 元件名前将出现一个"+"号，如图 2-52（b）所示，单击"+"号将其展开，可以看到，74LS00 包含了 Part A 和 Part B 两部分，如图 2-52（c）所示。单击 Part A 和 Part B 可以在两张图纸之间切换，此时 Part A 的绘图区中可以看到之前画的第 1 个与非门，Part B 的绘图区还没有开始绘制。

这时可以采用复制粘贴的方式快速绘制第 2 个与非门。切换到 Part A，用鼠标左键框选下所有图形，然后按下快捷键 Ctrl+C 进行复制，再切换到 Part B，按下快捷键 Ctrl+V 进行粘贴，这时复制的图形会跟随在鼠标指针上，移动到绘图区相同的位置放置即可。接下来只需双击每个引脚，打开"管脚属性"对话框，将标号 1、2、3 分别修改为 4、5、6 即可。

按照相同的方式，再为 74LS00 添加 Part C 和 Part D，并修改引脚标号。Part B、Part C 和 Part D 分别如图 2-53（a）至图 2-53（c）所示。

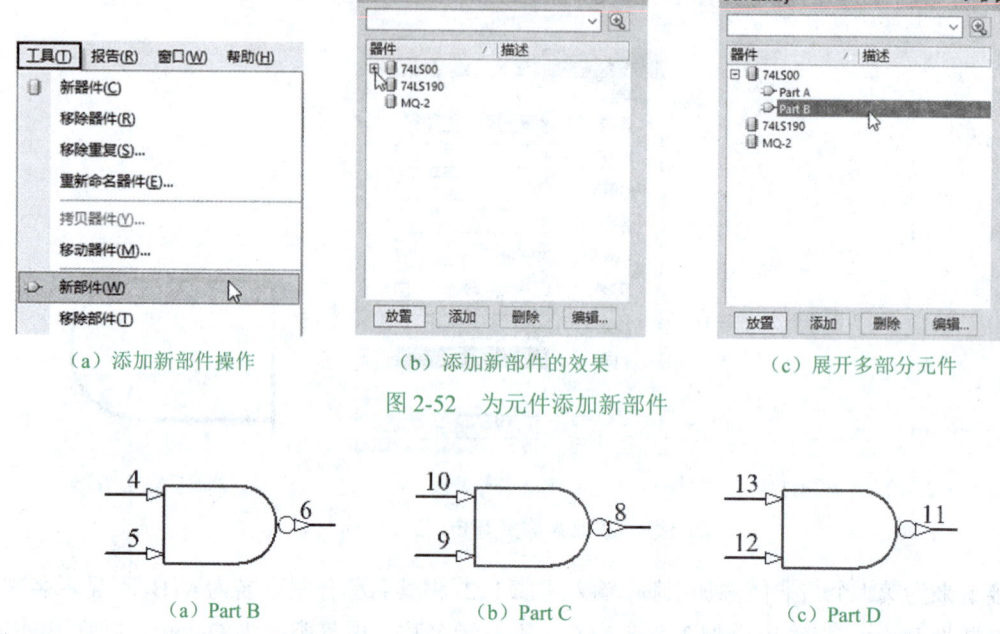

（a）添加新部件操作　　（b）添加新部件的效果　　（c）展开多部分元件

图 2-52　为元件添加新部件

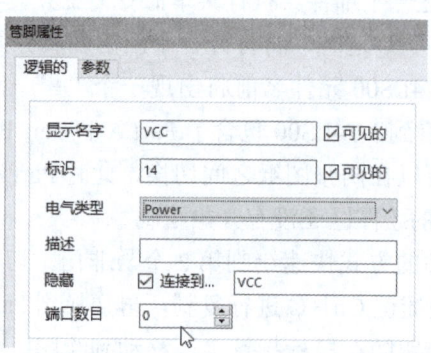

（a）Part B　　　　　　（b）Part C　　　　　　（c）Part D

图 2-53　Part B、Part C 和 Part D 三个部件

与 74LS190 一样，也还要给 74LS00 添加上电源和接地引脚。切换到 74LS00 任意一个部件的编辑界面，放置下隐藏的 VCC（14 脚）和 GND（7 脚）。注意在"管脚属性"对话框中将"端口数目"设置为 0，如图 2-54 所示。对于有 4 个部件的元件，这里的"端口数目"可以在 0、1、2、3、4 之间选择，意为将这个引脚放置在第几个部件中，若选择 1，则放置在 Part A 中，以此类推。若选择 0，则表示为 4 个部件共有，显然 74LS00 的电源和接地引脚为 4 个与非门所共用，因此这里选择 0。这时在任何一个部件中显示隐藏的引脚，都可以看到 VCC（14 脚）和 GND（7 脚）。

图 2-54　隐藏电源（VCC）引脚并设置为多部件共有

最后，打开元件属性对话框完善原理图符号特性。在 Default Designator（默认标号）输入框中填入"U？"，在 Default Comment（默认注释）输入框中填入"74LS00"，在 Description（描述）输入框中填入"四 -2 输入端与非门"。至此，原理图元件 74LS00 制作完毕。

4）使用复制修改法绘制双比较器芯片 LM393。LM393 也是一个多部件的元器件，内含两个比较器，其引脚分布和内部结构如图 2-55 所示。

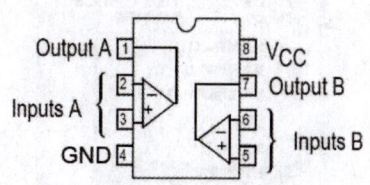

复制修改法绘制元件

图 2-55　LM393 引脚分布和内部结构

比较器符号的主体是一个表示放大器的大三角形，这个三角形的大小不容易设计合理，太大或太小都容易造成不美观，或者引脚不好摆放。这时可以复制 Altium Designer 自带元器件库中一些相似元件图形来进行修改。

通过对比发现，Miscellaneous Devices.IntLib 中的 Op Amp（运算放大器）元件整体形状与比较器相似，可以将其复制过来加以修改。

单击原理图库窗口顶部标准工具栏中的"打开文件"按钮，或者执行菜单命令"文件"→"打开"，在弹出的对话框中，找到"Miscellaneous Devices.IntLib"文件所在的路径，选中该文件后，单击对话框"打开"按钮。此时将弹出图 2-56（a）所示对话框，单击"摘取源文件"按钮。此时，可以看到在左侧面板 Projects 标签页中，原本打包好的集成库文件"Miscellaneous Devices.LibPkg"被拆分成一个原理图库文件和一个 PCB 库文件，如图 2-56（b）所示。

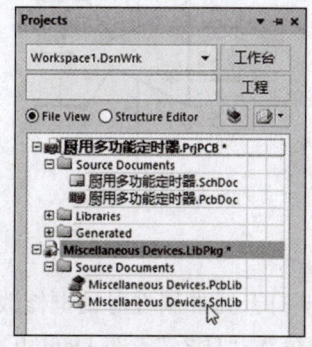

（a）打开集成库操作　　　　　　　　　　　（b）被分解的集成库文件

图 2-56　打开集成库摘取源文件

进一步双击打开其中的原理图库文件"Miscellaneous Devices.SchLib"，看到库中第 1 个元件的原理图符号出现在主窗口中。将左侧面板切换到 SCH Library 标签页，在顶端的元件搜索框中输入"op"进行模糊查找，可以看到锁定的 4 个元件中包含了"Op Amp"，在器件区域"Op Amp"元件名称上右击，在右键菜单中选择"复制"命令，如图 2-57（a）所示，再切换回自制原理图库文件，在器件区域中空白处单击，在右键菜单中选择"粘贴"命令，如图 2-57（b）所示，就将元件复制到了自制原理图库文件中，如图 2-57（c）所示。

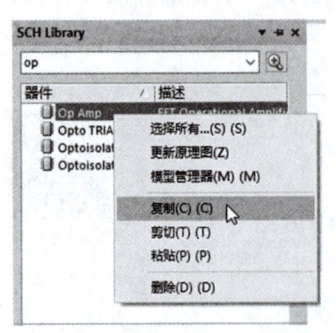 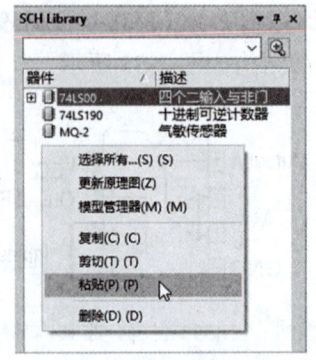 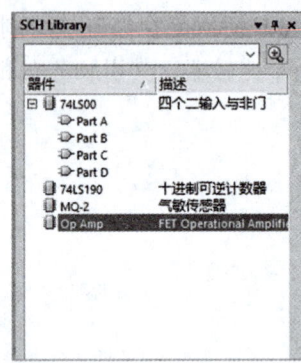

（a）从系统库中复制元件　　　（b）在自制原理图库中粘贴　　　（c）复制完成

图 2-57　将元件从系统库中复制到自制原理图库

选中粘贴过来的"Op Amp"元件后，执行菜单命令"工具"→"重新命名器件"，将元件名改为"LM393"。

对主窗口中的运算放大器（简称运放）符号进行修改，去除不必要的引脚和图形符号，修改引脚标号，将其从图 2-58（a）修改成图 2-58（b）的样式，作为 LM393 的 Part A。

再为 LM393 创建新部件，复制 Part A 图形并修改其引脚标号，作为 LM393 的 Part B，如图 2-58（c）所示，注意，应删去其中一个部件中的电源引脚（8 脚）和接地引脚（4 脚），将另一个部件中的电源引脚和接地引脚的"端口数目"设置为"0"。

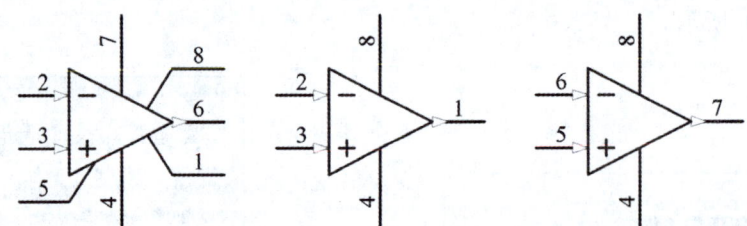

（a）复制的运放符号　　　（b）修改后的比较器 Part A　　　（c）修改后的比较器 Part B

图 2-58　将运放符号修改为比较器符号

最后，打开元件属性对话框修改完善 LM393 的属性。在 Default Designator（默认标号）输入框中填入"U？"，在 Default Comment（默认注释）输入框中填入"LM393"。删除 Description 输入框中关于运放的描述"FET Operational Amplifier"，或者修改为"Comparator"（比较器），右侧 Parameter 栏中的所有参数和 Model 栏中的所有模型也全部删除。

在使用复制修改法绘制原理图元件时应当注意的是，为避免系统库文件被不小心篡改，在完成复制后应将系统库文件及时关闭并选择不保存。

5）绘制 NE555 和 CD4511 原理图符号。综合运用上述各种方法绘制的 NE555 原理图符号如图 2-59 所示，CD4511 原理图符号如图 2-60 所示。需注意查阅手册，不要遗漏 CD4511 的隐藏引脚（电源和地）。

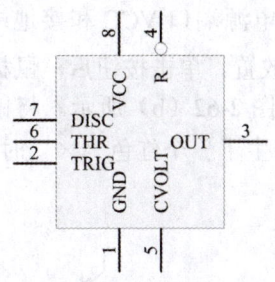
图 2-59 NE555 原理图符号

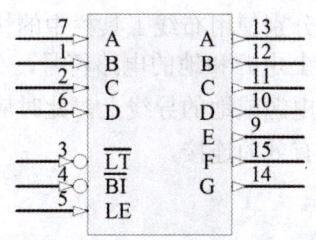
图 2-60 CD4511 原理图符号

（3）应用自制原理图库。由于自制原理图库是在当前工程下创建的，因此，绘制完所有需要的元件并保存后，自制原理图库文件已在原理图编辑器的右侧面板"库"标签页的原理图库列表中，其中的元器件也可以直接放置到原理图中。

5. 绘制厨用多功能定时器原理图

（1）快速放置元器件。在项目 1 中，从元件库中放置元器件后，立刻就打开元器件属性对话框对元器件的标号、型号参数、封装等进行了设置，这种操作方式简单可靠，但是不够快，没有充分发挥出 Altium Designer 软件各种快速操作的优势。

这里快速放置元器件，先不对元器件参数作任何修改。快速放置好的元器件如图 2-61 所示。可以看出，图中有很多红色波浪线提示元件的设计标号重复。

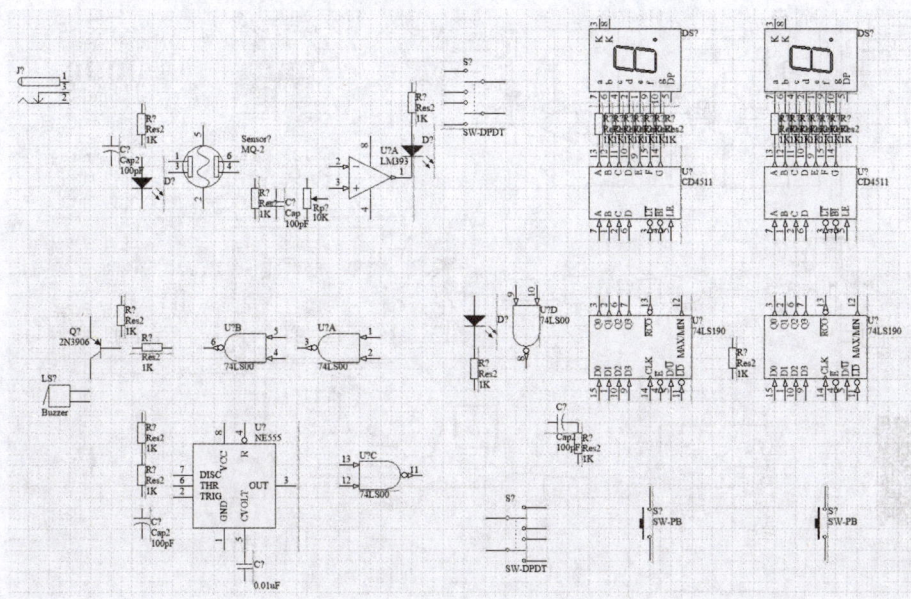
图 2-61 快速放置好的元器件

（2）完成电路连接。接下来通过放置导线进行电路连接，对于放置位置靠近的元器件，直接使用导线连接很方便，但是有些连接是电路几个大模块之间的，如果直接放置导线，会使线路长且绕，这时可以采用放置网络标号的方式。

首先放置最独特的一类网络标号，即电路中常用的电源端口 VCC 和接地端口 GND。它们可以分别使用布线工具栏中的快捷按钮 和 进行放置。单击按钮后，鼠标指针上会对应跟随上电源和地的电路符号，分别如图 2-62（a）和图 2-62（b）所示。将鼠标指针移至要连接电源或地的导线上，此时应注意，只有观察到产生了一个红色"×"时单击放下，才能形成有效的连接。

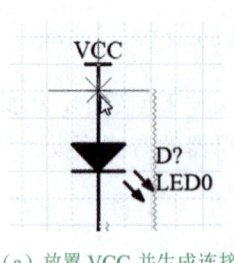
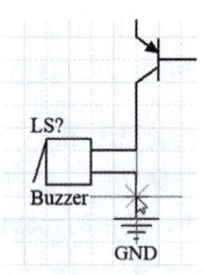

（a）放置 VCC 并生成连接　　　　　　　　（b）放置 GND 并生成连接

图 2-62　电源和地的放置

图 2-63 是连接了部分导线的电路，图中自锁按钮的 A 点要与两片 74LS190 的 5 脚相连，决定计数器是加计数还是减计数状态，用网络标号连接它们的方式如下。

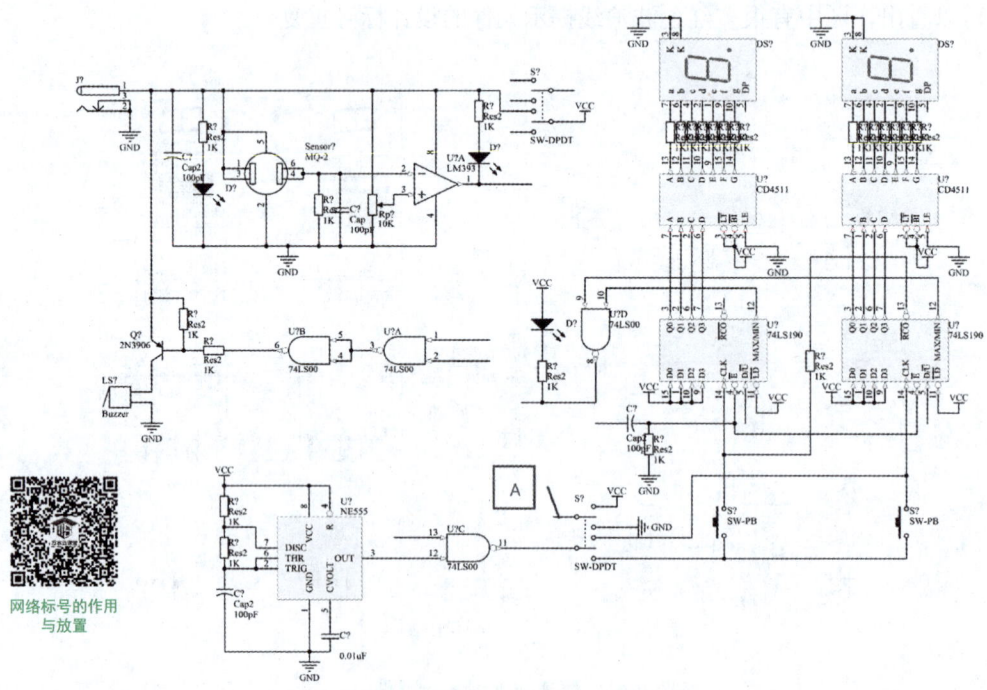

图 2-63　需要用网络标号连接的电路

单击顶部工具栏中的"放置网络标号"按钮 ，当鼠标指针上出现一个大十字跟随时，移动鼠标指针到 A 点处导线上，当出现红色"×"时，说明已与导线相连，这时单击放下该网络标号，如图 2-64（a）所示。然后在标号上双击，打开图 2-64（b）所示"网络标签"对话框，在下方"网络"输入框中输入欲命名的网络名称，如"D/U"。再按相同方式，在两片 74LS190 第 5 脚引出的短导线上放置同名网络标号"D/U"，这样，网络名相同处就会被连接起来，同时，也不会使电路看上去很杂乱。

（a）将网络标号放置在导线上　　　（b）修改网络名称

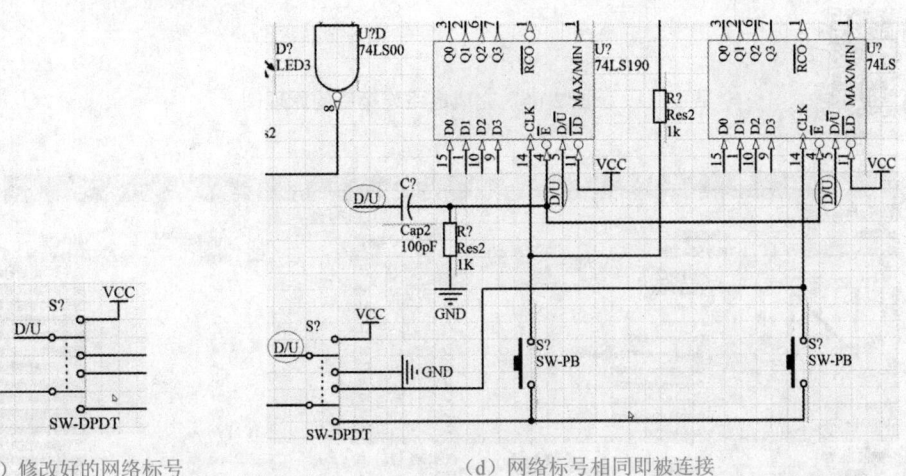

（c）修改好的网络标号　　　（d）网络标号相同即被连接

图 2-64　用网络标号连接电路

电路中还有其他一些位置同样可以用网络标号连接。

因为网络标号具有连接电路的意义，所以它一般不会孤立地出现，在绘制原理图时应当仔细检查，不要有所遗漏。

完成电路连接后的原理图如图 2-65 所示。

（3）统一对元器件进行标号。执行菜单命令"工具"→"注解"，将弹出图 2-66 所示"注释"对话框。

电子产品设计与制作

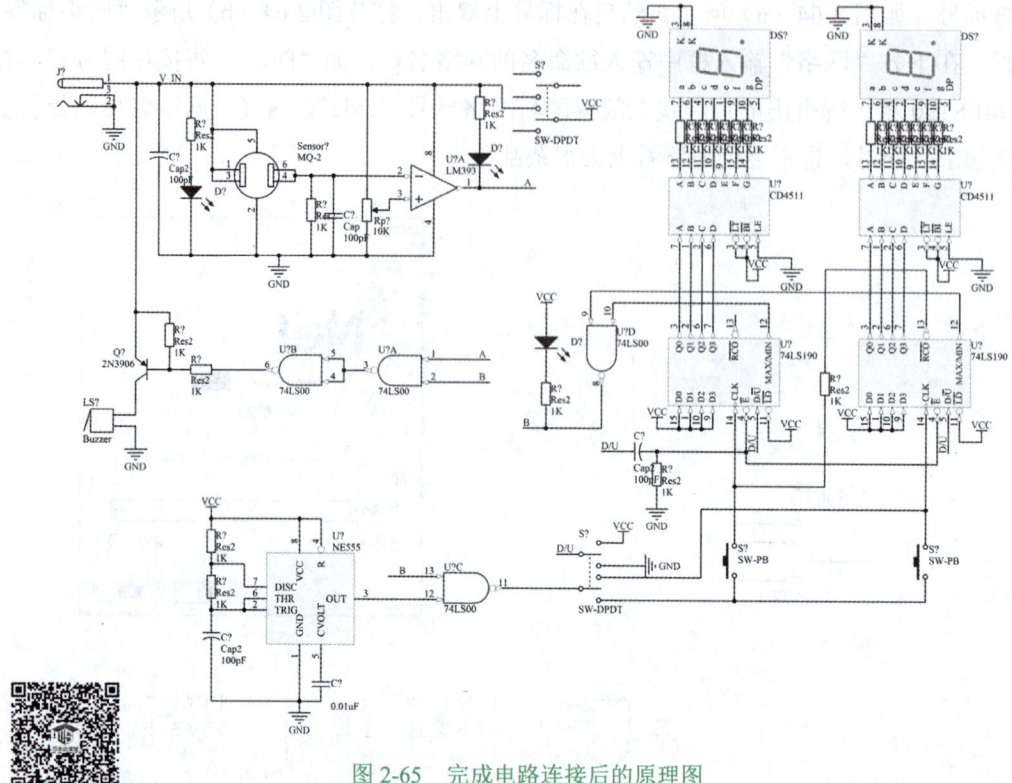

图 2-65 完成电路连接后的原理图

元件的自动标号

图 2-66 "注释"对话框

在"注释"对话框左上角"处理顺序"下拉列表中选择希望呈现的标号顺序,这里选择"Down Then Across"(先向下再横推)选项,如图 2-67(a)所示,然后单击右下方"更新更改列表"按钮,这时会弹出一个信息提示框,提示将产生 53 处更改,单击 OK 按钮确认,如图 2-67(b)所示。

确认后可以看到"提议更改列表"栏中,元件的标识将被修改成图 2-67(c)所示,这时再单击右下角的"接收更改(创建 ECO)"按钮,将弹出图 2-68 所示"工程更改顺序"对话框。先单击"生效更改"按钮检测更改情况,再单击"执行更改"按钮完成最后的修改,这样就对全部元器件进行了自动标号。

(a)选择标号顺序

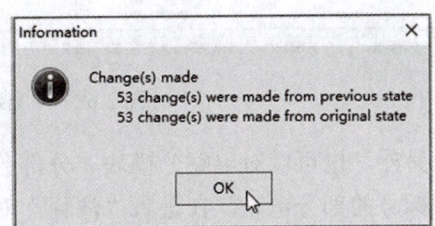

(b)提示更改数目消息框

(c)提议更改列表和接收更改操作

图 2-67　自动注解标号操作

如果设计者对自动标号的结果不满意,也可以执行菜单命令"工具"→"复位标号",再换种方式进行排序。

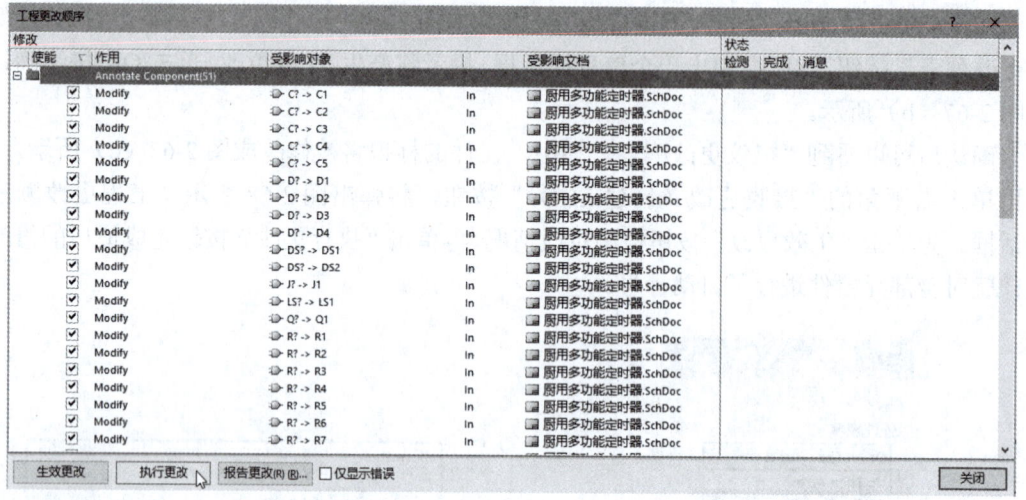

图 2-68 对自动注解的标号生效和执行

另外，也可以对电路分模块、分部分进行元件自动标号。具体的操作方法是，选中要进行标号的部分电路，在进入"注释"对话框后，在左下方的"注释范围"下拉列表中选择 Only Selected Parts（仅选中的元器件）选项，再进行后续操作，这时将仅对选中的元器件进行自动标号，读者可以自行尝试。

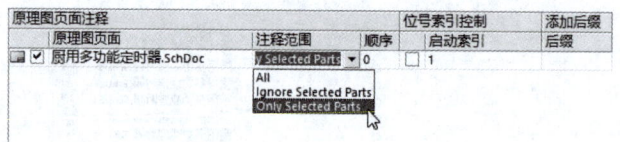

图 2-69 仅对选中的元器件进行自动标号

（4）统一对元器件参数进行调整。元器件的参数也是可以统一进行调整的。执行菜单命令"工具"→"参数管理器"，将弹出"参数编辑选项"对话框，仅勾选上"元器件"和"除系统参数之外的"复选框，如图 2-70 所示，单击"确定"按钮进入"参数列表编辑器"。

原理图对象属性的批量修改

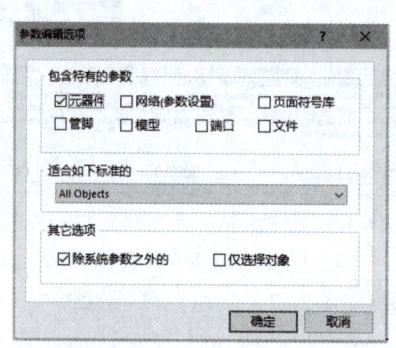

图 2-70 参数编辑选项对话框

在参数列表编辑器中可以看到所有元器件的用户参数，如图 2-71 所示。这时可以对需要修改的参数（如"Value"）进行批量修改。例如，单击 R3 的 Value 单元格，再单击一次即可输入修改，将其改为 330，再逐一修改其他电阻、电容等元器件的值，全部完成后单击下方的"接受更改（创建 ECO）"按钮，退出编辑器。可以看到电阻、电容等元件值已全部修改到位了。

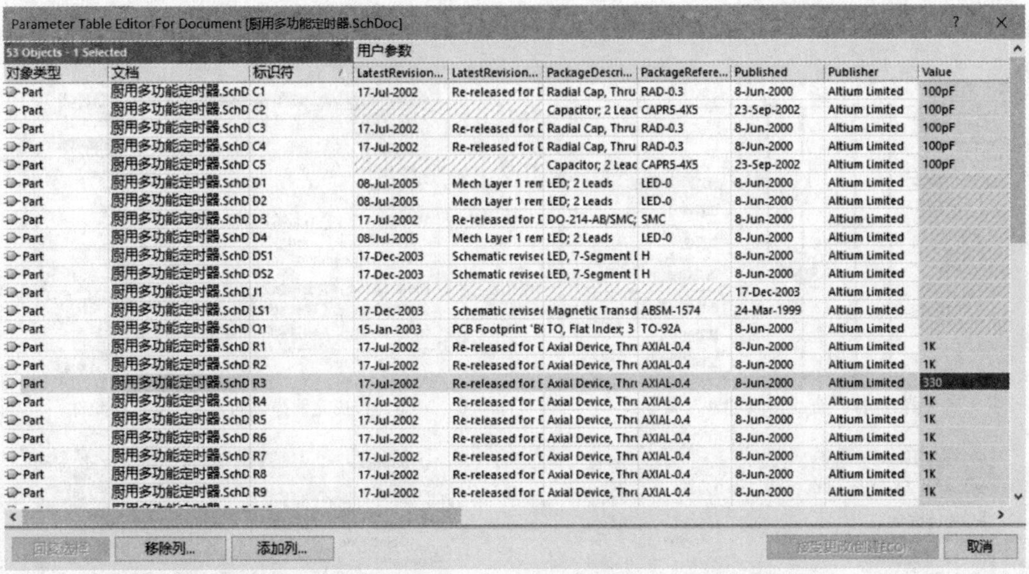

图 2-71 参数列表编辑器

（5）批量修改部分元件的注释。此时的原理图上所有元器件都显示了注释信息，但其中有一些注释信息通常情况下是不必要的，最典型的如电阻元件的 Comment：Res2，这时可以将其隐藏起来。逐个隐藏其注释，操作太慢，Altium Designer 有更为灵活的批量操作方式。

将鼠标指针移动到电路中的任意一个电阻元件上，右击，在右键菜单中选择"查找相似对象"命令，如图 2-72（a）所示。随即弹出"发现相似目标"对话框，如图 2-72（b）所示，在对话框中找到 Description，可见其值为 Resistor（电阻），将最右侧一列下拉列表从 Any 改为 Same，意为找出与当前元件描述同为 Resistor 的元件，然后勾选下方的"选择匹配"复选框（其他项保留默认选择），再单击"确定"按钮，可以看到，原理图中的电阻全都被选中了，同时弹出了 SCH Inspector（原理图查看）对话框，如图 2-72（c）所示。找到 Part Comment（元件注释）项并展开，此时 SCH Inspector 对话框内容会变成图 2-72（d）所示的样子，这些都是电阻元件注释的属性，这里只需将 Hide（隐藏）复选框勾选上，就可以看到，所有电阻元件的注释"Res2"全都被隐藏了。

关闭 SCH Inspector 对话框后，电阻仍然处于被选中的状态，这时单击原理图标准工具栏中的"清除当前过滤器"按钮 ✕，或者单击原理图编辑窗口右下角的"清除"按钮，就可以退出被选中的状态。

163

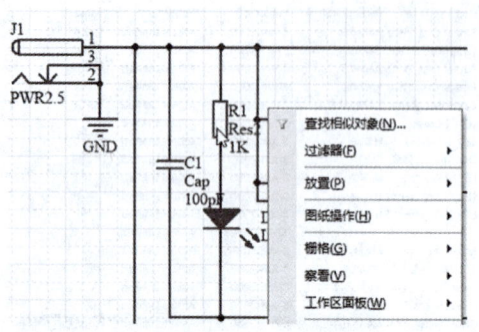
（a）选择"查找相似对象"命令

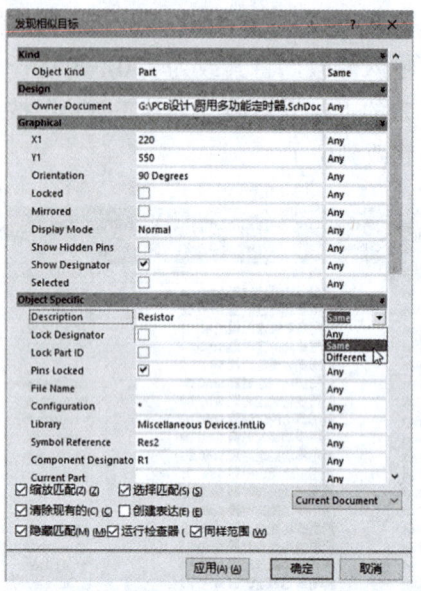
（b）查找元件描述同为 Resistor 的元件

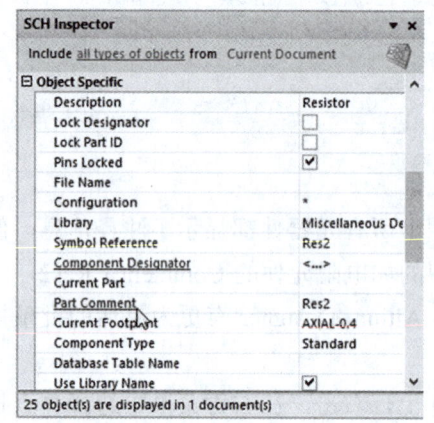
（c）在 SCH Inspector 对话框展开 Part Comment 项

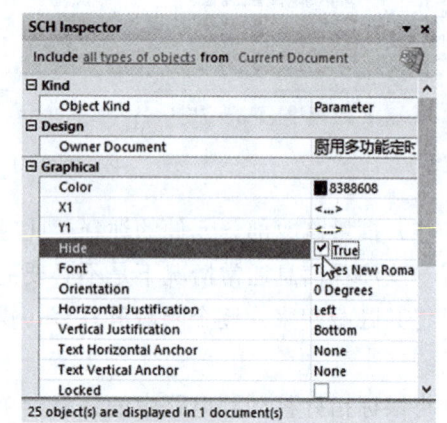
（d）勾选上 Hide（隐藏）复选框

图 2-72　批量隐藏电阻注释

用同样的方法还可以隐藏电容等元件的注释。"查找相似对象"操作可以用来对具有相似属性的各种对象进行批量操作，如所有导线、所有的网络标号等，使用灵活方便。

完成标号、参数等调整后的厨用多功能定时器原理图如图 2-73 所示。由于间距太小，图中 R11～R15 和 R19～R23 的部分设计标号和阻值被隐藏了，但放置了字符加以说明。

6. 制作并应用 PCB 库

图 2-73 中的元器件尚未指定封装。本电路大多数元件封装仍然可以在 Miscellaneous Devices.IntLib 和 Miscellaneous Connectors .IntLib 两个系统自带的集成库中找到，但随着电子技术的飞速发展，新型元器件层出不穷，总有一些元器件的封装是系统库中没有的，这时就需要借助第三方 PCB 库或自行制作元器件封装。下面介绍自制元器件封装。

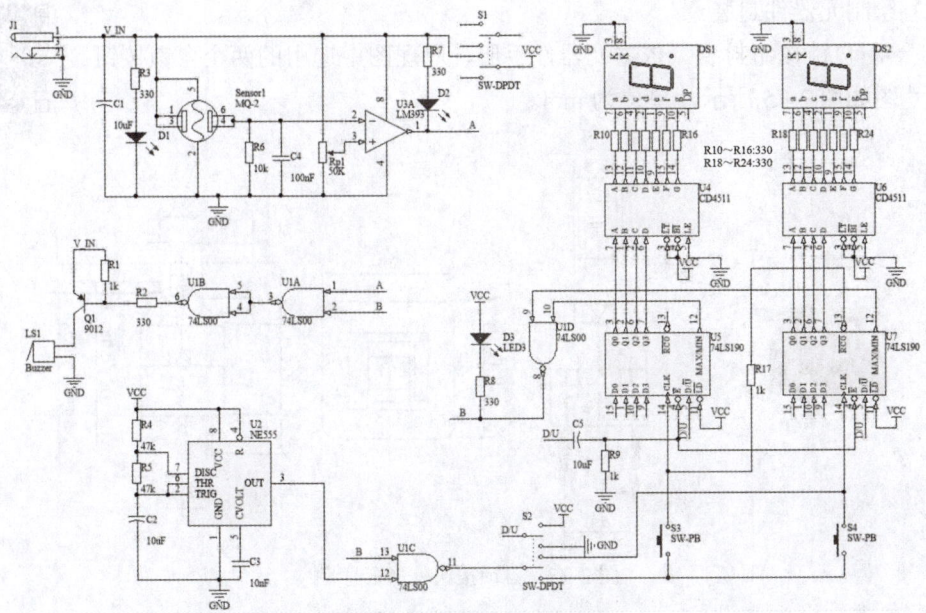

图 2-73　完成标号、参数等调整后的厨用多功能定时器原理图

（1）创建 PCB 库。在厨用多功能定时器项目文件打开的情况下，执行菜单命令"文件"→"新建"→"库"→"PCB 元件库"，这时将打开元器件封装库编辑器。同时在工程管理面板中可以看到生成了元器件封装库文件"Pcblib1.PcbLib"，单击标准工具栏中"存盘"按钮将其保存并更改 PCB 库文件名称为"自制 PCB 库 .PcbLib"，封装库编辑器界面如图 2-74 所示。

PCB 库文件的创建与使用

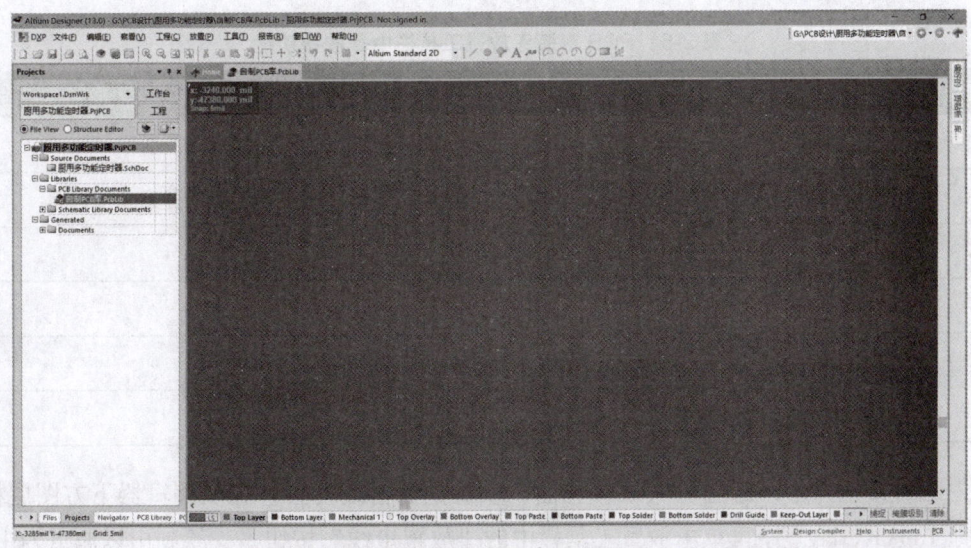

图 2-74　封装库编辑器界面

（2）绘制元器件封装。

1）绘制自锁按钮封装。依据元器件手册，原理图中选用的两个自锁按钮外形尺寸图如图 2-75 所示，单位为 mm。

绘制简单的封装

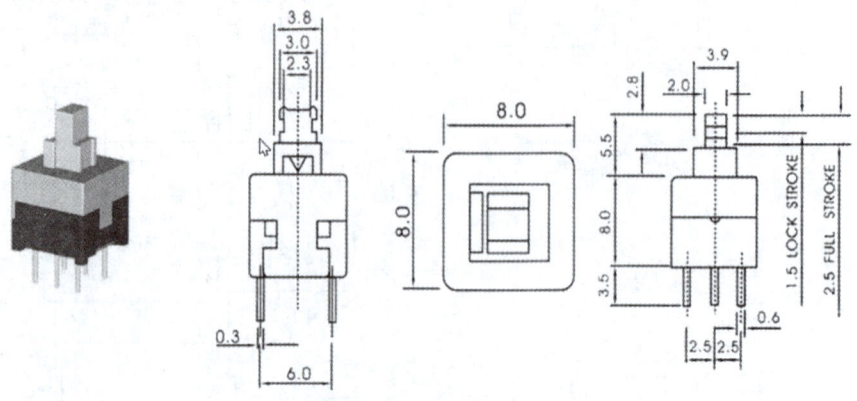

图 2-75　自锁按钮外形尺寸图

在绘制封装前先设置好单位并找好参考点。手册中 MQ-2 尺寸使用的单位为公制单位，因此首先要进行单位切换，公英制单位切换的方法与 PCB 文件编辑器中一样，可以在英文输入法下使用快捷键 Q 来实现。

使用快捷键"JR"就可以使光标跳到原点位置，或者自己设置一个参考零点，执行菜单命令"Edit"→"设置参考 (F)"→"定位 (L)"，光标变成十字形状，在编辑界面的适当位置单击，光标所在的位置就成为坐标原点，出现原点标志■。

封装的绘制主要需要使用到 PCB 库放置工具栏中的工具按钮，这些按钮的功能见表 2-6，这些工具在顶部的"放置"菜单中也都可以找得到。

表 2-6　PCB 封装库放置工具栏中各按钮功能

按钮	功能意义	按钮	功能意义
/	放置走线	⌒	放置以边沿为起点的圆弧
◎	放置焊盘	⌒	放置以边沿为起点的任意角度圆弧
◍	放置过孔	○	放置圆
A	放置字符串	■	放置填充
+10,10	放置坐标	▦	阵列式粘贴
⌒	放置以圆心为起点的圆弧		

先绘制按钮外形，适当放大编辑界面，以看见栅格线为宜。先从编辑器下方图层标签中选择 Top Overlay 层，再单击放置工具栏中的"放置走线"按钮 / ，绘制出以原点为中心，边长分别为 3.8mm 和 8mm 的两个正方形。以边长为 8mm 的正方形为例，绘制的方法如下：

单击"放置走线"按钮后，鼠标指针上粘附了一个大十字，随后使用跳转位置快捷键 JL，输入坐标后按 Enter 键，让光标依次跳向 4 个顶点的坐标 (-4,-4)、(-4,4)、(4,4)、(4,-4)，再回到 (-4,-4)，在每个顶点处按下 Enter 键至少两次，分别用于确认位置和确认画线，完成一个正方形后右击终止，十字光标没有消失可继续绘制第二个正方形，两个正方形画完后再右击结束放置走线。跳转操作与项目 1 规划电路板边框的方法类似，绘制好的按钮外形如图 2-76 所示。

图 2-76　绘制好的按钮外形

接下来放置焊盘。依据尺寸图，6 个焊盘的位置坐标依次应为 (-3,2.5)、(-3,0)、(-3,-2.5)、(3,-2.5)、(3,0)、(3,2.5)，单位为 mm。为确保引脚能顺利插入，设置焊盘孔径为 0.9mm，大于引脚宽度 0.6mm 并留有一定余量。焊盘外径为 1.9mm 以保证足够的焊接环宽。

焊盘放置方法如下：单击放置工具栏中的"放置焊盘"按钮 ⊙，鼠标指针上会粘附上一个焊盘，此时按下 Tab 键，将打开焊盘属性对话框，如图 2-77 所示，将"孔洞信息栏"中的"通孔尺寸"修改为 0.9mm；"尺寸和外形"栏中的"外形"设置为 Round（圆形），X-Size 和 Y-Size 都设置为 1.9mm；"属性"栏中"标识"修改为 1，表示 1 号焊盘，单击"确定"按钮退出，然后使用跳转位置快捷键 JL 跳转到坐标 (-3,2.5) 处，按 Enter 键放置下第一个焊盘，此后粘附在鼠标指针上的焊盘编号会变成 2 号，尺寸不变，再跳转到 (-3,0) 处，按 Enter 键继续放置即可，直至 6 个焊盘全部放置完毕，右击结束放置。也可以在放置好的焊盘上双击打开焊盘属性对话框，再进行各种设置和修改。

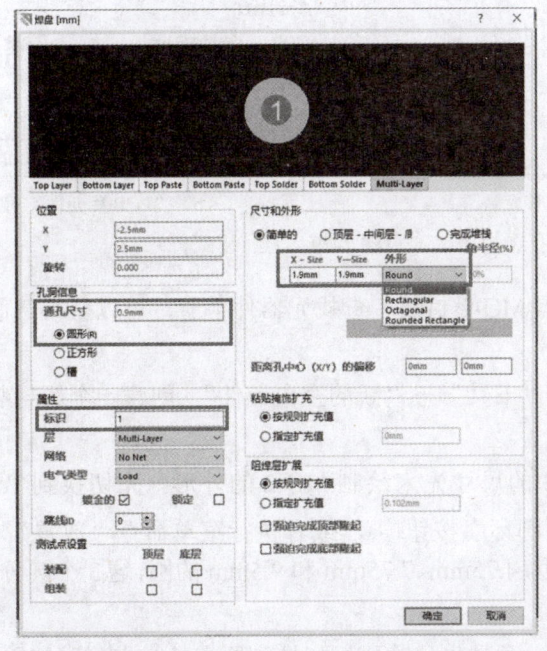

图 2-77　在焊盘属性对话框中修改焊盘属性

放置完焊盘后，这个简单的 2D 封装就绘制完成了，如图 2-78 所示。

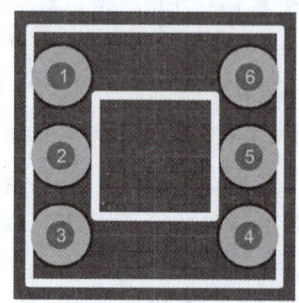

图 2-78　绘制完成的按钮封装图形

最后，还需要为这个封装命名。将左侧面板切换到 PCB Library 标签页，双击"元件"栏中的系统默认元件命名，如图 2-79（a）所示，打开图 2-79（b）所示"PCB 库元件"对话框，在"名称"输入框中输入"自锁按钮 8*8"。也可以输入高度或描述信息，如在"高度"输入框中输入"13.5mm"，单击"确定"按钮后可以看到，"元件"栏中这个封装的名字就已被修改，方便日后使用的时候查找。

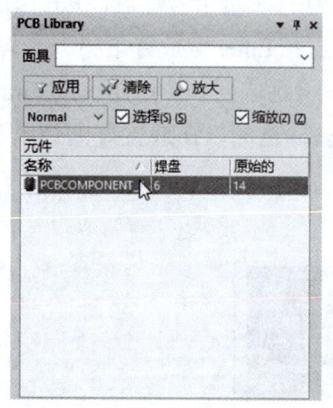
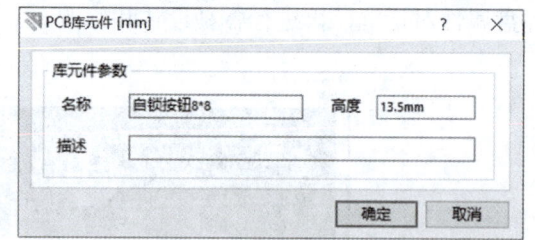

（a）双击系统默认元件命名　　　　　　　　（b）"PCB 库元件"对话框

图 2-79　为封装命名

2）绘制气敏传感器 MQ-2 封装。查找元器件手册，可以获得气敏传感器 MQ-2 外形尺寸图，如图 2-80 所示。

首先执行菜单命令"工具"→"新的空白元件"，创建一个新封装，并将其命名保存为 MQ-2。

然后依据图 2-80 中的尺寸先来绘制 MQ-2 的外形。先切换到 Top Overlay 层，再单击放置工具栏中的"放置圆环"按钮 ⊙，或者执行菜单命令"放置"→"圆环"，以原点为中心放置 3 个半径分别为 4.75mm、7.75mm 和 9.5mm 的圆，这 3 个圆分别表示引脚分布位置、保护网和底座的轮廓线。

放置方法有两种：一种是先移动鼠标指针到原点处，也可以使用快捷键 JR 直接跳转到原点，单击，再使用快捷键 JL 跳转到圆周上任一点，如坐标 (4.75,0) 处，再次单击，一个圆心在原点、半径为 4.75mm 的圆就放置完毕，右击结束放置。

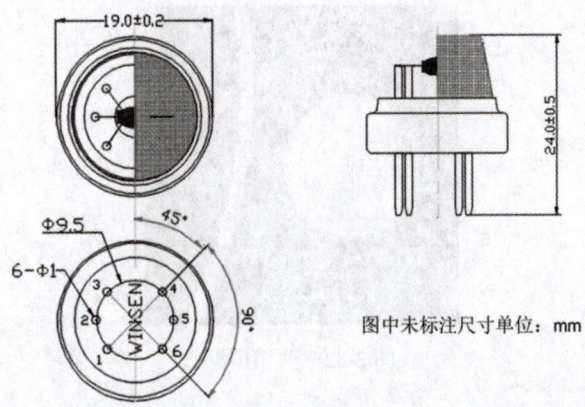

图 2-80　MQ-2 气敏传感器外形尺寸图

另一种是：放下 3 个位置和大小随意的圆环，再双击每个圆环边界打开其属性对话框，修改其圆心位置和半径，如图 2-81 所示，然后单击"确定"按钮退出。

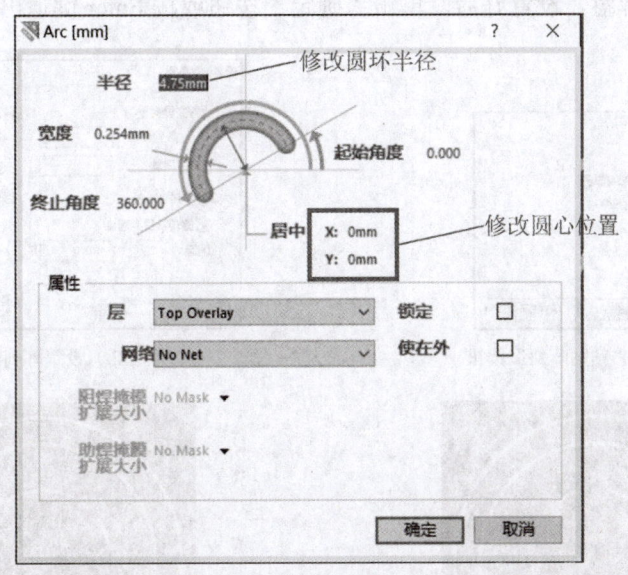

图 2-81　修改圆环属性

接下来放置焊盘。MQ-2 的 6 个焊盘分布在圆环上，其直角坐标计算比较麻烦，这里采用一种全新的放置方法。

为确保元件顺利插装，选择焊盘孔径为 1.6mm，外径为 2.2mm。先在界面任意位置放置一个这样的焊盘，并修改其标识为 1。

然后选中该焊盘，执行菜单命令"编辑"→"剪切"，或者按下快捷键 Ctrl+X，鼠标指针附上了大十字后，移动到焊盘中心，如图 2-82 所示，确保光标上出现了标志着捕捉到焊盘中心的圆环后，单击完成剪切。

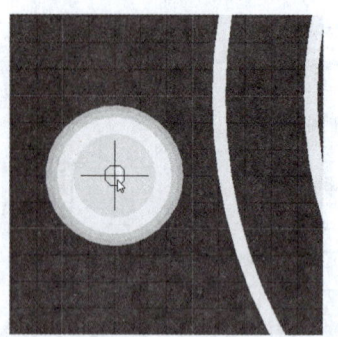

图 2-82 剪切焊盘

接下来执行菜单命令"编辑"→"特殊粘贴"，在弹出的"选择性粘贴"对话框中单击"粘贴阵列"按钮，如图 2-83（a）所示，打开"设置粘贴阵列"对话框，进行图 2-83（b）所示设置，"条款计数"为 8，表示粘贴 8 个焊盘；"文本增量"为 1，表示焊盘标号每次加 1；陈列类型选圆形；勾选上"旋转项目到适合"复选框，再输入间距 -45.000，表示按顺时针每隔 45° 放置一个焊盘，设置好后，单击"确定"按钮或按 Enter 键退出。

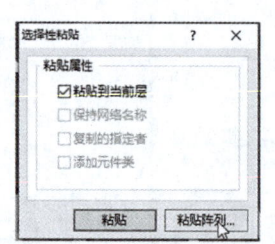

（a）单击"粘贴阵列"按钮

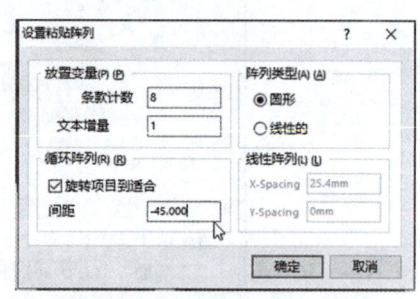

（b）设置阵列参数

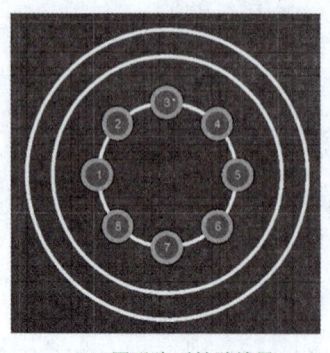

（c）圆形阵列粘贴效果

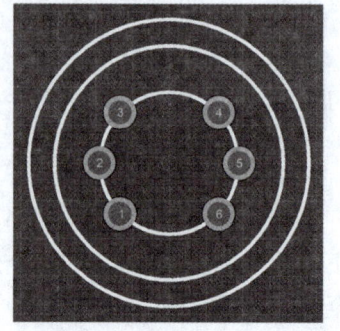

（d）删减、修改焊盘

图 2-83 粘贴阵列方式放置多个焊盘

这时可以看到鼠标指针上仍有一个大十字光标，再使用快捷键 JR 直接跳转到原点，按 Enter 键一次表示确定圆形阵列放置的圆心，再使用快捷键 JL，输入坐标 (-4.75,0)，按 Enter 键跳转到最小圆环上最左侧一点，再按 Enter 键一次表示确定粘贴的第一个对象所在位置。这样就完成了一圈 8 个焊盘的粘贴，效果如图 2-83（c）所示。

最后删除 3、7 号焊盘，再双击打开左侧 3 个焊盘的属性对话框，修改其标识序号即可。最终完成的封装图形如图 2-83（d）所示。

3）复制修改法制作三极管 9012 的封装。有一些封装形式可以在已有封装的基础上修改得到。三极管 9012 外形及其常用封装 TO-92A 如图 2-84（a）所示，焊盘间距为 50mil。这个封装有一个小问题是焊盘间距较小，容易在手工焊接时引起短路，因此常采用将封装焊盘间距拉大（100mil），焊接时对引脚适当整形的方式来加以改善，如图 2-84（b）所示。

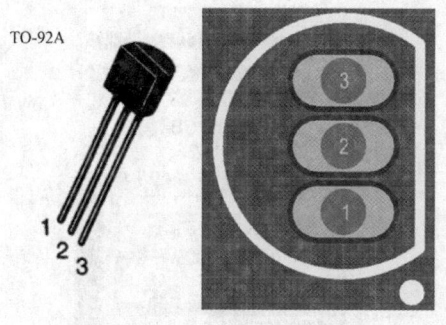
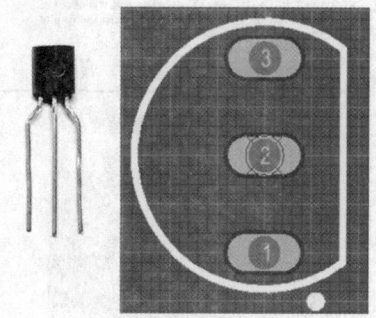

（a）三极管 9012 外形及其常用封装 TO-92A　　　　（b）修改目标——扩大脚距

图 2-84　三极管常用封装 TO-92A 及修改目标

为获得修改后的封装，可以先将 Altium Designer 系统自带 Miscellaneous Devices.IntLib 库中的 TO-92A 封装复制到自制 PCB 库中，方法如下。

单击"打开文件"快捷按钮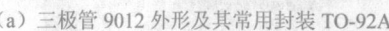，输入 Miscellaneous Devices.IntLib 库所在路径，双击 Miscellaneous Devices.IntLib 文件名，此时会弹出图 2-85（a）所示对话框，提示"你想对集成库做什么操作？"，这里要单击"摘取源文件"按钮。随后在左侧面板 Projects 标签页可以看到，Miscellaneous Devices.IntLib 工程已经被打开，其下有两个文件，分别为原理图库文件和 PCB 库文件，如图 2-85（b）所示。双击打开其中的 PCB 库文件 Miscellaneous Devices.PcbLib，并将左侧面板切换到 PCB Library 标签页，在顶部搜索输入框中输入 TO-92A 查找到该封装，再在"元件"栏中列出的 TO-92A 封装名上右击，在右键菜单中选择"复制"命令，如图 2-85（c）所示。

再切换到"自制 PCB 库 .PcbLib"的左侧面板 PCB Library 标签页，在"元件"栏的空白处右击，在右键菜单中选择 Paste 1 Components 命令，如图 2-85（d）所示。这样 TO-92A 封装就被复制到了自制 PCB 库中，为加以区别，将其名称修改为 TO-92B。

接下来对 TO-92B 封装进行修改，修改前封装图形如图 2-86（a）所示，现将其 1 号焊盘从 (0,-50mil) 移至 (0,-100mil)，3 号焊盘从 (0,50mil) 移至 (0,100mil)，Top Overlay 层的圆弧半径修改为 3.6mm，删除原来圆弧的封口线段，重绘一条 0.2mm 粗细的线段连接圆弧两端，再将标志元件 1 脚的点移出圆弧范围外，修改完成的封装如图 2-86（b）所示。中间还有一片由圆弧和走线围成的紫红色阴影区域，绘制在 Mechanical 13 层，是元件体的 3D 模型，不用修改。按下快捷键 3，还可以在 3D 视图下查看封装，同时按下 Shift 键和鼠标右键，然后移动鼠标还可以从不同角度查看封装，如图 2-86（c）所示。

（a）打开集成库摘取源文件

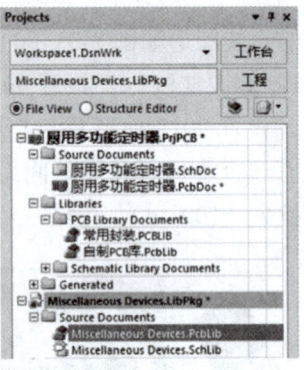

（b）打开 PCB 库

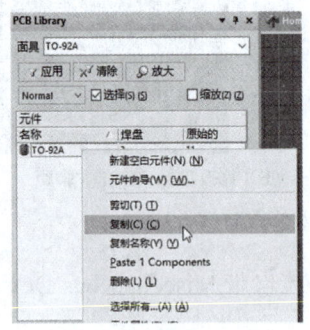

（c）查找并复制系统库元件

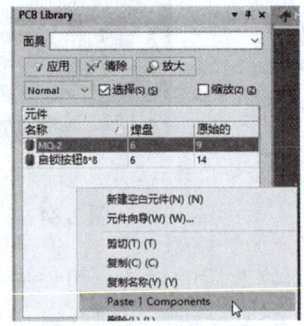

（d）粘贴到自制库

图 2-85 复制元件封装

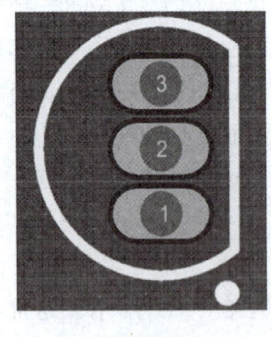

（a）修改前

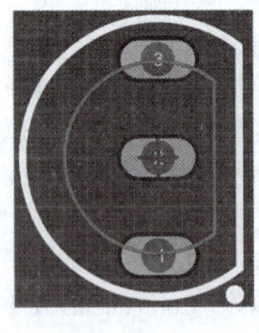

（b）修改后

（c）3D 效果

图 2-86 封装图形的修改

4）向导法制作 0805 贴片电阻的封装。对于常用的一些元器件的封装，Altium Designer 还可以使用封装向导来制作。以 0805 贴片电阻为例，在表 2-1 中可以查到其外形尺寸。下面应用这些尺寸数据制作一个 0805 的电阻封装。

在自制 PCB 库文件中执行菜单命令"工具"→"IPC 封装向导",打开封装向导后,单击"下一步"按钮跳过起始介绍页,进入 Select Component Type(选择元器件类型)页,如图 2-87 所示。"元件类型"栏中提供了丰富的封装类型,这里选择 CHIP(片式),然后单击"下一步"按钮进入 Chip Component Packge Dimensions(片式元件封装尺寸)页。

使用封装向导绘制封装

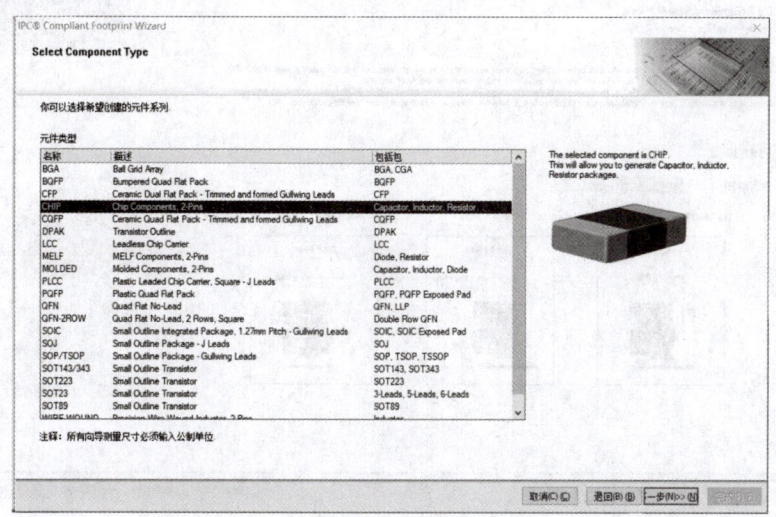

图 2-87　IPC 封装向导元器件类型选择界面

在该界面中将电阻体长、宽的最大、最小值和电极带宽范围、最大高度(参见表 2-1)填到输入框中,如图 2-88 所示,在"包类型"(即"封装类型")中选择 Chip Resistor(贴片电阻),然后单击"下一步"按钮。

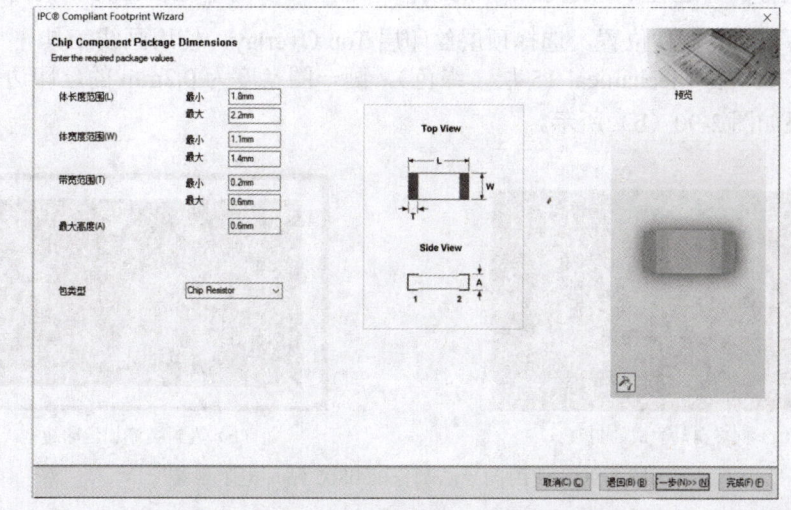

图 2-88　IPC 封装向导元器件尺寸设置页

在接下来的 Chip Component Package Heel Spacing(片式元件封装脚间距)页中勾选"使用

计算值"复选框，即使用系统计算的结果，然后单击"下一步"按钮进入 Chip Component Solder Fillets（片式元件焊锡倒角）页，在本页中勾选"使用默认值"复选框，并选择板密度级别，密度越大封装越小，这里选择 Level B-Medium density（中等密度），如图 2-89 所示，再单击"下一步"按钮。

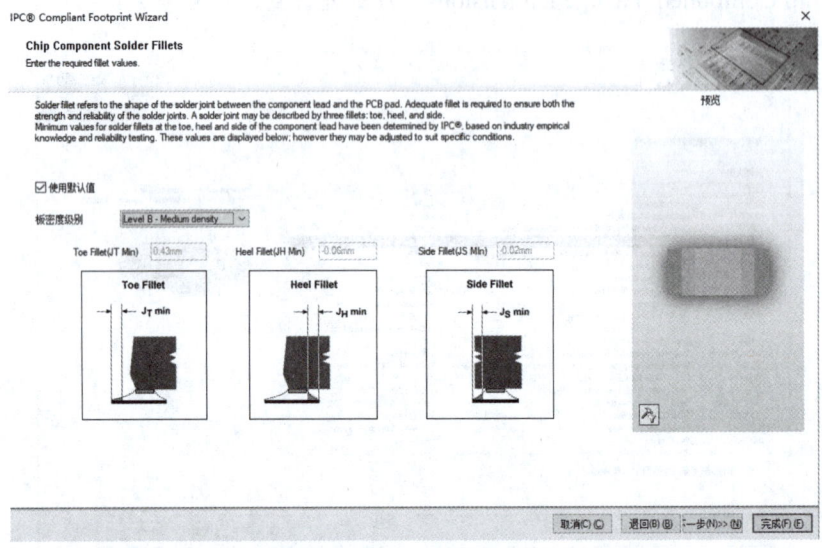

图 2-89　选择布板元件密度

在接下来的页面中，均保留系统默认设置，直接单击"下一步"按钮，直到最后一步，单击"完成"按钮退出。可以看到建立了一个新的封装，如图 2-90（a）所示，该封装被自动命名为 RES2012X06N。根据个人使用习惯，可以保留默认命名，也可以修改命名，如 R-0805。

因为在执行向导过程中略过了丝印的设计，这里可以简单地框出元件的外形，在手工焊接时更容易识别元器件位置。选择顶层丝印层 Top Overlay，使用画线工具，沿着封装的外框边界（默认在 Mechanical 15 层，绿色），画一圈宽度为 0.2mm 的丝印边界，最终形成的封装效果如图 2-90（b）所示。

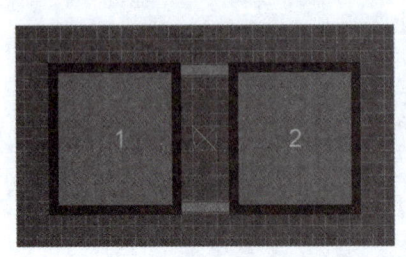
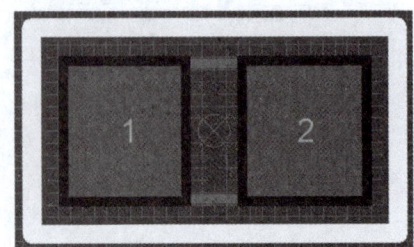

（a）向导自动生成的封装　　　　　　　　（b）为封装添加丝印边框

图 2-90　使用向导法制作的 0805 贴片电阻封装

在 R-0805 封装的基础上，用复制修改法略作修改可以为贴片发光二极管制作 LED-0805 封装，将丝印层矩形外框焊盘 2 的一端的边线向外拉，再在其内边加绘 2 条线段用于加粗右边框，形成负极标志，如图 2-91 所示，就成为贴片发光二极管封装，将其命名为 LED-0805 即可。

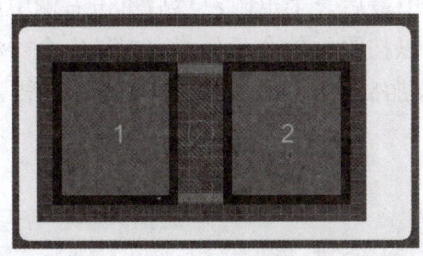

图 2-91 复制修改法得到 LED-0805 封装

5）其他封装的制作。读者可以参照以上方法制作系统库中没有的其他封装，表 2-7 提供了封装名及相应的尺寸。

表 2-7 需绘制封装的图形与尺寸表

元件标号	封装命名	封装图形	关键尺寸
J1	DC		槽形焊盘孔径 1mm，长度 1.7mm，旋转 90°； 焊盘外径（mm）：X 为 1.6，Y 为 2.2 焊盘位置（mm）：1 为 (0,0)，2 为 (5,0)，3 为 (2.5,2.7)，焊盘 3 旋转 90°； 丝印外框尺寸（mm）：11.5×5
C1、C2、C5	EC2/5		焊盘间距 2mm； 焊盘尺寸（mm）：外径 X 为 1.4，Y 为 2.2，孔径 0.8； 丝印外形直径（mm）：5
S3、S4	BUTTON		焊盘尺寸（mm）：外径为 2.4，孔径为 1； 焊盘间距（mil）：1、4 之间 300；1、3 之间 200； 丝印外框直径（mil）：400×300
LS1	BUZZER-12		焊盘间距 7.6mm； 焊盘尺寸（mm）：外径为 -1.8，孔径为 1； 丝印外框直径（mm）：12

（3）用封装管理器指定封装。元器件封装的指定可以通过在原理图中的每个元器件上双击打开每个元器件的属性对话框逐一进行指定，也可以使用封装管理器快速指定所有元器件的封装。

切换到厨用多功能定时器原理图文件，执行菜单命令："工具" → "封

用封装管理器批量修改元器件的封装

装管理器",将打开 Footprint Manager(封装管理器)对话框,以数量最多的电阻元件为例,先在左侧元件列表中选中所有电阻元件,如图 2-92 所示。方法是按下 Shift 键不放,单击选中第一个电阻,再单击选中最后一个电阻,然后单击右侧中间的"添加"按钮,将打开 PCB 模型对话框,接下来可以按照与单个元件指定封装完全一样的步骤,为电阻添加自制 PCB 库中的封装 R-0805。添加后,R-0805 封装会与默认封装 AXIAL-0.4 一起显示在封装管理器右上方的列表中。

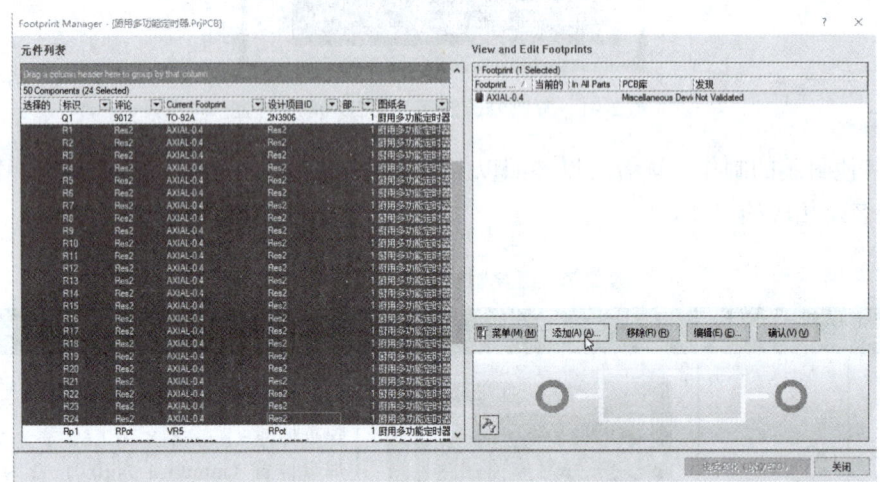

图 2-92　进入封装管理器给元件批量添加封装

接下来还需将 R-0805 设定为当前封装。先在封装管理器右上方的封装列表中选中 R-0805 封装,再单击中间的"菜单"按钮,在弹出的菜单中,执行"设定为当前"命令,如图 2-93 所示,再单击右边的"确认"按钮,这时列表中的 R-0805 封装上会出现一个绿色的钩形标志,表示设定成功。

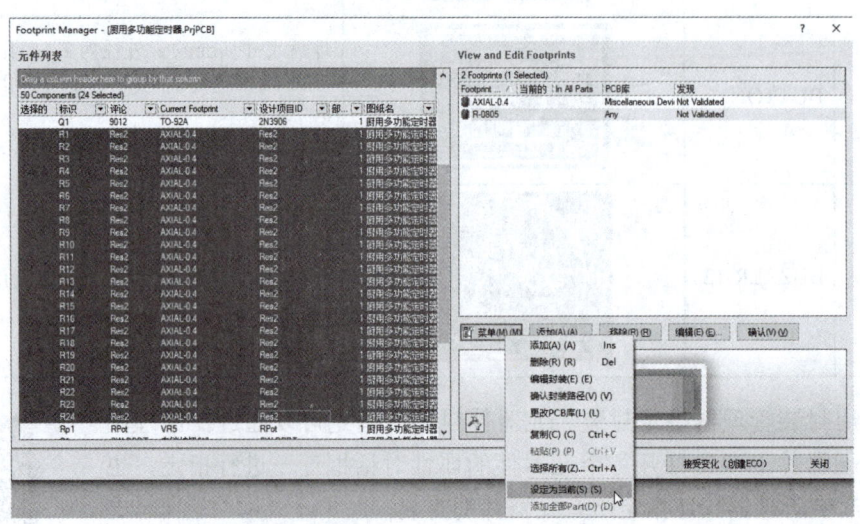

图 2-93　将指定的封装设定为当前封装

按照电阻封装的指定方法，参照表 2-8 指定其他元器件的封装。

表 2-8　厨用多功能定时器元器件封装参考

设计标号	元件类型	封装	封装所在库
C3, C4	瓷片电容	RAD-0.1	Miscellaneous Devices.IntLib
C1,C2,C5	电解电容	EC2/5	自制 PCB 库 .PcbLib
D1, D2, D3	发光二极管	LED-0805	自制 PCB 库 .PcbLib
DS1, DS2	0.56 英寸 1 位共阴数码管	H	Miscellaneous Devices.IntLib
J1	DC 电源插座	DC	自制 PCB 库 .PcbLib
LS1	无源蜂鸣器	BUZZER-12	自制 PCB 库 .PcbLib
Q1	三极管 9012	TO-92B	自制 PCB 库 .PcbLib
R1, R2, R3, R4, R5, R6, R7, R8, R9, R10, R11, R12, R13, R14, R15, R16, R17, R18, R19, R20, R21, R22, R23, R24	贴片电阻	R-0805	自制 PCB 库 .PcbLib
Rp1	精密电位器	VR5	Miscellaneous Devices.IntLib
S1, S2	自锁按钮	自锁按钮 8×8	自制 PCB 库 .PcbLib
S3, S4	轻触按钮	BUTTON	自制 PCB 库 .PcbLib
Sensor1	气敏传感器 MQ-2	MQ-2	自制 PCB 库 .PcbLib
U1	集成芯片 74LS00	DIP-14	Miscellaneous Devices.IntLib
U2	集成芯片 NE555	DIP-8	Miscellaneous Devices.IntLib
U3	集成芯片 LM393	DIP-8	Miscellaneous Devices.IntLib
U4, U6	集成芯片 CD4511	DIP-16	Miscellaneous Devices.IntLib
U5, U7	集成芯片 74LS190	DIP-16	Miscellaneous Devices.IntLib

当所有的封装全部指定完毕，单击封装管理器右下角的"接受变化（创建 ECO）"按钮，在弹出的"工程更改顺序"对话框中，单击"生效更改"按钮进行检查，再单击"执行更改"按钮进行确认，封装就全部修改完毕了。如果有必要，还可以再次打开封装管理器，核对封装是否都正确。

7. 对原理图作电气规则检查

执行菜单命令"工程"→"Compile Document 厨用多功能定时器 .SchDoc"或"工程"→"Compile PCB Project 厨用多功能定时器 .PrjPCB"对原理图进行编译和电气规则检查（Electrical Rule Checking，ERC）。无论系统是否主动弹出 Messages 对话框，设计者都应当对 Messages 对话框内容进行查看，以确保原理图的正确性。

厨用多功能定时器原理图 ERC 结果如图 2-94 所示，有多达 34 条警告和错误。仔细查看警告和错误类型，包括原理图替代型号的引脚不同、隐藏引脚上有连线、芯片存在未使用的部件（LM393）、输入型引脚上缺少驱动源等警告，还有存在浮空的输入引脚错误。

Messages

Class	Document	Source	Message	Time	Date	No.
[Warning]	厨用多功能定时器.Sc...	Compiler	Extra Pin LS1-1A (Inferred) in Alternate 1 of part LS1	18:37:13	2022/11/11	1
[Warning]	厨用多功能定时器.Sc...	Compiler	Extra Pin LS1-2A (Inferred) in Alternate 1 of part LS1	18:37:13	2022/11/11	2
[Warning]	厨用多功能定时器.Sc...	Compiler	Adding items to hidden net GND	18:37:14	2022/11/11	3
[Warning]	厨用多功能定时器.Sc...	Compiler	Adding items to hidden net VCC	18:37:14	2022/11/11	4
[Warning]	原理图模板.SchDot	Compiler	Component U3 LM393 has unused sub-part (2)	18:37:16	2022/11/11	5
[Error]	厨用多功能定时器.Sc...	Compiler	Net NetU5_1 contains floating input pins (Pin U5-1)	18:37:16	2022/11/11	6
[Warning]	厨用多功能定时器.Sc...	Compiler	Unconnected Pin U5-1 at 710,340	18:37:16	2022/11/11	7
[Error]	厨用多功能定时器.Sc...	Compiler	Net NetU5_9 contains floating input pins (Pin U5-9)	18:37:16	2022/11/11	8
[Warning]	厨用多功能定时器.Sc...	Compiler	Unconnected Pin U5-9 at 730,340	18:37:16	2022/11/11	9
[Error]	厨用多功能定时器.Sc...	Compiler	Net NetU5_10 contains floating input pins (Pin U5-10)	18:37:16	2022/11/11	10
[Warning]	厨用多功能定时器.Sc...	Compiler	Unconnected Pin U5-10 at 720,340	18:37:16	2022/11/11	11
[Error]	厨用多功能定时器.Sc...	Compiler	Net NetU5_15 contains floating input pins (Pin U5-15)	18:37:16	2022/11/11	12
[Warning]	厨用多功能定时器.Sc...	Compiler	Unconnected Pin U5-15 at 700,340	18:37:16	2022/11/11	13
[Error]	厨用多功能定时器.Sc...	Compiler	Net NetU7_1 contains floating input pins (Pin U7-1)	18:37:16	2022/11/11	14
[Warning]	厨用多功能定时器.Sc...	Compiler	Unconnected Pin U7-1 at 880,340	18:37:16	2022/11/11	15
[Error]	厨用多功能定时器.Sc...	Compiler	Net NetU7_9 contains floating input pins (Pin U7-9)	18:37:16	2022/11/11	16
[Warning]	厨用多功能定时器.Sc...	Compiler	Unconnected Pin U7-9 at 900,340	18:37:16	2022/11/11	17
[Error]	厨用多功能定时器.Sc...	Compiler	Net NetU7_10 contains floating input pins (Pin U7-10)	18:37:16	2022/11/11	18
[Warning]	厨用多功能定时器.Sc...	Compiler	Unconnected Pin U7-10 at 890,340	18:37:16	2022/11/11	19
[Error]	厨用多功能定时器.Sc...	Compiler	Net NetU7_15 contains floating input pins (Pin U7-15)	18:37:16	2022/11/11	20
[Warning]	厨用多功能定时器.Sc...	Compiler	Unconnected Pin U7-15 at 870,340	18:37:16	2022/11/11	21
[Warning]	厨用多功能定时器.Sc...	Compiler	Net NetC4_2 has no driving source (Pin C4-2,Pin R6-2,Pin Sensor1-4,Pin Sensor1-6,Pin U3-2)	18:37:16	2022/11/11	22
[Warning]	厨用多功能定时器.Sc...	Compiler	Net NetC5_2 has no driving source (Pin C5-2,Pin R9-2,Pin U5-4,Pin U7-4)	18:37:16	2022/11/11	23
[Warning]	厨用多功能定时器.Sc...	Compiler	Net NetR17_1 has no driving source (Pin R17-1,Pin S3-2,Pin U5-14)	18:37:16	2022/11/11	24
[Warning]	厨用多功能定时器.Sc...	Compiler	Net NetRp1_2 has no driving source (Pin Rp1-2,Pin U3-3)	18:37:16	2022/11/11	25
[Warning]	厨用多功能定时器.Sc...	Compiler	Net NetS2_6 has no driving source (Pin S2-6,Pin S4-2,Pin U7-14)	18:37:16	2022/11/11	26
[Warning]	厨用多功能定时器.Sc...	Compiler	Net NetU5_1 has no driving source (Pin U5-1)	18:37:16	2022/11/11	27
[Warning]	厨用多功能定时器.Sc...	Compiler	Net NetU5_9 has no driving source (Pin U5-9)	18:37:16	2022/11/11	28
[Warning]	厨用多功能定时器.Sc...	Compiler	Net NetU5_10 has no driving source (Pin U5-10)	18:37:16	2022/11/11	29
[Warning]	厨用多功能定时器.Sc...	Compiler	Net NetU5_15 has no driving source (Pin U5-15)	18:37:16	2022/11/11	30
[Warning]	厨用多功能定时器.Sc...	Compiler	Net NetU7_1 has no driving source (Pin U7-1)	18:37:16	2022/11/11	31
[Warning]	厨用多功能定时器.Sc...	Compiler	Net NetU7_9 has no driving source (Pin U7-9)	18:37:16	2022/11/11	32
[Warning]	厨用多功能定时器.Sc...	Compiler	Net NetU7_10 has no driving source (Pin U7-10)	18:37:16	2022/11/11	33
[Warning]	厨用多功能定时器.Sc...	Compiler	Net NetU7_15 has no driving source (Pin U7-15)	18:37:16	2022/11/11	34

图 2-94　厨用多功能定时器原理图 ERC 结果

先解决错误，这里指出的浮空引脚是 74LS190 的置数输入端，由于置数控制端被接到高电平（不置数），正常情况下这些置数输入端悬空对电路的逻辑是没有影响的，但引脚悬空容易给电路带来干扰，所以，最佳的处理方式是将其就近与电源和地相连，这里选择接电源。再进行 ERC 可以发现，错误消除了。

警告也不能全都置之不理，图 2-94 中的第 3、4 条警告提示有隐藏的引脚接到了 VCC 和 GND，在本电路中，存在隐藏引脚的芯片包括计数器 74LS190、显示译码器 CD4511 和与非门 74LS00，其中 74LS190 和 CD4511 的电源与 VCC 相连是没有问题的，但 74LS00 还参与燃气检测电路的报警，其正电源端（14 脚）应当与不关断的电源端 V_IN 相连。

修改连接的方法如下，用查找相似对象的方法一次性将 4 个与非门的引脚解除锁定，并显示隐藏引脚，再用查找相似对象的方法找出 4 个与非门的 14 脚，将其隐藏连接的网络名（Hidden Net Name）更改为 V_IN，如图 2-95 所示。最后恢复隐藏，重新锁定引脚。

ERC 提示的其他警告经仔细检查，没有问题。至此，厨用多功能定时器的原理图绘制全部完成，可以进入 PCB 设计阶段。

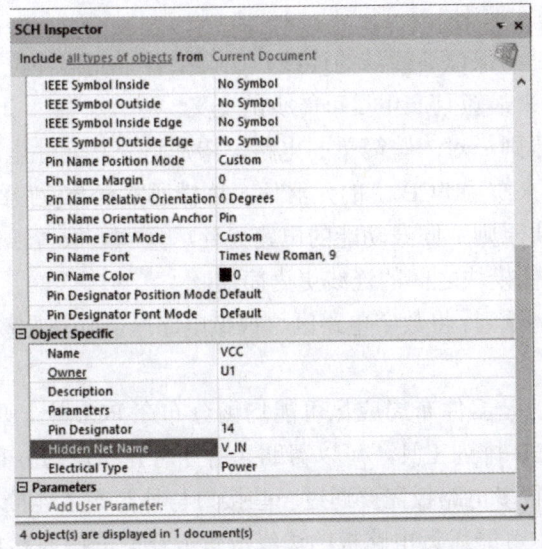

图 2-95　修改隐藏引脚连接的网络

思考题

1. 原理图模板的作用和意义是什么？
2. 原理图符号的绘制方法有几种？如何将自制原理图元件应用于原理图？
3. 封装绘制的方法有几种？你认为在封装绘制过程中哪些因素比较重要？

任务 3　厨用多功能定时器 PCB 设计

任务描述

厨用多功能定时器元器件数量和密度都要高于项目 1，类型上既有通孔安装元器件，也有贴片元器件，其 PCB 设计难度要高于项目 1。通过这个产品的 PCB 设计，读者可以提升 PCB 布局布线水平与技巧，同时更加熟悉 Altium Designer 软件的各种操作。

任务要求

- 进一步掌握使用 Altium Designer 软件进行 PCB 布局布线的规则及技巧。
- 完成厨用多功能定时器的 PCB 设计及检查。

知识链接

1. PCB 布局布线的基本原则

PCB 的布局与布线涉及很多复杂的因素，包括兼容性和可制造性等，初学者可能对布局布线工作毫无头绪，这时需要掌握一些基本原则。

PCB 布局布线
注意事项

(1) PCB 布局的基本原则。

1) 飞线最短原则：为保证最简洁的连线，在调整各个元器件位置及方向时关注连接元件的飞线，使飞线看起来最短且产生尽可能少的交叉。

2) 按原理图布局原则：对一些简单的电路，特别是分立元件电路，可以直接按照原理图中元器件的相对位置来布局 PCB 上的元器件，这样通常就会使最终的布线比较简洁。

3) 按功能模块分块原则：同一功能的电路元件尽量靠近放置，同时，调整各功能模块之间的相对位置，使功能模块之间的连线更为简洁。

4) 按电气性能分区原则：将数字电路区、模拟电路区、功率驱动区等分开来进行布局，以减少干扰。

5) 布局均衡原则：元器件布局应尽可能均衡分布在 PCB 上，既能保证美观，也能更好地散热，善加利用 PCB 排列工具，可以帮助元器件对齐和均匀分布。

6) 使用便利原则：很多电路板需要通过一些接口与外部产生连接，为了外接线路的方便，I/O 接口和接插件一般尽可能靠近电路板的边缘放置；还有一些电路板上有按钮、旋钮、电位器、可调电容、可调电感等调整器件，则应当考虑为调整操作留出空间，在调整手柄或调整工具操作的方向上不应当有其他元器件阻挡。

(2) PCB 布线的基本原则。

1) 布线最短原则：除阻抗匹配等特殊要求外，一般线路让布线长度尽量短。

2) 同一网络的布线宽度应保持一致。

3) 避免直角和锐角走线，当走线出现直角拐角时，会产生额外的寄生电容和寄生电感。

4) 电源、地线宽度一般要加宽，它们的宽度关系是地线＞电源线＞信号线。可以用大面积铜层作地线，或者做成多层板，电源线和地线各占用一层。

5) 布线密度优先原则：PCB 上连线最复杂的器件优先布线，边线最密集的区域优先布线。

6) 关键信号线优先原则：模拟小信号、高速信号、时钟信号、同步信号等关键信号优先布线。

7) 布线不要太靠近板边和安装孔，一般与其距离至少大于 1mm。

2. PCB 覆铜的作用

覆铜，又称为敷铜、铺铜、灌铜，就是将 PCB 上闲置的空间用铜箔填充。覆铜的作用主要包括以下几个方面。

覆铜的作用与操作

(1) 加宽线路，降低阻抗，提高线路的电流承载能力。因此，有些为大功率电路设计的 PCB 上，不仅电源线和地线设计得特别宽，而且会用覆铜的方式进一步拓宽功率器件的电源线和地线，如图 2-96（a）所示。

(2) 增大铜箔面积，增强线路和焊盘的牢固度。这种情况比较常见于单面覆铜板制作的简单 PCB，这种 PCB 的焊盘和过孔未经金属化，很容易出现焊盘起翘、铜皮剥落等现象，因此会采用覆铜的方式加宽所有线路，如图 2-96（b）所示。

(3) 对地覆铜，即将板上闲置空间覆上与地相连的大面积铜箔，用作电位基准面。这是目前 PCB 最常见的覆铜方式，可以让板上各元器件就近接地，减小地线阻抗，还可以起到电磁屏蔽的作用，提升电路的抗干扰能力；也可以缩短信号回流的路径，减小环路面积，降低电路对外的干扰，如图 2-96（c）所示。

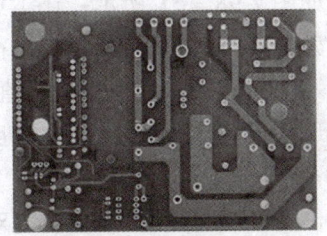 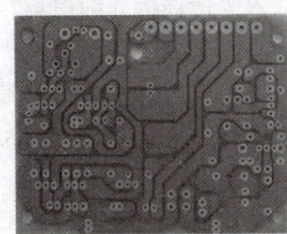 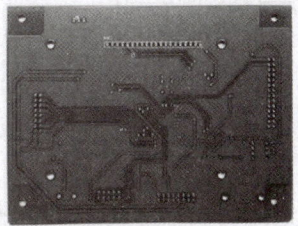

（a）加宽线路　　　　　　　（b）增大铜箔面积　　　　　　（c）对比覆铜

图 2-96　几种覆铜方式与作用

覆铜有实心覆铜和网格覆铜两种方式。

实心覆铜如图 2-97（a）所示，具备扩大电流承载能力和电磁屏蔽的双重作用，但是大面积的实心覆铜如果通过波峰焊，由于导热不均，板的基材和铜箔的延展性不一致，可能导致板子起翘或铜箔起泡。因此，大面积实心覆铜一般会开几个槽，缓解铜箔起泡。

网格覆铜如图 2-97（b）所示，主要起屏蔽作用，加大电流的作用则被降低了，但从导热均匀的角度来说，网格覆铜优于实心覆铜。但网格覆铜在高频电路中使用也需谨慎，如果栅格的尺寸与信号的工作频率相匹配，可能会导致严重的干扰。

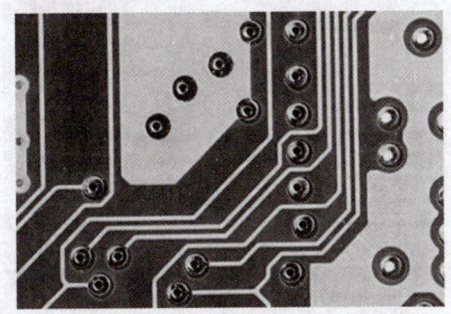 

（a）实心覆铜　　　　　　　　　　　　（b）网格覆铜

图 2-97　两种不同的覆铜方式

任务实施

1. 向导法创建 PCB 文件

不同于项目 1，本次采用向导法快速创建 PCB 文件。

将左侧面板切换到 Files 标签页，在最下方"从模板新建文件"列表框中单击 PCB Board Wizard（PCB 向导）选项，如图 2-98（a）所示，系统将弹出"PCB 板向导"对话框起始页。

向导法创建 PCB 文件

单击"下一步"按钮，在第二页中选择单位，由于本项目要设计的 PCB 长和宽为 90mm×80mm，这里选择"公制的"。

继续单击"下一步"按钮，进入"选择板剖面"页，这里有很多常见的设计尺寸，但是本项目所需尺寸不在其中，所以选择 Custom（定制的）选项，如图 2-98（b）所示。

再次单击"下一步"按钮，进入"选择板详细信息"页，如图 2-98（c）所示。在本页左侧的"外形形状"和"板尺寸"中分别选择"矩形"，输入宽度 90mm、高度 80mm。在本页右侧的"尺寸层"中选择 Mechanical Layer 1，"边界线宽"和"尺寸线宽"使用默认值，将"与板边缘保持距离"改为 0 方便坐标定位，右下的 5 个可选项仅勾选"尺寸线"，然后单击"下一步"按钮。

"选择过孔类型"页只有两个选项："仅通孔的过孔"和"仅盲孔和埋孔"。本项目为双层板，不涉及内平面，不存在盲孔和埋孔，因此选择"仅通孔的过孔"，选项，再单击"下一步"按钮。

"选择元件和布线工艺"页首先要求选择主要的元件类型，考虑本项目有较多的通孔插装元件，这里选择"通孔元件"选项，然后下方会要求选择相邻焊盘间允许穿过的导线条数，这里选择"一个轨迹"选项，如图 2-98（d）所示。

再单击"下一步"按钮，设置线和过孔的尺寸，这些可以后期到设计规则中作详细设置，因此直接单击"下一步"按钮，就进入"PCB 板向导"对话框的完成页，单击"完成"按钮即可。

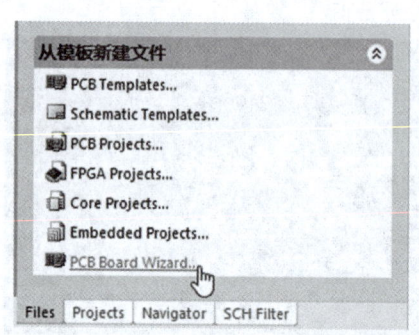

（a）单击 PCB Board Wizard 进入向导

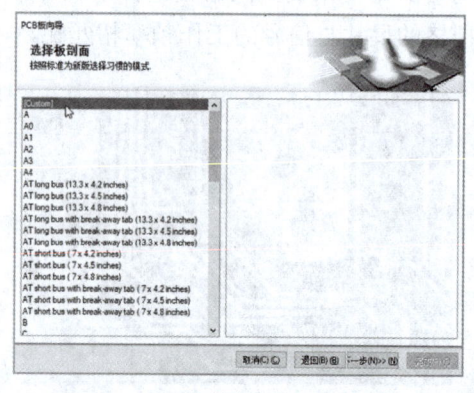

（b）选择自定义尺寸

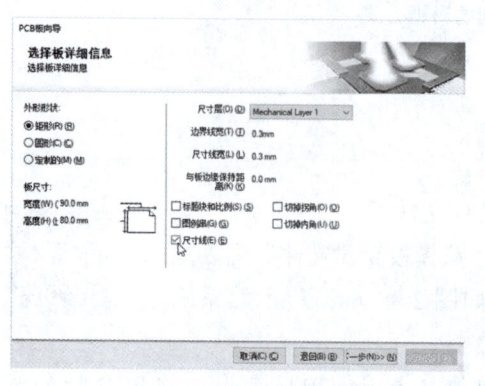

（c）设置板尺寸

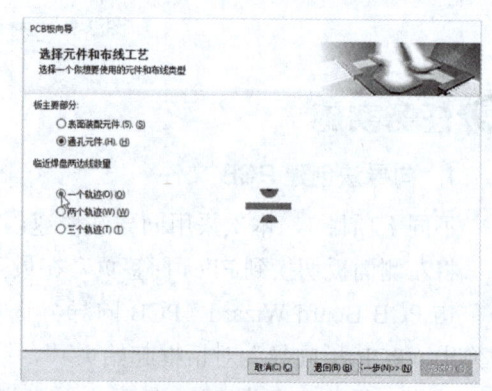

（d）选择主要元件和布线工艺

图 2-98 向导法创建 PCB 文件关键步骤

单击"完成"按钮后，系统会自动生成一个 PCB 文件，其中 PCB 的尺寸已经是 90mm×80mm，并且标出了尺寸信息。这比直接创建 PCB 文件再规划尺寸要快捷一些，不过这样创建的 PCB 文件也有两个要注意的问题：一是文件不会自动纳入工程管理，要手动将其添加到工程；二是为方便后续操作，一般要在板框的左下角放置原点，如图 2-99 所示。

图 2-99　向导法生成的 PCB 文件

这里将新建的 PCB 文件保存并命名为"厨用多功能定时器.PcbDoc"。随后为 PCB 设计 4 个金属化安装孔，孔径为 3.5mm，孔中心距板边 5mm。

2. 导入元件与网络

在当前 PCB 文件中执行菜单命令"设计"→"Import Changes From 厨用多功能定时器.PrjPCB"，将原理图中的元件与网络导入"厨用多功能定时器.PcbDoc"。

3. 元器件布局

为了参考原理图进行元器件布局，设计时可以为计算机扩展显示器，用两个显示器分别显示原理图和 PCB 文件。在仅使用一台显示器的情况下，可以将原理图文件和 PCB 文件并排显示。先将左右侧面板设置为自动隐藏状态，再将打开的 Home 页和其他文件关闭，仅剩下原理图文件和 PCB 文件，再执行菜单命令"窗口"→"垂直平铺"就可以同时查看两个文件，如图 2-100 所示。需要对哪个文件执行操作，就在该文件窗口中单击一次，菜单栏、工具栏等就会相应地在原理图文件和 PCB 文件之间切换。

从图 2-100 可以看出，因为元器件数量较多，PCB 文件 ROOM 呈长条形状，一次看不完全，按原理图一个个向板内拖入元件布局非常麻烦。这时可以借助器件布局工具。

电子产品设计与制作

文件的平铺显示

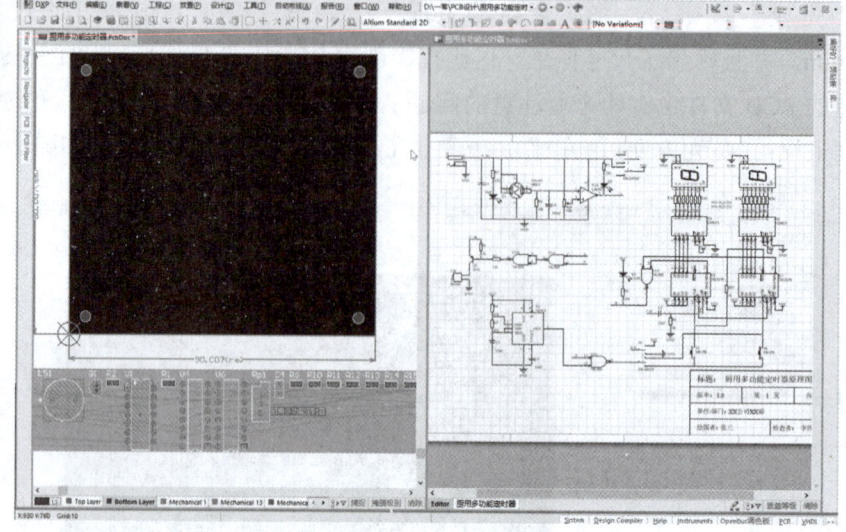

图 2-100 原理图和 PCB 文件的垂直平铺显示

这里采用按功能分模块布局的思路。先在原理图中选中芯片较多的数字电路部分优先布局，并布置在中间区域：在原理图文件中框选出计数显示部分电路的元器件，如图 2-101 所示，再单击 PCB 文件，执行 PCB 菜单命令"工具"→"器件布局"→"在矩形区域排列"，当鼠标指针上出现一个大十字光标跟随时，在 PCB 内框出一个大致的矩形区域，移动到其左上角和右下角时分别单击一次，选中的这部分元器件将会排列到这个区域内，如图 2-102（a）所示。

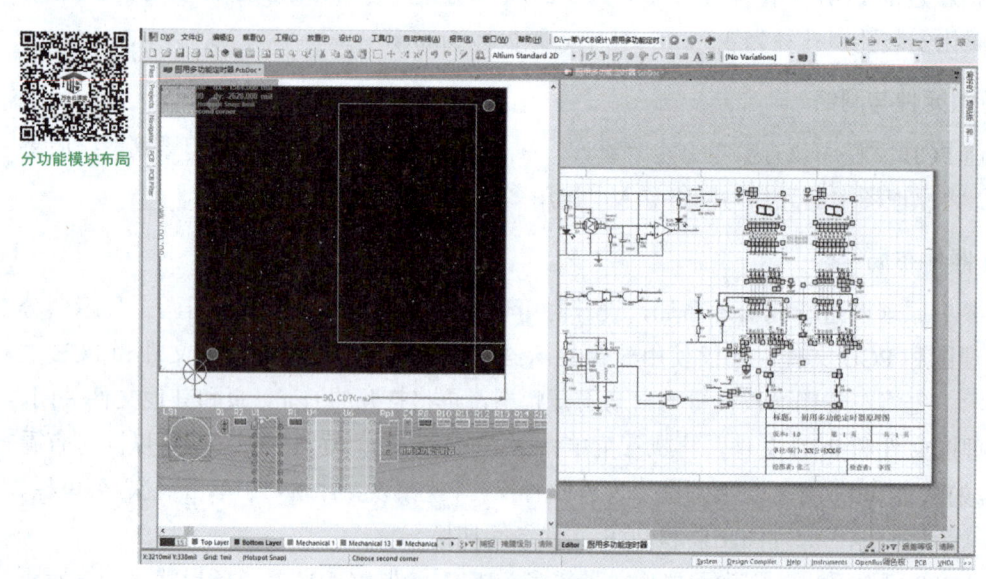
分功能模块布局

图 2-101 选择部分元件在矩形区域排列

接下来将这部分元件进行布局，先按照原理图摆放芯片，同时结合飞线最短原则调整芯片的方向，注意根据使用便利原则，两个数码管不能随意调换方向和位置，必须十位 DS1 在左，个位 DS2 在右正向放置。最后放置这部分电路中的小元件贴片电阻，数码管的限流电阻 R10～R16、R18～R24 分别靠近数码管对应引脚放置即可。初步布局如图 2-102（b）所示。

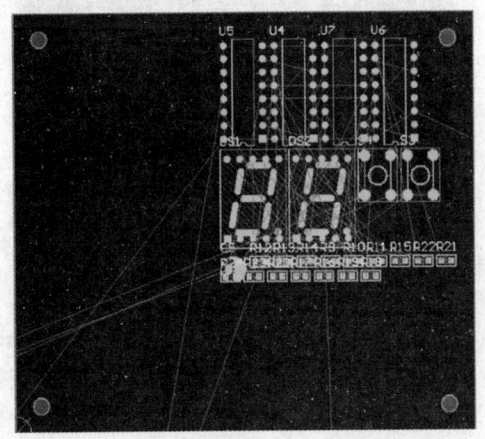
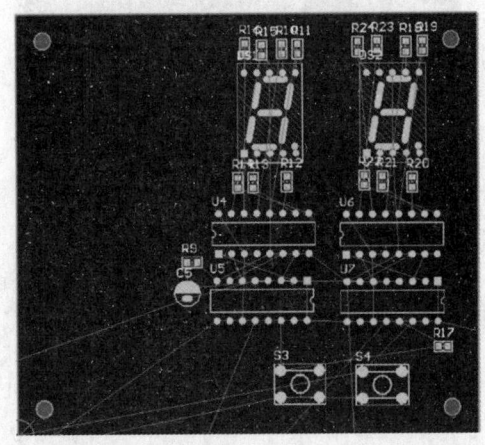

(a) 器件被放至板上　　　　　　　　(b) 初步布局

图 2-102　计数显示部分电路的布局

接下来在原理图中框选出以 555 定时器为核心的时基电路部分，如图 2-103（a）所示，排列在板子的左下角的矩形区域内，如图 2-103（b）所示。再以 555 芯片为中心，按飞线最短原则放置其他电阻、电容元件，放置完成后如图 2-103（c）所示。

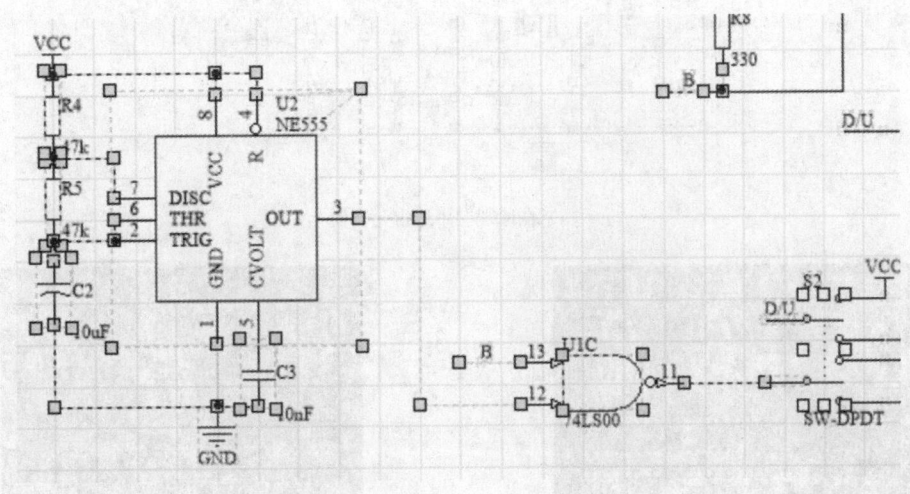

(a) 在原理图中选定元器件

图 2-103（一）　时基电路部分的布局

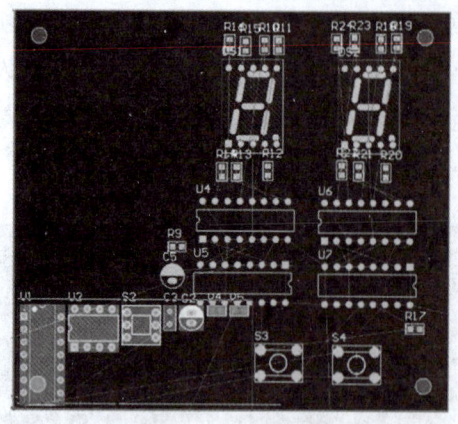
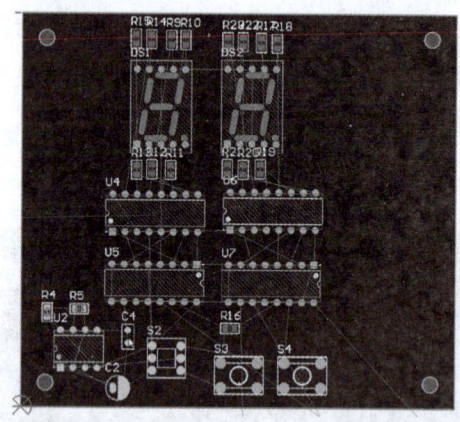

（b）放至 PCB 上矩形区域　　　　　　　（c）对本部分元器件布局

图 2-103（二）　时基电路部分的布局

接下来布局图 2-104（a）所示燃气检测电路部分，在原理图中选中这部分器件后，先排列到板子左上角的矩形区域内，如图 2-104（b）所示。接口 J1 靠左边放置，电源滤波电容和电源指示电路 D1、R3 靠近电源放置，用于给定时器部分通电的自锁按钮靠近定时器电路部分放置，气敏传感器靠上边放置，其余元器件按照飞线最短原则就近放置。放置完成后如图 2-104（c）所示。

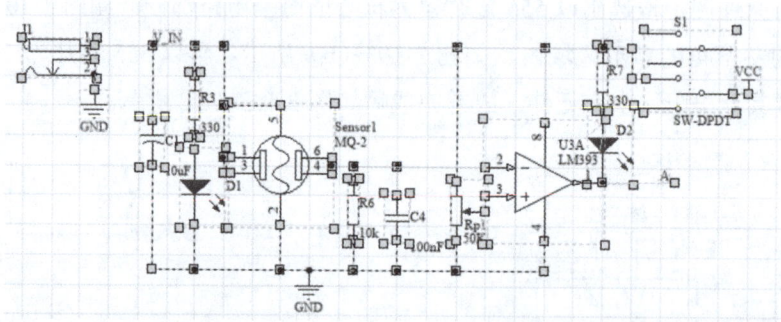

（a）在原理图中选定元器件

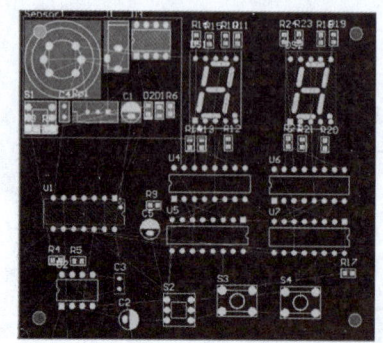
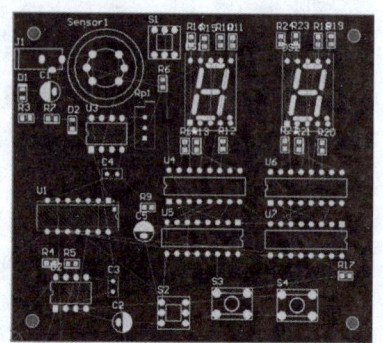

（b）放至 PCB 上矩形区域　　　　　　　（c）对本部分元器件布局

图 2-104　燃气检测电路部分的布局

最后将剩余的蜂鸣器,以及报警电路的几个元器件布置在板剩余的区域内,就完成了 PCB 元件的初步布局,如图 2-105 所示。

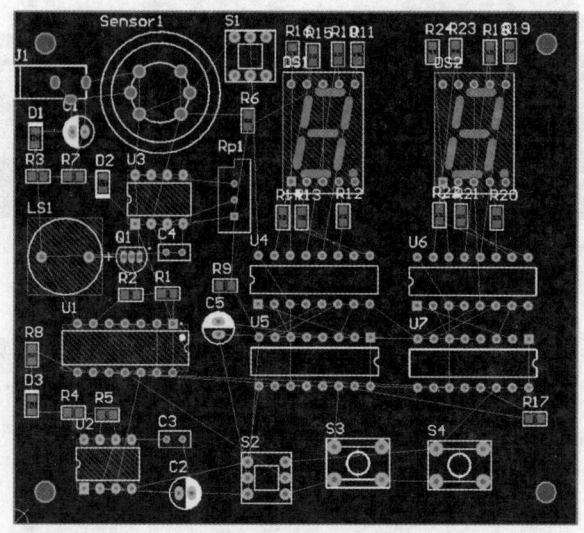

图 2-105 初步布局

接下来,还可以利用 Altium Designer 的排列工具使布局更美观,如使同类元器件对齐。

以两个数码管顶端的 8 个贴片电阻为例,首先框选这 8 个电阻,如图 2-106(a)所示,然后使用排列工具中的"以底对齐器件",如图 2-106(b)所示,这 8 个电阻就排在了一条直线上,如图 2-106(c)所示。

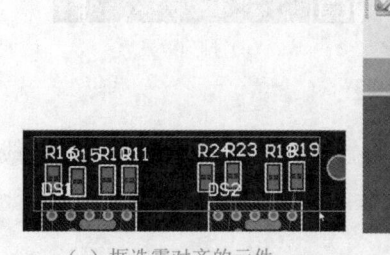
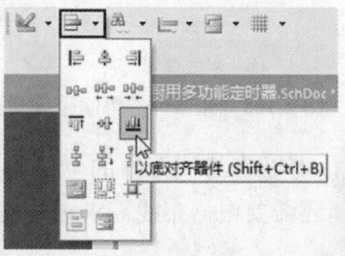

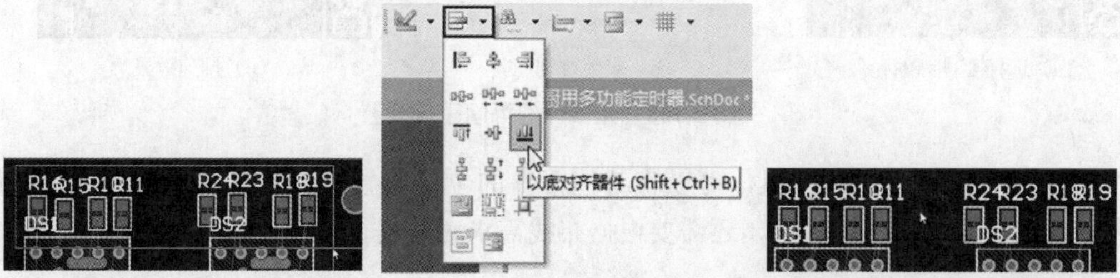

(a)框选需对齐的元件　　　　　(b)应用对齐工具　　　　　(c)对齐效果

图 2-106 元件的对齐

不仅元件可以对齐,为了使后期布线简洁美观,还可以将要连线的焊盘对齐。例如,R16 的 2 号焊盘与 DS1 的 10 号焊盘间需要连线,若将它们纵向对齐,则形成连线既短且直。这里可以按下 Shift 键不放,用鼠标先后选中两个焊盘,如图 2-107(a)所示,再使用排列工具中的"以水平中心对齐器件",如图 2-107(b)所示,再在要看齐的对象(DS1 的 10 号焊盘)中心单击,可以看到,R16 与 DS1 的 10 号焊盘对齐了,效果如图 2-107(c)所示。

元件的对齐与排列

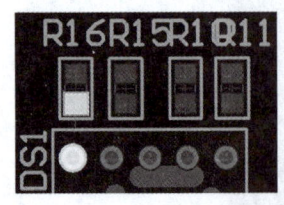 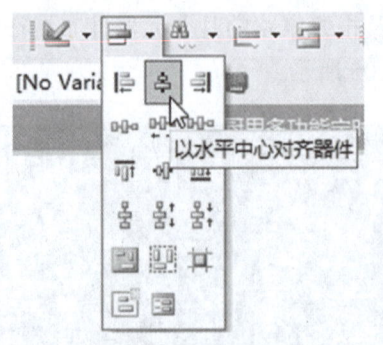 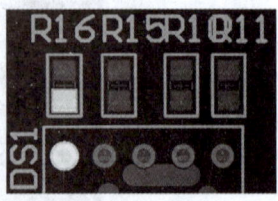

(a)选中要对齐的焊盘　　　　　　(b)应用对齐工具　　　　　　(c)对齐效果

图 2-107　元件焊盘对齐

用同样的方法可以对齐 R11 的 2 号焊盘与 DS1 的 6 号焊盘。左右侧这两个电阻调整后，再框选上 DS1 上方 4 个电阻，如图 2-108（a）所示，使用排列工具中的"使器件的水平间距相等"，如图 2-108（b）所示，则 4 个贴片电阻将会保持 R15 和 R10 两端的两个元件不动，在水平方向上均匀排列，如图 2-108（c）所示。

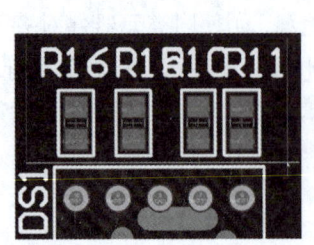 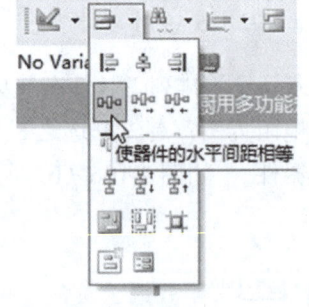 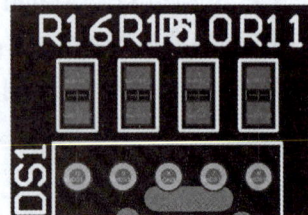

(a)选择要排列的元件　　　　　　(b)应用排列工具　　　　　　(c)排列效果

图 2-108　元器件的等间距排列

应用对齐和排列系列工具，可以将其他元件的位置放置得更为美观，也更方便布线。当然，在接下来布线的过程中，还需要根据布线需求对其进行进一步的调整。

4．设计规则设置

（1）线宽（Routing-Width）设置。根据电路的特点，设置如下 3 种线宽规则。

1）VCC 及 V_IN 网络：20～30mil，首选 30mil。其中 V_IN 是 DC 接口的正极，也是燃气检测电路部分的电源正极，长期工作不断电，VCC 是定时器电路部分的电源正极，二者之间被自锁按钮 S1 分隔，定时器电路不工作可通过 S1 断电。

2）GND 网络：40mil。即将其最小线宽、最大线宽、首选线宽均设置为 40mil。

3）其他网络：15～20mil，首选 20mil。

其他网络线宽规则的优先级设为最低。

（2）布线层（Routing-Layers）设置。本电路采用双面布线，即同时使用 Top Layer 和 Bottom Layer。在 Bottom Layer 布上大面积接地铜箔，其他线路尽可能在 Top Layer 走线。

(3)安全间距(Clearance)设置。安全间距设置规则有以下两条。

第一条为普通线距:10mil。设置方法与项目1相同。

第二条为覆铜间距:20mil。覆铜间距规则的设计方法如下。

执行菜单命令"设计"→"规则",进入"PCB规则及约束编辑器"对话框。在Electrical(电气规则)的Clearance(安全间距)条目上右击,增加一条新规则,如图2-109(a)所示。为了方便区别,在右侧的"名称"输入框中,将本条规则更名为Polygon(多边形铜),如图2-109(b)所示,然后在Where The First Object Matches(首选的匹配对象)中选择"高级的(查询)"选项,单击本选项右侧的"查询构建器"按钮,打开Building Query from Board(查询构建器)对话框,如图2-109(c)所示。在"条件类型/操作员"下拉列表框中,选择In Any Polygon选项,选定后单击"确定"按钮退回到"PCB规则及约束编辑器"对话框。在对话框右下方的约束描述中,将本条安全间距改为20mil,如图2-109(d)所示。

(a)右击增加新规则

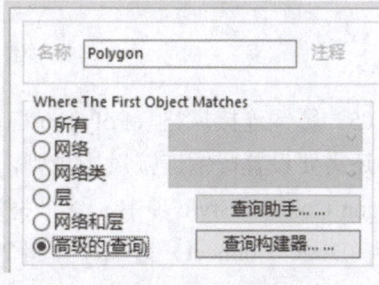

(b)给规则改名

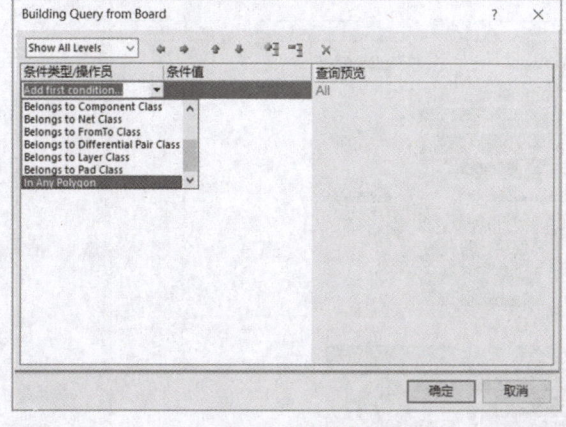

(c)打开对话框

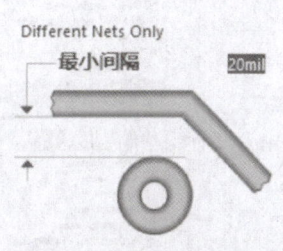

(d)修改安全间距为20mil

图2-109 覆铜间距的设置

将覆铜安全间距规则(Polygon)的优先级设置为高于普通安全间距规则。

(4)过孔风格(Routing Via Style)设置。双面布线的PCB通常不可避免地需要用到过孔来连接正反面的走线,因此先对过孔规则进行设置。本电路的元件密度不大,可以放置尺寸较大的过孔,这里统一设置孔径为20mil,外径为35mil。这一规则的设置在设计规则编辑器的 Routing 规则类的 Routing Via Style 项中，如图 2-110 所示。

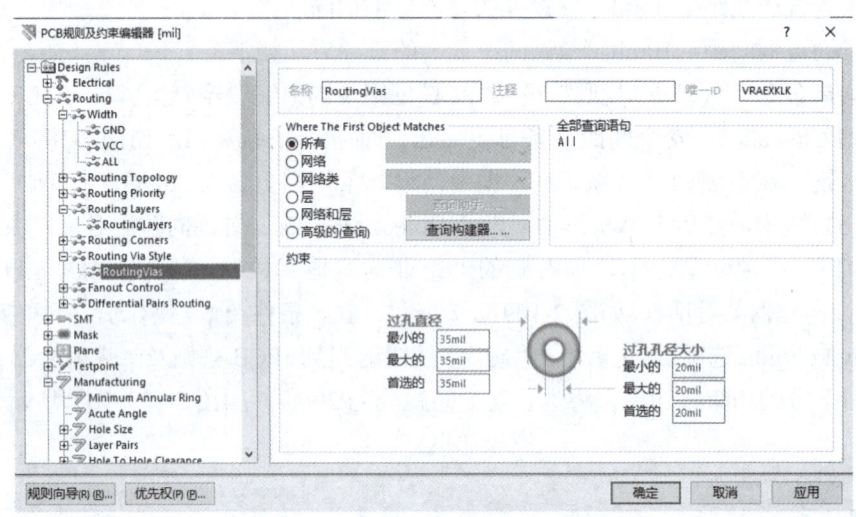

图 2-110　过孔规则的设置

（5）覆铜连接风格（Polygon Connect Style）设置。针对本项目要进行的大面积覆铜设计，还需要设置覆铜连接风格规则，此项规则在设计规则编辑器的 Plane（平面）规则类的 Polygon Connect Style 项中，这里将连接方式由默认的桥连（Relief Connect）方式改为直接连接（Direct Connect）方式，如图 2-111 所示。

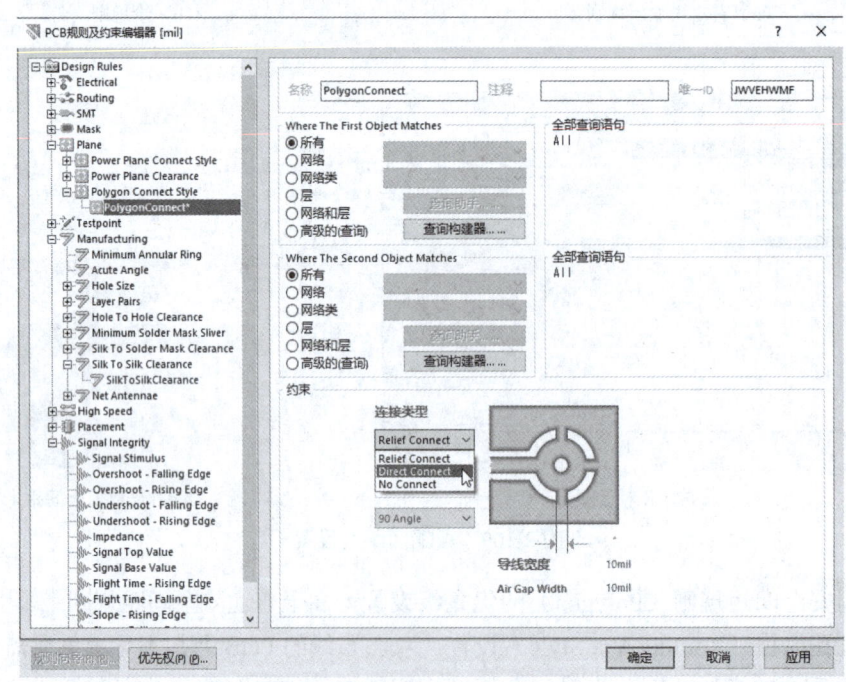

图 2-111　覆铜连接风格的设置

5. PCB 布线

首先对 PCB 进行一次自动布线，根据布线时间的长短和布线的复杂程度可以了解布局是否存在明显的不合理，并获得一些布线的提示。不过自动布线一般都达不到理想的效果，最终还是要通过手动布线完成。

为元器件密度较大的电路板布线，可以隐藏丝印层以减少视觉干扰，如图 2-112 所示。操作也很简单，只需在窗口底部"丝印层"标签上右击，在右键菜单中选择 Hide（隐藏）命令即可。另外，可以将栅格由线状改为点状，既保留其对齐作用，又不干扰布线。

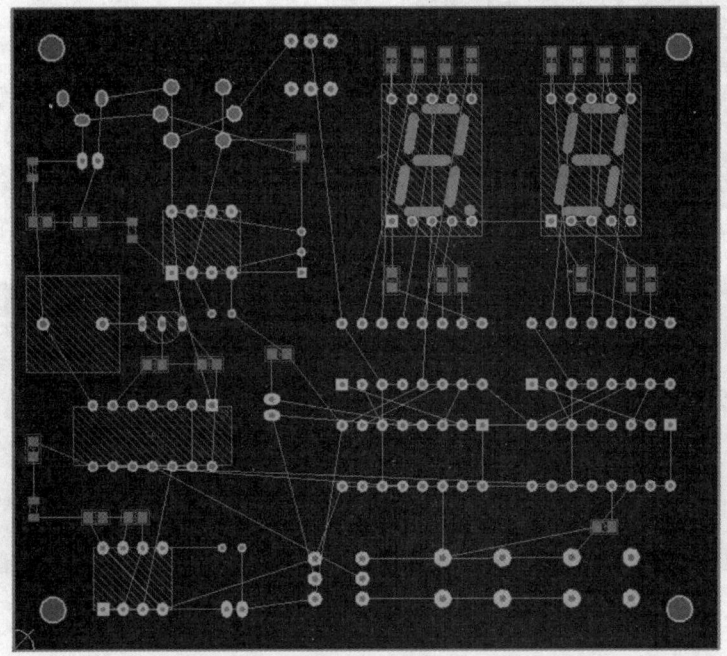

图 2-112　隐藏丝印层后的 PCB 视图

在本项目的布线中，因为已预先考虑到在底层放置大面积接地覆铜，所以，将尽量多的其他网络布线设计在顶层，最后再考虑 GND 的布线。

GND 以外的大部分线路可以在顶层或底层直接布通，但也有少数线路仅通过顶层或底层布线是不能成功的，这就需要用到过孔，将一条导线的一段布在顶层，另一段布在底层，之间通过过孔连接。

以图 2-113（a）所示网络 NetR14_1 的连线为例，它的两个焊盘通过顶层布线连通的路径已经被两条纵向的导线阻断了，由于上方电阻的焊盘为顶层的贴片焊盘，也无法直接通过底层布线进行连接。这时可以先放置过孔，单击布线工具栏中的"放置过孔"按钮，或者按下快捷按钮 PV，当鼠标指针上粘附上一个过孔后，按下键盘上的 Tab 键，在打开的"过孔"对话框中，设置过孔内径为 20mil，外径为 35mil，并将"属性"栏中的"网络"一项设置为 NetR14_1，如图 2-113（b）所示。单击"确定"按钮退出，移动鼠标指针到贴片焊盘左侧，单击完成放置，再右击结束放置，如图 2-113（c）所示。最后分别放置一段顶层导线和一段底层导线将两个焊盘连接到过孔上，如图 2-113（d）所示，这样就完成了网络 NetR14_1 的连线。

过孔的放置

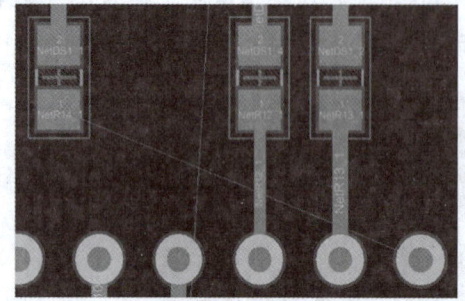
（a）需要布线的网络 NetR14_1

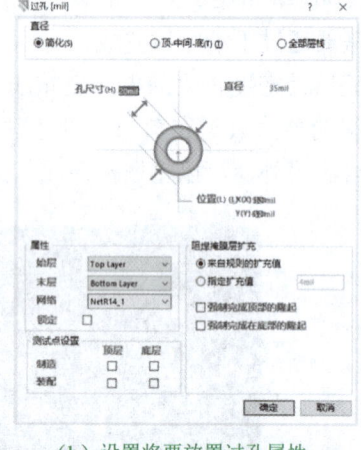
（b）设置将要放置过孔属性

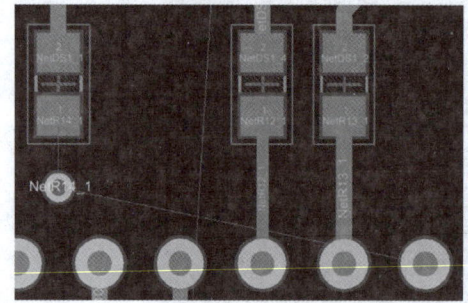
（c）放下一个过孔

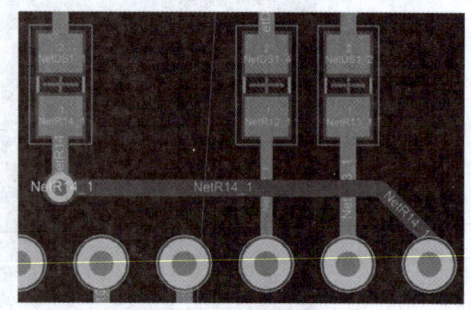
（d）经由过孔连接两个焊盘

图 2-113　放置过孔后连通焊盘

通过过孔完成网络布线还有更为简单快捷的方法，以图 2-114（a）中网络 NetR22_1 的布线为例。直接使用交互式布线工具选择顶层，从上方焊盘处开始布线，将线拉出焊盘后，同时按下 Ctrl+Shift 键，并向前滚动鼠标滚轮，这时布线层会自动切换到底层，并添加一个过孔，如图 2-114（b）所示。这时只需要在合适的位置单击将过孔放下，并继续在底层完成过孔向下方 NetR22_1 网络焊盘的布线即可，如图 2-114（c）所示。在 PCB 设计窗口中按下 Ctrl+Shift 键，同时前后滚动鼠标滚轮，可以实现图层之间的快速切换，这是一种很常用的快捷方式，读者可以尝试其各种灵活的用途。

> **分享**　习惯养成：过孔是多层 PCB 设计中的重要因素之一，合理使用过孔是摆脱布线困境的有效方式，PCB 设计的质量正是体现在这一孔一线的细微之处。在 PCB 设计过程中，扎实的基本功、高度的责任心、良好的专注力是向优秀 PCB 设计工程师进阶的必备法宝，用"工匠精神"诠释 PCB 设计高品质是每一位优秀 PCB 设计工程师的必然追求。

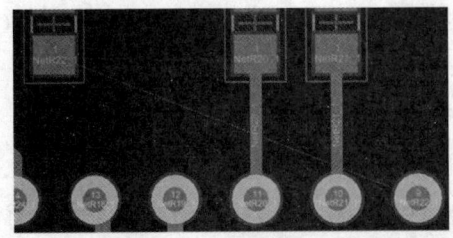 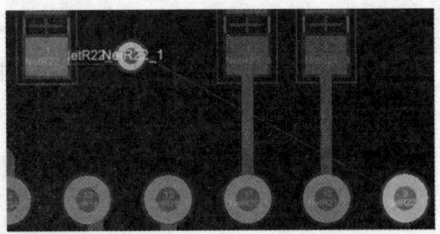

（a）要布线的网络 NetR22_1　　　　（b）布线中途按下 Ctrl+Shift 键并滚动鼠标滚轮生成过孔

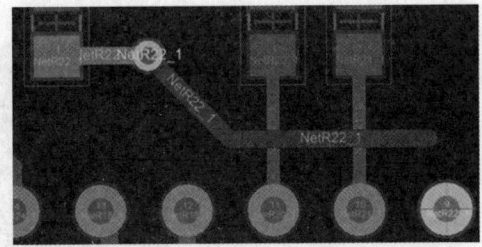

（c）切换到底层继续布线

图 2-114　绘制导线的过程中直接生成过孔

除 GND 网络外，其他网络布线后的效果如图 2-115 所示，绝大部分线路布在了顶层。接下来可以尝试通过底层大面积覆铜连接所有的 GND 网络。

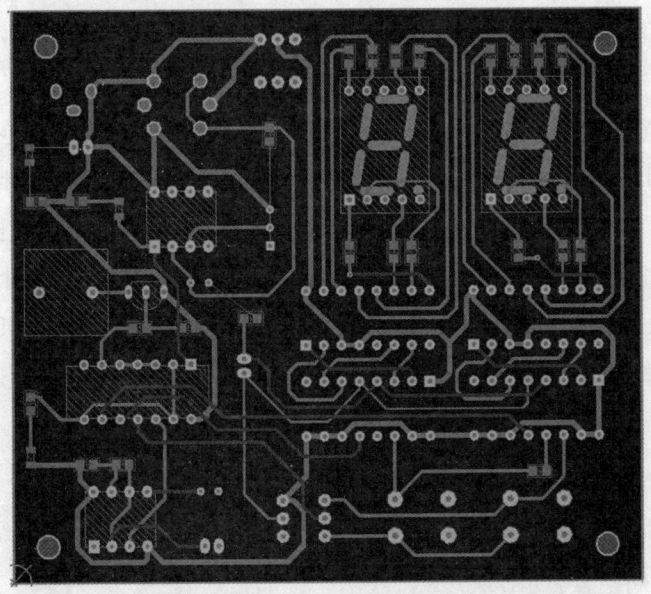

图 2-115　GND 以外网络的布线效果

首先切换到 Bottom Layer，单击布线工具栏中的"放置多边形平面"按钮，打开"多边形敷铜"对话框，如图 2-116（a）所示。在"填充模式"栏中选择 Solid（Copper Regions）选项；在"属性"栏中，在"名称"输入框中修改名称为 Bottom Layer-GND，将

"层"选定为 Bottom Layer；在"网络选项"栏中，"链接到网络"下拉列表中选择 GND 选项，第二个下拉列表中选择 Pour Over All Same Net Objects（覆盖所有同网络的对象）选项，并勾选上下方的"死铜移除"复选框，然后单击"确定"按钮退出对话框。

接下来，鼠标指针会出现大十字光标跟随，用大十字光标逆时针或顺时针依次捕捉板框的 4 个顶点，如图 2-116（b）所示，在每个顶点处单击，最后右击结束，这样就形成了一块以单击位置为顶点的多边形覆铜。

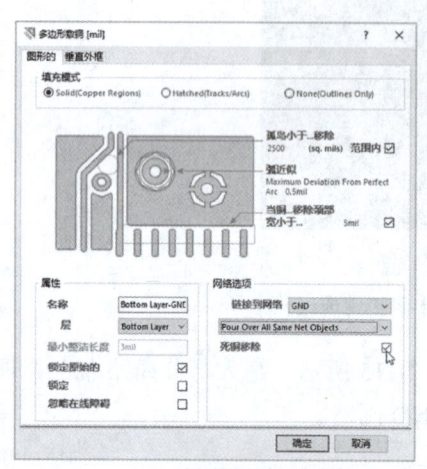

（a）覆铜设置　　　　　　　　　　（b）规划覆铜区域

图 2-116　多边形覆铜操作

GND 覆铜效果如图 2-117（a）所示，可以看到，大部分 GND 网络的焊盘已被覆铜连接起来，按照规则，覆铜离非 GND 焊盘及导线的间距为 20mil。但这种 GND 连接方式也要特别小心，要顶底面反复切换，检查有无漏接的 GND 布线。例如，图 2-117（b）中左侧有 3 段 GND 网络布线就因为一端是顶层的贴片焊盘，而无法通过覆铜连接，这就需要补上这些地线。解决的方法有两种：一是从顶面绘制导线与最近的接 GND 焊盘相连，如图 2-117（b）中的连线①；二是就近放置一个过孔与底面的覆铜相连，如图 2-117（b）中的连线②、③。

6. 布线后的完善与 DRC

布线全部完成以后，先对焊盘进行补泪滴。执行菜单命令"工具"→"滴泪"，为焊盘和过孔添加弧形泪滴。

接下来可以对 PCB 尝试进行设计规则检查（DRC），执行菜单命令"工具"→"设计规则检查"，在默认设置下进行 DRC 的结果如图 2-118 所示。

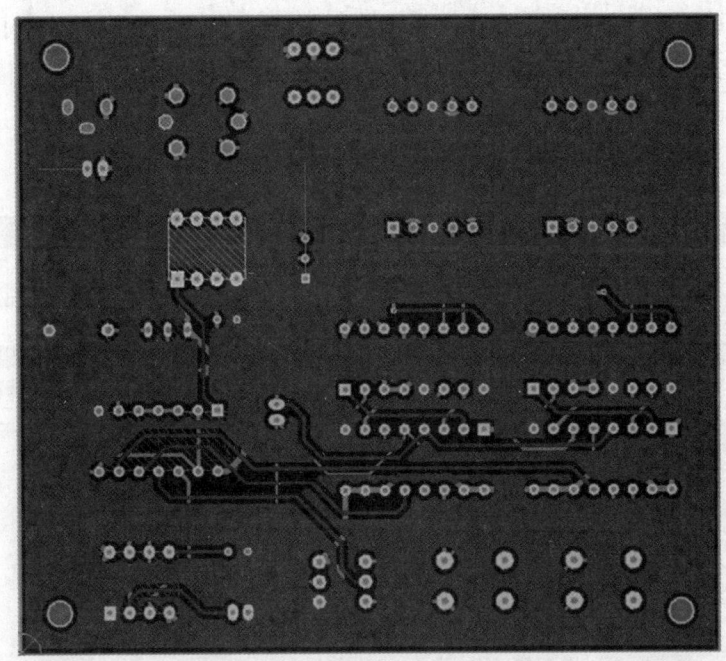

(a) GND 覆铜效果

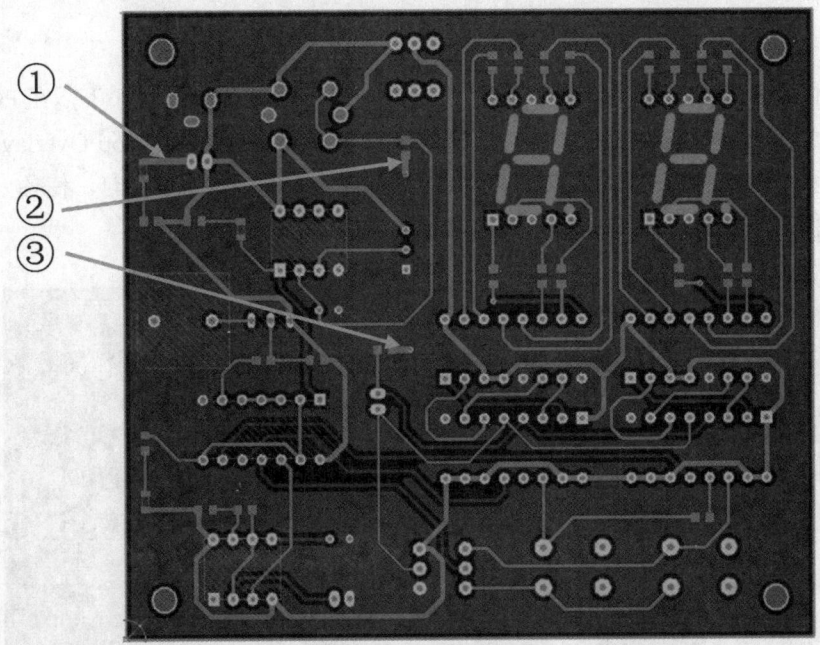

(b) 补上漏掉的 GND 布线

图 2-117　GND 覆铜效果及补 GND 布线

检查结果表明，有 3 种类型的违反规则。其中，Silk To Solder Mask 和 Silk To Silk 两类涉及丝印层，由于尚未调整丝印，暂时不予处理。还有一类是 Hole Size 规则，借助

Messages 对话框定位，发现是安装孔的孔径太大，超出了默认的最大尺寸 100mil。此处并没有特殊的工艺要求需将安装孔限制在 100mil 以下，所以可以将孔径规则修改一下，例如修改到最大 200mil，就可以消除这一类违规。

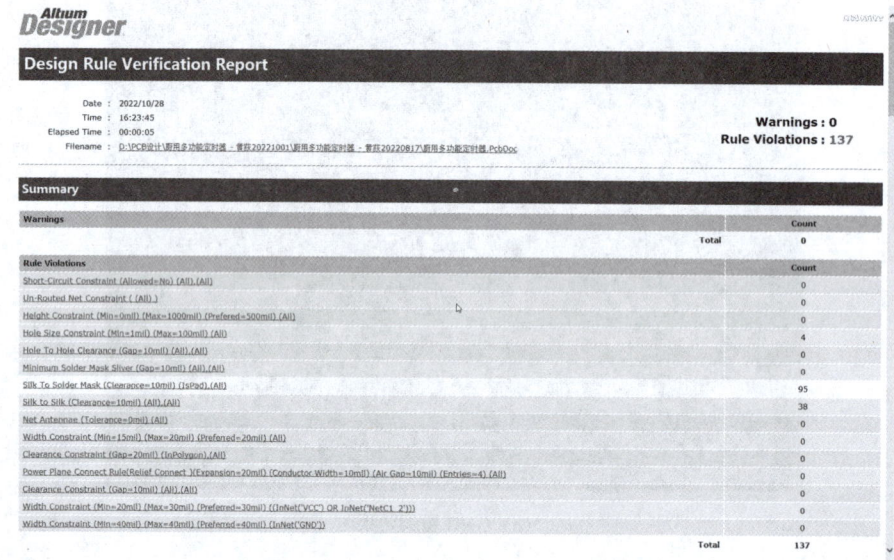

图 2-118　在默认设置下进行 DRC 的结果

接下来需要恢复丝印层显示并调整丝印字符。恢复丝印层显示的方法如下，在 PCB 设计窗口下方的任意一个层标签上右击，执行右键菜单命令"显示层"→"Top Overlay"，如图 2-119（a）所示，就恢复了丝印层的显示。再逐一调整字符的位置和方向，使各元件的设计标号靠近元件易于识别，如图 2-119（b）所示。

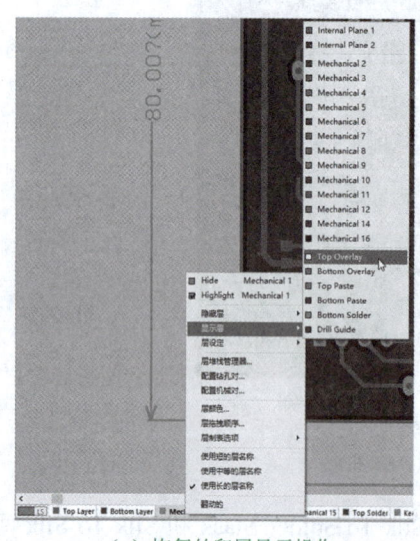

（a）恢复丝印层显示操作

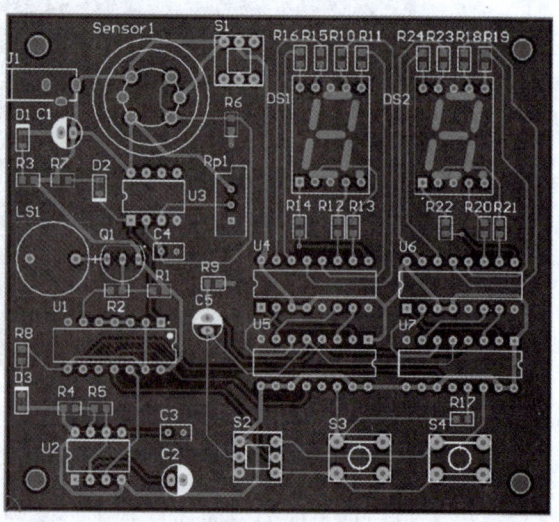

（b）调整后的丝印字符

图 2-119　恢复丝印层显示并调整丝印字符

再次进行设计规则检查，发现只剩下一类违规，即 Silk To Solder Mask（丝印到阻焊层间距）太小，经 Messages 对话框在 PCB 图中定位，发现全部发生在通孔焊盘。由于通孔元件在底面进行焊接，丝印层在顶面，互不影响。所以，此类情况不影响电路板的焊接，可以采用项目 1 的方法修改此规则，或者直接忽略此项规则检查。

忽略此项规则检查的方法：在进入"设计规则检测"对话框后，在左侧选择 Manufacturing 类，然后在右侧规则列表中去除勾选 Silk To Solder Mask Clearance 项后"批量"检查项，再"运行 DRC"进行检查，如图 2-120 所示。

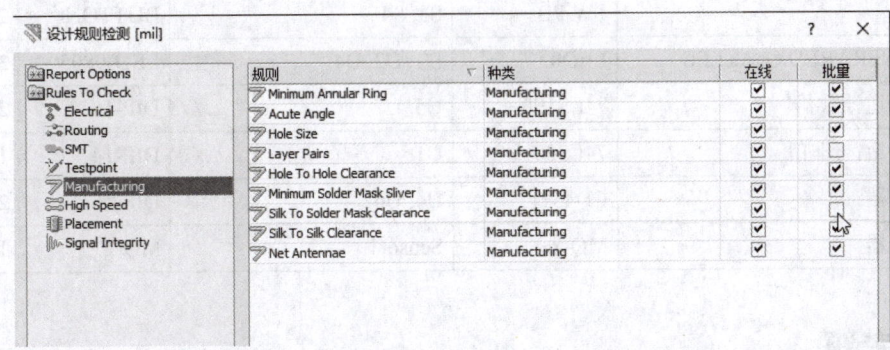

图 2-120　忽略 Silk To Solder Mask Clearance 规则检查

至此，设计规则检查没有发现错误，厨用多功能定时器的 PCB 设计任务完成。

7. 生成元器件清单

在 PCB 文件或原理图文件中执行菜单命令"报告"→"Bill of Materials"，生成 EXCEL 格式元器件清单，如表 2-9 所示。

表 2-9　厨用多功能定时器清单

Description	Comment	Designator	Footprint	Quantity
14.2 mm General Purpose Blue 7-Segment Display: CC, RH DP, Gray Surface	Dpy Blue-CC	DS1, DS2	H	2
555 定时器	NE555	U2	DIP-8	1
Capacitor	Cap	C3, C4	RAD-0.1	2
Comparator	LM393	U3	DIP-8	1
Double-Pole, Double-Throw Switch	SW-DPDT	S1, S2	自锁按钮 8*8	2
Low Voltage Power Supply Connector	PWR2.5	J1	DC	1
Magnetic Transducer Buzzer	Buzzer	LS1	BUZZER-12	1
PNP General Purpose Amplifier	9012	Q1	TO-92B	1
Polarized Capacitor (Radial)	100uF	C1, C2, C5	EC2/5	3

续表

Description	Comment	Designator	Footprint	Quantity
Potentiometer	RPot	Rp1	VR5	1
Resistor	Res2	R1, R2, R3, R4, R5, R6, R7, R8, R9, R10, R11, R12, R13, R14, R15, R16, R17, R18, R19, R20, R21, R22, R23, R24	R-0805	23
Switch	SW-PB	S3, S4	BUTTON	2
Typical INFRARED GaAs LED	LED0	D1, D2, D4	LED-0805	3
十进制可逆计数器	74LS190	U5, U7	DIP-16	2
四-2输入端与非门	74LS00	U1	DIP-14	1
显示译码器	CD4511	U4, U6	DIP-16	2
气敏传感器	MQ-2	Sensor1	MQ-2	1

思考题

1. PCB 的布局布线一般遵循哪些基本原则？在本项目的设计中，应用到了哪些原则？
2. 什么是覆铜？覆铜有哪些目的和类型？覆铜的设计需要考虑哪些因素？
3. 设计规则检查后的报错应当如何处理？

任务 4　厨用多功能定时器的制作

任务描述

集成电路在使电子产品小型化方面功不可没，但集成电路同时也是一种相对脆弱的元器件，它在抗静电、耐高温等方面的能力往往要低于分立元件，因此带有芯片的电路在安装时要更为小心谨慎，遵守操作规范。以数字电路为主的电子产品在调试的时候最重要的是保障功能的全面实现，为此可以分功能模块对产品样机进行分步调试。本任务将完成厨用多功能定时器的 PCB 制作、手工焊接与调试。

任务要求

- 了解 PCB 的生产制造工艺。
- 使用小型制板设备完成 PCB 的制作。
- 完成厨用多功能定时器的手工焊接组装。
- 完成厨用多功能定时器的功能调试。

知识链接

1. 工业化PCB生产的工艺流程

在现代PCB制造企业，PCB是大型现代化设备和严格的工艺数据管控下的产物。作为PCB设计者，可以不需要了解设备工作的细节，但需要了解PCB生产的大致工作流程，这有助于设计者深入理解设计规则，优化设计版图，提升产品的可制造性，减少不良品的产生。

一份设计图纸进入PCB制造企业，直到变成PCB发回客户手中，一般会经历以下过程。

（1）拼板与开料。为了提高生产效率、方便生产，PCB工程师在生产前一般会对设计者提供的图纸进行一些再处理，常规的操作包括拼板、添加工艺边等。

拼板是指，为了充分利用板材，并实现PCB生产出来后的贴片流水线的高效，将若干个单元图形（通常称为Unit），拼接成一个拼板（通常称为Set）。为了方便PCB在SMT流水线上的传送，通常还需要为拼板添加一个连带，即工艺边，如图2-121所示。工艺边用于辅助PCB焊接组装制程，很多时候作为贴片机光学定位基准的MARK点和机械加工用的定位孔也设计在工艺边上。由于工艺边不属于PCB上含电路功能的一部分，为方便焊接组装完成后将其去除，工艺边和PCB通常用邮票孔或V型槽连接。

而PCB制造企业为了实现最佳生产效益，通常还会将多个拼板再拼为一块生产板（Panel）。将大面积覆铜板等分成生产板大小的过程就被称为开料。开料不仅要完成板材的切割，通常还要磨边磨角，避免在后续工序形成不必要的垃圾和污染。

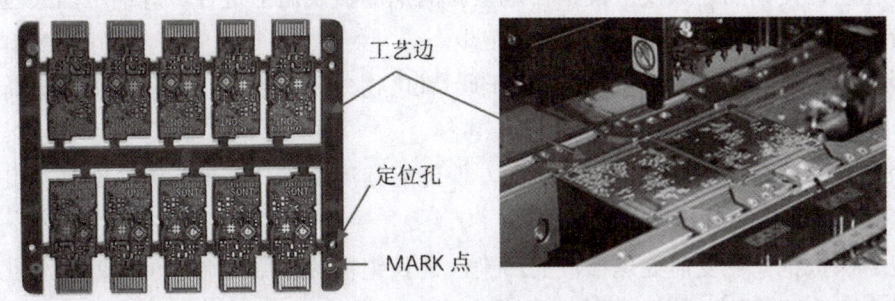

图2-121　PCB拼板及工艺边

（2）内层线路制作。内层线路的制作需要经过板材表面处理、贴膜、曝光、显影、蚀刻、褪膜、棕化过程。

1）板材表面处理：俗称磨板，目的是清洁PCB基板表面，去除表面污染物与氧化层，适当增加铜面粗糙度，便于感光膜附着在铜面上。

2）贴膜：将经过处理的基板通过热压或涂覆的方式贴上干或湿的感光膜，便于后续曝光实现图形转移。感光膜的特性是对紫外线敏感，能够通过紫外线固化。

3）曝光：将内层线路菲林与贴好膜的基板对位，在曝光机上利用紫外光的照射，将底片图形转移到感光干膜上。内层线路菲林是负片，即线路所在位置透明透光，非线路处为黑色不透光。

4）显影：利用显影液（例如碳酸钠溶液）的弱碱性将未经曝光的干膜／湿膜溶解冲洗掉，露出铜面，已曝光的部分（线路）干膜／湿膜将保留下来。

5）蚀刻：将显影后的基板放入腐蚀液（例如氯化铜溶液）中，露出的铜面将被溶解腐蚀掉，被曝光的干膜／湿膜保护的部分铜面将保留下来，得到所需的线路。

6）褪膜：将保护铜面的感光膜用脱膜液（例如氢氧化钠溶液）溶解掉，露出线路铜皮。

7）棕化：用一定浓度的棕化液与铜发生化学反应，微蚀铜面，使芯板的铜面变得粗糙。棕化后芯板铜面的颜色将会变成棕红色，故称为"棕化"。经过棕化后的内层铜层与半固化片之间粘合力将得到增强。

（3）层压。层压是借助于半固化片（又称为 PP 片）的粘合性把各层线路粘结成整体的过程。半固化片主要由树脂和增强材料组成，除粘合外还起到线路层间绝缘的作用。层压时将离散的多层板与半固化片一起压制成所需层数和厚度的多层板。

（4）钻孔。钻孔是在线路板层间钻出直径不同、大小不一的孔洞，起到连通层间线路、帮助板子散热、为插装元件提供安装插孔等作用。

（5）沉铜。沉铜是化学镀铜的简称，也叫作镀通孔，简写为 PTH，是指在已钻孔的不导电的孔壁基材上，用化学的方法沉积上一层薄薄的化学铜，以作为后面电镀铜的基底。其化学原理是先使绝缘基材表面吸附上一层活性的粒子，通常是金属钯粒子，沉铜液中的铜离子首先在这些活性的金属钯粒子上被还原，而这些被还原的金属铜晶核本身又成为铜离子的催化层，使铜的还原反应继续在这些新的铜晶核表面上进行。沉铜工艺又包含碱性除油、微蚀、预浸、活化、解胶、沉铜等工步。

碱性除油：目的是除去板面油污、指印、氧化物、孔内粉尘，使孔壁由负电荷调整为正电荷，便于后续工序中胶体钯的吸附。

微蚀：除去板面的氧化物，粗化板面，保证后续沉铜层与基材底铜之间具有良好的结合力，可以很好吸附胶体钯。

预浸：保护钯槽免受前处理槽液的污染，延长钯槽的使用寿命，可有效润湿孔壁，便于后续活化液及时进入孔内进行足够有效的活化。

活化：经前处理碱性除油极性调整后，带正电的孔壁可有效吸附足够带有负电荷的胶体钯颗粒，以保证后续沉铜的平均性、连续性和致密性。

解胶：去除胶体钯颗粒的外层包裹，使胶体颗粒中的钯核暴露出来，以直接有效催化启动化学沉铜反应。

沉铜：通过钯核的活化诱发化学沉铜自催化反应，使板面或孔壁上沉积一层化学铜。

（6）板镀。板镀是全板电镀铜的简称，其目的是通过电镀将铜层加厚到一定程度以保护刚刚沉积的薄薄的化学铜，防止化学铜氧化后被酸浸蚀掉。其基本原理是通过外界直流电的作用，使溶液发生电解反应，而在板的导体表面再沉积一层铜。

（7）外层线路制作。外层线路制作就是指顶面和底面的线路制作，其过程与内层线路制作相似，要经过表面处理、贴膜、曝光、显影、蚀刻、褪膜等过程，与内层线路制作不同的是，现代多数制板企业外层线路已使用正片工艺，增加了镀锡与褪锡环节。制程变化体现在，外层线路菲林是正片，即线路所在位置为黑色不透光，非线路处透明透光。这样的菲林覆盖在铜板上经曝光、显影后去除的是线路部分的感光膜，这之后要先将电路板送去镀锡，即在线路位置的铜皮上留下一层锡的保护层，再褪去感光膜将非线路处的铜暴露出来进行蚀刻，完成蚀刻后再进行褪锡，即去除线路上的锡保护层，最后再进行一次电镀，增加线路和孔内铜膜的厚度。

（8）阻焊制作。阻焊膜的作用在项目1中已有介绍，其本质也是一种感光油墨，通过丝网印刷或涂覆的方式覆盖在线路板上，油墨经热固化后在其上覆盖阻焊菲林进行曝光。阻焊菲林上焊盘对应的位置为黑色不透光，其他区域透明透光。通过显影后，溶解掉焊盘上未经曝光的油墨，露出要焊接的盘与孔，其他位置经光固化的油墨则被保留下来，防止焊接时短路。

（9）字符制作。字符制作也是以丝网印刷的方式先在板上刷上一层感光油墨，一般为白色，油墨经热固化后在其上覆盖字符菲林进行曝光。字符菲林为负片，即字符对应的位置透明透光，其他区域为黑色不透光。通过显影后，溶解掉焊盘上未经曝光的油墨，留下被曝光固化的字符、图形。

（10）表面处理。经过上述流程后的线路板焊盘部位还是裸铜，虽然当时的可焊性能很好，但长期暴露在空气中容易受潮氧化，因此需要对铜面进行表面处理，以保持良好的可焊性和导电性。

最常见的表面处理方式是喷锡，大致工作方式是将电路板浸泡到熔融的锡铅合金中，当电路板表面粘附足够的锡铅后，再利用热空气加压将多余的锡铅刮除，也叫作热风整平技术。

除喷锡以外，在对表面平整度、保护持久性等要求高的场合，还会采用沉金、沉锡、沉银、镍钯金、电硬金、电金手指等方式进行表面处理，这里不一一介绍了。

（11）成型。成型是指将PCB切割成所需要的外形。

（12）电测。电测就是模拟板的工作状态，通电进行电性能检查，是否有开路、短路。电测的基本方式有两种：夹具测试和飞针测试。

夹具测试是为每一种PCB开发一种夹具，夹具包含了与电路上的网络数量匹配的引脚，数百个探针同时与PCB的测试点建立连接。夹具测试的速度非常快，但若被测板有了任何更改，则必须重新制作夹具。

飞针测试使用两个或多个探针来测试PCB上的所有网络。探针在程序控制下沿整个板面移动，依次对不同的网络进行测试。显然飞针测试相对成本更低，但测试过程也相对较慢。一般来说，只有对产量很大的成熟型产品PCB进行测试，才会使用夹具测试。

（13）终检、抽测、包装。对板的外观、尺寸、孔径、板厚、标记等进行检查，满足客户要求。将合格品包装成捆，易于存储、运送。

分享 前沿动态：随着工业 4.0——智能化时代的到来，许多 PCB 制造企业已经开始自己的智能化转型之路。将 PCB 生产设备上的各种检测控制设备通过网络互连，并接通 ERP（企业资源计划）系统形成物联网，就是 PCB 制造业实现工业 4.0 的一条现实途径。想象一下，客户通过手机应用软件或在网上下单后，ERP 系统自动根据订单特性计算所需物料并判断物料是否充足，在物料短缺的情况下，系统会自动向原料供应商下单，并在最短时间内准备好物料。随后，ERP 系统将订单生产信息传递给生产设备，各设备工序之间通过 ERP 系统互相"对话"，并将生产数据传送给 ERP 系统，ERP 系统对其进行统计分析，得出设备的生产特性、产能、最佳保养时间，以及单位面积的物料消耗等，进而对生产过程进行监控和优化。不久的将来，这或许就是 PCB 制造企业常规的生产流通模式。

工业 4.0 时代，是 PCB 制造业实现从"制造"到"智造"转变的契机，需要勇立潮头、不懈追求的当代电子新工匠。

2. 雕刻法制板

工业化 PCB 生产通过大型的生产设备、大面积的生产板、大规模的生产量、复杂精细的制程控制可以实现高质量、低成本，但在一些大专院校、科研院所、军工单位，出于学习和研发需求，需要自行制作小批量的电路板，再按照工业化生产流程经过几十道工序来进行制板就不太现实了，特别是在工业化制板流程中几乎每个环节都要使用到多种化学药品，其中也不乏有毒有害的材料，在大型 PCB 制造企业中，必须有专人按照规定的流程来进行废水、废液、废渣等的处理，环境监测相关部门也会对这些企业的排放行为进行监管，这些都会增加生产成本，这也是工业化制板流程不适合非制造企业的重要原因。这时就需要一种相对简单且环保的制板方式，雕刻法制板刚好可以满足这一需求。

随着 1975 年第一台电路板刻制机出现，这种采用雕刻技术直接刻制电路图形的设备为人们提供了一种快速制板方法，为实验室制作电路、小批量制作电路和电子产品的研发提供了极大的便利。随着制作精度要求的不断提高，PCB 雕刻机的发展也非常迅速，现在已从最初的机械雕刻发展出了激光雕刻，用激光刻制线路，重复精度可达 ±0.08mil，最细线宽可以达到 20μm，极大地满足了高精度需求。雕刻法与化学方法制板最大的区别在于它是用物理方式去除板上线路以外的部分，如图 2-122（a）所示；此外，当前有些雕刻机还可以应用于阻焊制作，可以刻去焊盘上的阻焊膜而不伤及底铜，如图 2-122（b）所示。

当然，雕刻法制板目前还存在一些局限性，例如，无法雕刻内层线路，不能适用于大批量的生产等。

3. IPC 标准

在电子产品设计制造过程中，如何对产品的制程进行管理？在电子产品制造完成后，又如何对产品进行评价呢？在行业内有国际公认的标准，那就是 IPC 标准。

IPC（国际电子工业联接协会）是一家全球性非盈利电子行业协会。其前身是 Institute

Of Printed Circuits（印制电路协会），IPC 就是其首字母缩写，后来虽然更名为国际电子工业联接协会（Association Connecting Electronics Industries），但仍沿用了原来的标识。

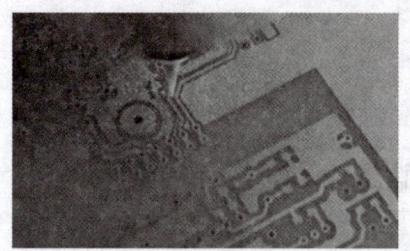
（a）雕刻法制作线路

（b）雕刻法制作阻焊

图 2-122　雕刻法制板

IPC 现有的超过 300 份 IPC 标准和指南覆盖电子制造的各个环节，旨在帮助制造商提升产品质量，规范生产过程，降低生产成本，实现良好沟通。图 2-123 是精简版的 IPC 标准树。本书"附录 2 电路板焊接组装验收评价标准""附录 3 电路板制作验收评价标准"就是分别参考了 IPC-A-610 和 IPC-A-600 两个标准制定的。

IPC 标准是分级标准，标准将电子产品分为 3 个等级：1 级（一般电子产品），包括以组件功能完整为主要要求的产品；2 级（专用服务电子产品），包括要求持续运行和较长使用寿命的产品，最好能保持不间断工作，但这一要求并不严格，一般情况下不会因使用环境而导致故障；3 级（高可靠性电子产品），包括以连续高性能运行或严格按指令运行为关键的产品，这类产品的服务间断是不允许的，且最终使用环境可能异常恶劣，有需要时，产品必须能够正常工作，例如救生设备或其他关键系统。

IPC 标准将验收等级分成目标条件、可接受条件及缺陷条件（或不符合条件）3 个等级，目标条件是指接近完美的情况；可接受条件是指不必完美但要在使用环境下保证完整性和可靠性的情况；缺陷条件（或不符合条件）是指在其最终使用环境下不足以确保外形、装配和功能的情况。3 种验收条件对不同等级的电子产品标准不一样，即某一种情况，可能对 1 级、2 级电子产品而言是可接受的，对 3 级电子产品却是缺陷或不符合的。

IPC 标准大都配有大量的彩色实物图片或示意图，提供了各种检查项目的目标条件、可接受条件及缺陷条件（或不符合条件），提供了规范的操作要求及方法等。

在学习本书的过程中，读者可以时常参阅 IPC-A-600、IPC-A-610、IPC-2221 等标准，并用 IPC 标准对自己的作品进行一些简单的评估，来理解从哪些方面着手提高 PCB 的制作质量。

4. 数字电路调试步骤与注意事项

数字电路处理的主要是数字逻辑运算，具有 3 个显著的特点：一是其信号是离散的，具有二值性，即电路中各点的输出通常以高、低电平的方式出现，其调试和测试的方法与工具仪表都不同于模拟电路；二是数字电路处理的是逻辑运算问题，其调试和测试更关注其逻辑功能是否实现以及是否可靠；三是数字电路通常会使用中规模以上的集成器件，必须在清楚集成器件功能和性能参数的前提下进行调试。

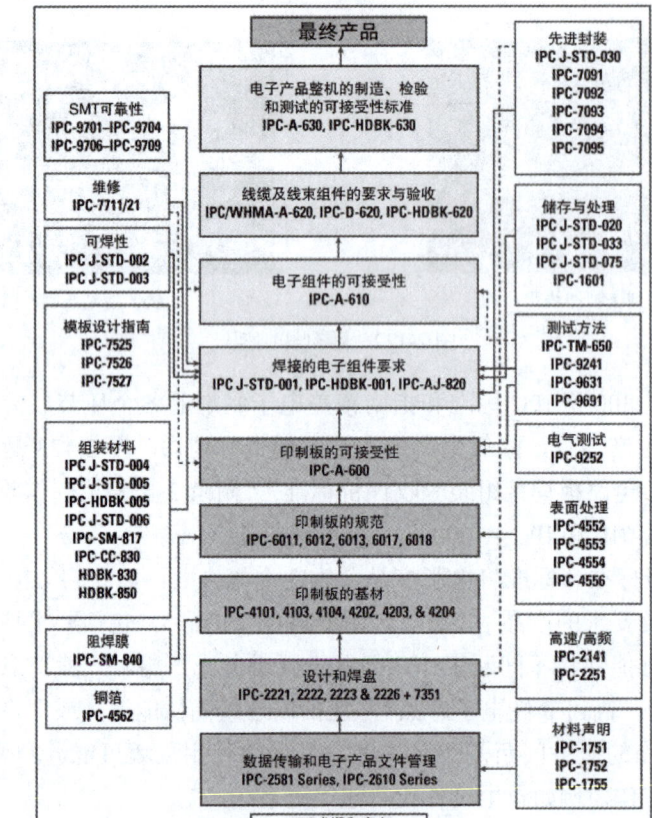

IPC标准与PCB的检验

图2-123 精简版的IPC标准树

基于数字电路以上特点，通常按照如下步骤开展调试。

（1）上电前检查。数字电路的上电前检查除常规的电路连接情况和元件安装情况检查（见项目1）外，还需要特别关注：集成电路的插装或贴装方向是否正确；不使用的输入端和控制端是否已经妥善处理，原则上不使用的输入端和控制端不允许悬空。

（2）通电检测。数字电路通电后也要首先进行观察，不要急于测量电路功能，而要查看电路有无异常现象，例如有无冒烟现象，有无异常气味，集成芯片是否发烫等。如果出现异常现象，应立即关断电源，待排除故障后再通电。

（3）分块调试。数字电路通常由多个功能模块构成，可以分模块进行调试后，再进行整机联调。例如，当电路中存在脉冲产生电路时，可以先使用示波器对其产生的波形进行测试，判断其频率、幅度、占空比等是否符合要求。将其产生的信号调整合适后，再调试其他功能模块。对于待验证的电路，甚至可以边安装边调试，安装一个模块后先调试一个模块再进入下一个模块的安装，或者选用直插式的封装，采用芯片座以便于分块调试，调试一个模块时仅插入一个模块的芯片。

检查电路模块的功能是否正确,简单的组合逻辑电路可以输入静态的高、低电平,用万用表检测输出电位,检验逻辑功能;简单的时序逻辑电路可以用信号发生器提供标准信号输入,用示波器观察输出波形以检验逻辑功能;此外,数字逻辑功能测试还可以使用专用仪表逻辑分析仪进行测试。

(4)整机联调。完成各个模块的调试后,可进入联调阶段。一般按信号的流向,逐级扩大联调范围,直至完整的功能实现。

无论是分块调试还是整机联调,如果存在 TTL 电路和 CMOS 电路混合使用的情况,都要关注驱动能力问题,警惕由驱动电压或电流不够引起逻辑混乱等故障。

任务实施

1. PCB 的制作

本任务的实施依托表 2-10 中列举的 PCB 制板设备,使用雕刻法制板。任务中使用到的操作工卡仅供参考。无任何制板设备的学习者可以将所设计的 PCB 文件发往 PCB 制造企业进行打样加工。

表 2-10 本任务中使用到的制板设备

序号	设备名称	设备型号	主要用途
1	计算机	不限(安装有 Altium Designer 软件)	生成制造文件,打印菲林
2	精密裁板机	HW-C340	覆铜板开料,分割拼板
3	PCB 雕刻机	HW-3232I	对 PCB 进行钻孔、铣边、线路雕刻等加工
4	智能沉铜机	Create-PTH4200	对线路板过孔进行镀铜前黑孔处理
5	智能镀铜机	Create-CPC4200	对双面线路板、非金属材料进行双面镀铜

(1)生成制造文件。在制板过程中,雕刻机等设备需要用到光绘文件、钻孔文件等进行数控加工。可按照工卡 DZCP-02-01 进行这些制造文件的制备。

工卡标题 Title	生成制造文件工卡		工卡编号 Card No.	DZCP-02-01
工作区域 Zone	PCB 版图设计工位		工位号 Station No.	
组别 Group		组长 Leader		组员 Members
参考文件 Ref.				
注意事项 Cautions	(1) 确保 PCB 的边框为 Keepout Layer。 (2) 注意文件生成过程中的各项参数。			
编写 / 修订 Edited By		审核 Examined By		批准 Approved By
日期 Date		日期 Date		日期 Date

工量具 / 设备 / 材料（TOOL/EQUIPMENT/MATERIAL）					工作者 Perf.By	检查者 Insp.By
类别	名称	规格型号	单位	数量		
工具	计算机		台	1		
工具	U 盘		只	1		

1．工作任务 　　Requirement	工作者 Perf.By	检查者 Insp.By
生成钻孔、雕刻所需制造文件。		

2．工作准备 　　Job Set-up	工作者 Perf.By	检查者 Insp.By
准备好将要进行制板的 PCB 文件。		

3．工作步骤 　　Procedure	工作者 Perf.By	检查者 Insp.By
（1）在 Altium Designer 环境下打开将要制板的 PCB 文件。		
（2）生成光绘文件。执行菜单命令"文件"→"制造输出"→"Gerber Files"。 在弹出的"Gerber 设置"对话框中依次完成以下设置：		

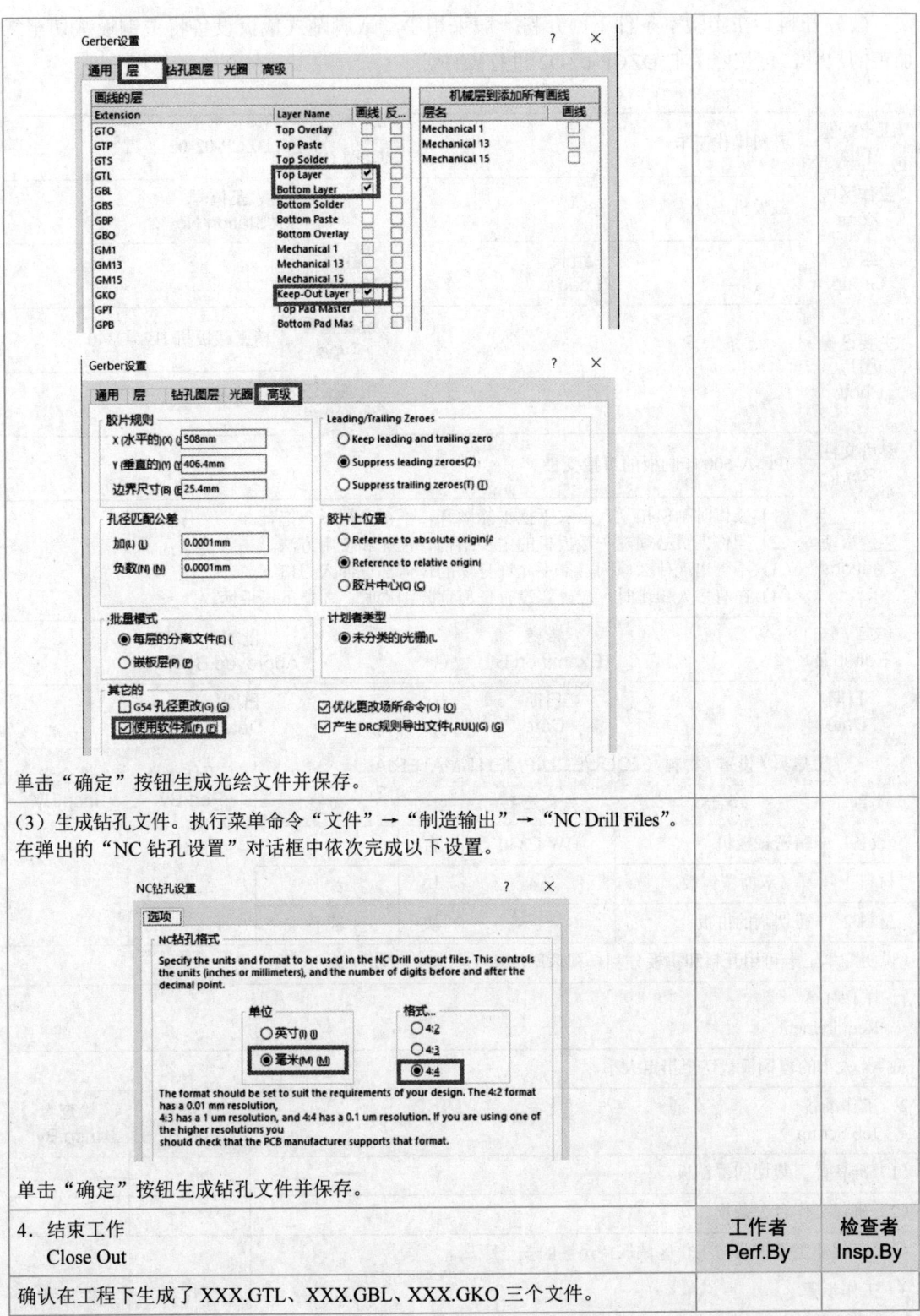

单击"确定"按钮生成光绘文件并保存。

(3) 生成钻孔文件。执行菜单命令"文件"→"制造输出"→"NC Drill Files"。在弹出的"NC 钻孔设置"对话框中依次完成以下设置。

单击"确定"按钮生成钻孔文件并保存。

4. 结束工作 Close Out	工作者 Perf.By	检查者 Insp.By
确认在工程下生成了 XXX.GTL、XXX.GBL、XXX.GKO 三个文件。		

（2）开料。在实验室条件下，开料一般采用手动或脚踏式裁板设备将覆铜板裁切至待加工的尺寸，可按照工卡 DZCP-02-02 进行操作。

工卡标题 Title	开料操作工卡		工卡编号 Card No.	DZCP-02-02	
工作区域 Zone	裁板机工位		工位号 Station No.		
组别 Group		组长 Leader		组员 Members	
主要设备 图片 Photo			设备型号 Type	精密裁板机 HW-C340	
			用途描述 Purpose	裁剪覆铜板	
参考文件 Ref.	IPC-A-600 印制板的可接受性				
注意事项 Cautions	（1）操作时袖口扣紧，上衣下摆不能敞开，不得穿裙子、拖鞋。 （2）操作人员必须熟悉裁板机的主要结构、性能和使用方法。 （3）不管出现什么原因，都不允许身体的任何部位伸入刃口下。 （4）在有多人操作时，应确定没有任何危险因素时，才能下压手柄。				
编写/修订 Edited By		审核 Examined By		批准 Approved By	
日期 Date		日期 Date		日期 Date	
工量具 / 设备 / 材料（TOOL/EQUIPMENT/MATERIAL）					工作者 Perf.By	检查者 Insp.By
类别	名称	规格型号	单位	数量		
设备	精密裁板机	HW-C340	台	1		
材料 1	单 / 双面覆铜板	A4	块	若干		
材料 2	待切割的拼板		块	若干		

（说明：本工卡可用开料和拼板分割，视情况应用于材料 1 或材料 2。）

1. 工作任务 Requirement		
将 A4 大小的覆铜板裁切至指定大小。		
2. 工作准备 Job Set-up	工作者 Perf.By	检查者 Insp.By
（1）准备好需裁切的覆铜板。		
（2）确保工作台无杂物。		
（3）确保非工作人员与工作区域保持足够的安全距离。		
3. 工作步骤 Procedure	工作者 Perf.By	检查者 Insp.By

（1）不放板材，抬压手柄两次，确认行程顺畅无阻滞。	
（2）放上待切的板材，边放下手柄边观察待切板边，调整板的位置。	
（3）左手紧压住工作台上部分板材，右手压下手柄完成裁切。	
（4）按照《IPC-A-600 印制板的可接受性》2.1 节对裁切质量进行检测，并填写检验结论。	

4. 结束工作 Close Out	工作者 Perf.By	检查者 Insp.By
（1）清点并归还多余板材。		
（2）清扫现场。		

（3）钻孔。对 PCB 的通孔焊盘和过孔进行钻孔，使用 PCB 雕刻机来完成，参见工卡 DZCP-02-03。

工卡标题 Title	钻孔操作工卡		工卡编号 Card No.	DZCP-02-03	
工作区域 Zone	雕刻机工位			工位号 Station No.	
组别 Group		组长 Leader		组员 Members	
主要设备图片 Photo			设备型号 Type	PCB 雕刻机 HW-3232I	
			用途描述 Purpose	对 PCB 进行钻孔、铣边、线路雕刻等加工	
参考文件 Ref.	IPC-A-600 印制板的可接受性				
注意事项 Cautions	（1）操作时袖口扣紧，上衣下摆不能敞开，不得穿裙子、拖鞋。 （2）操作人员必须熟悉雕刻机的主要结构、性能和使用方法。 （3）不允许在主轴电机开启的情况下用身体的任何部位靠近钻头。				
编写 / 修订 Edited By		审核 Examined By		批准 Approved By	
日期 Date		日期 Date		日期 Date	

工量具 / 设备 / 材料（TOOL/EQUIPMENT/MATERIAL）				工作者 Perf.By	检查者 Insp.By
类别	名称	规格型号	单位	数量	
设备	PCB 雕刻机	HW-3232I	台	1	
材料	单 / 双面覆铜板		块	若干	
材料	双面胶带	1.0～2cm	卷	1	

1. 工作任务
   Requirement

对 PCB 的通孔焊盘和过孔进行钻孔。		
2．工作准备 　　Job Set-up	工作者 Perf.By	检查者 Insp.By
（1）准备好裁切好的覆铜板、双面胶带。		
（2）打开 PCB 雕刻机主机电源。		
（3）将制造文件通过专用 U 盘或从 QQ 发送到雕刻机。		
3．工作步骤 　　Procedure	工作者 Perf.By	检查者 Insp.By
（1）用双面胶带将要打孔的覆铜板固定在钻机工作台上，如图所示。		
（2）为雕刻机更换合适的钻头，如图所示。		
（3）打开制造文件。 打开 Circuit Workstation 软件，单击"打开文件"快捷按钮，如图所示。 在对话框中单击"浏览"按钮，在扩展名为 .GTL、.GBL、.GKO 的 3 个文件中任选一个打开，如图所示。		

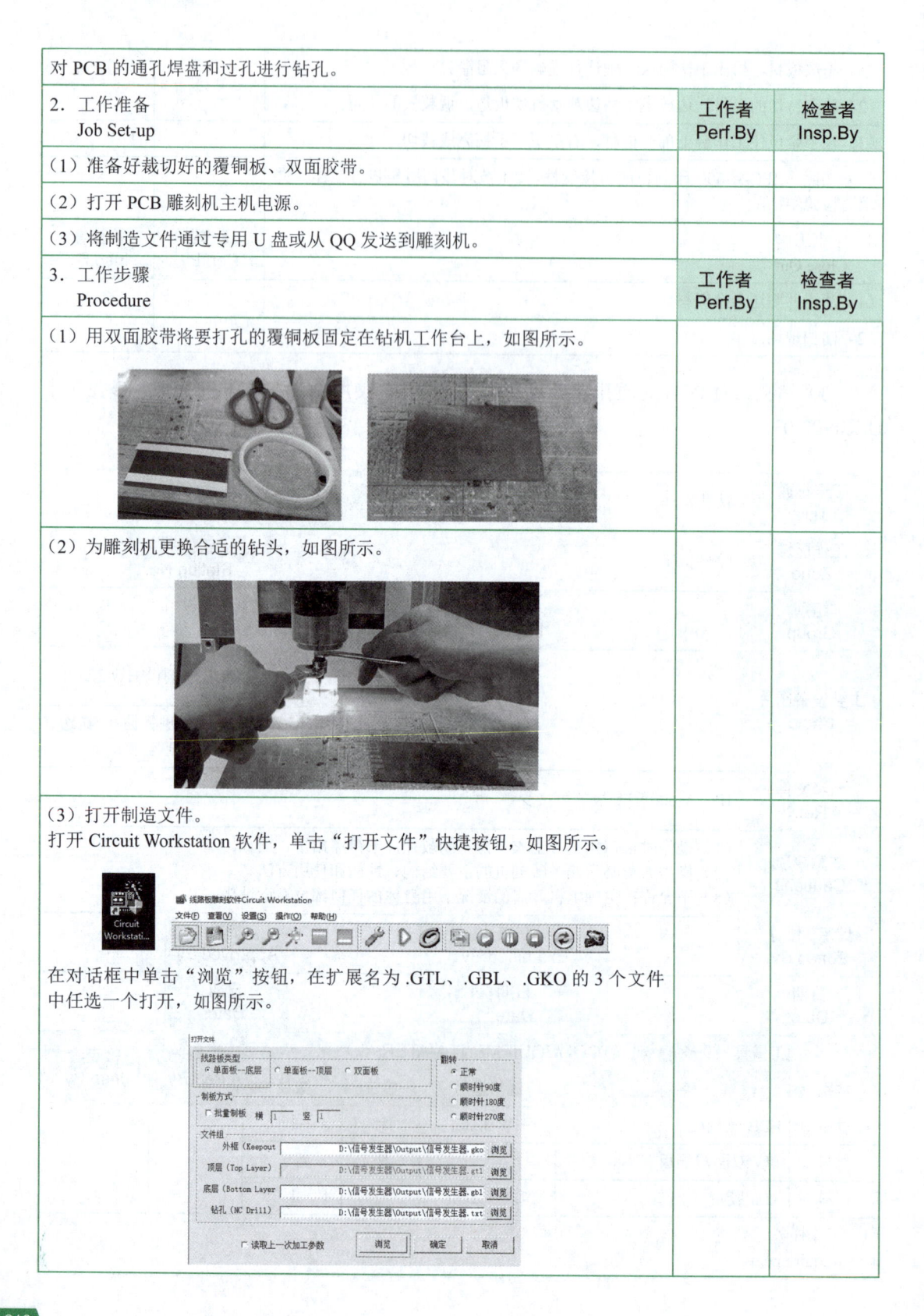

（4）开启主轴电机。

先后按下 Circuit Workstation 软件和操作台上的"主轴电机启停"按钮，启动主轴电机，如图所示。

（5）设置原点。

按下操作台上"前""后""左""右"4个方向键，将钻头调整到板左下角可作为原点的合适位置，如图所示。

按下操作台上"Z 粗调"按钮使钻头下降到接近板面 1～2mm 时，旋转"Z 微调"旋钮，使 Z 轴进一步下降到贴近板面，如图所示。

观察钻头位置合适后，按下"设原点"按钮，如图所示。

 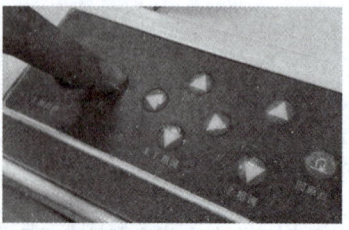

（6）钻孔。

单击 Circuit Workstation 软件上的"向导"按钮，如图所示。

在弹出"向导"的对话框"快速设定"标签页中，依次选择待钻孔的孔径、钻头的直径，然后单击"添加"按钮将其加入右边"已选好的钻头"框中。设置好后单击"下一步"按钮。在后续打开的对话框中，确认钻孔面、钻头直径后，单击"钻孔"按钮，再在依次弹出的提示框中单击"确定"按钮键确认原点、钻头无误，即可开始钻孔。

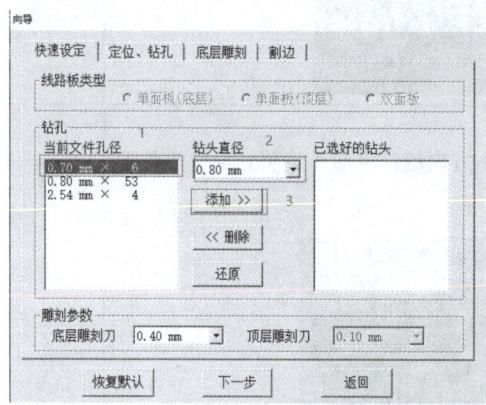

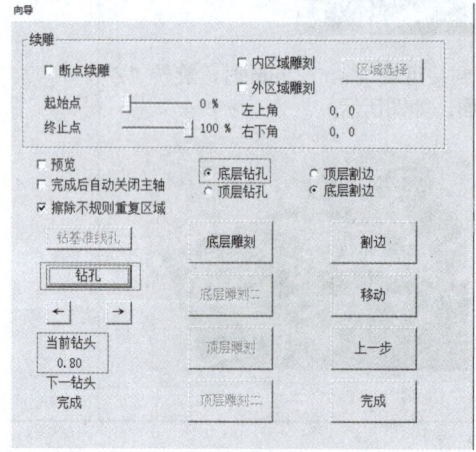

如果有其他尺寸的钻孔需求，可以更换钻头重新进行钻孔，步骤如下。 ①按下"主轴电机启停"按钮停止主轴转运并更换钻头。 （注意：为方便更换钻头，可按下操作台上方向键根据需要调整钻头位置，但切记不可按下操作台上"设原点"按钮。） ②钻头更换完成后，先启动主轴电机，再按下一次"回原点"按钮。 ③进入"向导"对话框再次选择孔径和钻头直径进行钻孔。		
4. 结束工作 　　Close Out	工作者 Perf.By	检查者 Insp.By
（1）钻孔完毕后用刷子扫开铜板上的板屑，对照 PCB 图检查钻孔是否已全部完成，如图所示。 		
（2）依据加工 PCB 类型及后续工序处理现场。 ①后续为单面板雕刻工序，保持板材原位置，准备进入下一工序。 （注意：不可按下操作台上"设原点"按钮。） ②后续为双面板孔化工序，则用小铲刀取下铜板，撕下背面双面胶，进入下一工序。		

（4）孔化。双面板在完成钻孔后需要进行孔化，在孔内壁形成导电的铜层。这里采用相对更为环保的黑孔工艺，即将精细的石墨或碳黑涂料（黑孔液）浸涂在孔壁上形成导电层，然后进行直接电镀。这种工艺又可以分为黑孔和电镀两个工艺段，其实施过程详见工卡 DZCP-02-04 和 DZCP-02-05。

单面板制作在完成钻孔后无须孔化，直接进入线路雕刻。

工卡标题 Title	黑孔操作工卡		工卡编号 Card No.	DZCP-02-04
工作区域 Zone	沉铜机工位		工位号 Station No.	
组别 Group		组长 Leader	组员 Members	
主要设备图片 Photo			设备型号 Type	智能沉铜机 Create-PTH4200
			用途描述 Purpose	对 PCB 及通孔进行沉铜
参考文件 Ref.	科瑞特快速制板教程			

注意事项 Cautions	(1) 操作人员必须熟悉沉铜机的主要结构、性能和使用方法。 (2) 操作人员应着工装、佩戴手套进行操作。 (3) 严禁裸手触碰机内化学药液。							
编写 / 修订 Edited By			审核 Examined By			批准 Approved By		
日期 Date			日期 Date			日期 Date		
工量具 / 设备 / 材料（TOOL/EQUIPMENT/MATERIAL）							工作者 Perf.By	检查者 Insp.By
类别	名称		规格型号		单位	数量		
设备	智能沉铜机		Create-PTH4200		台	1		
材料	钻孔后的覆铜板				块	若干		
1. 工作任务 　Requirement								
对钻好孔的双面线路板进行孔内沉铜。								
2. 工作准备 　Job Set-up							工作者 Perf.By	检查者 Insp.By
(1) 本工序紧接双面板钻孔工序进行。								
(2) 将钻好孔的双面覆铜板进行表面处理，用抛光机或细砂纸将表面氧化层打磨干净，如果孔内壁有孔塞现象，用细针疏通。								
3. 工作步骤 　Procedure							工作者 Perf.By	检查者 Insp.By
(1) 设备设置。设定整孔温度50℃，5min，黑孔温度30℃，3min，微蚀时间为20s。								
(2) 整孔（预浸）。(本步骤的目的在于进一步清除铜箔和孔内油污与毛刺、铜粉，调整孔内静电，有利于碳颗粒的吸附。) 1) 打开沉铜机上盖将表面处理好的覆铜板放入整孔槽，盖上盖子。 2) 点按控制屏上"整孔"按钮，再按"运行"按钮。 3) 待预定时间到，设备报警后，点按"停止"按钮。 4) 从整孔槽取出覆铜板。								
(3) 水洗。 1) 将从整孔槽取出的覆铜板放入整孔槽相邻的水洗槽。 2) 点按控制屏上"水洗"按钮，再按"运行"按钮。 3) 待预定时间到，设备报警后，点按"停止"按钮。 4) 从水洗槽取出覆铜板。								
(4) 烘干。油墨固化机温度设置为75℃，将覆铜板置于其中烘干3min。								
(5) 黑孔（活化）。(本步骤旨在使孔壁吸附一层直径为10nm的碳颗粒。) 1) 打开沉铜机上盖将表面处理好的覆铜板放入黑孔槽，盖上盖子。 2) 点按控制屏上"黑孔"按钮，再按"运行"按钮。 3) 待预定时间到，设备报警后，点按"停止"按钮。 4) 从黑孔槽取出覆铜板。								

（6）通孔。（本步骤旨在以高压冷风吹去孔内多余的碳颗粒，以防塞孔。） 1）将黑孔后的覆铜板放入通孔槽，盖上盖子。 2）点按控制屏上"通孔"按钮，再按"运行"按钮。 3）待预定时间到，设备报警后，点按"停止"按钮。 4）从通孔槽取出覆铜板。		
（7）热固化。油墨固化机中温度设置为100℃，将覆铜板置于其中烘干固化5min。 结束后检查覆铜板钻孔中是否都有碳粉附着，如果碳粉附着不完全，可以再执行一次步骤（2）～（7）。		
（8）微蚀。（本步骤旨在去除掉表面铜箔上吸附的碳颗粒，保留孔壁上的碳颗粒。由于液体只与铜反应，所以将表面的铜箔轻微地腐蚀掉一层，吸附在铜箔上的碳颗粒就会松落去除。） 1）将黑孔并热固化后的覆铜板放入微蚀槽，盖上盖子。 2）点按控制屏上"微蚀"按钮，再按"运行"按钮。 3）待预定时间到，设备报警后，点按"停止"按钮。 4）从微蚀槽取出覆铜板。		
（9）水洗。 1）将从微蚀槽取出的覆铜板放入设备最末端的水洗槽。 2）点按控制屏上"水洗"按钮，再按"运行"按钮。 3）待预定时间到，设备报警后，点按"停止"按钮。 4）从水洗槽取出覆铜板。		
4．结束工作 Close Out	工作者 Perf.By	检查者 Insp.By
（1）检查覆铜板钻孔中是否都有碳粉附着。		
（2）关闭设备电源，打扫现场卫生。		

工卡标题 Title	镀铜操作工卡	工卡编号 Card No.	DZCP-02-05
工作区域 Zone	镀铜机工位	工位号 Station No.	
组别 Group		组长 Leader	
		组员 Members	
主要设备图片 Photo		设备型号 Type	智能镀铜机 Create-CPC4200
		用途描述 Purpose	对PCB通孔进行电镀铜
参考文件 Ref.	科瑞特快速制板教程		

注意事项 Cautions	（1）操作人员必须熟悉镀铜机的主要结构、性能和使用方法。 （2）操作人员应着工装、佩戴手套进行操作。 （3）严禁裸手触碰机内化学药液，同时需防止液体溅到衣服或皮肤上。 （4）电镀过程中如需观察电镀效果，需先按控制屏上"暂停"或"停止"按钮，方可打开上盖，取下夹具。						
编写 / 修订 Edited By		审核 Examined By			批准 Approved By	
日期 Date		日期 Date			日期 Date	
工量具 / 设备 / 材料（TOOL/EQUIPMENT/MATERIAL）						工作者 Perf.By	检查者 Insp.By
类别	名称	规格型号		单位	数量		
设备	智能镀铜机	Create-CPC4200		台	1		
材料	黑孔后的覆铜板			块	若干		
1．工作任务 　　Requirement						
对黑孔后的双面线路板进行孔内电镀铜。						
2．工作准备 　　Job Set-up						工作者 Perf.By	检查者 Insp.By
（1）本工序紧接双面板黑孔工序进行。						
（2）检查覆铜板钻孔内壁是否已经黑化，且无塞孔现象。						
3．工作步骤 　　Procedure						工作者 Perf.By	检查者 Insp.By
（1）设备设置。 设定电镀时间为 20～30min，按照 2A/dm^2 计算并设定电镀电流。						
（2）加速。（本步骤旨在清除基铜表面氧化层与钝化层，并提高铜面亲水性。） 1）打开镀铜机上盖。 2）将沉铜后的覆铜板浸入加速槽并轻微摆动，30s 后取出。						
（3）电镀。 1）将加速后的覆铜板用专用电镀夹具夹好，挂在电镀槽阴极（中间架）上，并拧紧夹具使之与阴极良好接触。 2）盖好镀铜机上盖，点按控制屏上"运行"按钮开始电镀。 3）待预定时间到，设备报警后，点按"停止"按钮解除报警。 4）从电镀槽取出板件。						
4．结束工作 　　Close Out						工作者 Perf.By	检查者 Insp.By
（1）检查覆铜板钻孔孔壁中是否都有光亮的铜镀层。						
（2）关闭设备电源，打扫现场卫生。						

（5）线路雕刻。进行 PCB 顶层和底层线路的制作，使用 PCB 雕刻机，用物理方法直接刻除顶层和底层线路以外铜箔，参见工卡 DZCP-02-06。

工卡标题 Title	线路雕刻操作工卡		工卡编号 Card No.	DZCP-02-06
工作区域 Zone	雕刻机工位		工位号 Station No.	
组别 Group		组长 Leader	组员 Members	
主要设备图片 Photo			设备型号 Type	PCB 雕刻机 HW-3232I
			用途描述 Purpose	对 PCB 进行钻孔、铣边、线路雕刻等加工
参考文件 Ref.	IPC-A-600 印制板的可接受性			
注意事项 Cautions	（1）操作时袖口扣紧，上衣下摆不能敞开，不得穿裙子、拖鞋。 （2）操作人员必须熟悉雕刻机的主要结构、性能和使用方法。 （3）不允许在主轴电机开启的情况下用身体的任何部位靠近钻头。			
编写/修订 Edited By		审核 Examined By		批准 Approved By
日期 Date		日期 Date		日期 Date

工量具/设备/材料（TOOL/EQUIPMENT/MATERIAL）					工作者 Perf.By	检查者 Insp.By
类别	名称	规格型号	单位	数量		
设备	PCB 雕刻机	HW-3232I	台	1		
材料	单/双面覆铜板		块	若干		
材料	双面胶带	1.0～2.0cm	卷	1		

1. 工作任务 Requirement		
对 PCB 进行线路雕刻。		
2. 工作准备 Job Set-up	工作者 Perf.By	检查者 Insp.By
（1）本工序紧接单面板钻孔或双面板镀铜工序进行。		

（2）对于单面 PCB，确保完成钻孔工序的覆铜板固定在工作台上未曾移动，并且未重设原点；对于双面板，请重新使用双面胶带，并通过摄像重新定位后，确定原点，先进行顶面雕刻或先进行底面雕刻均可。		
（3）Circuit Workstation 软件及制造文件保持打开状态。		
3．工作步骤 　　Procedure	工作者 Perf.By	检查者 Insp.By
（1）为雕刻机更换合适尺寸的刻刀，如图所示。 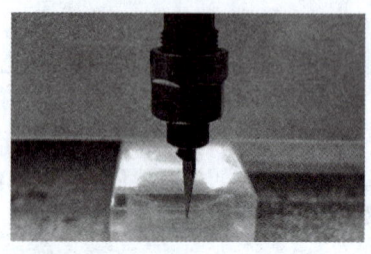		
（2）雕刻设置。单击 Circuit Workstation 软件的"向导"按钮，根据 PCB 设计的单面板线路所在层切换到"底层雕刻"或"顶层雕刻"标签页。选择好雕刻模式和合适尺寸的雕刻刀，单击"下一步"按钮，如图所示。  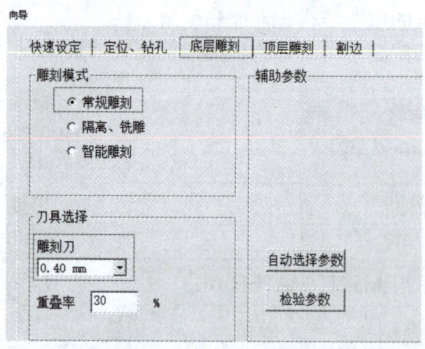		
（3）试雕。按下操作台上"主轴电机启停"按钮启动主轴电机旋转，再按下"回原点"按钮让雕刻刀返回到钻孔时设置的原点处，如图所示。 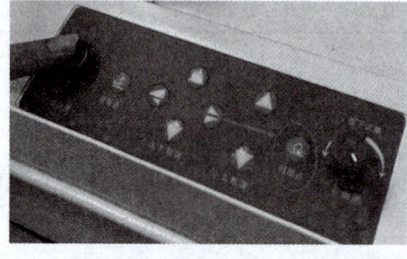		

旋转"Z 微调"旋钮开始试雕，雕刻刀将沿 PCB 的边界一周进行试雕，此时，一边逆时针旋转"Z 微调"旋钮使刻刀下降，一边观察边界的雕刻效果，直至边界的覆铜层完全被刻透。试雕可以进行多次，以确保边界雕刻完整无遗漏，如图所示。

（4）线路雕刻。在 Circuit Workstation 软件已弹出的对话框中根据待雕刻线路所在的层选择"底层雕刻"或"顶层雕刻"，如图所示。

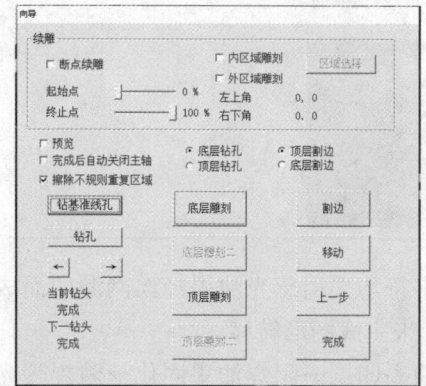

Circuit Workstation 软件主界面将显示出计算出的雕刻路径，如图中细线所示。

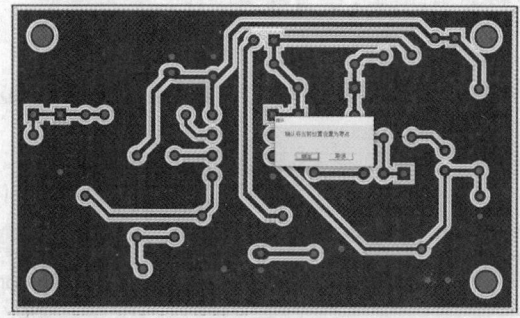

确认雕刻线路没有问题后，单击"确定"按钮开始雕刻，如图所示。

如果有需要，可以更换其他尺寸的刻刀，完成后续雕刻。

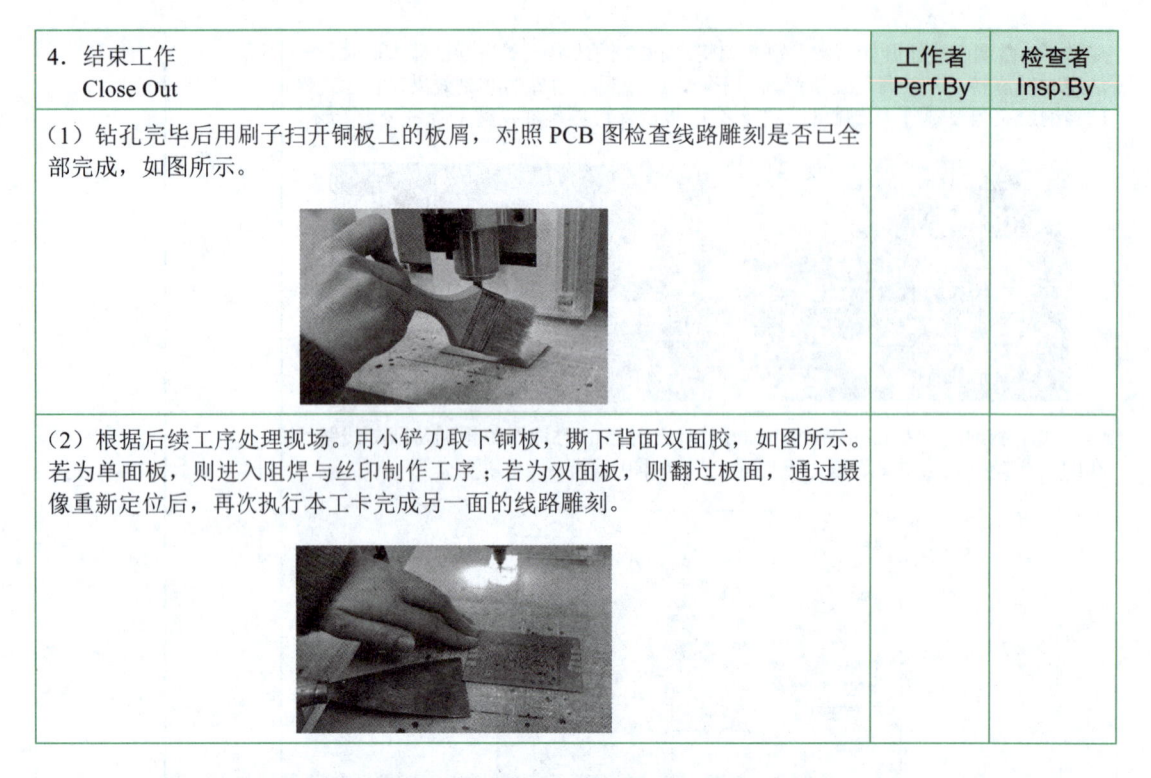

4．结束工作 Close Out		工作者 Perf.By	检查者 Insp.By
（1）钻孔完毕后用刷子扫开铜板上的板屑，对照PCB图检查线路雕刻是否已全部完成，如图所示。			
（2）根据后续工序处理现场。用小铲刀取下铜板，撕下背面双面胶，如图所示。若为单面板，则进入阻焊与丝印制作工序；若为双面板，则翻过板面，通过摄像重新定位后，再次执行本工卡完成另一面的线路雕刻。			

（6）阻焊与字符制作。阻焊膜与字符均采用感光油墨经丝网漏印而成，都需要经过菲林制作、印刷、油墨固化、曝光、显影来完成图形转移。

阻焊工艺流程：菲林制作→阻焊油墨印刷→阻焊油墨固化→阻焊曝光→阻焊显影→阻焊油墨后固化。

字符工艺流程：菲林制作→字符油墨印刷→字符油墨固化→字符曝光→字符显影→字符油墨后固化。

先进行阻焊制作，再进行字符制作，具体操作详见工卡DZCP-02-07～DZCP-02-09。

工卡标题 Title	菲林打印工作		工卡编号 Card No.	DZCP-02-07
工作区域 Zone	打印机工位		工位号 Station No.	
组别 Group		组长 Leader	组员 Members	
主要设备 图片 Photo			设备型号 Type	激光打印机 Canon LBP2900+
			用途描述 Purpose	菲林打印

参考文件 Ref.							
注意事项 Cautions	所有图层的打印均需按 1:1 设置打印比例。						
编写 / 修订 Edited By		审核 Examined By			批准 Approved By		
日期 Date		日期 Date			日期 Date		
工量具 / 设备 / 材料（TOOL/EQUIPMENT/MATERIAL）						工作者 Perf.By	检查者 Insp.By
类别	名称	规格型号		单位	数量		
工具	计算机			台	1		
工具	打印机	Canon LBP2900+		台	1		
材料	菲林（透明胶片）	A4					
工具	U 盘			只	1		

1. 工作任务
   Requirement

打印阻焊与字符菲林。

2. 工作准备 Job Set-up	工作者 Perf.By	检查者 Insp.By
准备好将要进行制板的 PCB 文件。		
3. 工作步骤 Procedure	工作者 Perf.By	检查者 Insp.By
（1）在 Altium Designer 环境下打开将要制板的 PCB 文件。 （2）打印阻焊菲林。 执行菜单命令"文件"→"页面设置"，在弹出的对话框中依次完成以下设置。 1）根据线路板大小选择页面纵向或横向。 2）缩放模式选择 Scaled Print，比例选择 1，即 1:1 打印。		

3）颜色选择"单色"或"灰的"。
单击"高级"按钮进入下一对话框。
在 Printouts & Layers 项第一行单击修改当前打印输出名字为 Top Solder Print，并在本打印项下属各行通过右键菜单的添加、删除等操作进行打印输出层的设置。
只输出 Top Solder 层，勾选上本打印项中的 Mirror（镜像）复选框。
在列表框空白处右击，在右键菜单中选择 Insert Printout 命令再添加一个打印输出项，为其更名为 Bottom Solder Print，并在本打印项下通过右键菜单添加 Bottom Solder 层，如下图所示。

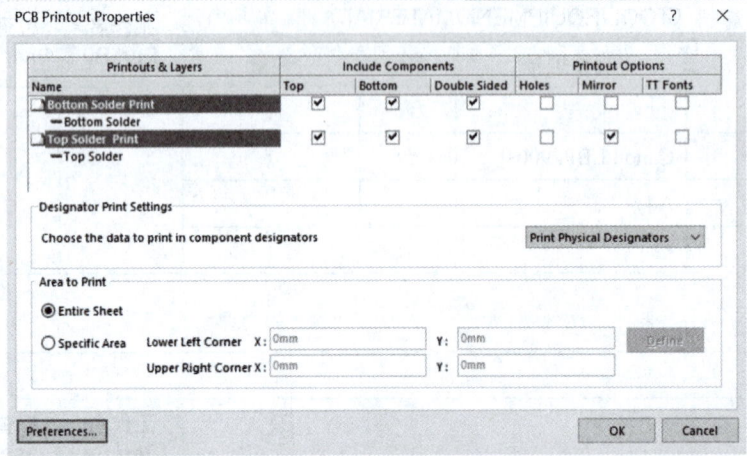

单击下方 Preferences 按钮进入下一对话框，将 Top Solder 和 Bottom Solder 两个的颜色设置为最暗的黑色，如图所示。

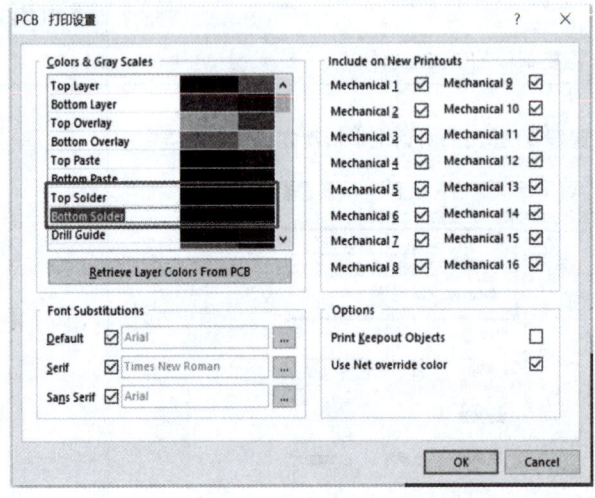

一直单击 OK 按钮退出设置。单击"打印预览"按钮进行预览，生成的底层和顶层阻焊图形如下图所示。

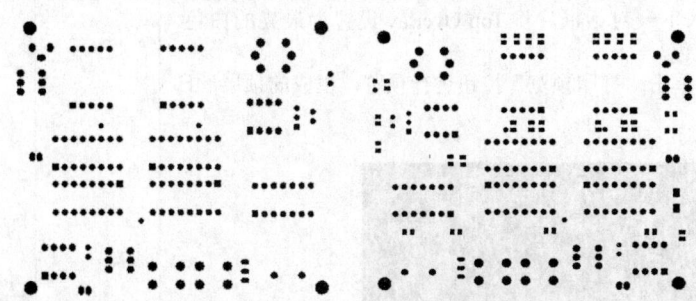

在打印机进纸器中放入透明胶片,打印机设置为高质量的打印方式,分别打印出顶层与底层菲林。

(3)顶层丝印打印。在 PCB 的 Mechanical 13 层临时放置一个略大于板面能覆盖全部 PCB 的矩形填充,如图所示。

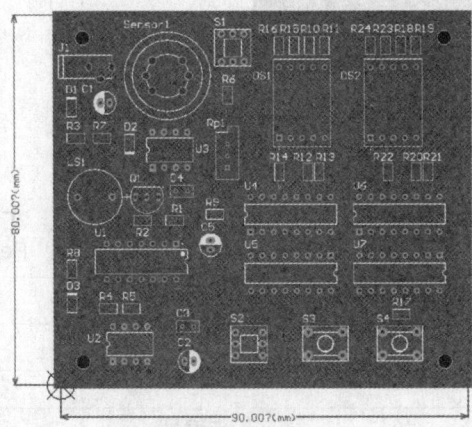

执行菜单命令"文件"→"页面设置",在弹出的对话框中依次完成以下设置。
1)根据线路板大小选择页面纵向或横向。
2)缩放模式选择 Scaled Print,比例选择 1,即 1:1 打印。
3)颜色选择"灰的"。
单击"高级"按钮进入下一对话框,在列表中添加一个打印项 Top Overlay Print,包含两个层:Top Overlay 和 Mechanical 13,勾选上本打印项中的 Mirror(镜像)复选框。

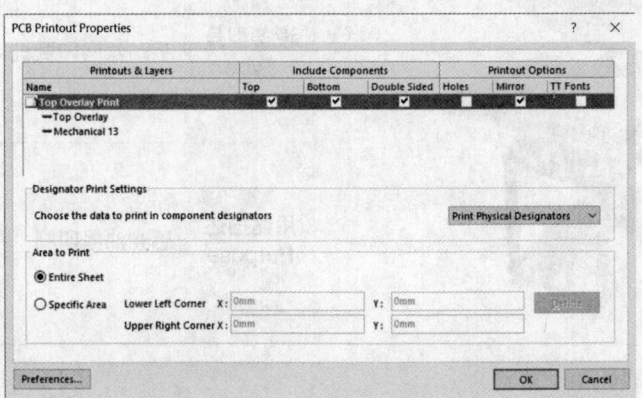

单击下方 Preferences 按钮进入下一对话框。将 Top Overlay 设置为最亮的白色，Mechanical 13 设置为最暗的黑色。

一直单击 OK 按钮退出设置。单击"打印预览"按钮进行预览，生成的顶层丝印图形如下图所示。

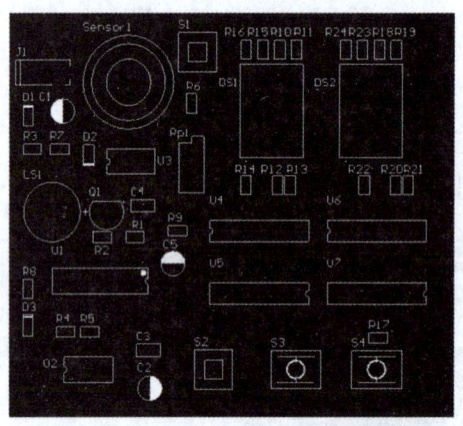

在打印机进纸器中放入透明胶片，打印机设置为高质量的打印方式，打印出顶层丝印菲林。

如果有元件两面放置的情况，可采用类似方法打印底层丝印菲林。

4. 结束工作 Close Out	工作者 Perf.By	检查者 Insp.By
（1）将打印的菲林与完成线路制作的覆铜板对照，确认图形匹配。		
（2）关闭打印机电源，整理清扫现场。		

工卡标题 Title	油墨印刷操作工卡	工卡编号 Card No.	DZCP-02-08
工作区域 Zone	丝印机工位	工位号 Station No.	
组别 Group		组长 Leader		组员 Members	
主要设备图片 Photo		设备型号 Type	手动丝网印刷机
		用途描述 Purpose	感光油墨印刷
参考文件 Ref.	IPC-A-600 印制板的可接受性		

注意事项 Cautions	（1）操作人员必须熟悉手动丝网印刷机的主要结构、性能和使用方法。 （2）使用前必须严格区分不同丝网，使之与当前工作匹配。 （3）操作人员应着工装、佩戴手套进行操作。 （4）完成印刷后必须立即清洗丝网、刮刀、边角垫板，清洁丝印台。						
编写/修订 Edited By			审核 Examined By			批准 Approved By	
日期 Date			日期 Date			日期 Date	
工量具/设备/材料（TOOL/EQUIPMENT/MATERIAL）						工作者 Perf.By	检查者 Insp.By
类别	名称	规格型号		单位	数量		
设备	手动丝网印刷机			台	1		
材料	完成线路制作的覆铜板			块	若干		
材料	阻焊油墨			盒	1		
材料	阻焊油墨固化剂			盒	1		
材料	字符油墨			盒	1		
材料	字符油墨固化剂			盒	1		
护具	橡胶手套			双	1		

说明：根据不同的工艺阶段，本工卡可用于阻焊油墨印刷或字符油墨印刷。

1. 工作任务 Requirement		
☐进行阻焊油墨印刷。	☐进行字符油墨印刷。	
2. 工作准备 Job Set-up	工作者 Perf.By	检查者 Insp.By
（1）根据不同的加工要求准备丝网：线路丝网/阻焊丝网/字符丝网		
（2）佩戴好橡胶手套。		
（3）调配好印刷用油墨。 将油墨与对应固化剂按 3∶1 的剂量调匀，过于粘稠时可加入少量油墨稀释剂。		
3. 工作步骤 Procedure	工作者 Perf.By	检查者 Insp.By
（1）安装丝网：将选好的丝网框固定在丝印台上，用固定旋钮拧紧。		
（2）将待印刷的板材用边角垫板固定。		
（3）调节丝网框的高度：调节丝网框的高度主要是为了在刮油墨时不让网与板粘在一起，用手按网框，感觉有点向上的弹性即可，这样可使网与板之间有反弹性，使网与板分离。		
（4）丝网离板材一定距离，舀适量油墨置于丝网上，用刮刀两面刮均匀。		
（5）一手将丝网框压紧，一手拿刮刀，刮刀以 45° 倾角顺势刮一次。		

电子产品设计与制作

（6）抬起板框，检查印刷质量，双面板翻面再执行步骤（4）、（5）。		
4．结束工作 Close Out	工作者 Perf.By	检查者 Insp.By
（1）印刷好的板材送入烘干机进行烘干。		
（2）丝网、刮刀、边角垫板送往洗网机清洗。		
（3）清洁台面，清洁橡胶手套。		

工卡标题 Title	油墨固化操作工卡		工卡编号 Card No.	DZCP-02-09
工作区域 Zone	烘干机工位		工位号 Station No.	
组别 Group		组长 Leader	组员 Members	
主要设备 图片 Photo			设备型号 Type	烘干机 Create-PSB2000
			用途描述 Purpose	黑孔后的固化、油墨热固化
参考文件 Ref.	科瑞特快速制板教程			
注意事项 Cautions	（1）操作人员必须熟悉烘干机的主要结构、性能和使用方法。 （2）操作人员应着工装、佩戴手套进行操作。 （3）取料时应注意防止高温烫伤。 （4）板件烘干后放置时间不应超过 12 小时。			
编写 / 修订 Edited By		审核 Examined By	批准 Approved By	
日期 Date		日期 Date	日期 Date	

工量具 / 设备 / 材料（TOOL/EQUIPMENT/MATERIAL）					工作者 Perf.By	检查者 Insp.By
类别	名称	规格型号	单位	数量		
设备	烘干机	Create-PSB2000	台	1		
材料	单 / 双面覆铜板		块	若干		
护具	橡胶手套		双	1		
说明：根据不同的工艺阶段，本工卡可用于阻焊油墨固化或字符油墨固化。						

1. 工作任务 Requirement			
□进行阻焊油墨固化。	□进行字符油墨固化。		
2. 工作准备 Job Set-up		工作者 Perf.By	检查者 Insp.By
（1）明确需固化的油墨类型：阻焊油墨/字符油墨			
（2）佩戴好橡胶手套。			
3. 工作步骤 Procedure		工作者 Perf.By	检查者 Insp.By
（1）送入板材：将刮好感光油墨的线路板斜靠在烘干机内，关闭烘干机门。			
（2）设定烘干时间后开始烘干。 阻焊、字符油墨固化：曝光显影前，烘干温度为75℃，时间为20min；曝光显影后，烘干温度为120℃，时间为30min。			
（3）烘干时间到后打开烘干机门取出板材进行检查，轻触板边无图形区应不粘接触物，否则应适当延长时间继续固化。			
4. 结束工作 Close Out		工作者 Perf.By	检查者 Insp.By
（1）关闭烘干机电源。			
（2）清洁烘干机内外及附近区域。			

制作完成的厨用多功能定时器PCB如图2-124所示。

图2-124 制作完成的厨用多功能定时器PCB

2. 电路的焊接安装

厨用多功能定时器电路是一个混合安装电路，板上的元器件既有贴片元器件，也有通孔元器件。这种电路板的安装顺序一般是先焊接贴片元器件，再焊接通孔元器件。

本电路中的贴片元器件都是简单的<u>二端元器件</u>，对于这些少引脚的贴片元件，一般采用单脚固定法进行手工焊接，具体步骤如下。

第一步，先对元件的一个焊盘进行上锡，如图 2-125（a）所示。

第二步，完成一端焊接。左手拿镊子夹持元件放到安装位置，右手拿电烙铁靠近已镀锡焊盘熔化焊锡，直到焊锡浸润元件引脚，如图 2-125（b）所示。移开电烙铁，等待焊锡冷却固化后松开镊子，焊好一端的元件如图 2-125（c）所示。

第三步，完成元件剩余引脚的焊接。已经一端固定的少引脚贴片元件，剩余的引脚可以像对待通孔元件一样，一手持焊锡，一手持电烙铁，用五步法进行点焊，如图 2-125（d）所示。需要注意的是，贴片元件体积小，热惯性小，焊接时间不能过长，否则可能在加热一端的时候，将另一端的焊锡也熔化。

(a) 单个焊盘上锡

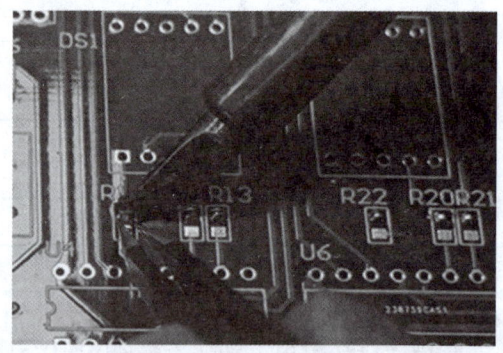
(b) 焊接一个引脚

(c) 焊好一端的元件

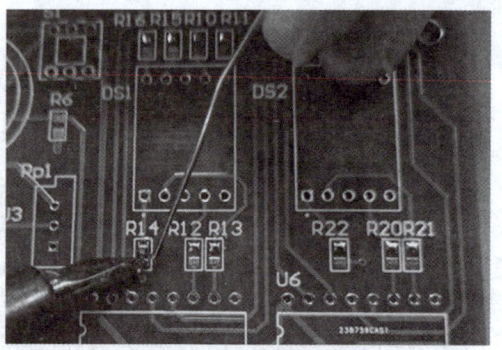
(d) 焊接剩余引脚

图 2-125　单脚固定法焊接贴片元件

本项目首次使用到集成电路芯片，由于在手工焊接时芯片相对容易受损且芯片拆焊相对困难，所以对于焊接不熟练的新手或安装需要进行调试测试的不成熟电路时，建议焊接芯片座，再插上芯片就完成了全部电路的组装，如图 2-126 所示。

本任务可参照工卡 DZCP-02-10 具体实施。

项目 2
厨用多功能定时器的设计与制作

图 2-126　焊接好的厨用多功能定时器电路板

工卡标题 Title	厨用多功能定时器组装工卡		工卡编号 Card No.	DZCP-02-10	
工作区域 Zone	电子产品手工焊接工位		工位号 Station No.		
组别 Group		组长 Leader		组员 Members	
参考文件 Ref.	IPC-A-610 电子组件的可接受性				
注意事项 Cautions	（1）建议佩戴防静电手环，着棉质工作服操作。 （2）留长发者在进行焊接等操作前，不应披散长发，应当将长发扎至脑后。 （3）电烙铁通电前应将电线拉直并检查绝缘层是否有损坏，通电后不得用手触摸发热金属部位，以免烫伤。焊接过程中不得乱甩焊锡，敲打烙铁。 （4）焊接完成后或较长时间不进行焊接，应当关闭或切断电烙铁电源。				
编写 / 修订 Edited By		审核 Examined By		批准 Approved By	
日期 Date		日期 Date		日期 Date	

工量具 / 设备 / 材料（TOOL/EQUIPMENT/MATERIAL）					工作者 Perf.By	检查者 Insp.By
类别	名称	规格型号	单位	数量		
工具	恒温焊台	AT936B	台	1		
工具	镊子		只	1		
工具	斜口钳		只	1		
材料	焊锡	0.8mm	卷	1		
材料	松香	10g	盒	1		
材料	线性稳压电源 PCB		块	1		
材料	元器件	见清单	套	1		

229

附：厨用多功能定时器元器件清单

元件名称	型号	封装	数量	设计标号
七段数码管	14.2mm，红色，共阴	H	2	DS1, DS2
集成电路	NE555	DIP-8	1	U2
瓷片电容	100nF	RAD-0.1	1	C4
瓷片电容	10nF	RAD-0.1	1	C3
集成电路	LM393	DIP-8	1	U3
自锁按钮	8×8mm，双刀双掷	自锁按钮 8×8	2	S1, S2
DC 接口	PWR2.5	DC	1	J1
蜂鸣器	5V，有源	BUZZER-12	1	LS1
PNP 三极管	9012	TO-92B	1	Q1
电解电容	10μF	EC2/5	2	C1,C2, C5
电位器	3296W/10kΩ	VR5	1	Rp1
贴片电阻	1k	R-0805	3	R1, R9, R17
贴片电阻	330	R-0805	18	R2, R3, R7, R8,R10, R11, R12, R13, R14, R15,R16, R18, R19, R20, R21, R22, R23,R24
贴片电阻	10k	R-0805	1	R6
贴片电阻	47k	R-0805	2	R4, R5
轻触按钮	SW-PB	BUTTON	2	S3, S4
发光二极管	贴片 0805，绿色	LED-0805	1	D1
发光二极管	贴片 0805，红色	LED-0805	1	D2
发光二极管	贴片 0805，橙色	LED-0805	1	D3
集成电路	74LS190	DIP-16	2	U5, U7
集成电路	74LS00	DIP-14	1	U1
集成电路	CD4511	DIP-16	2	U4, U6
气敏传感器	MQ-2	MQ-2	1	Sensor1

1. 工作任务
   Requirement

完成厨用多功能定时器的焊接组装。

2. 工作准备 Job Set-up	工作者 Perf.By	检查者 Insp.By
（1）按照元器件清单清点元器件。		
（2）将高温清洁海绵充分吸水后拧干，放在焊台海绵槽内备用。		

3. 工作步骤 Procedure	工作者 Perf.By	检查者 Insp.By
（1）贴片元器件焊接。		
（2）通孔元器件引脚成形。		
（3）按从矮到高顺序进行通孔元器件焊接，芯片不直接焊接，先焊接芯片座。		
（4）剪去过长引脚，焊点引线露出高度 0.5～1mm。		
（5）将芯片插入芯片座。		
4. 结束工作 Close Out	工作者 Perf.By	检查者 Insp.By
将所有工具设备归位，清扫工作区域，制作过程中产生的元件引脚、锡渣等垃圾送入规定的垃圾桶。		

在完成焊接组装后，可以按照本书附录 2 对电路板组装质量进行检验。

3. 电路的调试

厨用多功能定时器电路主体是数字逻辑电路，对于数字电路的调试主要是检验其逻辑功能的正确性，具体步骤如下。

第一步，通电观察。

将自锁按钮 S1、S2 都置于弹起状态，使用 5V 的电源适配器给电路通电后，首先观察电路板上电源指示灯 D1 是否亮起、电路板是否存在发热冒烟等非正常现象。注意，气敏传感器由于内置有加热电路，发热属于正常。由于气体检测电路尚未经灵敏度调节，燃气报警指示灯 D2 亮与不亮均有可能。同理，蜂鸣器此时可能响，也可能不响。此时右侧定时器电路应当处于关机状态，如图 2-127 所示。

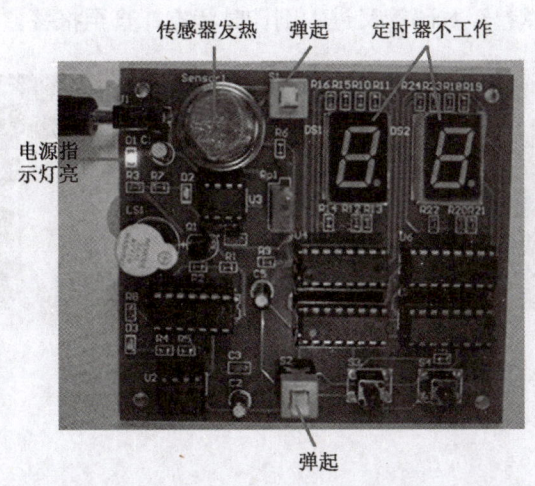

图 2-127　通电观察

第二步，燃气报警功能调试。

先进行传感器灵敏度整定。在无燃气的状态下，调整电位器 Rp1 到电路临近报警与不报警边缘的状态，如图 2-128（a）所示，即向某一方向稍微旋转电位器就发生报警，略微反旋就停止报警。将电位器整定在靠近临界且不报警的位置，这时燃气检测电路具有很高的灵敏度。

再进行燃气报警功能检测。可以使用一只打火机，轻压打火机打火装置，使之不点火但有气体释出。靠近传感器后，燃气报警指示灯 D2 亮起，同时蜂鸣器开始发出响声，如图 2-128（b）所示，撤去打火机后再过几秒，报警停止，这说明燃气报警功能调试成功。

（a）灵敏度整定

（b）燃气报警功能测试

图 2-128　燃气报警功能调试

第三步，定时器功能调试。

按下自锁按钮 S1，定时器数码管亮起，如图 2-129（a）所示。刚上电时，数码管可能显示一个随机数并进入倒计时状态。倒计时至 00 时，报警指示灯 D3 亮起，同时蜂鸣器开始发出响声。

此时按下自锁按钮 S2，定时器进入设定模式，按下 S3 按钮不放，十位以每秒加 1 的速度递增，按下 S4 按钮不放，个位以每秒加 1 的速度递增，如图 2-129（b）所示。设置完成后，再按 S2 按钮将其弹起，数码管又进入倒计时状态，直至报警。

（a）打开定时器

（b）定时时间设定

（c）时间到报警

图 2-129　定时器功能调试

思考题

1. 工业化 PCB 生产和实验室 PCB 制作工艺流程有哪些主要区别？各有哪些优势？
2. 数字电路的调试与模拟电路的调试分别侧重哪些方面？

单片机开发板的设计与制作

　　学习了两款简单电子产品的设计与制作以后,技能应当有所提高。本项目将通过一种 51 单片机开发板的设计与制作来重温学习过的方法与技巧,并利用这一相对复杂的产品来实现技能的进一步提升。

　　单片机开发板也称单片机学习板或实验板。选择单片机开发板作为本项目的载体,主要是考虑到它的综合性和实用性。开发板上除核心器件微控制器外,一般还配备有按键、LED 指示、数码管等硬件资源,以及液晶接口、各种传感器接口、各种通信接口等接口资源,是学习者或业内人调试单片机程序的重要工具。开发板上模块电路众多,连接关系复杂,其开发过程也正是提高原理图与 PCB 设计以及电路组装调试水平的好机会。

> 项目 3 总任务:设计制作一个 51 单片机开发板,要求具备以下功能模块:
> ① 51 单片机最小系统及 USB 下载电路模块。
> ② LED 显示模块,用于流水灯或各种独立显示。
> ③ 数码管与液晶等多种显示电路模块。
> ④ 独立按键、矩阵键盘或外接键盘接口。
> ⑤ 串行通信接口等多种通信接口。
> ⑥ 步进或直流电机驱动接口。
> ⑦ DS18B20 等多种传感器接口。
> ⑧ 其他功能电路。

★ 掌握层次原理图的设计方法。

★ 学会获取第三方元件库。
★ 掌握生成当前工程库文件的方法。
★ 掌握批量操作、整齐分布等原理图和 PCB 绘制高阶技巧。
★ 掌握 PCB 下单打样的常用术语与沟通注意事项。
★ 掌握电路软硬件联调的思路与方法，能使用 Keil 开发软件和专用下载软件对 51 单片机开发板进行调试。

任务 1　单片机开发板的原理图设计

任务描述

单片机开发板看似复杂，实际上由很多相对独立的电路模块组成，而每个电路模块一般都可以从相关单片机教材上或网络上找到可借鉴的设计方案。因此，这里不妨利用 Altium Designer 的层次原理图工具，采用模块化的设计方法，从系统的结构框图出发，采用自顶向下或自底向上的方式，分模块完成开发板的设计。

任务要求

- 了解 MCS-51 单片机特点，选择合适的 MCU 类型。
- 分析设计要求，绘制 51 单片机开发板系统框图。
- 分模块完成开发板原理图设计。

知识链接

1. STC 单片机

MCS-51 单片机是对以 8051 为核心，兼容英特尔 8051 指令系统的单片机的统称，人们通常将其简称为 51 单片机。它是一种 8 位的单片机，最早被用在工业控制领域，因为简单可靠且性能优越长时间被广泛应用于家用电器、汽车、工业测控和通信设备中。

传统的 51 单片机一般具有以下结构：8 位 CPU、程序存储器（ROM）、数据存储器（RAM）、4 组 8 位共 32 个输入 / 输出口（I/O 口）、5～6 个中断源、全双工串行口。

宏晶科技公司推出的 STC 单片机产品与基础的 51 单片机相比，性能大幅提升，如具备超强的抗干扰能力，具备 ISP 在线编程功能，内部集成了看门狗计时器，用 Flash 替代了原来的 ROM，增加了脉宽调制（PWM）、模数转换（ADC）功能等。存储器越来越大、工作频率越来越高、工作电压越来越宽、功耗越来越低。2022 年宏晶科技又推出了 32 位单片机 STC32G12K128。

本项目选用的 STC15W4K48S4 是宏晶科技推出的 STC15 系列单片机中的一款。STC15 系列属于典型的增强型 51 单片机，1T 的高工作速度（可以 1 个时钟周期作为指令周期），最多可达 64KB 的片内 Flash 程序存储器，可擦写次数 10 万次以上，最多可达 4KB 的片内大容量 SRAM，在系统可编程 / 在应用可编程（ISP/IAP），8 通道高速 ADC，最多可达 8 路 PWM，最多可达 4 个高速异步串行通信接口，最多可达 62 个 I/O 口，最多可达 6 个定时器 / 计数器，具备硬件看门狗，具备可编程时钟输出功能。

> **分享** STC51 "中国芯"：在很长一段时间内，51 单片机主要由 Intel、Atmel 开发与生产，芯片价格也居高不下，直至宏晶科技 1999 年在深圳成立才打破这种局面。目前，宏晶科技已成为全球最大的 8051 单片机设计公司，宏晶科技也成为了全球 51 单片机的第一品牌。宏晶科技何以能在短短的二十几年间从一家新成立的公司走到世界前列？在它极简风格的官网最下方的一句话可能就是这家公司的坚持或信仰："如果每个中国人都力争在一个方向做到世界第一，我们中国就强大了！"使用过 STC 单片机的业内人士都知道，这家公司一直以来只潜心做一种产品，朝着一个方向不断深研创新，直到成为全球 8051 体系结构 MCU 的领导者，直到打造出闪亮的"中国芯"。

2. 层次原理图设计

在绘制复杂电路原理图的时候，可能会遇到电路太大，一张原理图装不下的情况。加大图纸的尺寸当然是一种解决办法，但是这又可能会给后期的图纸打印等工作带来困难，譬如打印大于 A4 的图纸就不是普通打印机能胜任的了，即使使用专用的打印机打出图纸，所有电路模块都出现在一张图纸上也会让人查找困难。因此，人们希望能将复杂电路分模块绘制在不同的图纸上。但是这样一来，在生成 PCB 时，这些图纸能被视为一张整体的原理图，导出到同一个 PCB 文件吗？Altium Designer 软件提供了多个方案来解决这一问题：第一，它是以一个工程为整体来生成 PCB 的，也就是说，工程里的所有原理图文件会生成一个共同的网络表，所有原理图上的元器件和网络连接将被导出到同一个 PCB 文件里；第二，它提供了图表符、端口等符号或工具来构成层次原理图，使不同图纸之间的关系更为清晰；第三，它提供了在总图和子图之间快速切换的工具，使复杂原理图的可读性更好。

层次原理图就是将一张复杂的电路原理图分成多个子电路图和一个总电路图。每个子电路图上可以绘制一个电路部分或模块，总图则将它们联系起来，相当于一个框图。

图 3-1 所示是一个子电路的图表符。它可以由子电路的原理图图纸或硬件描述语言文件生成，也可以在总电路图中直接绘制。图表符除图框外还包含以下元素。

（1）子图名称和子图文件名：图表符所对应的下层原理图名称和原理图文件的名称。

（2）端口：子电路图与外部连接的端口。端口可以定义成输入、输出、双向等类型。端口对总电路图而言，相当于元件引脚，可以通过导线、网络标号等方式使子电路与电路其他部分形成电气连接。

设计层次原理图时，既可以采用自顶向下的设计方法，也可以采用自底向上的设计方法。

自顶向下的设计就是先绘制最上层的总电路图，确定电路的总体结构，将电路分解为若干模块，指定模块的端口，再从总图中各子电路的图表符生成子图的图纸，然后进入子图图纸中绘制各模块的原理图。

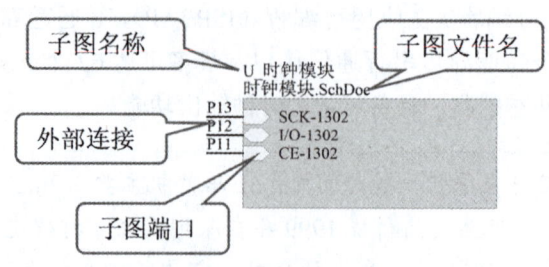

图 3-1 子电路的图表符

自底向上的设计则是先分别绘制各模块的原理图，每个模块单独命名保存为一个原理图文件，为模块的对外连接端放置好端口，再由模块原理图生成子电路图表符，最后在总图中完成子电路图表符之间的连接，也就是各模块之间的连接。

总图与子图之间可以通过主工具栏中的"文件切换"快捷按钮实现快速切换察看。

任务实施

1. 制定单片机开发板总体设计方案

本产品总体方案设计包括核心器件的选型、系统组成框图的确定和产品外观结构方案选定等。

（1）选择核心器件。开发板的核心器件当然首先是单片机，为了拓展尽可能多的功能，可以选择接口尽可能多、内部功能尽可能丰富的单片机；内部存储器也可以选稍大一些的，以便下载调试复杂程序；又因为开发板本身就是实验板，所以最好选用在系统可编程的，无须另配编程器或仿真器。

在经过多方比较后，这里选择宏晶科技的 STC15W4K48S4。根据手册的推荐，选用 LQFP44 封装。手册可以从 STC 单片机官网下载。

这款单片机的主要功能情况如下：

- 增强型 8051CPU，在系统可编程的 1T 单片机；
- 宽工作电压：2.5～5.5V；
- 48KB 的 Flash 程序存储器，10KB 的 EEPROM；
- 4KB 的 SRAM；
- 4 个可掉电唤醒的串行口；
- 6 路 15 位专门的 PWM，可用作 DAC；
- 2 路 CCP/PWM/PCA，可用作 DAC、定时器或外部中断；
- 8 路 10 位 ADC；
- 一组高速同步串行通信端口 SPI；
- 具有硬件看门狗；
- 具有内部高精准时钟并具有可编程时钟输出功能；
- 具有 7 个定时器；

- 42 个 I/O 口；
- 支持 USB 直接下载。

（2）绘制系统框图。根据单片机系统常见的外设和开发调试需求，开发板需具备核心的最小系统、程序下载电路、电源供电电路和各种外设，这里选择了部分常用外设，并将其分为基础、通信、显示、传感和其他几个大的部分，如图 3-2 所示。

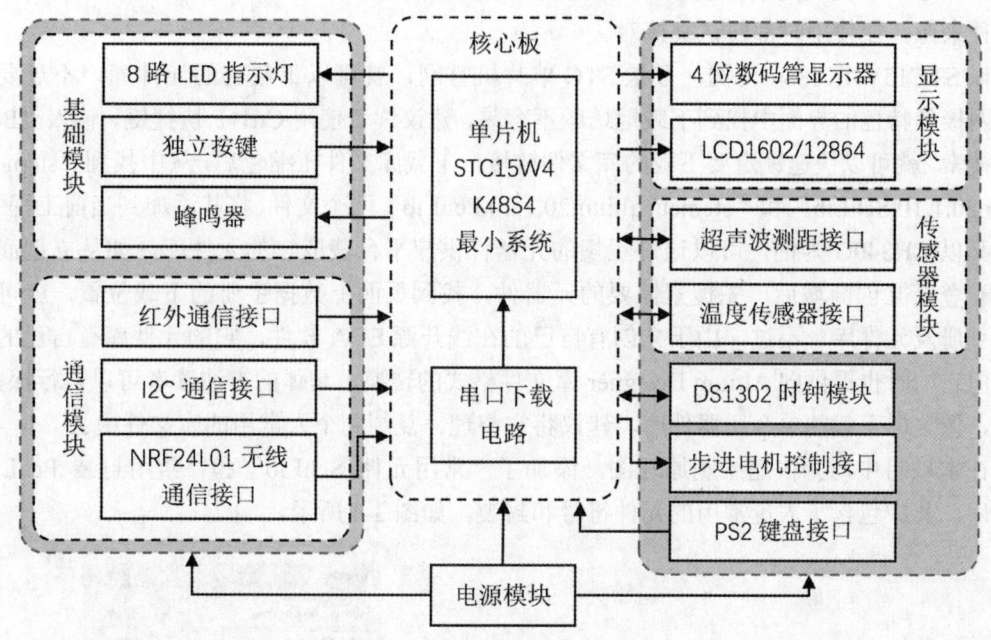

图 3-2　单片机开发板系统框图

（3）确定总体外形结构。为实现灵活的应用，将开发板设计成可分离的两块电路板。其中一块为核心板，仅有单片机最小系统和 USB 下载电路，可独立完成程序的下载运行，也可接插在底板上，与底板上的各种外设相连；另一块为底板，包含了电源和各种外设电路，程序功能可以通过底板上的外设验证和实现；两板之间通过排针与排母相连。这种分离式设计的优点在于，如果现有的底板不能满足某些开发需求，另外设计相应的底板即可，如果电路简单，配上一块万能板作为底板也能进行实验调试。

2. 绘制核心板原理图

核心板原理图的绘制可参考 STC15 系列单片机的手册，根据手册的相关说明，STC15W4K48S4 芯片虽然可以通过 USB 口直接下载，但仅限于 WinXP/Win7/Win8 的 32 位操作系统，为了避免与现在主流的个人计算机操作系统不兼容，这里仍采用 USB 转串口芯片下载，选用市场主流的芯片 CH340G，参考 STC15 系列手册和 CH340G 芯片手册来进行设计。

（1）创建工程与原理图文件。按照项目 1 创建文件的三步法，新建"STC15W4K48S4 开发板"文件夹、"核心板.PrjPCB" PCB 工程、"核心板.SchDoc"原理图文件。

（2）应用原理图模板并完善标题栏内容。应用在项目 2 设计的原理图模板，并完善标题栏内容，如图 3-3 所示。

（3）获取并添加第三方元件库。本项目中的不少元件都不在 Altium Designer 的系统库中，对于这些元器件，可以采用项目 2 中的方法，自己绘制元件符号与封装，不过通过网络获取第三方元件库也是一种不错的方法。网络上的元件库一般有两种来源：一是元器件的生产厂家或供货商为了方便用户而提供的，二是本行业的开发人员共享的成果。但不管是何种来源，在使用时都要认真核对。

以 STC15W4K48S4 为例，登录 STC 单片机官网，就可以下载它的元件库，不过要在它官网极具特色的界面中找到下载地址颇不容易，建议读者使用 Ctrl+F 快捷键，输入"PCB 库"搜索，就可以快速锁定要下载的库文件链接。下载库文件压缩包后，从中找到"stcmcu_altium20.1.10.SchLib"和"stcmcu_altium20.1.10.PcbLib"两个文件，将其添加到当前工程中。

又以 CH340G 为例，可以通过正规的元器件供应平台获取它的元件库，如从立创商城下载。登录立创商城后，先搜索需要的元器件，找到页面上数据手册的下载位置，就可以下载手册及元件库。不过，由于立创有自己的在线开源 EDA 软件，它的元件库有自己的格式，但它同时也提供向 Altium Designer 库文件格式的转换，具体的方法读者可以自行探索。另外，像这样下载的单个元器件库，建议将它整理，复制到个人常用的库文件中去。

在本项目中，为快速绘制原理图，添加了"常用元件 .SchLib"和"常用封装 .PcbLib"两个库，其中包含了大量常用的元件符号和封装，如图 3-4 所示。

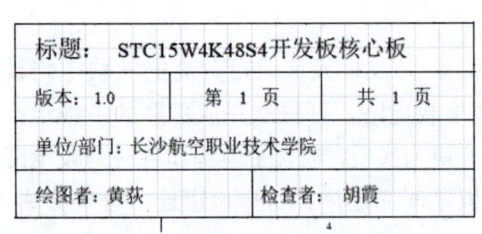

图 3-3　核心板原理图标题栏

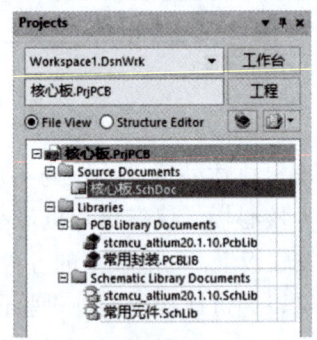

图 3-4　工程添加的各种库文件

（4）设计绘制核心板原理图。以 STC15 系列单片机手册和 CH340G 型 USB 转串口芯片数据手册为主要参考，设计核心板原理图，如图 3-5 所示。图 3-5（a）所示部分电路为单片机芯片及其与底板的接口，P0～P4 为 5 组 8 位的排针，可与底板或万能板插接；图 3-5（b）所示部分电路为自动下载电路，电路采用 Mini-USB 型接口，通过计算机 USB 口下载程序，其中 J2 为一个 2 位的排针，通过跳线帽短接后可以实现自动下载，需要调试串口时拔掉跳线帽，这时需要通过按下按钮 K1 下载程序；图 3-5（c）所示部分电路为核心板与底板的电源接口，工作时可以通过此接口由底板向核心板供电，在下载调试时也可以通过此接口由核心板向底板供电。

项目 3
单片机开发板的设计与制作

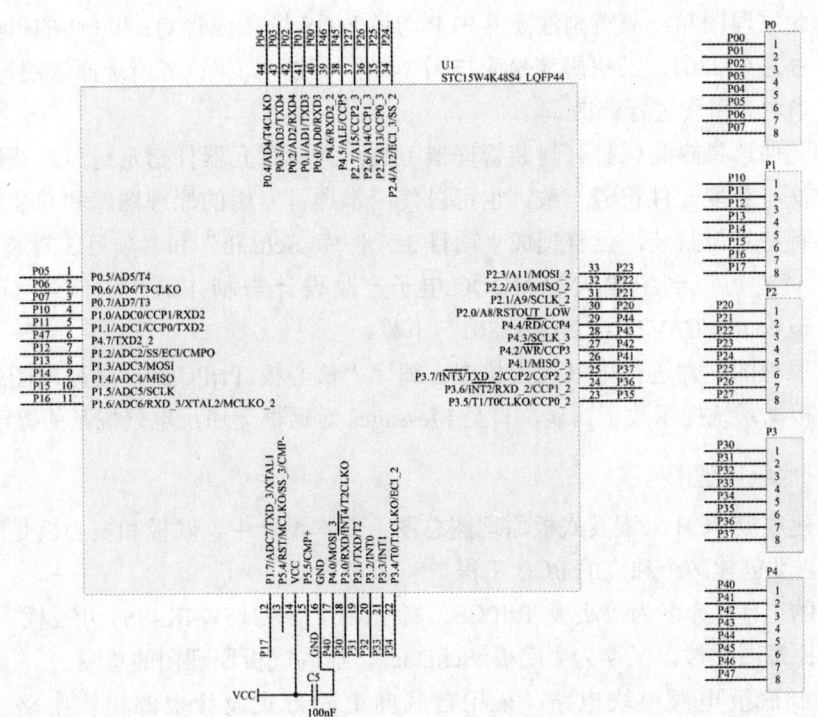

（a）单片机芯片及其与底板的接口

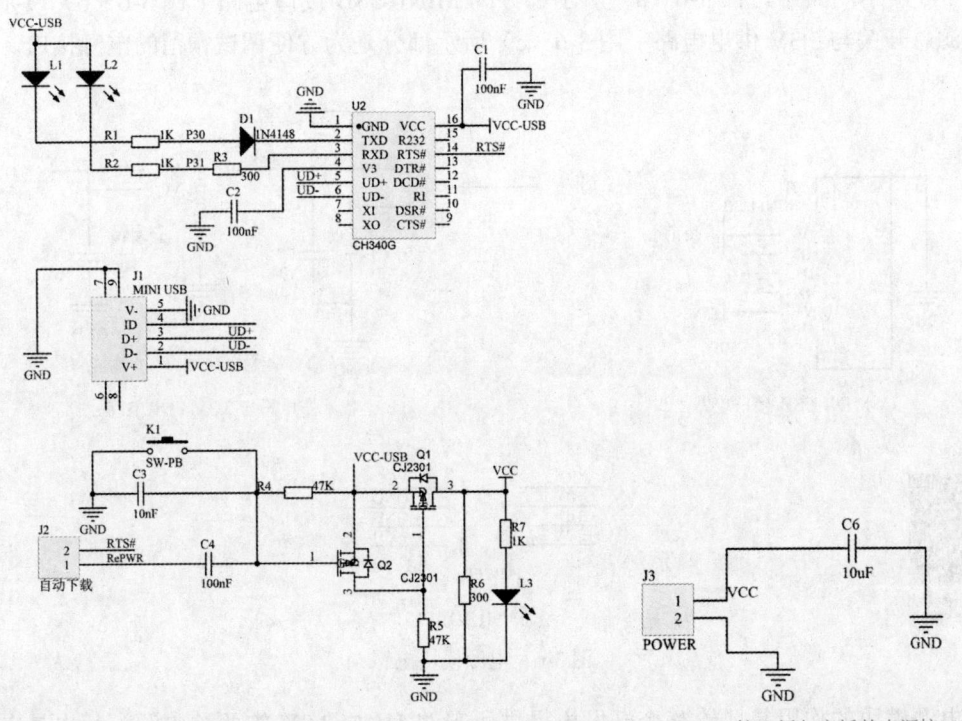

（b）自动下载电路　　　　　　　　（c）核心板与底板的电源接口

图 3-5　核心板原理图

在绘制此原理图时，需特别注意其中 P 沟道 MOS 场效应管 Q1 和 Q2 的引脚序号。这里选用的型号为 CJ2301，其引脚序号应与图 3-5 中一致，如果读者所选原理图符号与图 3-5 中不同，应当对其引脚进行修改。

（5）为元件选择封装。打开封装管理器工具，为所有元器件指定封装。获取特殊元器件封装的方法与获取元件符号一致，也可以使用本项目专用的原理图库和封装库。本项目所用到的各种符号与封装，已整理成"项目 3 元件库 .SchLib"和"项目 3 封装库 .PcbLib"两个文件，读者可以到中国大学 MOOC 电子产品设计与制作课程表网站（https://www.icourse163.org/course/CAVTC--1207012801）下载。

（6）对原理图文件进行电气规则检查。编译"核心板 .PrjPCB"，对原理图进行电气规则检查，并根据系统提示改正错误，直至 Messages 对话框无违反电气规则的提示。

3. 绘制底板原理图

（1）创建底板 PCB 工程及底板原理图总图。在本设计中，底板和核心板是两块独立的 PCB，因此需要创建两个独立的 PCB 工程。

创建新的工程，命名为"底板 .PrjPCB"，保存在"STC15W4K48S4 开发板"文件夹下，再新建一个原理图文件，保存为"底板 .SchDoc"，作为底板原理图的总图。

（2）绘制底板电源模块电路。采用自底向上的方式设计电源模块电路。在"底板 .PrjPCB"下新建原理图文件，并保存为"电源模块 .SchDoc"，电源模块由 3 个部分组成，如图 3-6 所示。其中，图 3-6（a）所示部分为 MINI USB 接口电路；图 3-6（b）所示部分为电源总开关与 3.3V 供电电路；图 3-6（c）所示部分是为方便调试预留的电源接口。

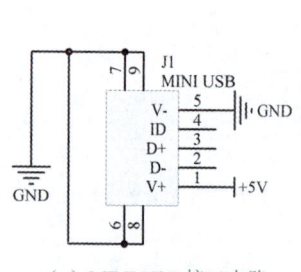

（a）MINI USB 接口电路

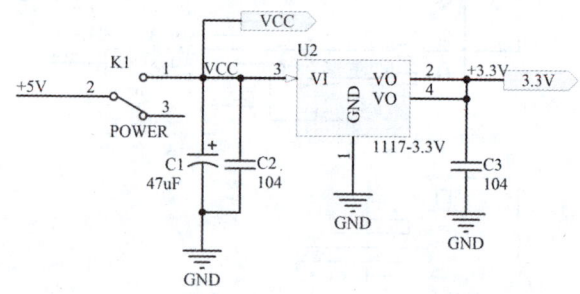

（b）电源总开关与 3.3V 供电电路

自底向上的方式
设计层次原理图

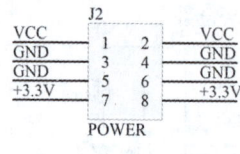

（c）电源接口

图 3-6　电源模块电路

电源模块的作用是要给整个开发板提供所需的 5V 与 3.3V 的两种电源，其也是电源模块与其他模块的接口，为此设计了两个端口。放置 5V 电源端口（VCC）的操作方法如下。

执行菜单命令"放置"→"端口",或者直接单击"放置"快捷菜单栏中的"放置端口"按钮 ,光标变成大十字上粘附着一个端口的形状,如图 3-7(a)所示,此时按下 Tab 键,将弹出"端口属性"对话框,如图 3-7(b)所示。在"名称"输入框中填入 VCC,在"I/O 类型"下拉列表中,选择端口类型为 Output,单击"确定"按钮退出,然后在原理图合适的位置单击放置下图 3-7(c)所示的端口,再完成端口的连线,如图 3-6(b)所示。

按相同的方法放置下 3.3V 电源端口并完成连线。

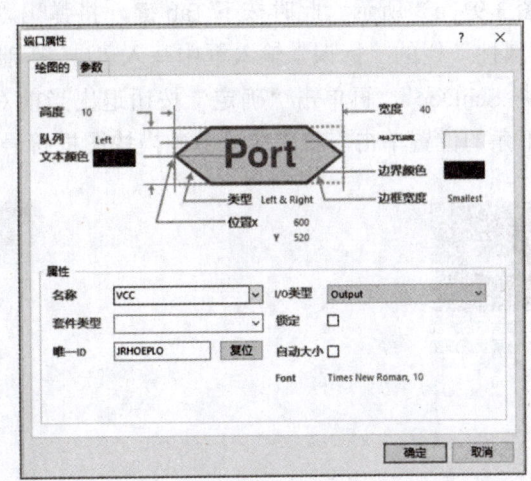

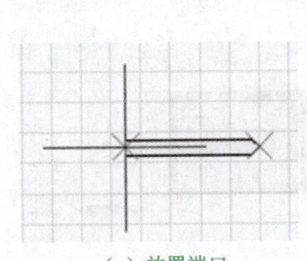

(a)放置端口　　　　　　　　　　　　　(b)设置端口属性

VCC

(c)调整好的端口

图 3-7　子图中端口的放置

绘制完图 3-6 所示电源模块电路后,需要为其生成图表符。操作如下:切换到总图"底板.SchDoc",执行菜单命令"设计"→"HDL 文件或图纸生成图表符",在弹出的 Choose Document to plate(文件选择)对话框中选中"电源模块.SchDoc",如图 3-8(a)所示,再单击 OK 按钮就生成了一个图表符。在总图中适当位置单击即可放置下来,生成的图表符如图 3-8(b)所示。经此处理,"电源模块.SchDoc"就成了"底板.SchDoc"的一张子图。

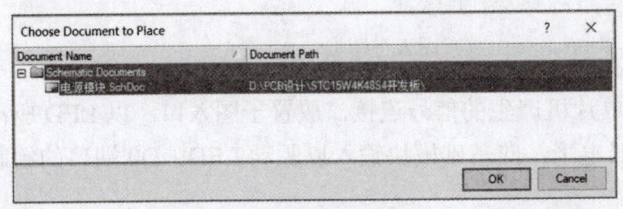
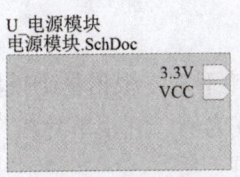

(a)子图文件选择　　　　　　　　　　(b)生成的图表符

图 3-8　在总图中生成图表符

（3）绘制基础模块原理图。此处基础模块包含初学单片机最常用到的人机接口部分，分别是 LED 指示、独立按键和蜂鸣器报警电路，有了这些基本部分，就可以调试一些简单功能的程序了。

这里采用自顶向下的方式设计基础模块电路。

在总图文件"底板 .SchDoc"中执行菜单命令"放置"→"图表符"，或者直接单击"放置"快捷菜单栏中的"放置图表符"按钮 ，光标变成大十字上粘附着一个图框的形状，如图 3-9（a）所示。此时按下 Tab 键，将弹出"方块符号"对话框，如图 3-9（b）所示。在"属性"栏的"标识"输入框中写入"U_基础模块"，在"文件名"输入框中写入"基础模块 .SchDoc"，再单击"确定"按钮退出当前对话框。再分别在期望的图表符的左上角和右下角的位置单击，就完成了基础模块图框符号的放置，如图 3-9（c）所示。

自顶向下的方式
设计层次原理图

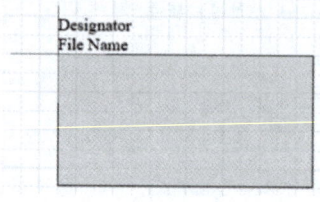

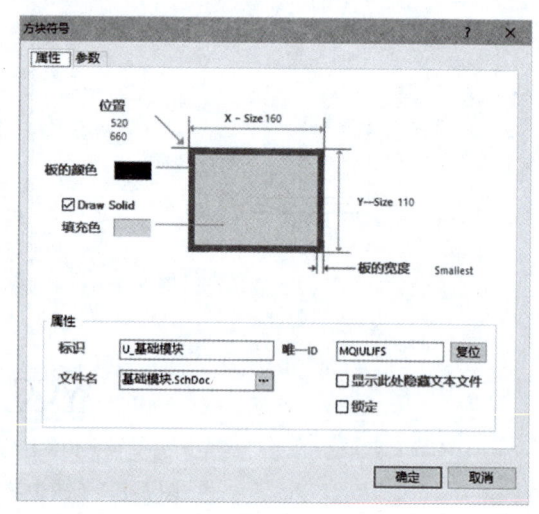

（a）放置图表符　　　　　　　　　　（b）修改图表符属性

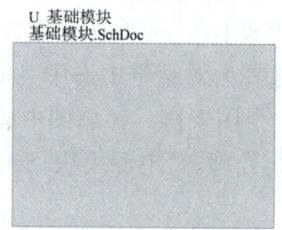

（c）修改好的图表符

图 3-9　在总图中放置图表符图框

接下来，根据基础模块需要与单片机产生的信号连接，放置子图入口。以 LED 驱动端口 D0 为例，它由单片机产生高、低电平，向基础模块输入以驱动 LED。D0 端口的绘制方法如下。

执行菜单命令"放置"→"添加图纸入口"，或者直接单击"放置"快捷菜单栏中的"放置图纸入口"按钮 ，光标变成大十字上粘附着一个灰色端口的形状，如图 3-10（a）所示。

此时按下 Tab 键，将弹出"方块入口"对话框，如图 3-10（b）所示。在对话框中"属性"栏的"名称"输入框中输入"D0"，在"I/O 类型"下拉列表中选择 Input 选项，在上方的示意图中"边"这一项中选择 Left，"类型"处选择 Right，然后单击"确定"按钮退出对话框。

移动鼠标指针至基础模块图框符号内左侧的位置，单击放置下这一图纸入口，如图 3-10（c）所示。

按相同方式绘制基础模块与外部电路相连的其他入口。其中 S0～S3 为独立按键端口，"I/O 类型"应设置为 Output。BEEP 为蜂鸣器驱动端口，"I/O 类型"应设置为 Input。绘制完成的基础模块图表符如图 3-10（d）所示。

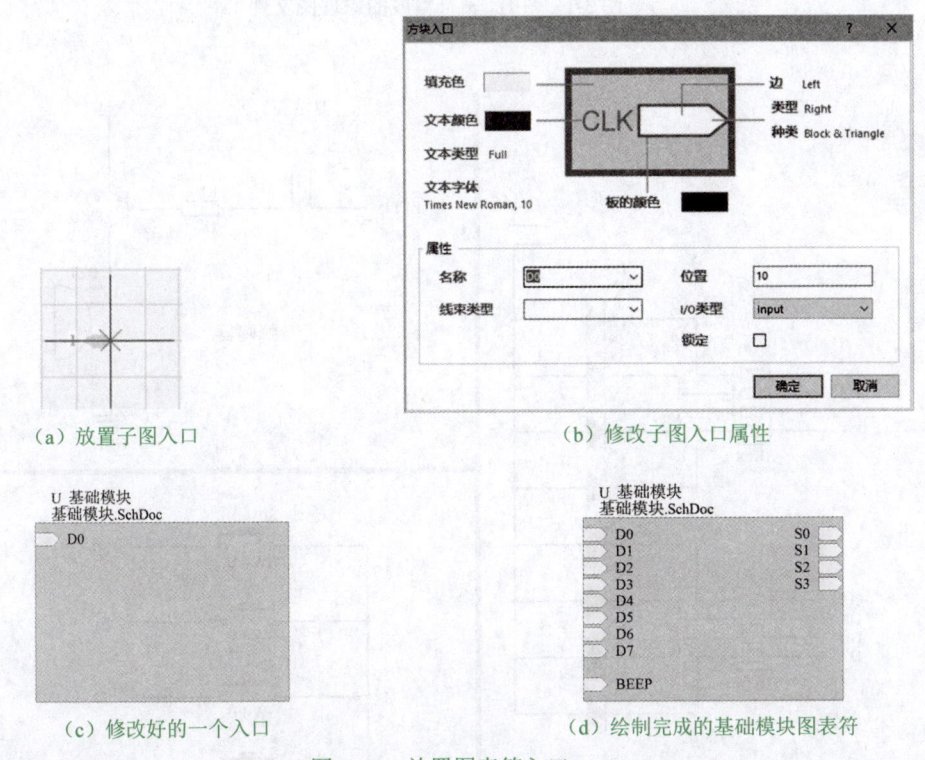

图 3-10 放置图表符入口

在本模块中，没有双向传输的类型，若存在双向传输，则应将"I/O 类型"设置为 Bidirectional，如下文传感器模块中的 DS18B20 数据传输端口。

接下来可以通过图表符生成原理图文件。单击，选中基础模块图表符，然后右击，执行右键菜单命令"图表符操作"→"生成图纸"。

在主设计区打开了一个已命名为"基础模块.SchDoc"的原理图文件，该文件已自动被添加到了当前工程中，如图 3-11（a）所示。在打开的文件中已绘制好了 13 个端口，如图 3-11（b）所示。

在"基础模块.SchDoc"的原理图文件中，完成图 3-12 所示原理图的绘制，注意需将之前生成的 13 个端口分别与对应的引脚连接，端口位置可以根据需要移动，完成后保存文档。

电子产品设计与制作

（a）由图表符生成的文件　　　　　　　　　　（b）文件中已有的端口

图 3-11　由图表符生成的原理图文件

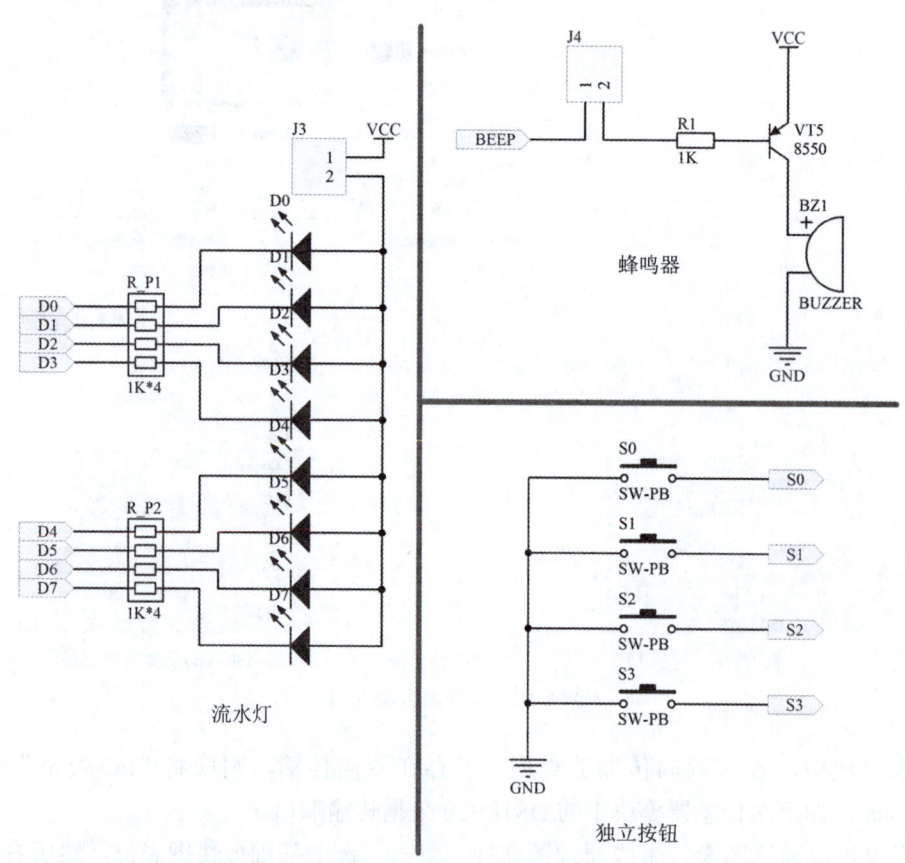

图 3-12　基础模块原理图

（4）绘制显示模块原理图。显示模块包含了液晶显示和数码管显示电路，液晶显示又包含了 LCD1602 和 LCD12864 两个接口。

同样采用自顶向下或自底向上的方式，创建"显示模块 .SchDoc"文件，绘制图 3-13（a）所示子原理图，并在总图中绘制图 3-13（b）所示显示模块图表符。

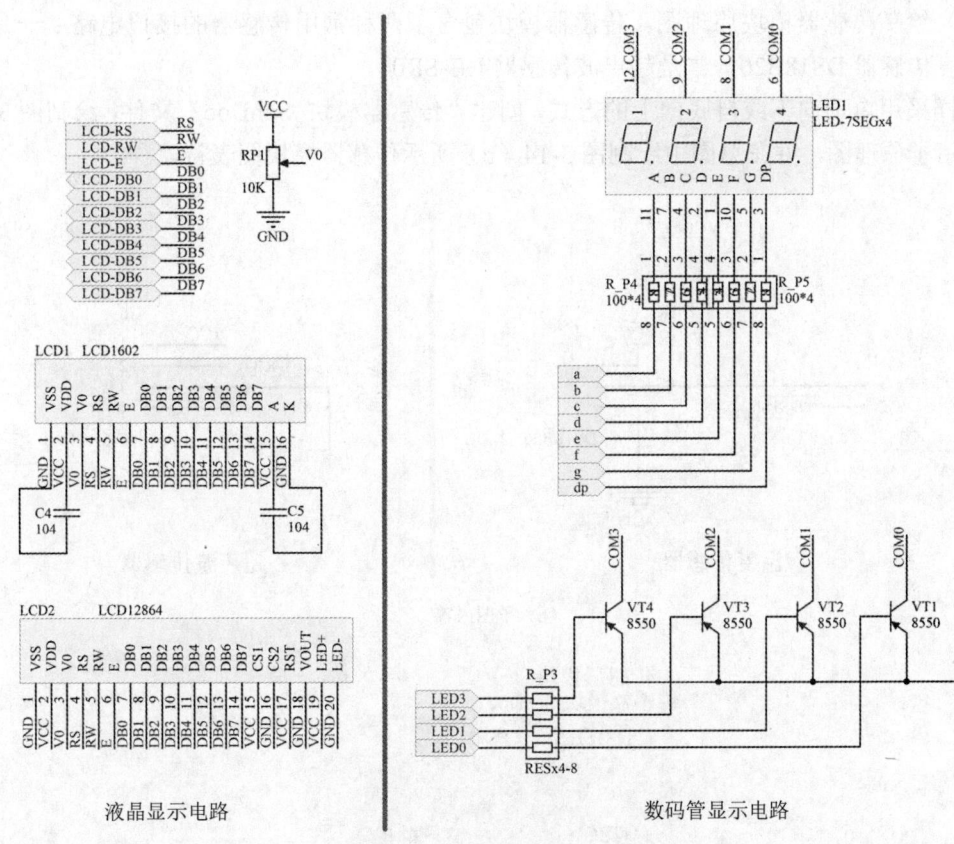

(a) 子图内容

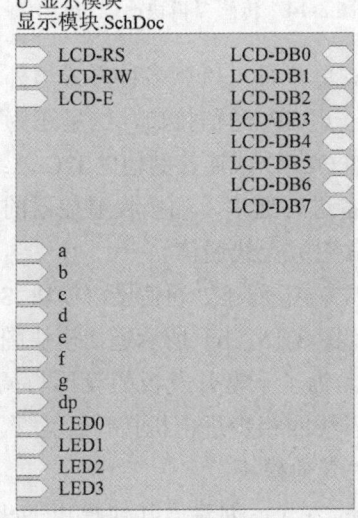

(b) 图表符

图 3-13 显示模块原理图的绘制

（5）绘制传感器模块原理图。传感器模块包含了两种常用传感器的接口电路：一是单总线温度传感器 DS18B20，二是超声波传感器 HC-SR04。

同样采用自顶向下或自底向上的方式，创建"传感器模块.SchDoc"文件，绘制图 3-14（a）所示子原理图，并在总图中绘制图 3-14（b）所示传感器模块图表符。

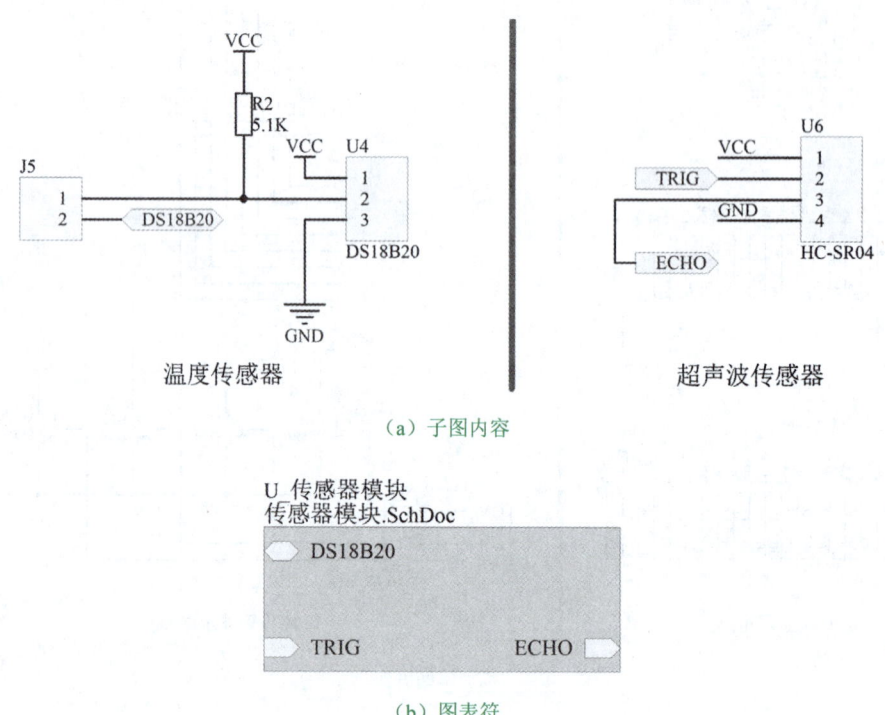

图 3-14　传感器模块原理图的绘制

（6）绘制通信模块原理图。单片机可以以多种方式与外界通信，STC15 单片机本身具备 4 个独立的异步通信串口和一组 SPI 通信接口，这里还为开发板设计了一组 I2C 总线通信接口，方便连接小型显示器如 OLED 或连接其他的 I2C 总线器件；设计了红外收发接口，可以实现其他带红外装置的设备进行通信，如接收遥控器的指令；设计了 NRF24L01 无线通信模块接口，可以实现 2.4GB 射频无线通信。

采用自顶向下或自底向上的方式，创建"通信接口模块.SchDoc"文件，绘制图 3-15（a）所示子原理图，并在总图中绘制图 3-15（b）所示通信模块图表符。

（7）绘制其他模块原理图。为了丰富开发板的设计与调试功能，还设计了 DS1302 时钟电路、PS2 键盘接口、小型五线四相步进电机接口，为了不让原理图过于分散，就将它们画在一张原理图中，合并为"其他模块"。

采用自顶向下或自底向上的方式，创建"其他模块.SchDoc"文件，绘制图 3-16（a）所示子原理图，并在总图中绘制图 3-16（b）所示其他模块图表符。

图 3-16（a）中五线四相步进电机驱动芯片 ULN2003 是一个 7 路的大电流驱动电路，每一路由一个达林顿晶体管和一个续流二极管构成，这里将其中的 4 路用来驱动四相步进

电机，剩余的 3 个输入端如果浮空，会引起电气规则检查错误，而在实际中，这 3 个输入端不使用并不会引起电路问题。因此，在此芯片的 5、6、7 脚上，放置了免电气规则检查的红叉标志，该标志有两种放置方式。

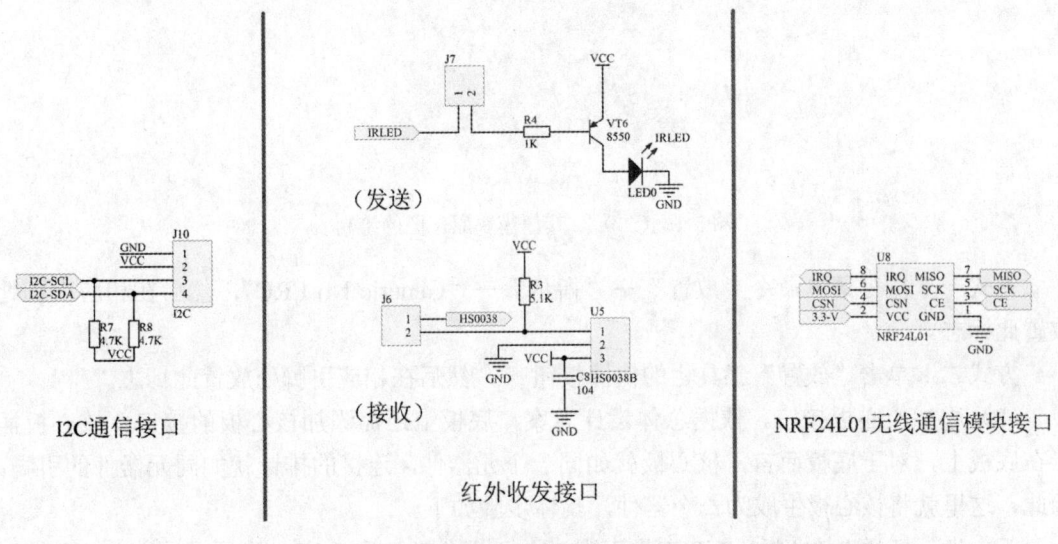

（a）子图内容

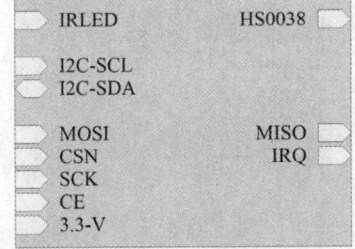

（b）图表符

图 3-15　通信模块原理图的绘制

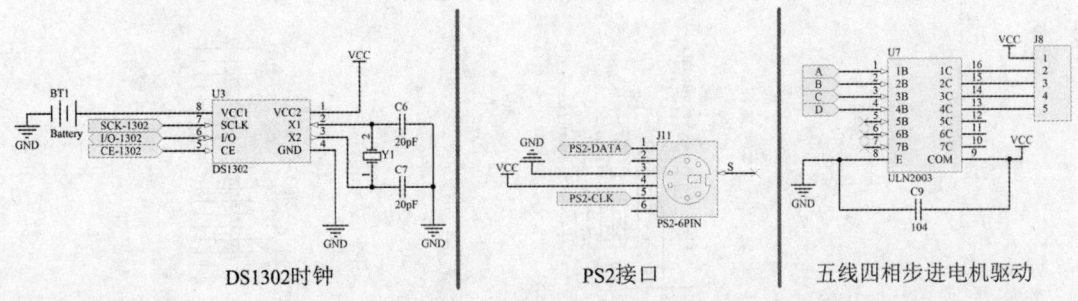

（a）子图内容

图 3-16（一）　其他模块原理图的绘制

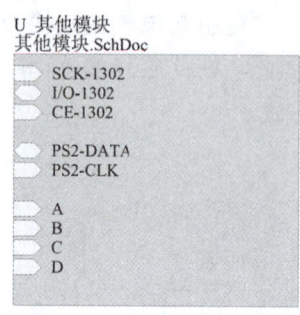

（b）图表符

图 3-16（二） 其他模块原理图的绘制

方式一：执行菜单命令"放置"→"指示"→"Generic No ERC"，然后在相应引脚处放置此标志。

方式二：单击"放置"工具栏的快捷按钮 ×，然后在相应引脚处放置此标志。

（8）添加核心板接口。依据总体设计方案，底板上还需添加核心板的接口。核心板插接在底板上，对于底板而言，核心板就如同一个元器件，连接的排针就如同元器件的引脚。因此，这里就将核心板生成为一个器件，具体步骤如下。

第一步，打开"核心板 .PrjPCB"工程，再打开"核心板 .SchDoc"原理图文件。在核心板原理图中，为核心板与底板相连的接口添加端口（P0～P4、VCC、GND），如图 3-17 所示。

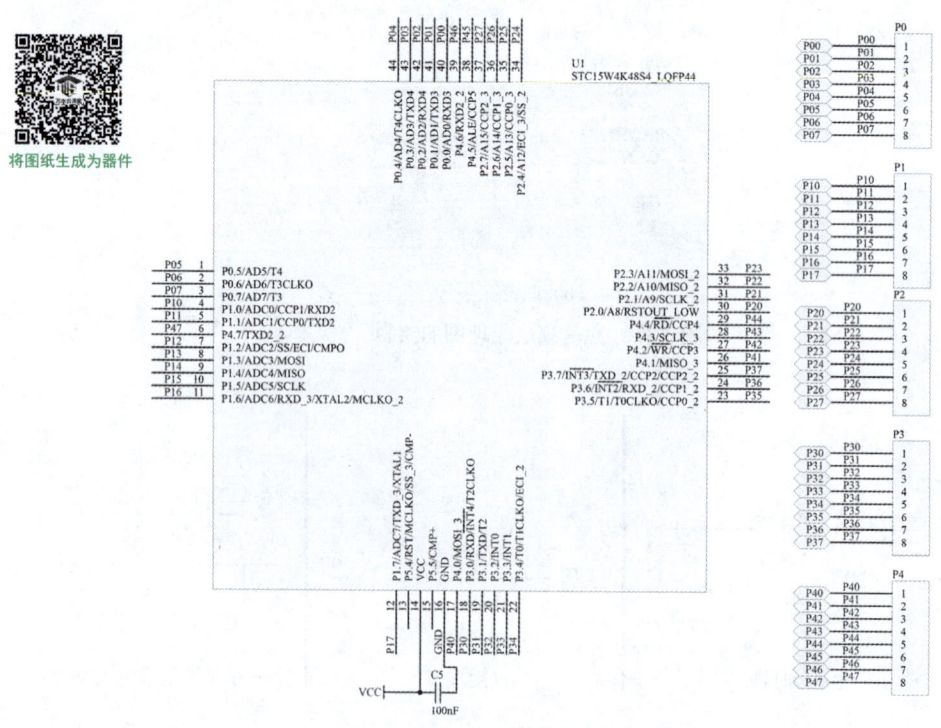

图 3-17（一） 为核心板原理图添加端口

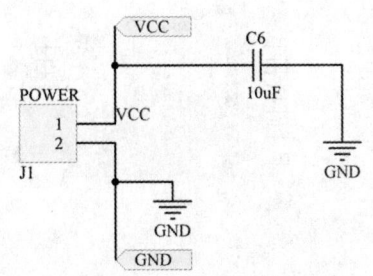

图 3-17（二）　为核心板原理图添加端口

第二步，执行菜单命令"设计"→"图纸生成器件"，然后在弹出的"符号选项"对话框中，选择符号类型为"输入/输出"，如图 3-18（a）所示，然后输入"管脚长度"，如 10mil。宽度和高度可选择"自动"，单击"确定"按钮退出，就生成了一个新的原理图元件库，其中仅包含图 3-18（b）所示的原理图元件。将文件保存为"核心板 .SchLib"，并在左侧面板 Projects 标签页中，将"核心板 .SchLib"文件拖到"底板 . PrjPCB"工程内。

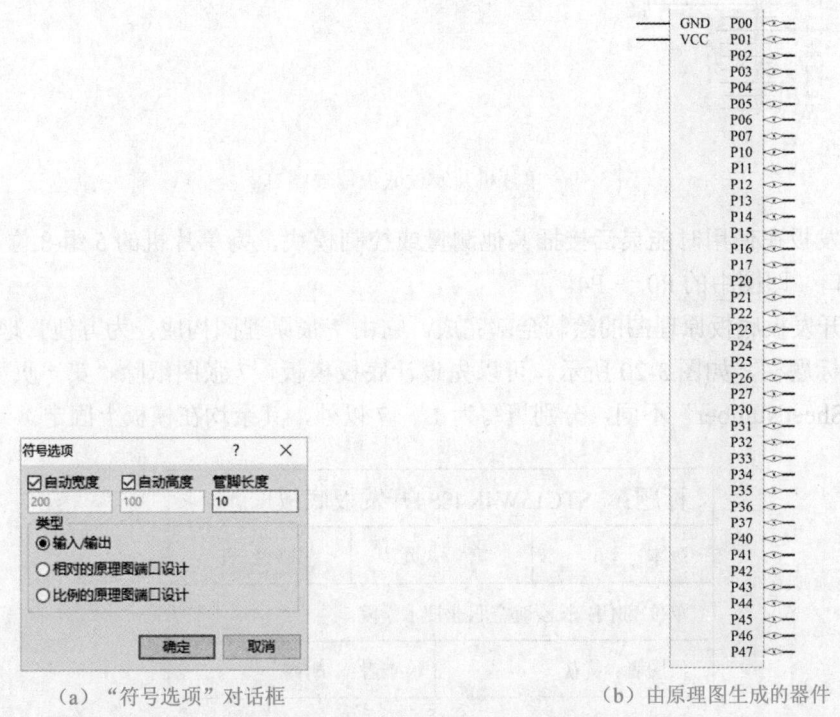

（a）"符号选项"对话框　　　　　　　　　（b）由原理图生成的器件

图 3-18　由原理图生成器件

第三步，切换到底板的工程与原理图，像放置其他元器件一样，将核心板元件放置到底板中。

（9）完成原理图总图的绘制。经过前面的过程，核心板和底板各模块都以元器件或图表符的形式放置在了原理图总图中，接下来需要按照单片机 I/O 口的特点与各模块的信号需求，合理分配 I/O 口，并完成连接。最终形成图 3-19 所示原理图总图。

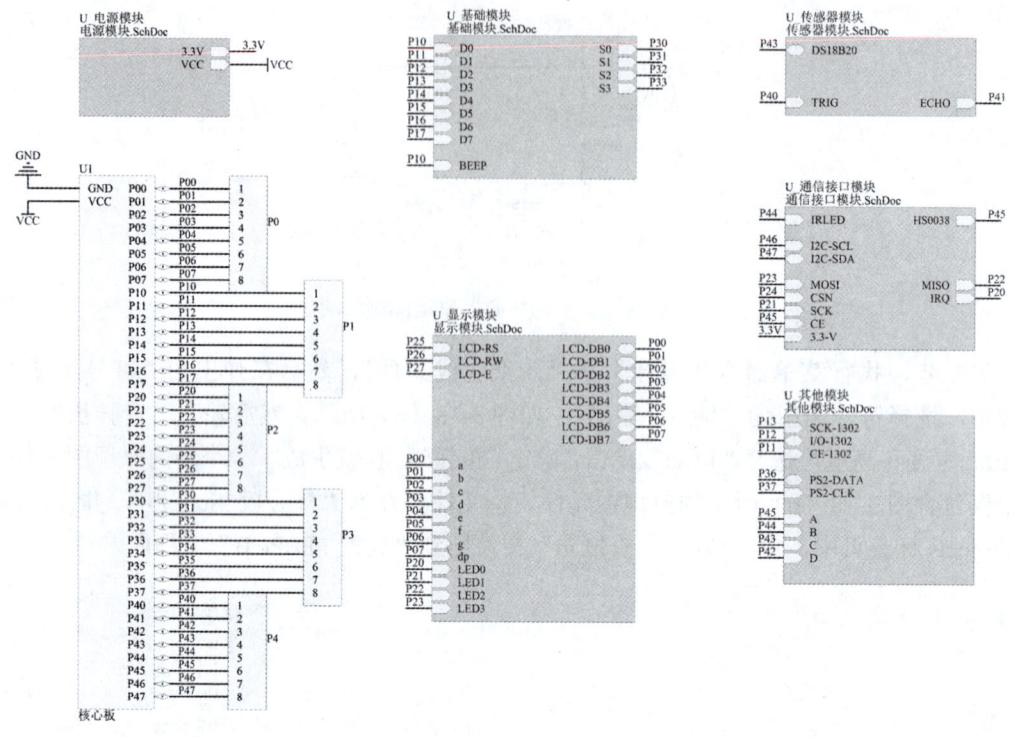

图 3-19　单片机开发板底板原理图总图

为了开发板在使用时能灵活接插其他测量或控制模块，为单片机的 5 组 8 位 I/O 口预留了排针接口，即图中的 P0 ～ P4。

至此，开发板底板原理图的绘制全部完成。它由 7 张原理图构成，为方便管理和查阅，为图纸设置标题栏，如图 3-20 所示。可以先设计底板模板，7 张图纸除"第 * 页"处 * 所代表参数"SheetNumber"不同，分别填写为 1 ～ 7 以外，其余均在模板上固定。

标题：	STC15W4K48S4开发板底板	
版本：1.0	第 * 页	共 7 页
单位/部门：长沙航空职业技术学院		
绘图者：黄荻	检查者：胡霞	

图 3-20　单片机开发板底板原理图标题栏

对这种比较复杂的原理图，画完后应反复检查。检查时如需要在总图和子图之间反复切换查看，可以通过主工具栏中的"文件切换"快捷按钮 实现快速切换。

在总图中，单击"文件切换"按钮，当鼠标指针上粘附上了一个大十字光标后，在某个图表符上单击，就会切换到该图表符对应的子图文件中；在子图中，单击任意一个端口符号则会切换到总图。这种切换查看可以反复进行，直到右击结束。

也可以在子图中单击"文件切换"按钮,开始总图与子图之间的相互切换查看。

(10)为底板元件选择封装。打开"封装管理器"工具,为所有元器件指定封装。底板所用到的各种符号与封装,也整理在了"项目 3 元件库 .SchLib"和"项目 3 封装库 .PcbLib"两个文件中,读者可以参考使用。

在底板的元件封装中,有一个比较特殊,就是核心板,因为核心板在底板上是被当成一个元件来看待的,所以需要在核心板的 PCB 设计完成后,再由它的 PCB 图来生成一个封装。

思考题

1. 在什么情况下需要绘制层次原理图?Altium Designer 通过哪些工具来实现层次原理图?
2. 有几种设计层次原理图的方式?设计步骤的主要区别是什么?
3. 在单片机开发板的原理图设计过程中,核心板为什么不以子图的形式,而是以元器件的方式出现在总图中?

任务 2　单片机开发板的 PCB 设计

任务描述

单片机开发板的 PCB 设计相对于前两个项目而言,要复杂一些,无论是元器件的密度还是线路的密度都要比线性稳压电源和厨用多功能定时器大很多。不过,通过这样的项目实战,正好可以对 PCB 的布局布线方法和技巧形成更深刻的认识。本任务将分别设计单片机开发板的核心板和底板,并让它们准确匹配。

任务要求

- 结合 PCB 的一般布局布线技巧和单片机、下载芯片等的特定需求,完成核心板的 PCB 设计。
- 针对底板上各模块电路的布局布线需求,完成底板的 PCB 设计。

知识链接

1. PCB 的电磁兼容设计

电磁兼容性(Electromagnetic Compatibility,EMC)是指设备或系统在电磁环境中正常运行并不对其环境中的其他设备产生无法承受的电磁干扰的能力。电磁兼容性包含两方面的含义:一是设备或系统自身对周围环境不应产生超过一定限值的干扰;二是设备和系统对所在环境中存在的电磁干扰具有一定程度的抵抗能力。随着现代电子系统的灵敏度越来越高,接收微弱信号的能力越来越强,同时电子产品频带越来越宽,尺寸越来越小,人们对电子设备和系统的电磁兼容性要求越来越高。

电磁兼容的三要素是干扰源、耦合通路和敏感体，提高设备或系统的电磁兼容性也就应当从3个方面入手，即抑制干扰源、切断耦合路径和保护敏感体。

电磁兼容设计的关键技术中广泛应用的有屏蔽、隔离、滤波和接地等。

屏蔽：指运用各种导电材料，制造成各种封闭体并与大地连接，以切断通过电磁场耦合形成的电磁噪声传播途径。

隔离：一般指采用一些器件将两部分电路分隔开来，切断电磁噪声经线路传导的途径。常用的隔离功能器件有继电器、隔离变压器或光电耦合器等。

滤波：在频域上处理电磁噪声的技术，为电磁噪声提供一低阻抗的通路，以达到抑制电磁干扰的目的。例如，电源滤波器对50Hz的电源频率呈现高阻抗，而对电磁噪声频谱呈现低阻抗。

接地：通过将电磁噪声或静电荷导入大地实现对电路的保护，包括单点接地、多点接地、混合接地、浮地等方式，不同的干扰程度和不同的敏感程度对系统有不同的接地要求。

在PCB设计中，通常从以下方面考虑来提高产品的电磁兼容性。

（1）除需要阻抗匹配、时序匹配和差分对布线等情况下，电路的连接线尽可能短，以减少寄生耦合，高频电路需重点考虑。

（2）PCB走线不能走直角，一般走45度角，高速信号最好走圆弧。走线宽度要一致，以免造成阻抗不连续，对高速信号产生不必要的反射。

（3）减小平行且接近的走线线段的长度，包括同层和相邻层的情况，最好小于1000mil。

（4）相邻层走线时，最好相互垂直走线。一层是横向走线，相邻层就竖向走线。这样相邻层的信号不会形成干扰。

（5）电源与地紧挨着走线，以减少回流环路面积，单层板需重点考虑这一点。

（6）每个芯片电源引脚必须放置去耦滤波电容，以滤除芯片电源高速干扰。电容接地脚要就近接地。

（7）滤波电容在放置时，要靠近芯片引脚放置，布线要尽可能地粗、短，保证滤除高频的效果。

（8）敏感信号最好采用包地设计，即用地线或与地相接的大面积覆铜将信号线包住，为信号提供最短回流路径，也能消除与其他相邻信号的干扰。

（9）敏感信号最好能做到与地的回流路径最短，回路面积最小，此时信号的抗干扰能力强，对外的电磁干扰也小。

（10）高速线路的布线至少要遵循3W法则，即信号线之间的布线间距最少是线宽的两倍，两信号线中心的间距最少是线宽的3倍。

（11）多层板电源面和接地面尽可能近地放置在相邻的层中，以便在整个板上产生一个大的PCB电容。高速信号在靠近地平面的一侧布线，低速信号则在靠近电源平面一侧布线。

（12）多层板高速信号线最好是走在里层，通过介质层起到屏蔽作用，能有效抑制电磁干扰信号向外辐射。

（13）产生磁场较强的元器件和对磁场敏感的元器件，如电感线圈，应相互远离或磁路垂直布局，以减小互感耦合。

以上列举的只是比较常见的规则，并不全面，读者需通过更高层次的理论学习和更多的布线布局实践来获得进一步提升。

2. PCB 的可制造性设计

初学者很容易错误地认为，PCB 只要能设计出来，就能制造出来。以 PCB 过孔的设计为例，每个 PCB 厂家，能加工的孔径的尺寸不一样，但都有一定范围，例如嘉立创公司2016 年钻孔孔径的加工范围为 0.3～6.3mm，超出这个范围的过孔（例如 0.25mm 孔径的过孔）设计就是不可制造的，而且这个范围会随着生产企业工艺的变化发生变化。2021 年，嘉立创公司在公布的工艺参数中钻孔的加工范围扩展到 0.2～6.3mm，0.25mm 孔径的过孔设计就成为可制造的了。因此，PCB 设计者仅仅从电路原理来考虑问题是远远不够的，还需要考虑到生产制造的可行性，这就是 PCB 的可制造性设计。

PCB 的可制造性设计主要需考虑两个方面的要求：一是 PCB 自身的可制造性要求，二是 PCB 组装的可制造性要求。

（1）PCB 自身的可制造性要求一般包含以下内容。

1）PCB 的板材与加工层数。PCB 板材的类型和厚度等应满足 PCB 的电气和机械性能需求，同时也需要考虑制造厂商的生产加工能力。PCB 的最高层数、介质层和板的总厚度等参数都应当与 PCB 生产商协商确定。

2）PCB 的外形尺寸和精度。受设备加工尺寸和精度的限制，设计时应事先了解可加工的最大和最小尺寸、精度、工艺边尺寸等参数。

3）最小和最大加工孔径。受生产厂商的钻孔设备和孔金属化能力的制约，应当事先了解此参数。

4）印制导线的宽度、厚度、间距及精度。受图形转移和蚀刻工艺水平的制约，生产过程会对导线间的耐受电压、绝缘电阻和特性阻抗等性能产生影响。

5）最小字符高度与线宽。字符采用丝印方式进行印刷，字符过小或线宽过细将导致印制字符不可分辨，因此设计丝印层时应特别关注此参数。

6）阻焊类型与间距。阻焊油墨有感光油墨和热固化油墨之分，感光油墨需经过曝光显影的过程，加工精度相对较高；热固化油墨采用丝印的方式进行上墨，精度较低。此外，不同的生产厂商在阻焊桥的宽度、阻焊窗的最小尺寸上也有不同的限制，设计时应充分考虑其生产加工能力。

（2）PCB 组装的可制造性要求一般包含以下内容。

1）PCB 组装方式的要求。产品在后期采用自动贴片和再流焊工艺进行组装还是手工焊接方式进行组装，对焊盘尺寸、安全间距等的要求会有很大不同。

2）焊盘的尺寸、环宽等应满足焊接后形成可靠连接的要求。

3）插装元器件的焊盘孔和安装孔应有足够的插装和焊接间隙。

4）需要散热的元器件要考虑热设计的要求，周围应留出足够安装散热器的位置或散热的空间，且周围不应布置热敏感元器件。

5）测试点应尽量设置在板的边缘或不易被其他元器件遮挡的地方。

6）元器件体下方的过孔应有阻焊覆盖，以避免由元件壳体引起的短路。

7）元器件的安装位置和极性标志应当清楚准确。

> **分享**
>
> PCB 设计漫谈：在 PCB 设计的道路上，无论是工作多年的技术骨干，还是初入职场的新人，可能都会感到焦虑和迷茫。"做了 6 年的 PCB 设计工作，一直都是画低速板，没机会接触高速板设计，跟同事相比没什么竞争力""做 PCB 工作多年，仅局限于画板出图，没有完整、系统可复制的实际项目设计经验，缺少流程化思维""PCB 设计时总是要听从于硬件工程师或结构工程师的，感觉比他们低一个等级"……这都是许多 PCB 设计工程师内心的真实写照。
>
> 如果书本前的你立志从事 PCB 设计行业，唯有不断努力学习新技能，如电磁兼容设计（EMC/EMI）、高速电路设计、信号与电源仿真（SI/PI）等，同时，系统学习 PCB 设计完整项目流程，熟悉产品线的设计工作细节，包括系统定义、原理仿真、约束定义、Layout 布线、可制造性设计（DFM）分析、成本控制思维、物流和知识管理等，在领域内持续精进，方能提升自己的职业核心竞争力，成为业内资深的技术大咖。

任务实施

1. 设计核心板 PCB

（1）创建核心板 PCB 文件。在"核心板 .PrjPCB"工程下创建新的 PCB 文件，并保存为"核心板 .PcbDoc"。

（2）设置核心板机械尺寸。由于核心板仅包含单片机最小系统和下载电路，所以将面积规划得尽可能紧凑一些，但要考虑到后期应用，将 I/O 口尽可能多地接出，围绕单片机芯片排布，经过反复测量，将核心板尺寸定在 1600mil×2000mil，由于四周的排针和底座的排母之间已能形成比较稳固的机械连接，所以不再在核心板上添加安装孔。

（3）从原理图导入元件与连接。打开"核心板 .SchDoc"文件，在"设计"菜单中执行"更新……PCB"文件命令，或者直接在"核心板 .PcbDoc"文件的"设计"菜单中选择"从原理图导入变化……"命令，将原理图中的元件与连接关系导入"核心板 .PcbDoc"。

（4）PCB 布局。将 ROOM 中的元器件逐个拖入 PCB 板框区域内进行布局，布局时应考虑到以下因素。

1）考虑核心板与底板的接口。需与底板相接的有 5 组 I/O 口和一个电源接口，将其布局在板的四周，另外，本设计还希望核心板能与万能板连接配合使用，所以排针的位置也需要准确定位，使每一根针脚的位置可以与万能板的孔位对准。由于万能板的孔位之间横向与纵向的间距均为 100mil，所以核心板上接口引脚之间的水平和垂直间距都只能为

100mil 的整数倍。这些排针的布局可采用以下技巧：单击"栅格"快捷工具按钮，打开下拉菜单，将可见栅格显示为 50mil，如图 3-21（a）所示，然后移动排针的位置，使它们的针脚位于横、纵坐标均为偶数倍 50mil 的栅格格点上，如图 3-21（b）所示。

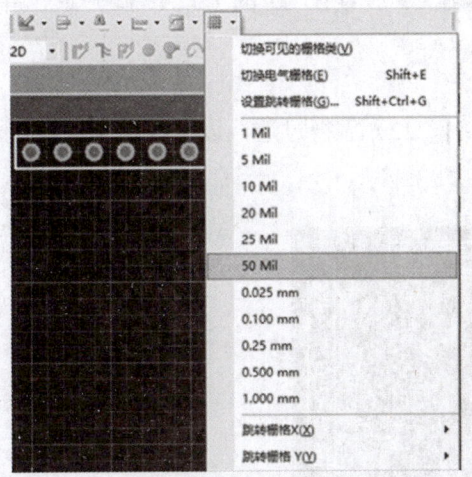
（a）将可见栅格设置为 50mil

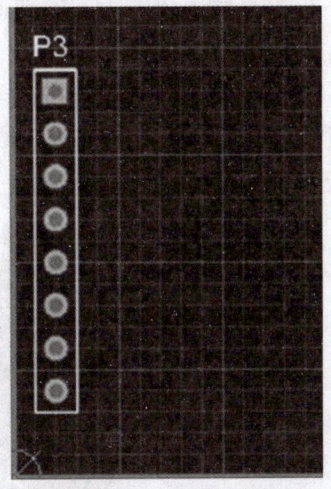
（b）使排针的引脚位于特定的格点上

图 3-21　排针位置布局技巧

2）仔细分析单片机芯片引脚规律，通过观察飞线，合理布置芯片和引脚引出排针的位置。根据需要可以将芯片转过 45°角，如图 3-22（a）所示。具体操作方法为：双击芯片打开其元件属性对话框，在"旋转"输入框中，输入"-45"，"-"号表示顺时针。

（a）芯片旋转 45°使布线交叉最少

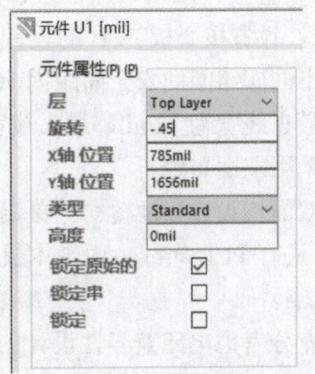
（b）元件旋转一定角度的操作

图 3-22　芯片与引脚引出排针的布局

3）充分考虑电磁兼容性。例如，滤波电容要靠近芯片引脚放置，因此将 CH340G 芯片

VCC 脚的滤波电容 C1，放在 U2 的 16 脚旁。

4）重要元器件的布局要参考元器件手册。例如，在 STC15 系列单片机的手册上有关于去耦滤波电容的安装位置建议：在 VCC 和 GND 之间就近加上电源去耦电容，以去除电源线噪声，提高抗干扰能力。参考此建议，将电容 C5 放置在 U1 的 15、17 脚附近，并旋转 45°角。

5）下载接口应当布置在板的边缘，方便插拔。

6）微动按键 K1 不可以与高度高的元件（如 J1、J2）靠得过近，以方便操作。

完成基本布局的 PCB 如图 3-23 所示。

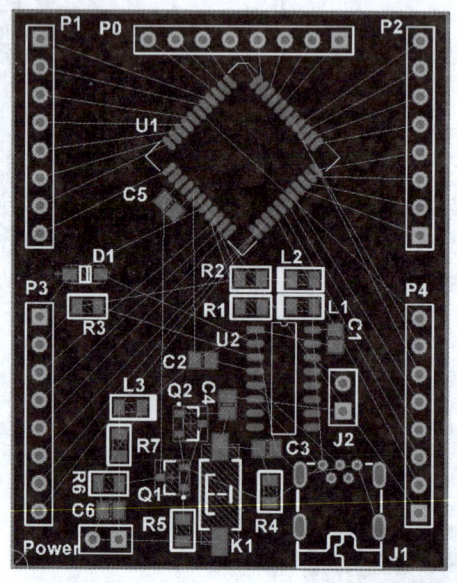

图 3-23　完成基本布局的 PCB

（5）设置设计规则。综合考虑板上元件的密度、原理性要求、电磁兼容性要求和可制造性要求，设置核心板 PCB 的设计规则，其中核心的几条规则如下。

1）不同网络间的安全间距为 10mil。

2）最小线宽为 12mil，最大线宽为 40mil，除电源和地线外，首选 12mil。

3）采用双面布线。

4）双面均设计接地覆铜，覆铜与接地焊盘采用直接连接方式，包铜间距为 20mil。

（6）进行 PCB 布线。由于本板的元件密度较大，只适合采用手动布线，在布线时应考虑以下几点。

1）充分考虑电磁兼容性设计的一般原则。例如，布线一般转 45°角，平行且接近的不同网络走线尽可能短，顶层、底层尽量相互垂直走线，信号回流路径尽可能短，回路面积尽可能小等。

2）考虑板正反两面都将采用大面积对地覆铜，地线可以暂不布线，覆铜可以完成绝大部分地线连接，但这种操作也有遗漏接线的风险，布线完成后需反复检查，包括设计规则检查和人工检查。

3）参考关键元器件手册，考虑特殊元件和特殊信号的布线需求。例如，在 STC15 系列单片机的手册上有图 3-24 所示的设计建议，即去耦滤波电容与 VCC 脚连接线宽建议为 30～50mil。

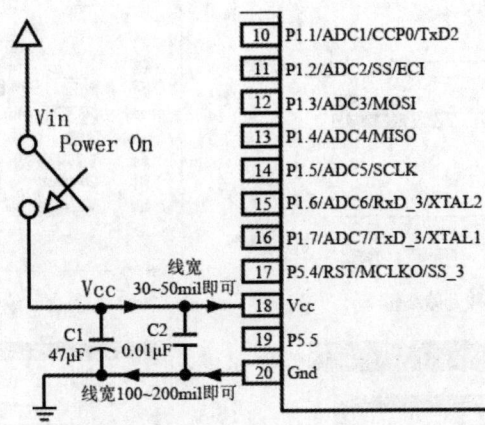

图 3-24　STC15 系列单片机手册上关于滤波电容布线的建议

为确保在布线时去耦滤波电容与 VCC 脚连接线宽为 30～50mil，这里增加一条设计规则，并且从原理图进行添加。

切换到核心板原理图，执行菜单命令"放置"→"指示"→"PCB 布局"，光标上将附上图 3-25（a）所示 PCB 规则标志。此时按下 Tab 键，将打开"参数"对话框，如图 3-25（b）所示，在对话框中将"属性"栏中的"名称"修改为易于识别的名字，如"U1-VCC"，接下来单击选中下方规则列表中唯一的一行，再单击"编辑"按钮，进入如图 3-25（c）所示的"参数属性"对话框，单击其中的"编辑规则值"按钮，进入如图 3-25（d）所示"选择设计规则类型"对话框。在其中 Routing 大类下的 Width Constraint（线宽限制）条目上双击，打开如图 3-25（e）所示的"Edit PCB Rule（From Schematic）"对话框，在此框中将线宽设置为最小 30mil，最大 50mil，首选 30mil。然后逐级单击"确定"按钮，退出系列对话框，这时可以按空格键旋转规则标志，将其放置在单片机电源脚（14 脚）与电容 C5 间的导线上，注意与网络标号等的放置一样，要确保红色叉号位于导线上。

为使原理图中设置的 PCB 规则生效，还需要执行一次"设计"→"更新 PCB"命令。之后切换到 PCB 文件，打开"PCB 规则及约束编辑器"对话框，可以看到在线宽规则下新增加了一条名为"Schematic Width Constraint"的规则，其值正是之前在原理图中设置的。

（a）原理图中的 PCB 规则标志

图 3-25（一）　在原理图中设置 PCB 规则

在原理图中设置 PCB 规则

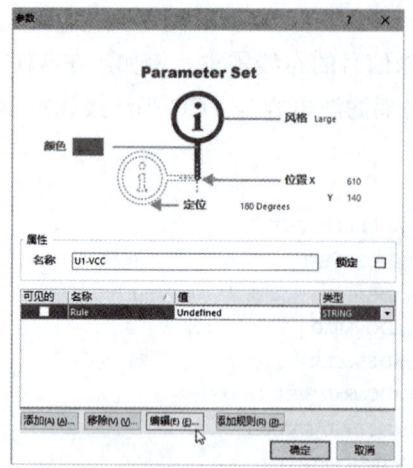

（b）输入规则名称并开始编辑

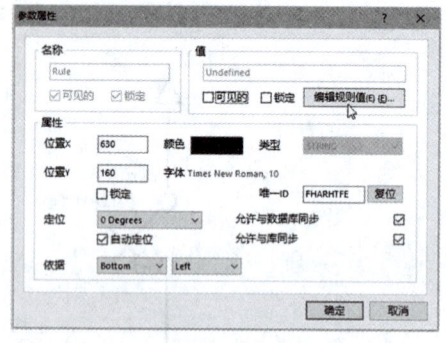

（c）编辑规则值入口

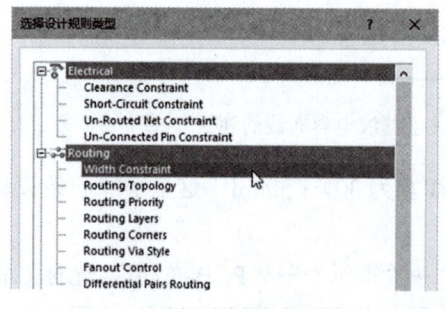

（d）选择要编辑的规则项

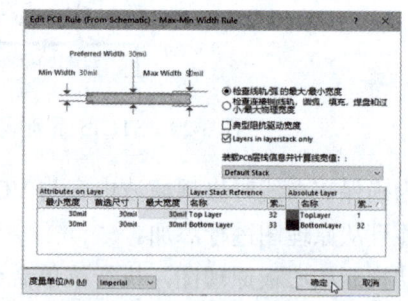

（e）输入线宽范围

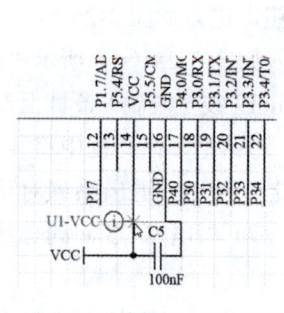

（f）将规则标志放置在导线上

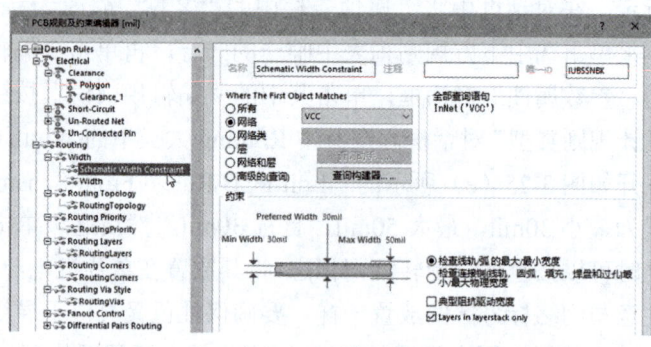

（g）在 PCB 文件中查看本规则

图 3-25（二） 在原理图中设置 PCB 规则

完成初步布线的核心板 PCB 如图 3-26 所示。未布线的飞线连接的网络均为 GND。

对核心板进行补泪滴和覆铜操作，完成后正反面覆铜应覆盖所有与地相连的网络，并去除死铜。应当仔细检查所有的接地网络是否都已经被覆铜连接起来，没有遗漏。此外，为保证正反两面的接地网络通过覆铜可靠相连且阻抗很小，应当适当添加一些过孔连接两面覆铜。核心板的对地覆铜效果如图 3-27 所示。

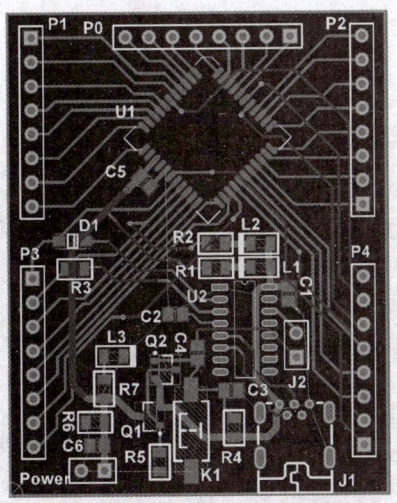

图 3-26 完成初步布线的核心板 PCB

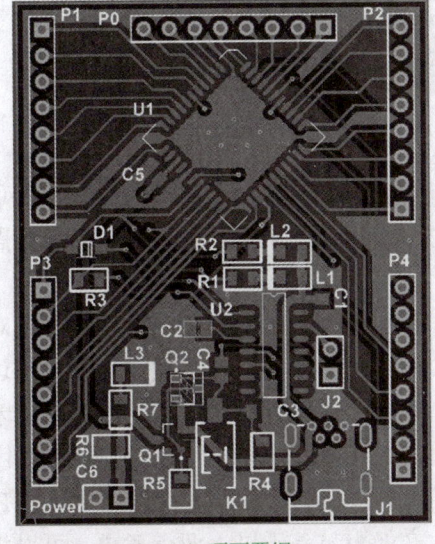 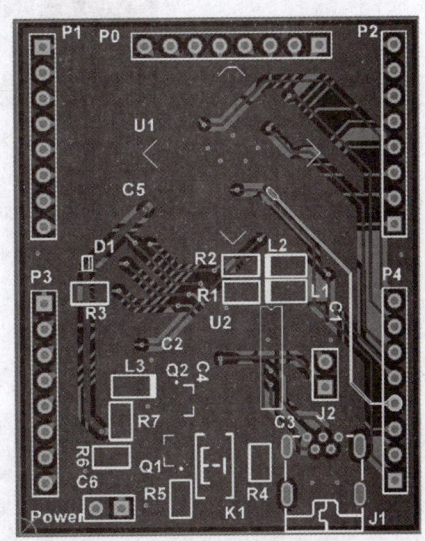

（a）顶面覆铜　　　　　　　　　　　　　（b）底面覆铜

图 3-27 核心板的对地覆铜效果

（7）整理丝印图文符号。单片机核心板的丝印符号的整理，除遵循清晰美观、易于识别的基本原则外，还要考虑一些特殊要求。

1）单片机 I/O 口通过排针与底板相连，在排针上仅仅只整体标出 P0、P1 等是不够的，要具体到每一个 I/O 口的名称，以方便使用时进行接线和编程。为此，将 P01、P02 等引脚标称补充放置在排针对应引脚的旁边，同时将原有的设计标号 P0、P1 等进行隐藏。

2）为了扩展到底板的时候不出错，电源 Power 的两个引脚也应当区分正负。

3）板上元件密度较大，可以适当缩小字符高度或字号，但必须考虑可制造性的要求，要保证字符可以被清晰地印刷出来。

丝印整理完成后如图 3-28 所示。其中，大多数字符采用 TrueType 的 Arial 字体，高度为 80mil。少数特别狭窄处，如 P03、P04，字符高度为 60mil。

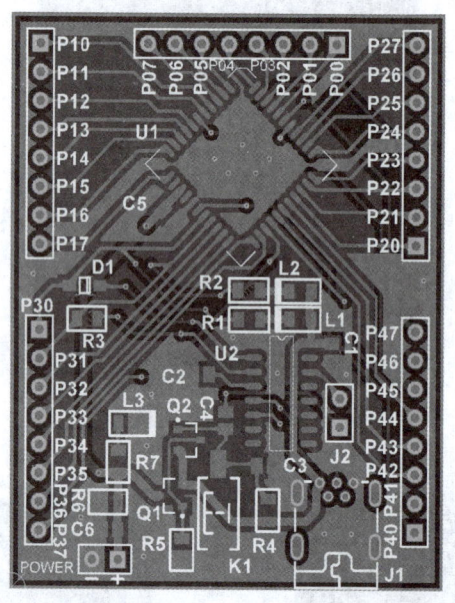

图 3-28　核心板的丝印整理效果

（8）设计规则检查。完成丝印整理后，进行设计规则检查以发现可能存在的设计风险。对于系统查找出的冲突，确认是设计不合理造成的则修改设计，确认使用时不存在问题的可以修改规则。

在检查过程中，发现有两处违反安全间距错误始终无法消除，通过双击 Messages 对话框错误条目定位后发现，原因是单片机 U1 的 VCC 脚连线采用 30mil 的线宽后，与两边引脚的间距无法满足大于 10mil 的安全间距要求，也就是安全间距规则与线宽规则互相矛盾所致，如图 3-29 所示。这时，就需要对设计规则进行取舍。研究原理图以后发现，VCC（14 脚）两侧引脚在电路中并未使用，安全间距略小对信号基本无影响，并且本次设计拟发往 PCB 厂家制板，厂家一般都具备 5mil 以下安全间距的生产能力。基于以上两点考虑，可以将此处安全间距缩小到 5mil。为不影响电路板其他位置的安全间距，将 5mil 的安全间距仅作用于芯片 U1。

为单个元件设置规则的操作方法如下。进入"PCB 规则及约束编辑器"对话框，在 Clearance（安全间距）下添加一条新规则，并更名为"U1"，如图 3-30（a）所示，然后在 Where the First Object Matches 栏下选择"高级的（查询）"，单击"查询构建器"按钮进入"查询构建器"对话框，如图 3-30（b）所示，在其中的"条件类型/操作员"下拉列表中选择 Belongs to Component 选项，在"条件值"下拉列表中选择 U1 选项，然后单击"确定"按钮退回"PCB 规则及约束编辑器"对话框，可以看到右侧"全部查询语句"栏中出现了一条语句"InComponent('U1')"，意为适用于元件 U1 范围内。最后，将本条安全间距规则改为 5mil，如图 3-30（c）所示，单击"确定"按钮退出。再执行设计规则检查，就发现错误已排除。

图 3-29 由于芯片引脚间距窄引起的安全间距错误

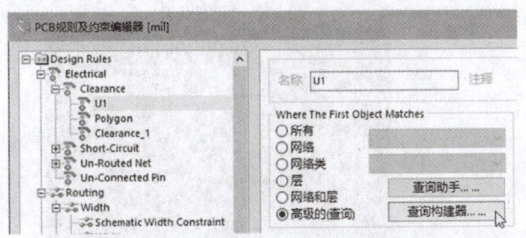
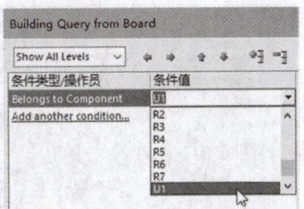

(a) 新建一条安全间距规则　　　　　　(b) 设置规则构建条件

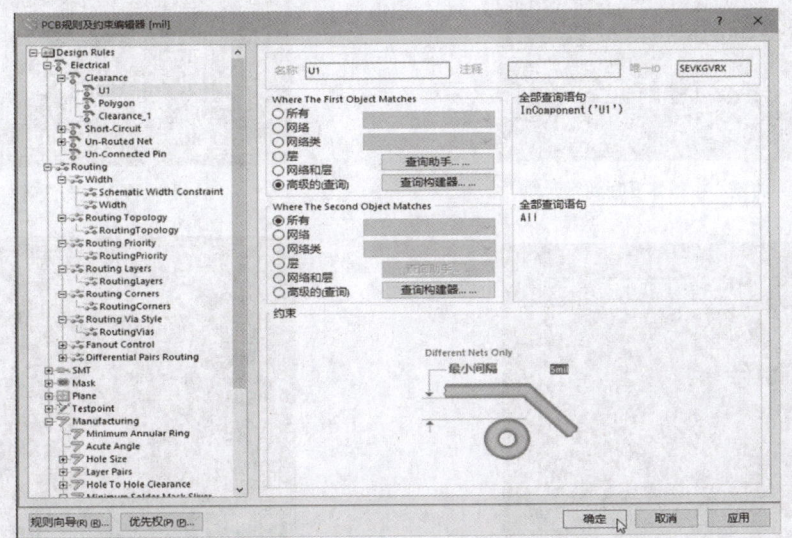

(c) 设置规则具体值

图 3-30 为芯片单独设置设计规则

为单个元件设置
设计规则

继续进行设计规则检查，直至检查报告中违反规则的条目为0。

(9) 将核心板整体生成一个封装。在原理图设计部分已经提到，核心板对于底板而言是作为一个元器件存在的，因此，需将核心板整体生成一个封装，核心板的板边就是此封装的外框,核心板与底板相连的排针就是此封装的引脚。封装绘制的具体方法如下。

1)在自制元件库中新建一个空白元件,将整个核心板 PCB 文件中的元件全部选中复制到这个空白元件中,如图 3-31(a)所示。

2)用查找相似对象的方法,依次选中并删除全部覆铜、顶层布线、底层布线和过孔,如图 3-31(b)所示。

3)删除所有与底板无连接的元器件,仅留下电源和 I/O 口的排针,如图 3-31(c)所示。

4)用查找相似对象的方法,选中所有禁止布线层的边框,并将其修改为顶层丝印层,调整原来因为核心板元件密集而未整齐放置的字符。

5)执行菜单命令"编辑"→"设置参考"→"中心",将封装的坐标原点设置在整个图形的中心,如图 3-31(d)所示。

6)将封装命名为"Core_STC15W4K48S4"并保存。

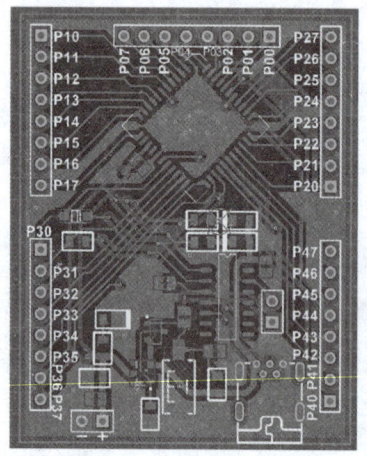

(a)将核心板整体复制到库元件

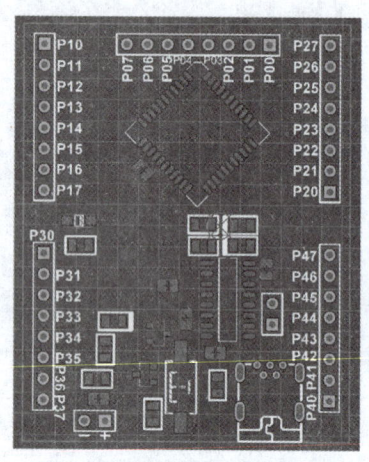

(b)删除覆铜与布线等

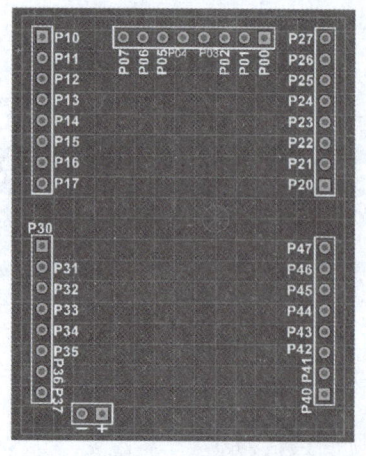

(c)删除与底板无连接的元器件

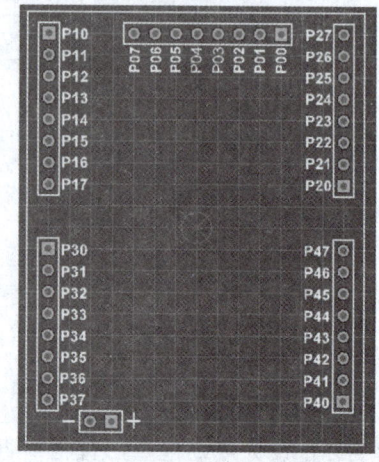

(d)将边框改到顶层丝印层

图 3-31 将核心板整体生成一个封装

2. 设计底板 PCB

（1）创建底板 PCB 文件。在"底板 .PrjPCB"工程下创建新的 PCB 文件，并保存为"底板 .PcbDoc"。

（2）设置底板机械尺寸。由于底板包含较多的接口电路，将其尺寸定在 9.5mm×8mm，为了防止底板在使用的时候背面因接触到桌面或工作台上的金属物体而引起短路，在底板的四角设计安装孔用来加装隔离支撑柱。安装孔内径为 3mm，外径为 5mm，采用金属化孔，孔中心距板边 3.5mm。

（3）从原理图导入元件与连接。打开"底板 .SchDoc"文件，在"设计"菜单中执行"Update PCB Document…"命令，或者直接在"底板 .PcbDoc"文件的"设计"菜单中选择"Import Changes From…"命令，将原理图中的元件与连接关系导入"底板 .PcbDoc"。

（4）PCB 布局。底板的 PCB 布局需要考虑以下因素。

1）核心板要放在相对中间的位置，方便其他外设与从核心板引出的单片机 I/O 口相连。

2）所有显示器件不应被遮挡，包括数码管 LED1、流水灯 D0 ～ D7、液晶 LCD1602、LCD12864。

3）需手动操作调节的器件要留出足够的操作空间，包括电源按钮 Power、独立按键 S0 ～ S3、电位器 Rp1。

4）接口元件要注意靠板边布置，并保持开口方向朝外，包括 Mini-USB 供电口 J1、PS2 键盘接口 J11。

5）各种传感器接口和五线四相步进电机接口尽量靠板边布置。

6）因为核心板通过排针和排座与底板相连，下方有约 1.1cm 的架空，可以将一些无须显示或调节的贴片元件布置在核心板下方。这里选择了 DS1302 时钟模块电路布置在其下方。

7）稳压芯片 AMS1117 的滤波电容 C1、C2、C3 贴近芯片放置，芯片 U7 的去耦滤波电容 C9 靠近芯片的电源引脚放置。

8）时钟芯片 DS1302 的晶振 Y1 和振荡电容 C6、C7 要靠近芯片的对应引脚 6、7 脚放置。

9）同一模块相同功能和类型的元器件应均匀且对齐排列，这里包括发光二极管 D0 ～ D7、三极管 VT1 ～ VT4、按钮 S0 ～ S3。

10）底板 PCB 的元器件布局如图 3-32 所示。

（5）设置设计规则。底板的设计规则设置与核心板完全相同，此处不再赘述。

（6）布线。充分考虑电磁兼容性和可制造性的要求进行布线。与核心板一样，因为顶面和底面都会进行大面积对地覆铜，所以先不布地线，如图 3-33 所示。

对 PCB 进行顶层和底层的对地覆铜，如图 3-34 所示。

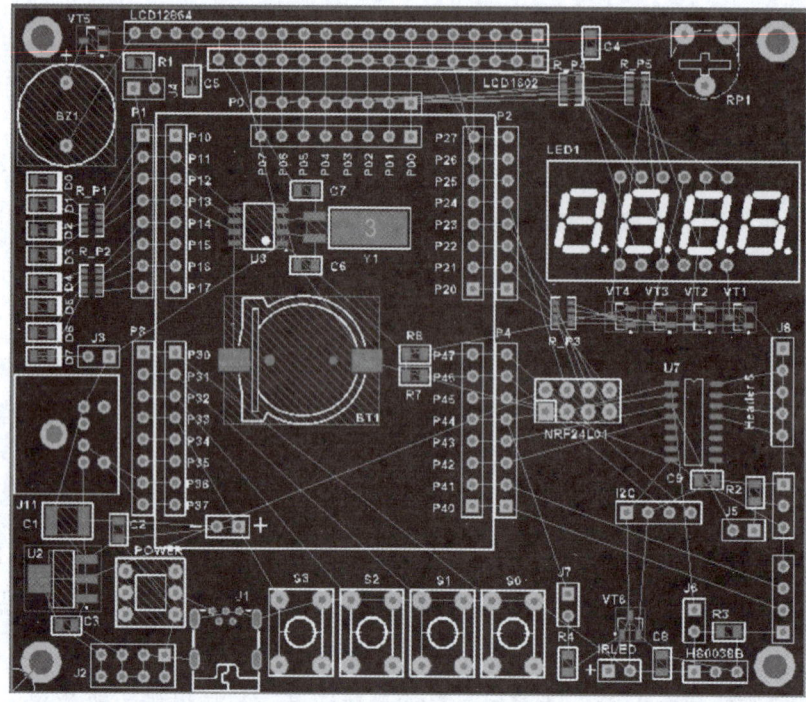

图 3-32 底板 PCB 的元器件布局

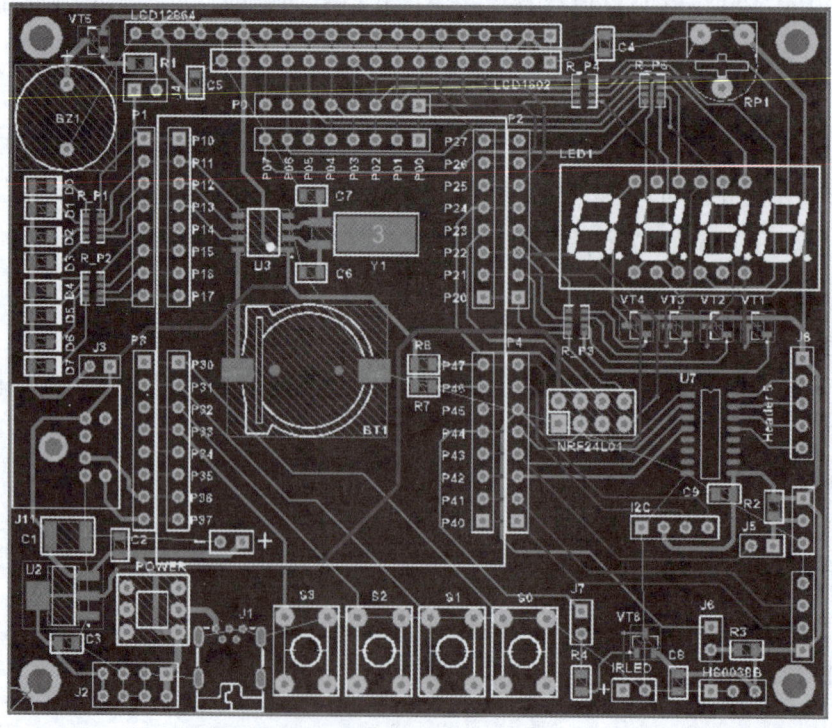

图 3-33 底板布线（GND 网络未布线）

图 3-34　覆铜后的底板 PCB

完成覆铜后，对电路的连接情况进行仔细检查，可以发现，与电容 C6、C7 左边引脚相连的一块顶层覆铜与其他的多边形没有相连，图 3-34 中残留的一根飞线指示了这个问题。对 PCB 文件作设计规则检查也提示有一处未连接，即图 3-35 显示的 1 处“Un-Routed Net Constraint ((All))”。

Design Rule Verification Report

Date : 2021/12/15
Time : 21:42:49
Elapsed Time : 00:00:07
Filename : C:\Users\249303997\Desktop\STC15W4K48S4开发板\底板.PcbDoc

Warnings : 0
Rule Violations : 354

Summary

Warnings	Count
Total	0

Rule Violations	Count
Short-Circuit Constraint (Allowed=No) (All),(All)	0
Un-Routed Net Constraint ((All))	1

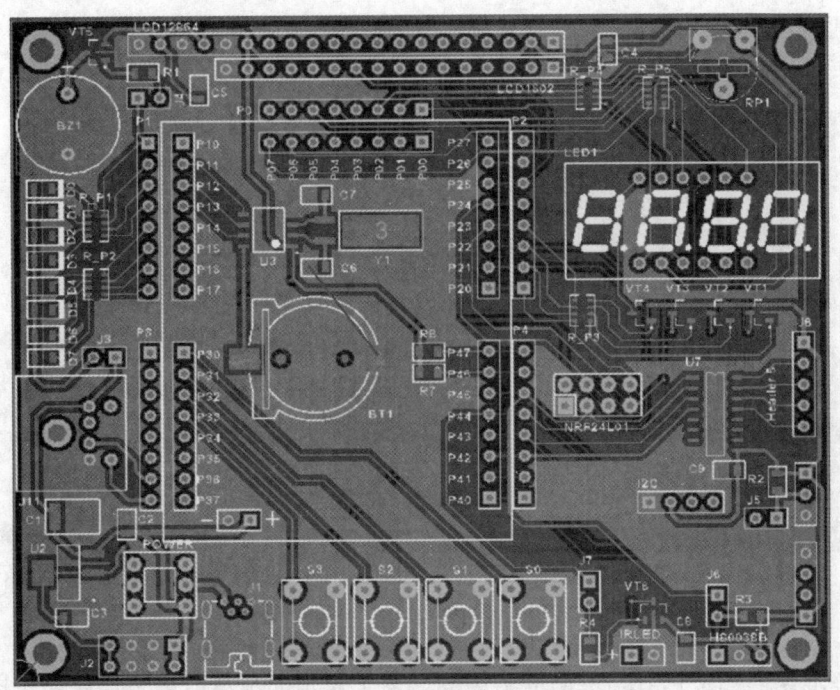

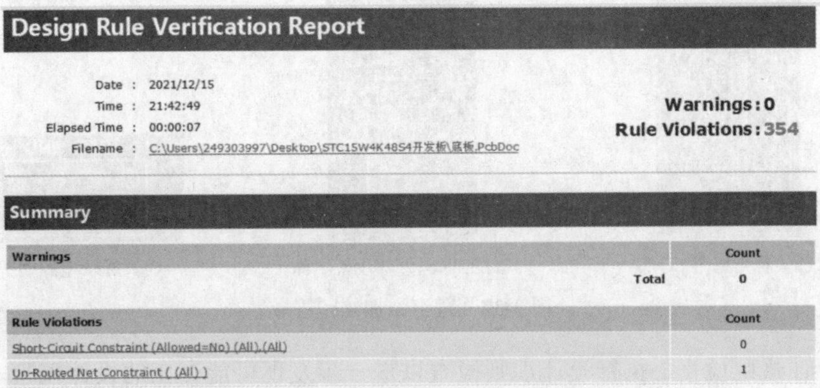

图 3-35　覆铜后设计规则检查的结果

切换到 Bottom Layer 后，可以看到，这块孤立顶层覆铜的背面有大面积底层覆铜，因此上述连接缺失的问题很容易解决，只需在该覆铜区域内放置一个或几个过孔，就可以经由底面完成连接，如图 3-36（a）所示。注意，应打开过孔的属性对话框，将其“网络”指定为 GND，如图 3-36（b）所示。

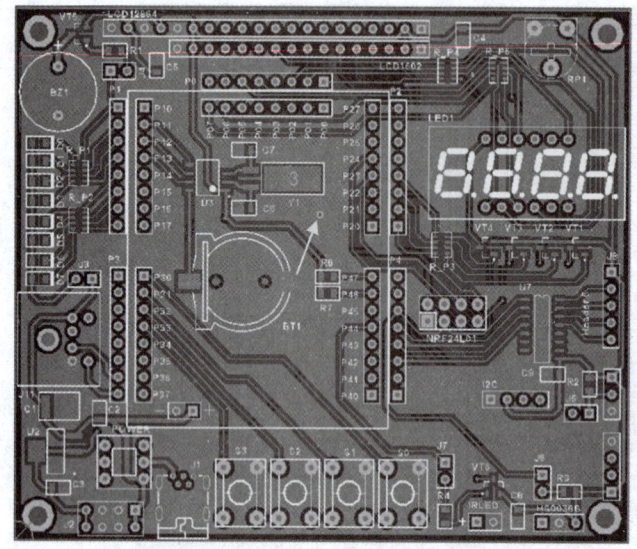 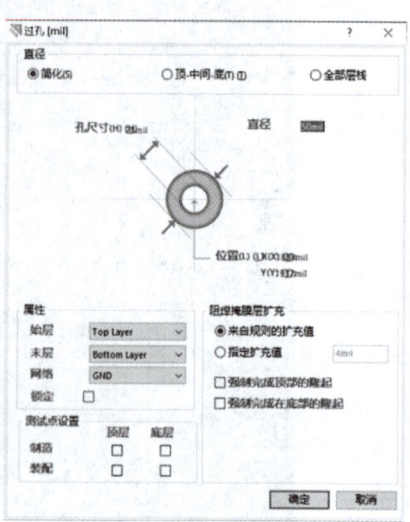

（a）在箭头所指处放置过孔　　　　　　（b）设置过孔连接网络

图 3-36　通过放置过孔连接两面的覆铜

（7）整理丝印图文符号。遵循清晰美观、易于识别的基本原则整理丝印层图文符号。此外，添加一些帮助使用的符号。

1）将核心板引出的一圈排针对应的每一个 I/O 口标出，如图 3-37（a）所示。

2）不易识别的外部设备接口直接标注功能，如超声波模块接口、DS18B20 温度传感器接口，如图 3-37（b）所示。

3）在预留的电源端子一侧，标清楚每组端子的电压，如图 3-37（c）所示。

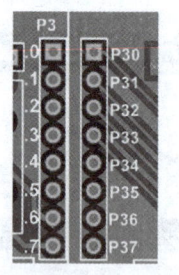 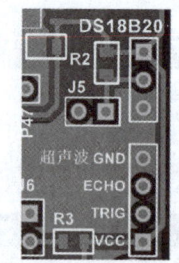 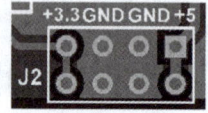

（a）标出每个 I/O 口　　　（b）标出外部设备名称　　　（c）标示电源端子

图 3-37　适当添加丝印符号

（8）设计规则检查。执行设计规则检查以进一步发现可能存在的设计风险，直至确认设计没有缺陷。底板最终的设计效果如图 3-38 所示。

（9）生成元件库和元件清单。在设计单片机开发板的过程中，所用到的原理图符号和元器件的封装都分布在多个库文件中，有系统库、自制库、第三方元件库，这些库文件可能因为设计者的不同使用习惯而放置在不同的路径下，这就特别不利于 PCB 工程的管理。有时候，可能会出现这样的情况，把设计文件夹复制到另一台计算机上或同一台计算机的另一个路径下,想对设计进行调整或优化,却发现有些原理图符号或有些封装找不到了,给工作带来了不便。如果有一个囊括当前 PCB 工程所有元器件的库文件,就方便多了。

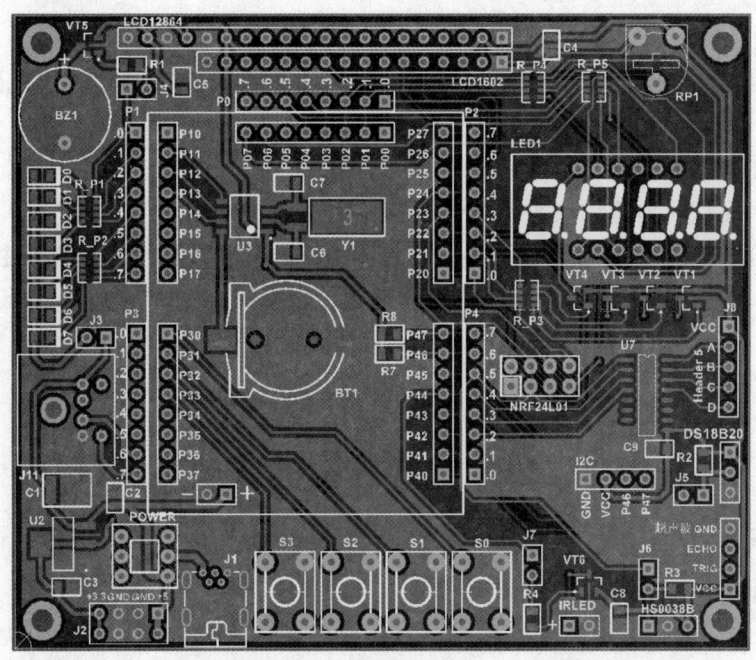

图 3-38 底板最终的设计效果

Altium Designer 提供了这样的便利。在完成的 PCB 文件界面,执行菜单命令"设计"→"生成集成库",则会自动生成与工程同名的集成库文件,如图 3-39 所示的"底板 .IntLib"。集成库文件实际上是一种包含原理图库文件和封装库文件的工程,双击此文件,打开此集成库工程,可以看到其下包含了原理图库文件和封装库文件各一个,底板所用到的原理图符号和封装全部在列。

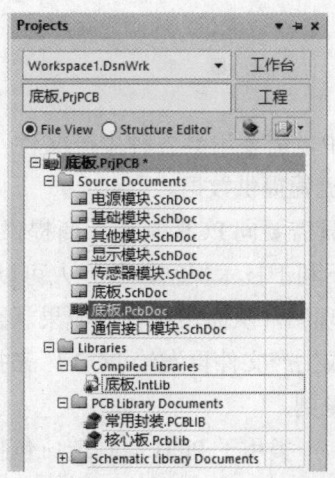

图 3-39 生成当前工程的集成库

应用同样的方法，可生成核心板的集成库文件。

最后，为核心板和底板生成元器件清单。

思考题

1. 什么是电磁兼容性？试从所见到的电路原理图或 PCB 设计中举出电磁兼容设计的实例。
2. PCB 的可制造性设计包含哪些方面的要求？
3. 利用大面积对地覆铜来实现 GND 网络的连接有什么优点和问题？
4. 请结合个人的 PCB 设计经验说一说丝印字符的整理有些什么原则或注意事项？
5. 请说一说你在 PCB 设计中通过设计规则检查发现得最多的错误是什么？你是如何处理的？

任务3　单片机开发板的安装与调试

任务描述

本次设计的单片机开发板是一块典型的混合安装电路板。为了实现板的小型化，提高元器件布局的密度，选用了不少贴片元器件，又由于是开发板，设计了一些灵活的接口，为了提高机械强度，这些接口又多选用了插装元器件，所以这块单片机开发板的安装也要复杂一些，要遵循恰当的步骤和顺序。此外，单片机开发板的调试也需经过软硬件联合调试。本任务将首先完成核心板和底板的焊接安装，再分别对各部分功能电路进行调试。

任务要求

完成单片机开发板核心板和底板的焊接安装并对各功能模块进行软硬件调试。

知识链接

1. PCB 生产文件

工业化制造电路板的过程中，需要用到各种生产文件，通常由专业的电子设计自动化软件生成，为每一道 PCB 工艺流程提供数据。

在多数情况下，设计人员只需要向 PCB 制造厂商提供 PCB 源文件，剩下的工作都可以交给厂家来做。但是这样做不利于技术保密，其他人可以比较容易地从 PCB 源文件中获取 PCB 设计创意甚至还原出原理图，从而窃取设计成果。因此，对于一些需要保密的设计项目，最好是由设计者自行生成生产文件再发给 PCB 厂家打样或生产，而这些生产文件都可以使用 Altium Designer 输出得到。

生产文件主要包括两大类：一类用于 PCB 的制造，包括光绘文件、钻孔文件等；另一类用于 PCB 的装配，包括 BOM 文件、坐标文件、丝印文件等。

（1）光绘文件。光绘文件是一种符合 EIA（Electronic Industries Alliance，电子工业协会）标准，由 Gerber Scientific 公司定义的用于驱动光绘机的文件，所以又称 Gerber 文件。该文件是把 PCB 图中的布线数据转换为能被光绘机处理的文件格式，用于生产 1:1 高精度胶片。Gerber 文件是一大类文件的总称，不同扩展名的 Gerber 文件对应 PCB 文件的不同图层，有不同的作用，见表 3-1。

表 3-1 Gerber 文件对应的图层与作用

Gerber 文件扩展名	对应图层	作用
GTL	Top Layer	制作顶层线路
GBL	Bottom Layer	制作底层线路
GTO	Top Overlay	制作顶层丝印字符
GBO	Bottom Overlay	制作底层丝印字符
GTP	Top Paste	制作顶层喷锡和表贴锡膏钢网，仅含 SMT 焊盘信息
GBP	Bottom Paste	制作底层喷锡和表贴锡膏钢网，仅含 SMT 焊盘信息
GTS	Top Solder	制作顶层阻焊膜
GBS	Bottom Solder	制作底层阻焊膜
G1/ G2/…	Midlayer1/2/…	制作内部走线层
GP1/ GP2/…	InternalPlane1/2/…	制作内部电源平面
GM1/ GM2/…	Mechanical1/2/…	加工 PCB 外形、安装孔等（也可以使用 GKO，需跟板厂说明）
GKO	Keep-Out Layer	加工 PCB 外形等（也可以使用 GM1，需跟板厂说明）
GPT	Top pad Master	用作顶层喷锡，含所有焊盘信息
GPB	Bottom pad Master	用作底层喷锡，含所有焊盘信息

（2）钻孔文件。钻孔文件是用来向数控机床传递钻孔信息的文件，钻孔信息包括孔的坐标、数量、钻头运动轨迹、钻头操作方式等。Altium Designer 生成的钻孔文件也有很多个，其不同扩展名对应的文件类型与作用见表 3-2。

表 3-2 钻孔文件类型与作用

钻孔文件扩展名	文件类型	作用
DRR	钻孔尺寸文件	钻孔报告，内容包括使用的钻头、钻孔尺寸及钻孔数量
TXT	钻孔位置文件	钻孔机驱动文件，文本格式
DRL	钻孔机驱动文件	钻孔机驱动文件，二进制格式
LDP	钻孔报告文件	钻孔报告
GG1	DrillGuide 钻孔引导层	Gerber 文件格式，用于标识当前 PCB 文件的钻孔位置、孔径大小等信息，用于与旧的生产工艺兼容的参数

续表

钻孔文件扩展名	文件类型	作用
GD1	DrillDrawing 钻孔图层	Gerber 文件格式，用于标识当前 PCB 的钻孔信息，对应的概念有通孔、埋孔、盲孔等，多层 PCB 时用到，使用时要注意厂商是否支持此工艺

（3）坐标文件与丝印文件。坐标文件与丝印文件是用于 SMT 生产线的工艺文件。

2. 软硬件联合调试

带有微控制器（MCU）的电子电路，在完成硬件基础的检查和测试后，还需要烧录代码到 MCU，进行功能验证或调整，这就是软硬件联合调试。

进行软硬联调前需要做好以下准备：一是预备好连接线或下载器等下载调试的硬件器材，二是安装好下载调试的工具软件。然后就可以按照以下常见步骤展开调试。

（1）检查 MCU 能否正常工作。联调的第一步需要检查 MCU 核心电路（如单片机的最小系统）是否正常工作，检查的方法是看程序是否能够正常地下载和运行。可以针对电路板硬件编制一段小程序，例如点亮板子上的一个指示 LED。编译链接成功后，下载到 MCU 内，如果能够成功下载，即说明 MCU 核心电路能正常工作，否则就需要重点检查其电源供电、振荡电路、复位电路等。

（2）分功能模块调试。复杂系统调试时一般不要一次性将完整功能的程序烧写到 MCU 芯片中。采用一次性调试整体功能的方式存在以下弊端：如果电路工作不正常，不能快速定位到故障所在，是硬件还是软件存在问题？是哪一个模块或是哪一段程序出了错误？

硬件模块与软件模块往往具备一定的对应关系。常见的硬件模块有人机交互模块、通信模块、传感检测模块、控制驱动模块等，在软件上有人机交互子程序、通信子程序、测试子程序、控制驱动子程序等与之对应。因此，一个产品的软硬件联调通常可以分功能模块来完成。

分模块联调要遵循一定的逻辑，设计好调试的先后次序，例如，一个包含人机交互、通信、传感检测、控制驱动等模块的电路，最常见的做法是先调试人机交互模块，编写主程序仅调用人机交互相关的子程序，让使用到的显示器件，如显示屏、指示灯等做出一些简单的显示；让 MCU 能接收到按键、旋钮、操纵杆的信号并做出一些简单的反应。先将人机交互模块软硬件调试正常的好处在于，在后续调试通信、传感检测等模块时，数据可以显示验证；调试控制驱动模块时，可以用按键等产生控制信号。

在分模块联调的过程中出现任何故障，要从软件和硬件两方面去思考可能出现的问题，例如，一个液晶模块不能正常显示，有可能是硬件供电不正常，对比度调整端电位不合适导致的，也可能是软件延时长短不合适引起的，要反复调整求证。必要时可以采用替代法，用已知正常的电路板验证程序，或者用确认可靠的程序验证电路硬件。

（3）整体功能调试。在完成分模块的联调后，就基本排除了硬件故障的可能性，最后就可以进入整体功能调试阶段了。这个阶段的主要任务是反复修正程序,直至功能完全实现。

任务实施

1. 单片机开发板 PCB 的制作

本项目拟将生产文件发给 PCB 制造厂家进行打样,具体步骤如下。

(1)生成光绘文件。打开"核心板.PcbDoc"文件,执行菜单命令"文件"→"制造输出"→"Gerber Files",打开"Gerber 设置"对话框,在"通用"标签页,选择"单位"为"英寸","格式"为 2:5,意为精度为 0.01mil,如图 3-40(a)所示。

然后切换到"层"标签页,勾选需要用到的层。由于核心板底面没有放置元器件和字符,底层锡膏层 Bottom Paste 和底层丝印层 Bottom Overlay 不用勾选,如图 3-40(b)所示。

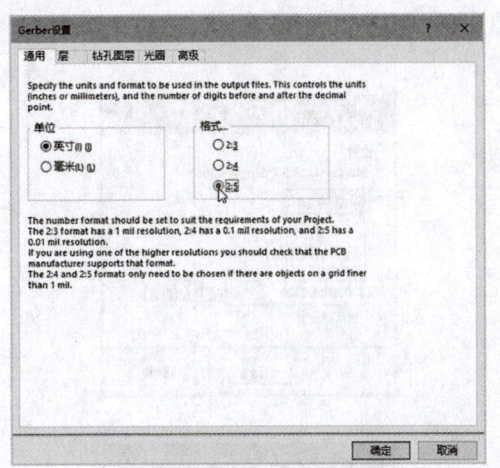
(a)"通用"标签页设置

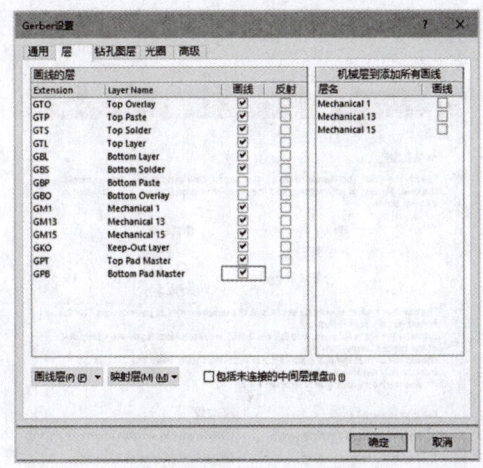
(b)"层"标签页设置

图 3-40　光绘文件生成设置

钻孔图层、光圈、高级 3 个标签页都保持默认设置不用修改,单击"确定"按钮即完成了光绘文件的输出。此时会打开一个名为"CAMtastic1.Cam"的文件,查看后可以直接关闭,无须保存。

打开核心板工程所在文件夹,在其中的 Output 文件夹中可以看到生成的光绘文件,如图 3-41 所示。各文件的作用可以参考表 3-1,各个图层文件都可以打开查看。

(2)生成钻孔文件。在"核心板.PcbDoc"文件中,执行菜单命令"文件"→"制造输出"→"NC Drill Files",打开"NC 钻孔设置"对话框,在"NC 钻孔格式"栏选择"单位"为"英寸","格式"为 2:5,意为精度为 0.01mil,其余选项选择默认设置,如图 3-42(a)所示,然后单击"确定"按钮。在接下来弹出的对话框中不作任何修改,继续单击"确定"按钮,如图 3-42(b)所示。随后也会打开一个名为"***.Cam"的文件,查看后可以直接关闭,无须保存。

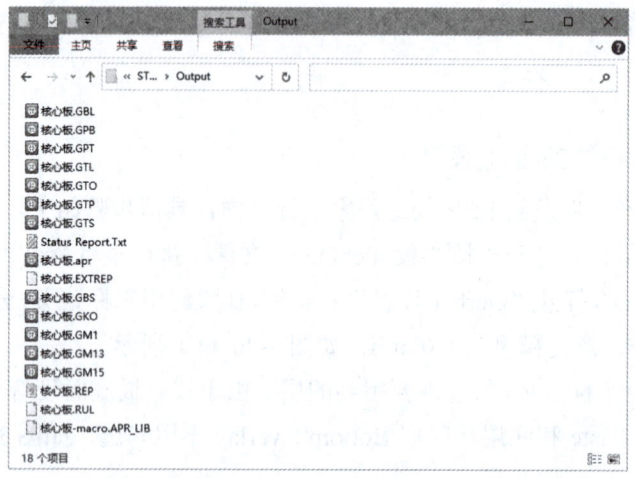

图 3-41 生成的光绘文件

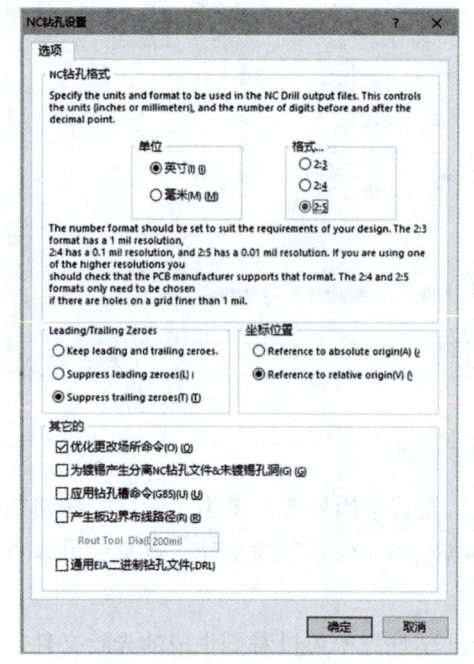
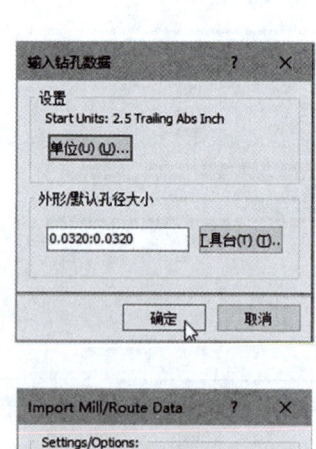

（a）"NC 钻孔设置"对话框　　　　　　　　　　（b）对话框

图 3-42 钻孔文件输出

完成本次钻孔文件输出后，打开工程文件夹下的 Output 文件夹，可以看到新增了"核心板 .DRR""核心板 .LDP""核心板 -RoundHoles.TXT""核心板 -SlotHoles.TXT"几个钻孔文件，其作用参见表 3-2。其中"核心板 -RoundHoles.TXT"和"核心板 -SlotHoles.TXT"分别用来驱动数控机加工圆孔和槽孔。

除此以外，还需要生成与钻孔相关的两个图层的 Gerber 文件。

在"核心板 .PcbDoc"文件中，再次执行菜单命令"文件"→"制造输出"→"Gerber

Files",打开"Gerber 设置"对话框,切换到"层"标签页,去除左侧复选框中所有图层的勾选,在右侧机械层中勾选上"Mechanical 1",如图 3-43(a)所示,再切换到"钻孔图层"标签页,将"钻孔绘制图"和"钻孔栅格图"栏中"所有已使用层对的图"复选框都勾选上,如图 3-43(b)所示,然后单击"确定"按钮输出。将打开的名为"***.Cam"的文件直接关闭,无须保存。

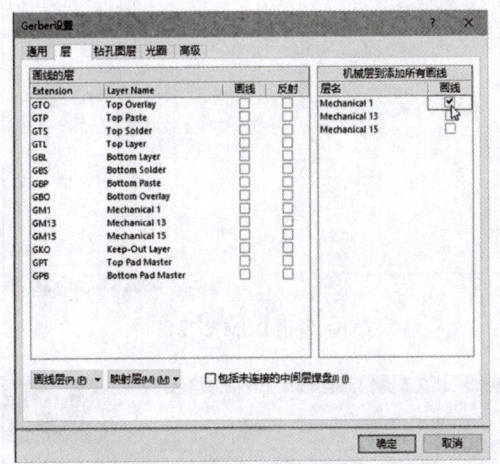 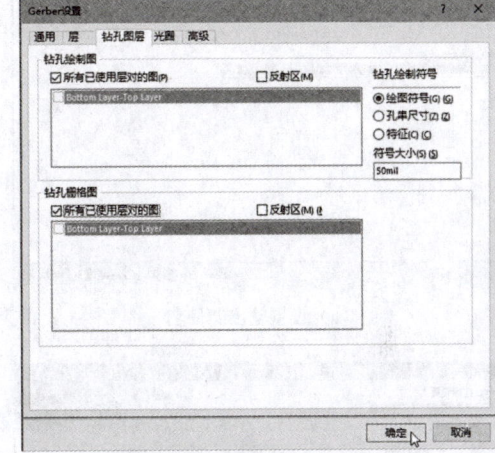

(a)"层"标签页设置　　　　　　　　　　(b)"钻孔图层"标签页设置

图 3-43　生成钻孔图层设置

再次打开工程文件夹下的 Output 文件夹,可以看到新增了"核心板 .GD1""核心板 .GG1"两个钻孔图层的 Gerber 文件、其作用参见表 3-2。

(3)生成丝印文件与坐标文件。有些 PCB 工厂可以代为贴片,这就还需要生成丝印文件和坐标文件。

在"核心板 .PcbDoc"文件中,执行菜单命令"文件"→"智能 PDF",打开"灵巧 PDF"生成向导,按照向导的提示完成每一步设置,每完成一个设置即单击 Next 按钮进入下一步,切换到"层"标签页。

1)设置好文件名,如图 3-44(a)所示。

2)取消勾选"导出原材料的 BOM 表"复选框,即不输出 BOM,如图 3-44(b)所示。

3)打印设置中先在打印设置框内右击,在右键菜单中执行 Create Assembly Drawings(生成装配图)命令,如图 3-44(c)所示,在弹出的对话框中单击 Yes 按钮确定后,表框内会出现两个打印输出项,分别是 Top Assembly Drawing(顶层装配图)和 Bottom Assembly Drawing(底层装配图),由于核心板底面没有安装元件也没有丝印字符,先在 Bottom Assembly Drawing 打印项上右击,执行右键菜单命令 Delete 将此项删除,再在 Top Assembly Drawing 项上使用右键菜单命令 Delete 或 Insert Layer 删除或添加层,使之剩下 Top Overlay 和 Keep-Out Layer 两个层,如图 3-44(d)所示。注意,若需要输出底层装配图,则要勾选 Bottom Assembly Drawing 打印项的 Mirror(镜像)选项。

4) 添加打印设置中，将 PCB 颜色模式设为单色，如图 3-44（e）所示。

最后一步的设置保持默认后，单击"完成"按钮，即可输出 PDF 格式的丝印文件，如图 3-44（f）所示。

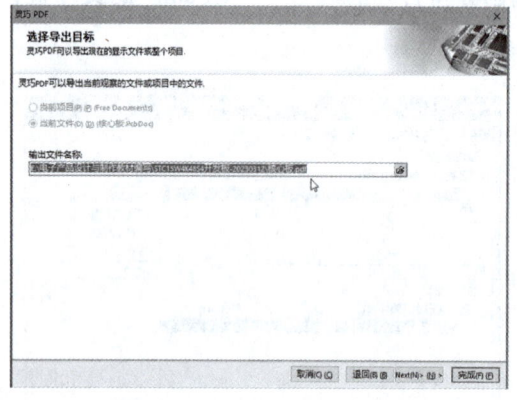
（a）设置输出文件名

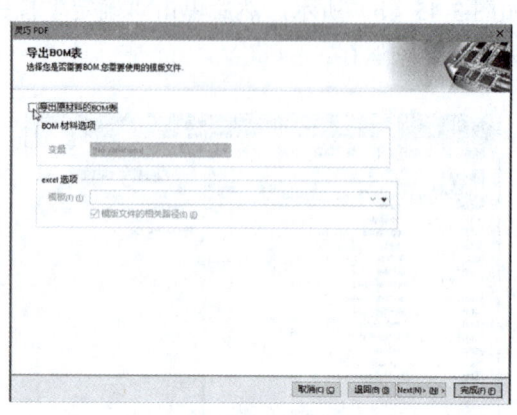
（b）取消 BOM 表输出

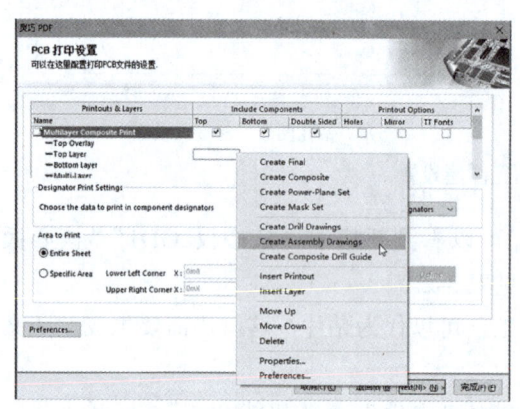
（c）生成装配图输出项

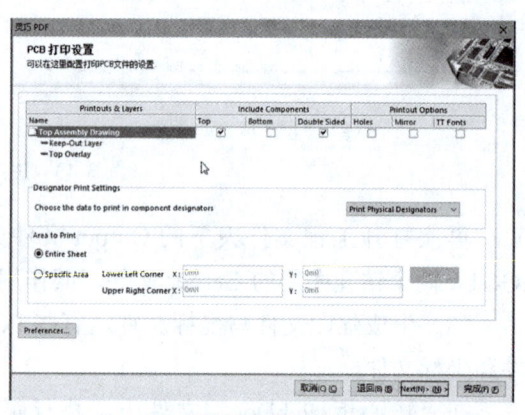
（d）顶层装配图图层选择

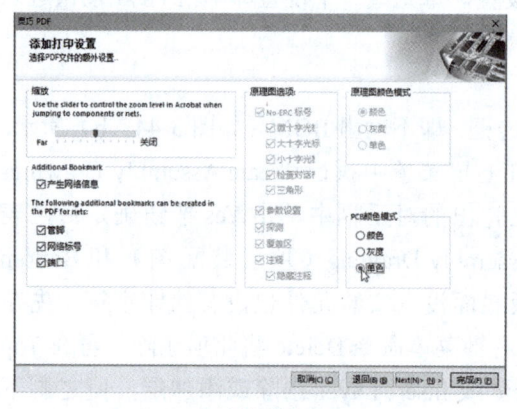
（e）颜色模式设置

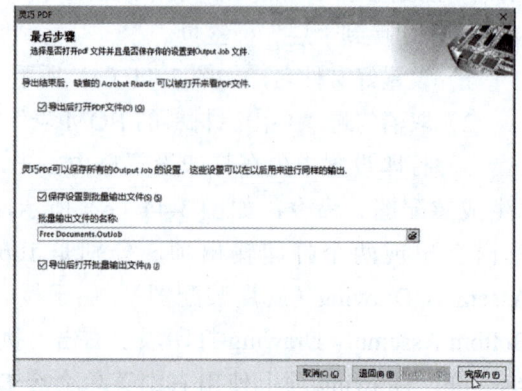
（f）最后完成输出

图 3-44　生成丝印文件

生成的 PDF 格式丝印文件"核心板.pdf"也在工程文件夹的 Output 文件夹下，打开后内容如图 3-45 所示。

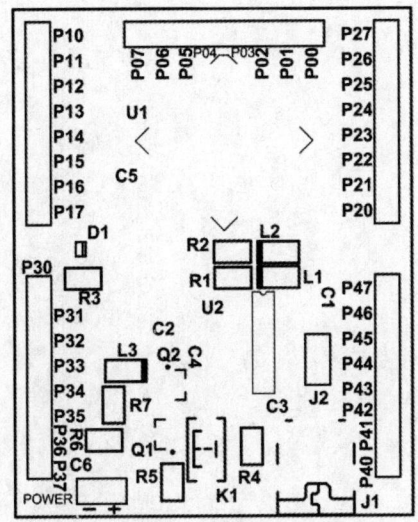

图 3-45　核心板丝印文件内容

5）生成坐标文件。在"核心板.PcbDoc"文件中，执行菜单命令"文件"→"装配输出"→"Generates pick and place files"，在弹出的"Pick and Place 设置"对话框中将"CSV"和"文本"两种文件形式都勾选上，根据厂家要求选择英制或公制单位，如图 3-46 所示，单击"确定"按钮输出后，可以在工程文件夹的 Output 文件夹下看到"Pick Place for 核心板.txt"和"Pick Place for 核心板.csv"两个不同格式的坐标文件。

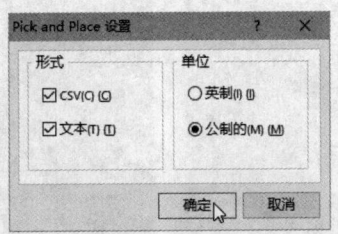

图 3-46　坐标文件生成设置

（4）PCB 打样。完成所有生产文件输出后的 Output 文件夹如图 3-47 所示，BOM 文件也已移入其中便于元器件采购，将这个 Output 文件夹压缩后发给 PCB 工厂，即可进行 PCB 打样。需要说明的是，其中最后 4 个文件是用于贴片的，如果不需要 PCB 工厂代为贴片，也可以不要这 4 个文件。

底板的生产文件生成方式与核心板完全一样，读者可自行操作。

最终由 PCB 工厂打样的核心板和底板分别如图 3-48 和图 3-49 所示。

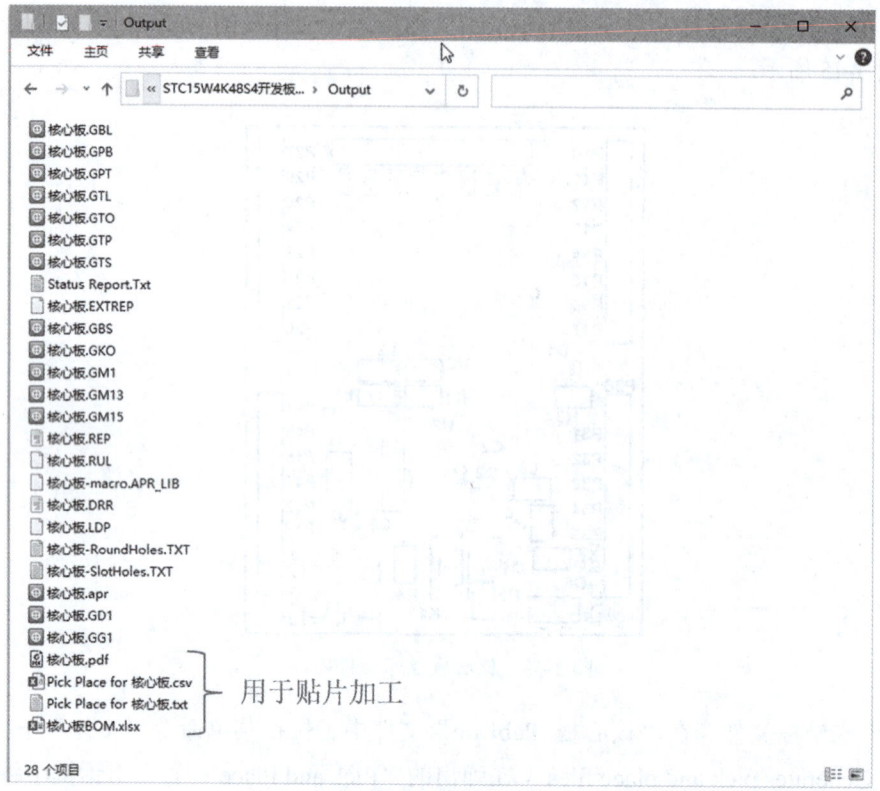

图 3-47 完成所有生产文件输出后的 Output 文件夹

图 3-48 核心板 PCB 正反面图

2. 单片机开发板的焊接安装

单片机开发板相比于项目 1、项目 2 的产品，元件数量更多，类型也更复杂，但其组装的基本顺序没有本质的区别，也遵循先贴片元件后通孔元件，先体积小的元件后体积大的元件这样的基本原则。

图 3-49　底板 PCB 正反面图

在整个焊接过程中，比较特殊的是在这个电路中有了多引脚的贴片芯片，而且有引脚间距比较近的 QFP 封装元件。这种芯片的焊接难度相对于其他元器件要高一些，容易产生短路或漏焊，因此一般对这类贴片最先焊接，以免焊接时受周围元器件的干扰。

依据选用工具和耗材的不同，贴片芯片手工焊接的方法和要点大不相同，例如使用热风枪和电烙铁焊接芯片方法迥异，使用焊锡膏和焊锡丝焊接方法也不一样，这里仅介绍使用普通斜口电烙铁和焊锡丝进行芯片焊接的一般方法。

不同于电阻、电容、二极管等小型贴片元件，焊接芯片时仅先固定芯片的一个引脚往往是不够的，一般要采用多引脚固定法。

将电烙铁的温度调整到 320～350℃，先给芯片的 3～4 个焊盘上锡，如图 3-50（a）所示，完成后效果如图 3-50（b）所示。注意，在不使用热风枪的情况下，不可以将芯片的所有引脚提前上锡，如果这样做芯片将焊不平整。

接下来用镊子夹起芯片，仔细对准芯片所有的焊盘，注意芯片 1 脚的标志，不要焊错方向，一手持镊子固定好芯片，一手持电烙铁同时加热预先上锡处的几个引脚和焊盘，如图 3-50（c）所示，加热时间 1～4 秒，移走电烙铁后观察焊点光滑明亮，完全浸润引脚和焊盘，冷却 1～2 秒后方可松开镊子，焊接效果如图 3-50（d）所示。

接下来，可以采用堆锡法或拖锡法焊接其余引脚。

堆锡法焊接一般可以避免漏焊，适合于新手操作。操作方法是一手持电烙铁，一手持焊锡，对芯片一边的引脚上锡，如图 3-51（a）所示，上锡量大，不用担心相邻引脚连接在一起，堆锡效果如图 3-51（b）所示。

(a) 3~4个焊盘上锡

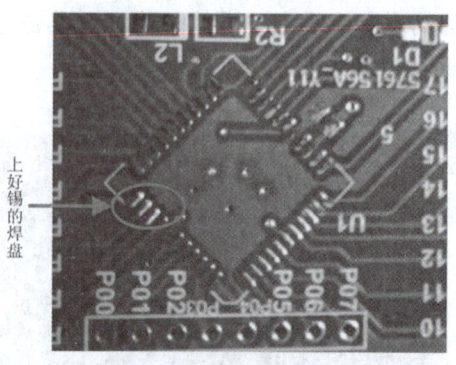
(b) 焊盘上锡效果

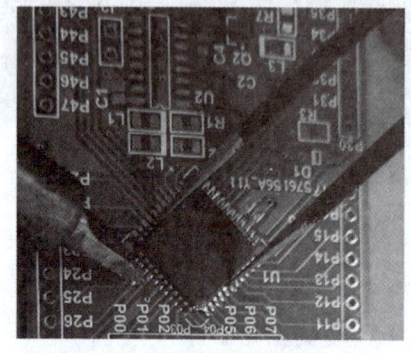
(c) 焊接固定预上锡引脚

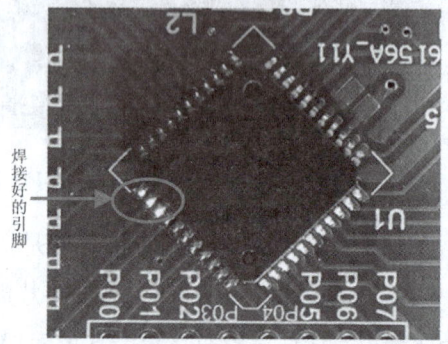
(d) 固定好的芯片

图 3-50　多引脚固定法

接下来使用吸锡带，一手持吸锡带，一手持电烙铁，用电烙铁将吸锡带按在堆满焊锡的引脚和焊盘上，如图 3-51（c）所示，焊锡充分熔化后，沿引脚向外的方向同时移走吸锡带和电烙铁，焊盘间桥连的焊锡就会被带走。这样的操作可以反复进行 2～3 次，焊接完成后用小刷子蘸洗板水清洁一下，再仔细检查焊接有无连锡或少锡。最终焊接效果如图 3-51（d）所示。

(a) 给一边的引脚焊盘堆锡

(b) 堆锡效果

图 3-51（一）　堆锡法焊接贴片芯片

 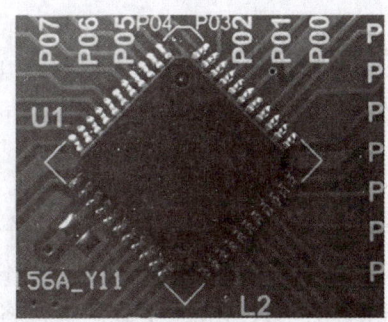

(c)用吸锡带带走多余焊锡　　　　　　　　(d)最终焊接效果

图 3-51（二）　堆锡法焊接贴片芯片

拖锡法使用的焊锡量远少于堆锡法，一般辅以焊膏、焊油等助焊剂。先将足够一条边引脚焊接的焊锡堆在这条边一头的几个焊盘上，然后给这一边的引脚和焊盘抹上助焊剂，用斜口电烙铁熔化之前堆在一头的焊锡并以较快的速度向另一头拖过，直至移动到这条边的最后几个焊盘上，这时电烙铁移动的方向改为沿引脚向外撇出，带走多余的焊锡。

拖锡法电烙铁移动的速度控制是成功的关键，否则容易造成漏焊或连锡，在焊接完成后一定要仔细检查。

焊接完芯片后，就可以按照项目 1 和项目 2 中的方法焊接其他贴片和通孔元器件，最后完成组装的核心板和底板分别如图 3-52（a）和图 3-52（b）所示，将核心板与底板组合后整个开发板如图 3-52（c）所示。

（a）组装好的核心板

（b）组装好的底板　　　　　　　　　　　（c）开发板全貌

图 3-52　焊接组装后的单片机开发板

这里需要说明的是，作为一块调试程序用的开发板，除了最常用的数码管、流水灯、蜂鸣器等器件被固定在板子上以外，其他的如各种传感器、液晶、通信模块、PS2 键盘等都只在板子上焊接了接插口，需要时插上即可以使用。

3. 单片机开发板的调试

单片机开发板的调试主要是进行各模块的功能验证。

（1）下载 STC 单片机程序烧录软件。到 STC 单片机官网下载最新的 STC 单片机下载编程烧录软件 STC-ISP。下载后直接将压缩包"stc-isp-15xx-v6.91M.zip"解压缩，其中只有一个图标如图 3-53（a）所示的文件，双击打开就可以使用，无须安装，打开后界面如图 3-53（b）所示。

（a）软件图标

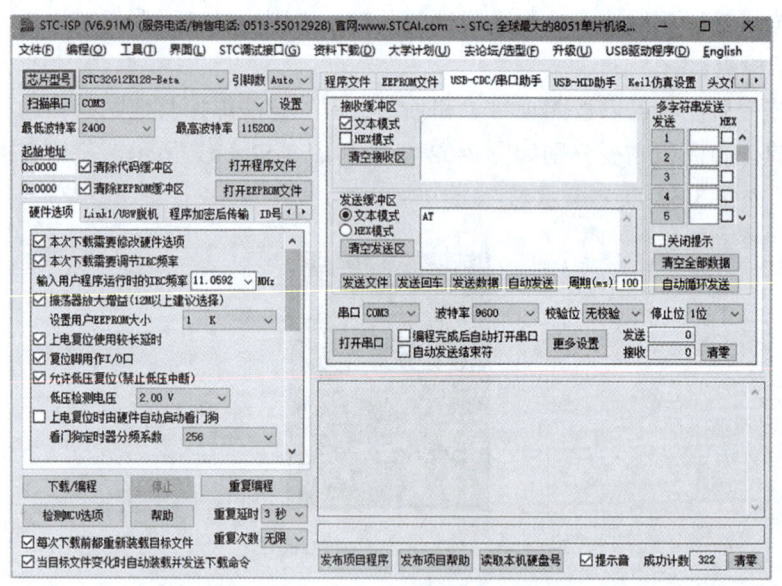

（b）软件界面

图 3-53　STC-ISP 下载烧录软件图标与界面

需要特别说明的是，STC 的下载烧录软件更新很快，读者下载使用时可能已是另一个版本，但界面和操作一般大同小异。

（2）安装下载芯片驱动软件。本开发板使用的下载芯片为 USB 转 UART 的芯片 CH340G，可以到此芯片的官网下载芯片的 Windows 版本驱动程序 CH341SER.EXE。该驱动程序图标如图 3-54（a）所示。双击程序图标后进入安装界面，如图 3-54（b）所示。单击"安装"按钮后即进入安装进程，安装速度很快，大约几秒到十几秒后就会弹出"驱动预安装成功！"消息框，如图 3-54（c）所示。单击"确定"按钮后再关闭窗口即可。

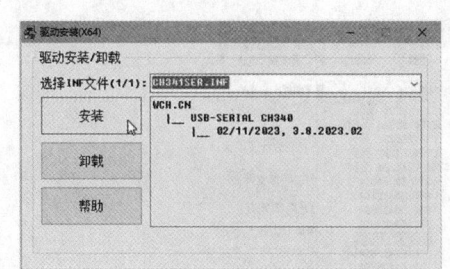
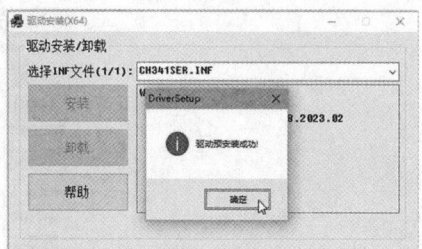

（a）程序图标　　　　　　　（b）安装初始界面　　　　　　（c）安装完成界面

图 3-54　CH340G 下载芯片驱动程序安装

要检查驱动软件是否安装成功，可以使用图 3-55（a）所示 USB 转 Mini-USB 数据线连接计算机的一个 USB 接口和开发板核心板上的 Mini-USB 下载接口，然后打开 STC-ISP 下载软件，可以看到左上角的"扫描串口"右侧的下拉列表框中自动出现了"USB-SERIAL CH340 (COM3)"，如图 3-55（b）所示，说明自动识别出了装有 CH340 芯片的串口，驱动软件安装成功。

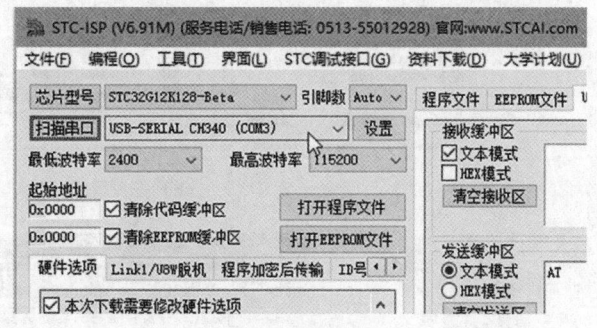

（a）连接数据线　　　　　　　　　　　（b）成功扫描到串口

图 3-55　连机检查驱动软件是否安装成功

（3）单片机开发板调试。作为一块开发板，本身没有固定功能，只需要对硬件分模块进行调试。这里先调试数码管显示模块。

编写好四位数码管动态显示程序后，生成 hex 文件，读者也可以到中国大学 MOOC 电子产品设计与制作课程表网站（https://www.icourse163.org/course/CAVTC--1207012801）下载各模块的 hex 文件。连接好计算机和开发板，打开 STC-ISP 下载软件，在其左上角的"芯片型号"栏中选择 STC15W4K48S4，如图 3-56（a）所示。再单击下方的"打开程序文件"按钮，在弹出的"打开程序代码文件"窗口中找到"数码管 .hex"代码文件，单击"打开"按钮，如图 3-56（b）所示。打开后可以看到下载软件右侧的"程序文件"标签页中已经显示了十六进制代码，如图 3-56（c）所示。最后单击左下方的"下载/编程"按钮，即启动了下载编程，如果下载电路无问题，右下方的工作状态窗口会显示操作成功，如图 3-56（d）所示。

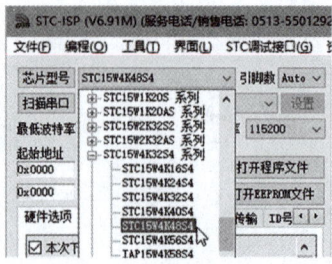

(a) 选择单片机型号

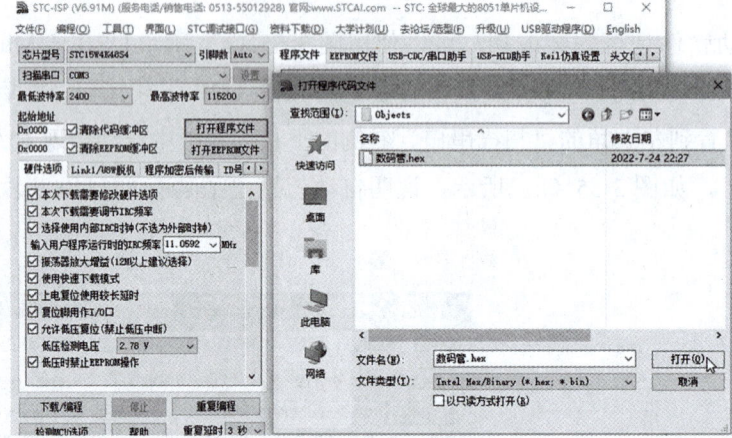

(b) 打开程序文件

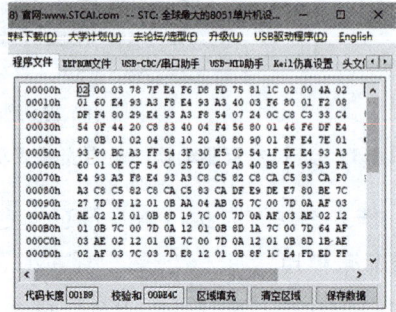

(c) 显示的程序文件

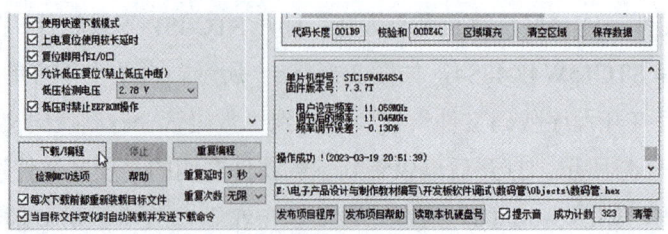

(d) 程序下载

图 3-56　单片机开发板调试

如果数码管显示模块硬件没有故障，电路板将显示正确的数字，如图 3-57 所示，说明数码管显示模块联调成功。

图 3-57　数码管显示模块调试效果

其他功能模块的调试方法与此相同，请读者自行编程验证。

思考题

1．生成生产文件的意义是什么？生产文件包含哪些文件类型？
2．模拟电路、数字电路、含 MCU 的电子电路，其调试方法分别有什么特点和侧重点？
3．QFP 芯片的手工焊接应当注意哪些问题，一般采用哪些方法？
4．如果开发板的数码管显示模块调试不成功，你考虑故障可能在哪些方面，如何确定和排除？

附录 1　电气规则错误类型

英文	译文
Violations Associated with Buses	与总线有关的违规
Arbiter loop in OpenBus document	开放总线文件中出现仲裁环
Bus indices out of range	总线索引超出范围
Bus range syntax errors	总线范围语法错误
Cascaded Interconnects in OpenBus document	开放总线文件级联互联
Forbidden OpenBus Link	禁止的开放总线链路
Illegal bus definitions	非法的总线定义
Illegal bus range values	非法的总线范围值
Mismatched bus label ordering	总线分支网络标号不匹配
Mismatched bus widths	总线宽度不正确
Mismatched Bus-Section index ordering	总线索引序列范围不正确
Mismatched Bus/Wire object on Wire/Bus	总线/导线连接对象与导线/总线不匹配
Mismatched electrical types on bus	总线的电气类型不正确
Mismatched Generics on bus (First Index)	总线范围值的首位错误
Mismatched Generics on bus (Second Index)	总线范围值的末位错误
Mismatching Address/Data Widths of OpenBus Ports	开放总线端口的地址/数据宽度错误
Mixed generic and numeric bus labeling	总线类标和数标混乱
Violations Associated with Code Symbols	与代码符号相关的违规
Duplicate Code Entry Names in Code Symbol	重复的代码入口名
Identifier Case Mismatch Between Code Symbol and Source File	代码符号和源文件之间的标识符不匹配
Missing Exported Function in Source File	源文件丢失输出函数
No Exported Functions in Code Symbol	代码符号中缺少输出函数
Reserved Names Used in Code Symbol	代码符号中使用了保留名称
Violations Associated with Components	与元器件有关的违规
Component Implementations with duplicate pins usage	使用的元器件有重复的引脚
Component Implementations with invalid pin mappings	使用的元器件引脚与封装不匹配
Component Implementations with missing pins in sequence	使用的元器件引脚有序号缺失

续表

英文	译文
Components containing duplicate sub-parts	元器件包含重复的部件
Components with duplicate Implementations	元器件重复使用
Components with duplicate pins	元器件有重复的引脚
Duplicate Component Models	元器件有多个重复模型
Duplicate Part Designators	元件标号重复
Errors in Component Model Parameters	元件模型参数错误
Extra pin found in component display mode	元件显示模式下存在多余的引脚
Mismatched hidden pin connections	隐藏引脚连接错误
Mismatched pin visibility	引脚可视属性错误
Missing Component Model Parameters	元器件模型参数缺失
Missing Component Models	缺少元器件模型
Missing Component Models in Model Files	模型文件中丢失元器件模型
Missing pin found in component display mode	在元件显示模式下找到丢失的引脚
Models Found in Different Model Locations	在不同的模型位置找到元器件模型
Sheet Symbol with duplicate entries	电路图表符有重复的端口
Un-Designated parts requiring annotation	未标注的零件需要标注
Unused sub-part in component	元器件存在未使用的部件
Violations Associated with Configuration Constraints	与配置约束相关的违规
Constraint Board Not Found in Configuration	配置文件中没有找到线束板
Constraint Configuration Has Duplicate Board instance	约束配置文件有重复的板实例
Constraint Connector Creation Failed in Configuration	配置文件中约束连接器创建失败
Constraint Port Without Pin in Configuration	配置文件中约束端口无引脚
Violations Associated with Documents	与文件有关的违规
Ambiguous Device Sheet Path Resolution	模糊的器件图表路径解析
Conflicting Constraints	约束条件冲突
Duplicate sheet numbers	重复的图号
Duplicate Sheet Symbol Names	重复的图表符命名
HDL Identifier Renamed	HDL 标识符重命名
Missing child HDL entity for sheet symbol	图表符的 HDL 子实体丢失
Missing child sheet for sheet symbol	图表符对应子图丢失
Missing Configuration Target	丢失配置目标
Missing sub-Project sheet for component	丢失元器件子项目图纸

续表

英文	译文
Multiple Configuration Targets	重复配置目标
Multiple Top-Level Documents	多个顶层文件
Port not linked to parent sheet symbol	端口没有链接到上层图表符
Sheet Entry not linked to child sheet	图纸入口没有链接到子图
Sheet Names Clash	图纸名冲突
Unique Identifiers Errors	唯一标识符错误
Violations Associated with Harnesses	与线束相关的违规
Conflicting Harness Definition	线束定义冲突
Harness Connector Type Syntax Error	线束连接器类型语法错误
Missing Harness Type on Harness	线束类型缺失
Multiple Harness Types on Harness	线束类型重复
Unknown Harness Type	未知的线束类型
Violations Associated with Nets	与网络相关的违规
Adding hidden net to sheet	图纸中添加了隐藏的网络
Adding items from hidden net to net	从隐藏网络中添加了对象到当前网络
Auto-Assigned Ports to Device Pins	自动分配了端口到器件的引脚
Bus Object on a Harness	线束包含总线对象
Differential Pair Net Connection Polarity Inversed	差分对网络连接极性反转
Differential Pair Net Unconnected To Differential Pair Pin	差分对网络未连接到差分对引脚
Differential Pair Unproperly Connected to Device	差分对网络与器件连接不当
Duplicate Nets	网络重名
Floating net labels	存在悬空的网络标号
Floating power objects	存在浮空的电源对象
Global Power-Object scope changes	全局电源对象范围改变
Harness Object on a Bus	总线包含线束对象
Harness Object on a Wire	导线包含线束对象
Missing Negative Net in Differential Pair	差分对丢失负极性网络
Missing Positive Net in Differential Pair	差分对丢失正极性网络
Net Parameters with no name	网络参数未命名
Net Parameters with no value	网络参数缺少值
Nets containing floating input pins	网络包含浮空的输入引脚
Nets containing multiple similar objects	网络包含多个相似对象

续表

英文	译文
Nets with multiple names	网络有多个命名
Nets with no driving source	网络缺少驱动源
Nets with only one pin	网络只连接一个引脚
Nets with possible connection problems	网络存在可能的连接问题
Same Net used in Multiple Differential Pairs	同一网络用在多个差分对
Sheets containing duplicate ports	图纸包含重复的端口
Signals with multiple drivers	信号包含多个驱动
Signals with no driver	信号无驱动
Signals with no load	信号无负载
Unconnected objects in net	网络有未连接的对象
Unconnected wires	存在未连接的导线
Violations Associated with Others	其他违规
Object not completely within sheet boundaries	对象超出图纸边界
Off-grid object	对象偏离栅格
Violations Associated with Parameters	与参数有关的违规
Same parameter containing different types	同一参数包含不同类型
Same parameter containing different values	同一参数包含不同值

附录 2 电路板焊接组装验收评价标准

1. 总体说明

（1）本标准主要参考国际标准《IPC-A-610 电子组件的可接受性》中 1 级电子产品的可接收要求制定，用图来自《IPC-A-610 电子组件的可接受性》。

（2）本标准结合了 1+X 证书《物联网单片机应用与开发》中物联网智能终端装配工作领域关于元器件焊接的职业技能要求。

（3）本标准细则用作所有项目中电路板焊接组装中评价组装作品的依据。

2. 评分细则

评分项	配分	项目描述	计分标准
引脚成形	20 分	引脚成形有应力释放；元器件引脚的延伸几乎与元器件本体的中轴线平行；元器件引脚的插入装配孔的部分几乎与板面垂直；采用应力释放引脚弯曲时元件本体可能偏移中心位置。 不应出现以下缺陷： （1）元器件的本体或引脚焊接部分有裂缝。 （2）没有应力释放。 （3）元件引脚的损伤超过了引脚直径的 10%。 （4）元件引脚因多次成形或粗心操作造成变形	经检查发现本项描述中的缺陷，每处扣 2 分

续表

评分项	配分	项目描述	计分标准
元器件安装定位	30分	元器件放置于两焊盘之间位置居中；元器件的标识清晰；无极性的元器件依据识别标记的读取方向而放置且保持一致。 不应出现以下缺陷： （1）未按规定选用正确的元件（错件）（A）。 （2）元器件没有安装在正确的孔内（B）。 （3）极性元件的方向安装错误（C）。 （4）多引脚元件放置的方向错误（D）。 （5）贴装颠倒。 （6）侧面偏移（最大侧面偏移大于引脚宽度的50%）	经检查发现本项描述中的缺陷，每处扣2分
焊点质量	40分	焊点表层总体呈现光滑和与焊接部件有良好润湿；引脚的轮廓容易分辨；焊接部件的焊点有顺畅连接的边缘；表层形状呈凹面状。 不应出现以下焊接异状： （1）不润湿。	

续表

评分项	配分	项目描述	计分标准
焊点质量	40分	（2）半润湿。 （3）焊锡球（包括焊锡球违反最小电气间隙和未粘附（焊接）于金属表面两种情况）。 （4）焊锡桥（焊锡连接不应该连接的引脚或导线）。 （5）焊锡紊乱（焊接因外力影响而被移动，焊点呈现紊乱痕迹）。 （6）焊接破裂。 （7）焊锡毛刺（违反最小电气间隙条件）。	经检查发现本项描述中的焊接异状，每处扣2分

评分项	配分	项目描述	计分标准
焊点质量	40 分	（8）热裂痕 / 收缩孔。 （9）焊锡覆盖不足。 ① 不满足最少周边 270° 焊锡层覆盖或润湿要求）。 ② 元件可焊端的竖直表面无焊点爬升高度。 （10）焊锡过多，引脚轮廓不可辨认。 （11）焊锡延伸至元件体顶部。 （12）末端重叠部分不足。	经检查发现本项描述中的焊接异状，每处扣 2 分

续表

评分项	配分	项目描述	计分标准
焊点质量	40分	（13）片式元件末端翘起	经检查发现本项描述中的焊接异状，每处扣2分
引脚剪切	10分	通孔插装元件焊接完成后要完成引脚剪切。不应出现以下缺陷：引脚与焊点间断裂	经检查发现本项描述中的缺陷，每处扣5分

附录 3　电路板制作验收评价标准

1. 总体说明

（1）本标准主要参考国际标准《IPC-A-600 印制板的可接受性》中 1 级电子产品的可接收要求制定，用图来自《IPC-A-600 印制板的可接受性》。

（2）本标准细则用作对使用小型制板设备制作的单面板或双面板进行简单目检评价的依据。

2. 评分细则

评分项	配分	项目描述	计分标准
电路板裁切	10 分	电路板的板边应当平行于设计的边框，边缘应切割整齐，无金属和非金属毛刺，无明显崩缺。 不应出现以下缺陷： 缺口深度大于板边缘与最近导体间距的 50% 或大于 2.5mm（0.0984in），取两者中的较小值	经检查发现本项描述中的缺陷，每处扣 2 分
电路板钻孔	20 分	插装元器件的焊盘孔应位于焊盘中心位置，或若偏离中心较小。 不应出现以下缺陷： （1）非连接区的破坏超过 180°。	经检查发现本项描述中的缺陷，每处扣 2 分

续表

评分项	配分	项目描述	计分标准
电路板钻孔	20分	（2）连接区导体宽度的减少大于30%	经检查发现本项描述中的缺陷，每处扣2分
线路图形	40分	导体宽度及间距与设计图形一致，边缘清晰。 不应出现以下缺陷： （1）导体边缘粗糙、缺口、针孔及暴露基材的划伤等缺陷的任何组合使导体宽度的减小量超过最小宽度的30%。 （2）缺陷（边缘粗糙、缺口等）总长度大于导体长度的10%或超过25mm（0.984in），取两者中的较小者。 （3）导体边缘粗糙、铜刺等缺陷的任意组合使规定的最小导体间距的减少大于30%	经检查发现本项描述中的焊接异状，每处扣2分
阻焊	20分	阻焊膜在基材表面、导体侧面和边缘处都呈现均匀的外表，并已牢固粘接在印制板表面上，无可见的跳印、空洞或其他缺陷。 不应出现以下缺陷：	经检查发现本项描述中的缺陷，每处扣5分

续表

评分项	配分	项目描述	计分标准
阻焊	20分	（1）导体间阻焊膜缺失。 （2）阻焊膜与焊盘错位，侵占超过一边环宽。 （3）暴露相互电气隔离的相邻焊盘或导体。 （4）侵占表面贴装焊盘两侧，或者侵占焊盘一侧超过 0.05mm（0.0020in）。	经检查发现本项描述中的缺陷，每处扣5分

续表

评分项	配分	项目描述	计分标准
阻焊	20 分	（5）阻焊膜大面积起泡、脱落、褶皱	经检查发现本项描述中的缺陷，每处扣 5 分
字符	10	蚀刻或丝印的标记、字符清晰可辨。 不应出现以下缺陷： 字符或标记的基本含义不可辨认	经检查发现本项描述中的缺陷，每处扣 2 分

参考文献

[1] 欧阳红，李仲秋．电子产品设计与制作指导教程 [M]．北京：清华大学出版社，2012．

[2] 董磊,陈蝗,彭芷晴,等．电路设计与制作实用教程（Altium Designer 版）[M]．北京：电子工业出版社，2019．